21世纪高等院校自动化专业系列教材

电力电子技术基础

邢岩　肖曦　王莉娜　编著

机 械 工 业 出 版 社

本书涉及电力电子变换系统的基本原理和分析设计方法，主要内容包括电力半导体器件；功率变换电路的拓扑（DC-DC，AC-DC 和 DC-AC）、分析方法和参数设计；开关器件的驱动和缓冲技术；开关变换系统的调制、建模和闭环控制技术等。

本书反映了电力电子技术的最新发展，同时又兼顾从器件、电路拓扑到整个系统的基本原理和基本方法。

本书可作为面向电气工程专业和自动化专业的本科教科书，也可作为电力电子专业工程技术人员的参考书。

图书在版编目（CIP）数据

电力电子技术基础/邢岩，肖曦，王莉娜编著．—北京：机械工业出版社，2008.10（2016.7 重印）
（21 世纪高等院校自动化专业系列教材）
ISBN 978-7-111-25182-8

Ⅰ.电…　Ⅱ.①邢…②肖…③王…　Ⅲ.电力电子学－高等学校－教材
Ⅳ.TM1

中国版本图书馆 CIP 数据核字（2008）第 147589 号

机械工业出版社（北京市百万庄大街 22 号　邮政编码 100037）
责任编辑：时　静　常建丽　版式设计：张世琴
责任校对：李秋荣　责任印制：常天培
北京机工印刷厂印刷（三河市南杨庄国丰装订厂装订）
2016 年 7 月第 1 版第 4 次印刷
184mm×260mm · 13.5 印张 · 334 千字
7 501—8 700 册
标准书号：ISBN 978-7-111-25182-8
定价：29.80 元

凡购本书，如有缺页、倒页、脱页，由本社发行部调换
电话服务　　　　　　　　　　网络服务
服务咨询热线：010-88379833　机 工 官 网：www.cmpbook.com
读者购书热线：010-88379649　机 工 官 博：weibo.com/cmp1952
　　　　　　　　　　　　　　教育服务网：www.cmpedu.com
封面无防伪标均为盗版　　　　金 书 网：www.golden-book.com

出 版 说 明

自动化技术是一门集控制、系统、信号处理、电子和计算机技术于一体的综合技术，广泛用于工业、农业、交通运输、国防、科学研究以及商业、医疗、服务和家庭等各个方面。自动化水平的高低是衡量一个国家或社会现代化水平的重要标志之一，建设一个现代化的国家需要大批从事自动化事业的人才。高等院校的自动化专业是培养国家所需要的专业面宽、适应性强，具有明显的跨学科特点的自动化专门人才的摇篮。

为了适应新时期对高等教育人才培养工作的需要，以及科学技术发展的新趋势和新特点，并结合最新颁布实施的高等院校自动化专业教学大纲，我们邀请清华大学、南开大学、上海交通大学、西安交通大学、东北大学、华中科技大学、山东大学、北京科技大学等名校的知名教师、专家和学者，成立了教材编写委员会，共同策划了这套面向高校自动化专业的教材。

本套教材定位于普通高等院校自动化类专业本科层面。按照教育部颁发的《普通高等院校本科专业介绍》中所提出的培养目标和培养要求，适合作为广大高校相关专业的教材，反映了当前教学与技术发展的主流和趋势。

本套教材的特色：

1. 作者队伍强。本套教材的作者都是全国各院校从事一线教学的知名教师和相关专业领域的学术带头人，具有很高的知名度和权威性，保证了本套教材的水平和质量。

2. 观念新。本套教材适应教学改革的需要和市场经济对人才培养的要求。

3. 内容新。近20年，自动化技术发展迅速，与其他学科的联系越来越紧密。这套教材力求反映学科发展的最新内容，以适应21世纪自动化人才培养的要求。

4. 体系新。在以前教材的基础上重构和重组，补充新的教学内容，各门课程及内容的组成、顺序、比例更加优化，避免了遗漏和不必要的重复。根据基础课教材的特点，本套教材的理论深度适中，并注意与专业教材的衔接。

5. 教学配套的手段多样化。本套教材大力推进电子讲稿和多媒体课件的建设工作。本着方便教学的原则，一些教材配有习题解答和实验指导书，以及配套学习指导用书。

机械工业出版社

前　言

能源和环境是现代社会面临的重要问题，而电能是当今最重要的能源形式。在所有的动力资源中，电能使用最方便、应用最广泛。生产和生活的发展必然要增加对电力的需求，因此，节约用电、减少电力生产和使用过程对环境的破坏日益重要，这就要求我们的电能变换系统和装置有高的效率。以电能变换为研究对象的电力电子技术学科应运而生，而且发展迅速。

本书编写的初衷是作为电气工程专业和自动化专业的本科教科书，强调基本概念、分析方法和基础知识的理解和掌握，并且侧重体现新技术进展。内容的选取和编排，按照从器件、电路到系统的原则。首先在第1章介绍电力电子变换器的核心部件——电力半导体开关器件，它们的分类和特点，几种常用器件的基本工作原理和静态动态特性；第2~4章为由这些开关器件为核心构成的变换电路，包括第2章传统的不控和相控AC-DC变换电路及PWM控制的AC-DC变换电路、第3章高频脉冲宽度控制DC-DC变换器和第4章电压源型和电流源型等各类DC-AC逆变电路，着重阐述基本电路拓扑，电路的分析方法、工作原理和工作特性以及参数设计原则；第5章为保证开关管正常、安全工作的驱动、缓冲和保护电路，介绍了常用电路及其工作原理；第6章为高频脉冲宽度调制及正弦脉冲宽度调制的基本原理、实现方法和调制特性；第7章初步介绍开关变换系统的理论分析、小信号建模和闭环控制技术；第8章简要介绍了磁元件的一些基本概念和知识。

为了便于学习，每章都给出了本章概述、小结和思考题。

本书是作者在阅读分析国内外教材和科技论文资料，总结科研和教学经验的基础上编写的。其中第1章和第6章由北京航空航天大学自动化科学与电气工程学院电气系王莉娜博士编写，第2、4、7章由清华大学电机系肖曦副教授编写，其余章节由南京航空航天大学航空电源航空科技重点实验室邢岩教授编写。

本书在编写过程中得到了清华大学黄立培教授的指导，在此表示衷心感谢，同时也对参考文献的作者表示感谢。

限于作者水平，文中不妥之处，敬请广大读者批评指正。

编　者

目　录

绪　论

0.1 电力电子技术的定义和研究内容

电力电子技术是一种能量（功率）处理技术。它应用电力半导体器件和储能元件（电感、电容）组成电力电子变换器的功率级主电路，再配合适当的控制，对电能进行变换，包括电压、电流、频率和波形等方面的变换，以达到使电能更好地符合各种不同用电设备的要求。电能变换的形式包括如下几种：

（1）DC-DC 变换，将某一数值的直流电压变换为另一数值的直流电压。

（2）AC-DC 变换，将交流电压变换为某一数值的直流电压，也称为正变换或整流。

（3）DC-AC 变换，将直流电压变换为某种波形、某一频率和某一电压的交流电，称为逆变换，通常简称为逆变。

（4）AC-AC 变换，将一种波形、频率、电压的交流电变换为另一种波形、频率、电压的交流电，实现交—交变压、变频（Cyclo-conversion）。AC-AC 变换也可以由整流和逆变电路组成 AC- DC-AC 变换。

电力电子学（Power Electronics）这一名称是在20世纪60年代出现的。1974年，美国的 W. Newell 用如图 0-1 所示的倒三角形对电力电子学进行了描述，认为电力电子学是由电力学、电子学和控制理论三个学科交叉而形成的。这一观点被全世界普遍接受。

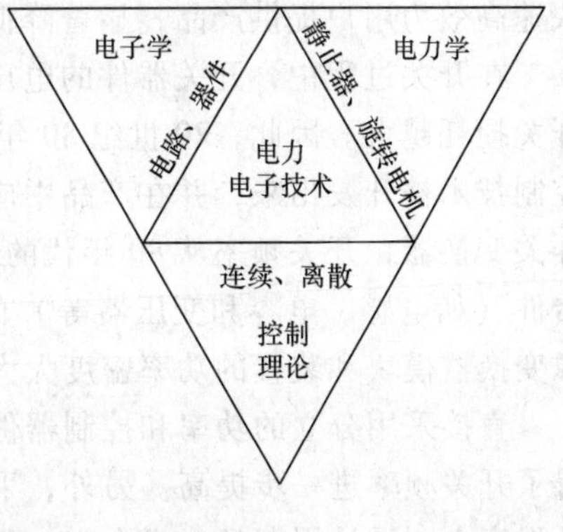

图 0-1　描述电力电子学的倒三角形

如图 0-1 所示，电力电子器件的制造技术和电子器件制造技术的理论基础是一样的，其大多数工艺也是相同或类似的。电力电子电路和电子电路的许多分析方法也是一致的，只是两者的应用目的和工作状态有所不同，前者用于电力变换和控制，后者用于信息处理；在信息电子技术中，半导体器件既可处于放大状态，也可处于开关状态；而在电力电子技术中，半导体器件总是工作在开关状态，这是电力电子技术的一个重要特征。

图 0-1 中“电力学”的含义是功率的处理。电力电子技术广泛用于电力和电气工程中，如高压直流输电、静止无功补偿、电力机车牵引、交直流电力传动、电加热和高性能交直流电源等，电力电子变换实际上是对功率传递过程的变换。通常把电力电子技术归属于电气工程学科。

电力电子变换系统的一个重要特点就是弱电控制强电，为了实现稳压或稳流等输出特性要求，需要反馈闭环控制。电力电子变换器功率电路有很强的时变、非线性特性，其建模分析和控制综合以自动控制理论和技术为基础。

0.2 电力电子技术发展的历史和趋势

电力电子技术的发展，首先取决于电力半导体器件的进步。1957 年美国通用电气公司研制出第一只晶闸管，带来了电力电子学的革命；在随后的 20 年里，它的额定值及特性的提高和改进，开创了传统的晶闸管及其应用的电力电子技术发展的新纪元。

20 世纪 70 年代中期，自身兼有开通和关断功能的全控型器件，包括可关断晶闸管（GTO）、大功率晶体管（GTR）、功率场效应晶体管（Power MOSFET）、绝缘栅功率晶体管（IGBT）、MOS 控制晶闸管（MCT）等的发展与广泛应用，使电力电子技术进入了“全控型器件”的阶段。而 80 年代电力半导体器件从双极型器件发展到 MOS 型器件，功率场效应晶体管和绝缘栅双极型晶体管的应用，显著改善了电力电子变换器的性能，使变换器有可能实现高频化，并大幅度降低开关损耗和导通损耗，电路也更为简单。

20 世纪 80 年代，将功率器件与驱动、智能控制、保护和逻辑电路等集成封装，称为智能功率模块（IPM），或智能功率集成电路（Smart Power IC）。

将 IPM 的设计观念推广到更大容量、更高电压的集成电力电子电路，并提高了集成度，称为集成电力电子模块（IPEM）。将功率器件与电路、控制以及检测、执行等元件集成封装，得到标准的、可制造的模块，既可用于标准设计，也可用于专用、特殊设计，优点是可快速高效为用户提供产品，显著降低成本，提高可靠性。

在开关过程中，开关器件的电压和电流波形有交叠，因而开关损耗大。开关频率越高、开关损耗越大。因此，20 世纪 80 年代以来，软开关技术成为研究的热点，新的电路拓扑和控制技术被开发出来，并在产品中应用。如移相全桥变换器、准谐振变换器等，kW 等级的开关变换器，开关频率从 80 年代的二三十千赫兹提高到现在的几十万赫兹。变换器中无源器件（如电感、电容和变压器等）的体积、重量随开关频率的提高而迅速下降，使整个电源变换器模块和装置的功率密度大大提高。

直接采用分立的功率和控制器件开发开关电源的设计方法，造成引线寄生电感较大，阻碍了开关频率进一步提高。另外，采用分立的电力电子产品的制造特点是：非标准件多、劳动强度大、设计周期长、成本高、可靠性低等。集成电力电子系统和集成电力电子模块可以从根本上减小封装寄生参数、提高变换性能，并且实现电力电子产品的标准化、模块化、规模生产、降低成本等目标。集成功率电子模块所用技术包括高电压功率半导体器件和低电压控制、检测 IC 安装在同一基片上；用平面金属化技术等取代连接导线；无源元件和有源元件的集成技术；CAD 软件的集成技术，多科目设计技术，包括 EMC 设计、机械设计、热设计；将测量、命令、控制、通信等装置提升到系统级；应用分布式数字控制技术以减少信号线联结等。因此，集成功率电子模块将使现代电力电子产品的制造技术得到广泛应用。世界发达国家对开展集成功率电子模块的研究十分重视，美国海军在 20 世纪 90 年代中期就制定了电力电子集成模块计划。

电力电子变换中的控制方式和实现技术，从初期的电压型控制到电流型控制和单周期控制等，数字信号处理器技术使得现代控制理论和方法得以应用，开关变换系统的控制监控更为灵活，可靠性和智能化不断改善。

0.3 电力电子技术的应用

电力电子技术在工业生产和日常生活中应用广泛，大到电力传输，小到计算机、手机等无所不在。典型应用如下：

1）日常消费品中的开关电源。人类日常生活中的电力通常来源于民用电网（交流），而用电装置直接需要的可能是直流电源。这就需要电力电子变换器（俗称开关电源）来转换。如手机中的稳压电源、手机电池充电器等也都是开关电源。洗衣机、空调和冰箱中的电机广泛使用变频器驱动，改善了电器的性能同时又节能。

2）通信和计算机设备的开关电源。如个人计算机中的集成电路由5V DC和3.3V DC等供电，硬盘驱动器由12V DC等供电，所以计算机开关电源就是将市电变换成5V DC、12V DC等低压直流输出。计算机服务器、通信设备中更是大量使用很多种类的开关电源。信息技术的迅速发展是支撑电力电子科学和产业进步的重要基础。

3）为高性能用电设备供电的不间断电源（UPS）。在停电时将蓄电池的直流电压转换为正弦交流电压，而在市电正常时一方面给蓄电池充电、另一方面将市电电能变换为纯净的正弦交流电压给负载供电。

4）风能、太阳能并网发电系统中的变换器，将直接发出的不稳定的直流或交流电变换为与电网同频、同相和同幅的电压后再送入电网。

5）电力系统中的无功补偿器、谐波补偿器，以及应用于高压直流远距离输电中的整流器和逆变器。

目前发达国家的电能已有80%经过电力电子技术处理，节能效果达15%～40%，有文献预计到2050年经过处理再应用的电能将达到95%。通过电力电子技术对电能的处理，使电能的使用更加合理、高效和环保，实现电能使用最佳化。

第1章　电力半导体器件

本章在对电力半导体器件的特征、发展历程和趋势、分类等问题作简要概述的基础上，重点介绍了常用电力半导体器件的基本结构、工作原理、基本特性、主要参数以及选择和使用中应注意的一些问题。

1.1 概述

1.1.1　电力半导体器件

电力半导体器件是电力电子技术的基础，是电力电子技术弱电控制强电的纽带，是电力电子装置的核心，因而掌握各种常用电力半导体器件的特性和正确使用方法是学好电力电子技术的基础。

电力半导体器件的基本特征有：

1）电力半导体器件所能处理的电功率一般都远大于处理信息的电子器件，一般小至毫瓦级，大至兆瓦级。

2）电力半导体器件一般工作在开关状态，因此，电力半导体器件的开关特性（也就是动态特性）和参数，是电力半导体器件特性中很重要的方面。而在模拟电子电路中，电子器件一般都工作在线性放大状态，数字电子电路中的电子器件虽然一般也工作在开关状态，但其目的是利用开关状态表示不同的信息。

3）由于处理的电功率较大，电力半导体器件的功率损耗通常远远大于信息电子器件，因而为了保证不致于因损耗散发的热量导致器件温度过高而损坏，不仅在器件封装上比较讲究散热设计，而且在其工作时一般都还需要安装散热器。

4）在实际应用当中，电力半导体器件往往需要由信息电子电路来控制，而且两者之间应采取一定的隔离措施。

1.1.2　电力半导体器件的发展历程与趋势

第一代电力半导体器件主要是可控硅晶闸管（Silicon Controlled Rectifier，SCR）。SCR是通过对门极的控制能够使其导通而不能使其关断的半控型开关器件。它的关断通常依靠电网电压等外部条件来实现，这就使得它在交流传动和变频电源的应用中受到限制，如果不附加强迫换流电路，就无法应用。换流电路体积大、重量重、线路复杂，且关断时间较长、效率低，开关损耗大，加之SCR工作频率低，因而限制了它的应用范围。

20世纪70年代以后陆续出现的电力晶体管（Giant Transistor，GTR）、门极可关断晶闸管（Gate Turn-Off thyistor，GTO）、静电感应晶体管（Static Induction Transformer，SIT）、静电感应晶闸管（Static Induction Thyristor，SITH）、金属氧化物半导体场效应晶体管（Metal Oxide Semiconductor Field-Effect Transistor，MOSFET）和绝缘栅极晶体管（Insulated Gate Bipolar Transistor，IGBT）等，统称为第二代电力半导体器件，它们的共同特点是，通过门极既能控制其导通，又能控制其关断的全控型开关器件。由于不需要换流电路，故体积、重量较 SCR 有大幅度下降。此外，这些器件的开关速度普遍高于 SCR，可用于开关频率较高的电路。

第三代电力半导体器件问世于 20 世纪 80 年代中期的智能功率集成电路（Smart Power Integrated Circuit，SPIC）和高压集成电路（High Voltage Integrated Circuit，HVIC），它们的特点是，把功率器件和驱动电路、控制电路以及保护电路、诊断电路等多功能单元集成起来，逐步增加其智能程度与功率输出水平，促进驱动、伺服、步进等运动控制进一步小型化、快速化和精密化，在汽车、机器人、数控机床、柔性加工系统及航空、航天上得到广泛的应用。它是机电一体化的基础元件。

电力半导体器件的发展历程如图 1-1 所示。

- 电力电子器件
  - 第一代 分立换流开关器件
    - SR（硅整流管）
    - SCR（晶闸管）
  - 第二代 功率集成电路 PIC（全控型器件）
    - 双极器件
      - GTR（电力晶体管）
      - GTO（门极可关断晶闸管）
      - SITH（静电感应晶闸管）
    - 单极器件
      - MOSFET（场效应晶体管）
      - SIT（静电感应晶体管）
    - 复合器件
      - IGBT（绝缘栅极晶体管）
      - MCT（MOS 控制晶闸管）
  - 第三代 功率集成电路 PIC（全控型器件）
    - SPIC（智能功率集成电路）
    - HVIC（高压集成电路）

图 1-1 电力半导体器件的发展历程

1.1.3 电力半导体器件的分类

按照电力半导体器件能够被门极（有时称为基极）所控制的程度，可以将电力半导体器件分为 3 类：

1）不控型：不能用控制信号来控制其通断的电力半导体器件。这类器件主要就是电力二极管，它只有两个端子，不需要驱动电路，器件的导通和关断完全由其承受的电压和电流决定。

2）半控型：通过门极控制信号可以控制其导通而不能控制其关断。这类器件主要是指晶闸管及其大部分派生器件，器件的关断完全是由其承受的电压和电流来决定。

3）全控型：通过门极控制信号既可以控制其导通，又可以控制其关断，有时也被称为自关断器件。这类器件品种很多，目前常用的有绝缘栅双极晶体管（IGBT）和电力场效应晶体管（Power MOSFET），以及在处理兆瓦级大功率场合常使用的门极可关断晶闸管（GTO）。

按照门极控制信号的性质又可以将电力半导体器件（电力二极管除外）分为两类：

1）电流控制型：通过门极注入或者抽出电流来控制其导通或者关断的器件，如普通晶闸管、GTR 和 GTO 等。

2）电压控制型：通过在门极施加一定的电压信号就可以控制其导通与关断的器件，静态时几乎没有门极电流。由于电压控制型器件实际上是通过门极电压在器件内部产生可控的电场来改变流过器件的电流大小和通断状态的，所以电压控制型器件又被称为场控器件，或者场效应器件，如 MOSFET、IGBT 等。

按照器件内部电子和空穴两种载流子参与导电的情况可分为 3 类：

1）单极型器件：由一种载流子（电子或者空穴）参与导电，如 MOSFET。

2）双极型器件：由电子和空穴两种载流子参与导电，如二极管、SCR、GTR、GTO 等。

3）复合型器件：由单极型器件和双极型器件混合而成的器件被称为复合型器件，如 IGBT、GCT 等。

1.2 二极管

与信息电子电路中的二极管一样，电力电子技术领域的二极管也是以 P-N 结为基础的。与前者不同的是，电力二极管结构内含有一个 N^- 层，其杂质掺杂浓度很低，电阻率很高，通过它可以实现很高的耐压能力。N^- 层的掺杂浓度越低，越有利于提高器件的耐压能力和降低器件的反向恢复时间，但其反面作用是造成电力二极管通态压降的升高。因此，前者与后者之间存在矛盾。采取不同的技术在二者之间进行不同的折衷，从而派生出了具有不同性能的电力二极管。

1.2.1 电力整流器件

1. 基本结构和工作原理

整流二极管也就是通常所说的普通电力二极管，其结构和电气图形符如图 1-2 所示。

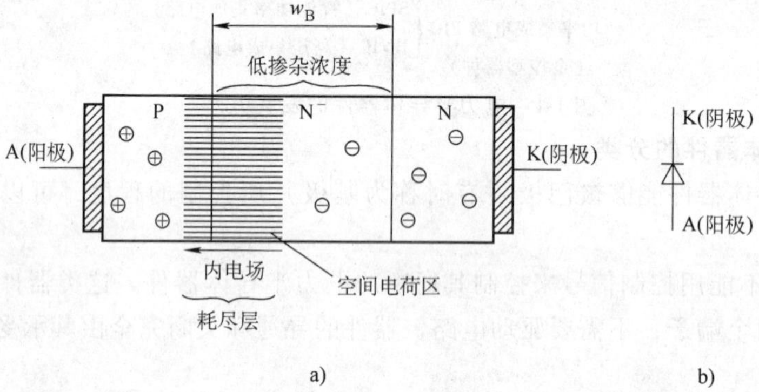

图 1-2　电力二极管

a）物理结构　b）电气图形符

图 1-2 中，N 型半导体是 5 价的磷掺杂在硅晶体中，磷在以 4 价为主体的硅结构元的连接中，有多出的电子。而 P 型半导体是在硅晶体中掺杂了 3 价的硼，3 价的硼在以硅为主体的结构元连接中，缺少电子，即有电子空穴。电子在 N 型半导体中是多子，空穴是少子，P 型半导体的情况则相反。当这两种晶体紧密结合时，N 型半导体中多出的电子向缺少电子的 P 型半导体中扩散。这样，在结合面附近，每个结构元的价和电子数正好达到平衡，每个原子周围的价和电子平稳，不能任意移动。这就是不导电时的 P-N 结。这个区域按所强调的角度不同，被称为耗尽层、阻挡层、空间电荷区或势垒区。

N 型区和 P 型区半导体原本呈现电中性，而在耗尽层的 P 区部分因为吸收了 N 区扩散来的电子（负电荷）而呈现阴性，而耗尽层的 N 区部分因为吸收了 P 区扩散来的空穴（正电荷）则呈现阳性，从而建立电场，方向由 N 区指向 P 区，这个电场被称为内电场或自建电场。自建电场的方向阻止扩散运动，又吸引对方区内的少子向本区运动，这就是所谓的漂移运动。扩散运动和漂移运动最终达到动态平衡。

当整流二极管外加反向偏置电压（外加电压的正端接 N 区，负端接 P 区）时，外加电场与内电场方向相同，内部耗尽层变宽，P-N 结反偏，阻值很大，二极管处于反向截止状态，仅有因少子漂移运动而形成的漏电流，因为少子浓度非常低，所以反向漏电流非常微小，一般仅为微安数量级，可以忽略。外部电压几乎全部降落在耗尽层。

当外加正向电压（外加电压的正端接 P 区，负端接 N 区）时，外加电场与内电场方向相反，内部耗尽层变窄，但 P-N 结依旧处于截止状态，只有微小的正向漏电流，一般仅为微安数量级，可以忽略。当外加电压逐步升高时，内电场将逐步削弱，直到内电场消失（此时阳极与阴极间的电压对应为门槛电压 U_{TO}），P-N 结导通，电流迅速增大。这就是二极管的单向导电性。在二极管导通之前，N^- 区电阻很高，电压几乎全部降落在 N^- 区。当二极管导通，正向电流较大时，空穴穿过的 P-N 结进入 N^- 区，并在 N^- 区得到积累，浓度将很大，为了维持半导体电中性的条件，其多子（电子）浓度也相应大幅度增加，使得其电阻率明显下降，这就是电导调制效应。电导调制效应使得 N^- 区在正向电流较大时压降仍然很低，此时 N^- 区表现为低阻态。

整流模块是把两个或两个以上的分立整流二极管集成封装在一个绝缘外壳内。它有多种组合，如二合一、三合一、四合一、六合一等模块，而且每一种组合模块内部又有多种联接结构。整流模块的性能、参数决定于其内部集成二极管的参数。下面仍以普通整流二极管为主来介绍其工作特性和参数等。

2. 整流二极管的工作特性

二极管的 N^- 区呈现电容效应，当外加电压变化时，它需要一定的时间来调整其带电状态，故二极管在零偏置（外加电压为零）、正向偏置和反向偏置这三种状态之间转换的时候，必然经历一个过渡过程。

二极管 N^- 区为低掺杂高阻率区，在二极管阻断的情况下，呈现出较高的电阻特性。但是在二极管导通的状态下，由于电导调制效应，电阻率显著下降，呈现为低阻状态。

因此，在分析二极管的工作特性时，不能忽略二极管内部等效电容和电导调制效应的作用，有时两者同时起作用。

（1）静态特性

电力二极管的静态特性主要是指其伏安特性，如图 1-3 所示。在允许的电压范围内：当电力二极管的正向电压大于门槛电压 U_{TO} 时，正向电流才开始明显增加，并逐渐进入导通状态；当电力二极管承受反向电压时，只有少子引起的微小的反向漏电流。

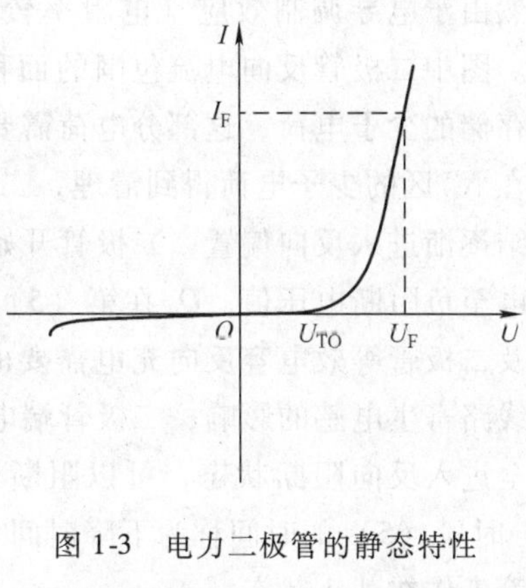

图 1-3　电力二极管的静态特性

（2）动态特性

典型的电力二极管开关波形如图 1-4 所示。在第（1）时段，二极管承受反向电压，二极管处于反向截止状态，只有少子引起的微小而数值恒定的反向漏电流，可忽略不计。

从第（2）时段开始，二极管外加电压突然由反向变为正向，二极管电流开始上升，并最终稳定在某一正值。由于等效结电容的存在，二极管电压并不会立即变为正值，而是首先

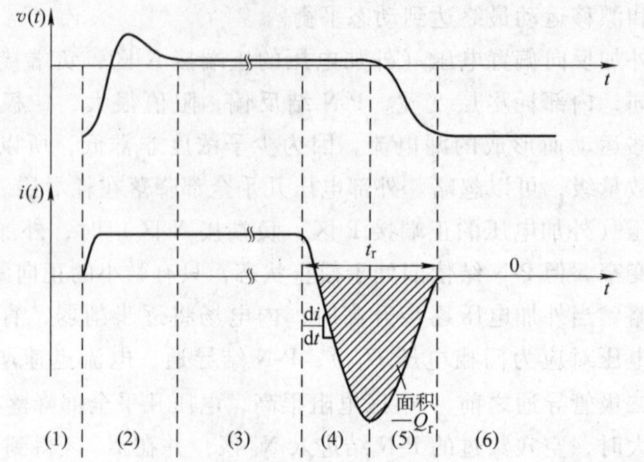

图 1-4　典型的电力二极管开关波形

释放完毕储存的负电荷，然后进行正向充电，此时电压变为正，并慢慢上升，二极管结开始正向偏置。在此过程中，二极管电压最大可能会达到几伏，甚至是十几伏。在某种程度上，这就反映了低掺杂 N^- 区的高阻特性。正向偏置的 $P\text{-}N^-$ 结继续向 N^- 区注入少子（空穴）。随着 N^- 域中少子的不断增加，电导调制效应使得 N^- 区的等效电阻下降，从而正向压降下降。最终二极管达到平衡，即少子注入率和结合率相等。在第（3）时段，二极管正向导通，正向压降由二极管的静态伏安特性决定。这就是二极管由反向截止到正向导通的动态过程。

从第（4）时段开始，二极管外加电压突然由反向变为正向，二极管电流开始下降，并渐变为负，其下降速率由反向电压大小和电路中的电感决定。而由于电导调制效应，管压降基本没有变化。此时，由于在 N^- 区仍储存有大量少子，二极管并没有恢复反向阻断能力，仍然由于电导调制效应（电阻率较低），在外加反向电压的作用下，形成了较大的反向电流。图中二极管反向电流包围的面积通常被称为恢复电荷 Q_r。Q_r 在第（4）时段中的部分为存储的少子电荷，这部分电荷需要抽出才能进入截止。在第（4）时段的末尾，大部分储存在 N^- 区的少子电荷得到清理，二极管的电导调制效应变弱，二极管电流开始减小，二极管结逐渐进入反向偏置，二极管开始阻断反向电压。在第（5）时段，耗尽层的等效电容被充电至负阻断电压值。Q_r 在第（5）时段的部分为用于二极管内剩余少子再结合需要的电荷以及二极管等效电容反向充电需要的电荷。在第（5）时段过程中，二极管电流快速下降，受线路寄生电感的影响，二极管端电压可能会出现负尖峰。在第（5）时段的末尾，二极管完全进入反向阻断状态，可以阻断外部所加的反向电压。时段（4）的时间称为延迟时间 t_d，时段（5）的时间称为下降时间 t_f，$(t_d + t_f)$ 称为反向恢复时间 t_r。在时段（6）中，二极管工作在截止状态。

3. 整流二极管的反向击穿

P-N 结具有一定的反向耐压能力，但当施加的反向电压过大，反向电流就会突然增大，此时 P-N 结处于反向击穿状态。反向击穿分为电击穿和热击穿，电击穿包括雪崩击穿和齐纳击穿。P-N 结电击穿后电流很大，电压又很高，消耗在结上的功率很大，容易使 P-N 结发热，把 P-N 结烧毁。热击穿是永久性破坏。

雪崩击穿：当P-N结反向电压增加时，空间电荷区中的电场随着增强。这样，通过空间电荷区的电子和空穴在电场作用下获得的能量增大，在晶体中运动的电子和空穴将不断地与晶体原子发生碰撞，当电子和空穴的能量足够大时，通过这样的碰撞可使共价键中的电子激发形成自由电子-空穴对。新产生的电子和空穴也向相反的方向运动，重新获得能量，又可通过碰撞，再产生电子-空穴对，这就是载流子的倍增效应。当反向电压增大到某一数值后，载流子的倍增情况就像在陡峻的积雪山坡上发生雪崩一样，载流子增加得多而快，这样，反向电流剧增，P-N结就发生雪崩击穿。

齐纳击穿：在加有较高的反向电压下，P-N结空间电荷区中存在一个强电场，它能够破坏共价键，将束缚电子分离出来产生电子-空穴对，形成较大的反向电流。发生齐纳击穿需要的电场强度约为2×10^5V/cm，这只有在杂质浓度特别大的P-N结中才能达到。因为杂质浓度大，空间电荷区内电荷密度（即杂质离子）也大，因而空间电荷区很窄，电场强度可能很高。而雪崩击穿通常发生在高反压、低掺杂浓度的情况。发生齐纳击穿时，一定也发生了雪崩击穿；而发生雪崩击穿时，不一定发生齐纳击穿。

电击穿发生时，只要外电路中采取了措施，将反向电流限制在一定范围内，当反向电压降低后P-N结仍可恢复原来的状态。但如果反向电流未被限制住，导致了热击穿，那么二极管将永久性损坏。

4. 整流二极管的主要参数

1）反向重复峰值电压U_{RRM}：指二极管能重复施加的反向最高峰值电压，通常是其雪崩击穿电压U_B的2/3。应用时，应按二极管实际可能承受的反向最高峰值电压的两倍来选定此项参数。

2）正向压降U_F：在指定温度下，二极管流过一定稳态正向电流时对应的二极管导通压降。这个参数对二极管的通态损耗影响很大。

3）正向平均电流$I_{F(AV)}$：在环境温度为+40℃和规定冷却条件下，稳定结温不超过额定结温时所允许流过的最大工频正弦半波电流的平均值。这个参数是按照正向电流造成的器件本身的通态损耗的发热效应来定义的，其热效应仅和电流的有效值有关。因此在使用时应按照实际波形的电流有效值与平均电流的有效值相等的原则来选取二极管的电流定额，并应留有一定的安全裕量。

4）浪涌电流I_{FSM}：指二极管能承受的最大的连续一个或几个工频周期的过电流。

5）反向恢复时间t_r：在选用二极管时，t_r是一个非常重要的参数，普通整流二极管的t_r为25μs，但在斩波和逆变电路中使用的反并联续流二极管和缓冲电路中的二极管必须选用在5μs以下的快速恢复二极管。

1.2.2 快恢复二极管

电力二极管可以在交流—直流变换电路中作为整流元件，也可以在电感元件的电能需要适当释放的电路中作为续流元件，还可以在各种变流电路中作为电压隔离、箝位或保护元件。在应用时，应根据应用场合的不同，选择不同类型的电力二极管。

整流二极管的反向恢复时间较长，一般在5μs以上，多用于开关频率不高（1kHz以下）的整流电路中。但在高频化的电力电子电路中，如各种变频电路、斩波电路等，不管其主电路采用何种电力半导体器件，都需要一个与之并联的快速恢复二极管（要求恢复时间小于5μs）。

二极管的正向特性或反向特性取决于内部载流子的分布，为了获得具有快速恢复特性的二极管，在开通时，需要尽快增加二极管内部的载流子浓度，这个过程中，N^-区的高阻性是一阻碍因素；在关断时，需要尽快衰减载流子的浓度。为了达到上述目标，快速恢复二极管在器件的设计与制作工艺上均采用了相关的技术，如工艺上多采用掺金措施，结构上有的采用 PN 结型结构，也有的采用对此加以改进的 PIN 结构。特别是采用外延型 PIN 结构的所谓快恢复外延二极管，其反向恢复时间更短（可低于 50ns），正向压降也很低（0.9V 左右），但其反向耐压多在 1200V 以下。不管是什么结构，快恢复二极管从性能上可分为快速恢复和超快速恢复两个等级。前者反向恢复时间为数百纳秒或更长，后者则在 100ns 以下，甚至达到 20～30ns。

1.2.3 肖特基二极管

常用于高频电力电子电路中的续流二极管和缓冲二极管，除快恢复二极管外，还有肖特基二极管。

肖特基二极管是利用金属与半导体直接接触形成的势垒而制成的二极管，如图 1-5 所示。

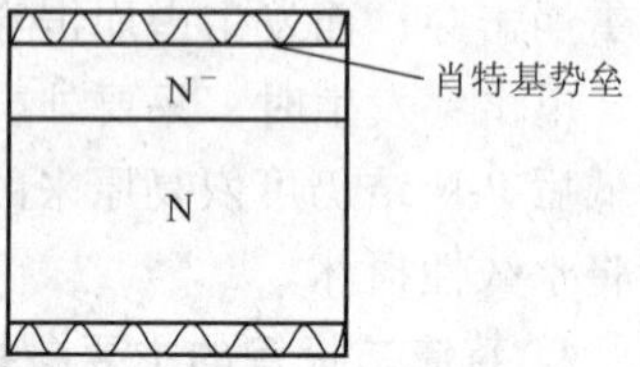

图 1-5 肖特基二极管的结构

肖特基二极管的正向导电主要是“热”电子由半导体注入到金属中，而少子（空穴）注入电流相比之下非常小，可以忽略。偏压反向后，这些热电子在极短的时间内返回到半导体内，其反向恢复时间主要由外电路决定，而不是由与导电机理有关的内在电子过程决定。因此，肖特基二极管的反向恢复时间比普通电力二极管或快恢复二极管的反向恢复时间短得多，适用于很高的频率。肖特基二极管也具有电容效应，对反向恢复时间有一定的影响，减小其有效面积，可减小电容效应。

和普通电力二极管、快恢复二极管不同，肖特基二极管中 PN 结没有由扩散而形成的势垒，因此，如果N^-区很薄，则它的通态压降比任何一个普通电力二极管和快恢复二极管都小，因而通态功耗很低。在生产实践中，快恢复二极管的正向通态压降与反向恢复时间的改善存在矛盾，如要使正向通态压降尽可能的低，必然带来反向恢复时间的上升，通常只能在二者中去折衷，这也是快速恢复二极管的一个劣势。而肖特基二极管为金属—半导体接触，决定了其反向恢复时间本身就很小，在通常情况下，改善正向通态压降并不会造成反向恢复时间的变差。因此，肖特基二极管有利于降低功耗。

肖特基二极管的以上优点只限于低耐压（通常在 100V 以下）的情况，当设计的耐压比较高时，则：①需增加N^-区的宽度w_B，造成其通态压降迅速增加，而且因为仅存在多子导电（单极型），所以不会出现电导调制效应而降低其通态压降；②截止漏电流迅速增加，不管用哪种材料做成的肖特基二极管，截止漏电流随反向电压的增加均按指数上升，因此反向稳态功耗较大。而快恢复二极管的衬底电阻率高、外延层厚，采用深结扩散等特点，其承压能力可达几千伏，但由于它的w_B很小，其通态压降仍然可以很低（当然其通态压降总是大于 PIN 结的扩散势垒 0.6～0.8V）。这也是快速恢复二极管不能被肖特基二极管完全取代的原因。因此，肖特基二极管适合被用作 MOS 晶体管的续流二极管。

与快恢复二极管相比，肖特基二极管反向恢复时间短、正向通态压降低、功耗低，因此在开关电源中，肖特基二极管更为理想，它也广泛用于稳压器、整流器、逆变器、UPS 等，也可以作为快速钳位二极管。但肖特基二极管的优点只限于 100V 以下，在高压情况下，快速恢复二极管比肖特基二极管的综合性能优良。

1.3 晶闸管

晶闸管（Thyristor）是晶体闸流管的简称，又称作可控硅整流管（Silicon Controlled Rectifier, SCR），以前被简称为可控硅。广义上讲，晶闸管包括普通晶闸管及其所有派生器件，如双向晶闸管、光控晶闸管、门极可关断晶闸管等，但工程技术人员习惯上把晶闸管专指为普通晶闸管。目前，晶闸管能承受的电压和电流仍然是电力半导体器件中最高的，而且工作可靠，因此在大容量的应用场合仍然具有比较重要的地位。

1.3.1 普通晶闸管

1. 基本结构与工作原理

晶闸管内部是PNPN四层半导体结构，形成J_1、J_2、$J_3$3个PN结，外部引出3个电极，即阳极、阴极和门极，阳极A与P_1相连，阴极K与N_2相连，门极G与P_2相连，如图1-6a所示。图1-6b为晶闸管的电气图形符。

当门极没有信号或施加负电压时，如果A-K间加正向电压，那么J_2处于反向偏置状态，晶闸管处于阻断状态，只有很小的正向漏电流流过。如果A-K间加反向电压，那么J_1和J_3反向偏置，晶闸管也处于阻断状态，只有很小的反向漏电流流过。

晶闸管导通的工作原理可以用双晶体管模型来解释，双晶体管在晶闸管内部的分布以及晶闸管的双晶体管等效电路如图1-7所示。如果外电路向门极注入电流I_G，则I_G流入晶体管VT_2的基极，即产生集电极电流I_{c2}，I_{c2}又构成晶体管VT_1的基极电流，即产生集电极电流I_{c1}，I_{c1}更进一步增大了VT_2的基极电流，放大成集电极电流I_{c2}，I_{c2}更进一步增大VT_1的基极电流，如此形成强烈的正反馈，最后VT_1和VT_2进入完全饱和状态，晶闸管的四层半导体中均充满了少数载流子，电导调制效应使得晶闸管的导通压降很低，而导通电流的大小由外电路参数决定。

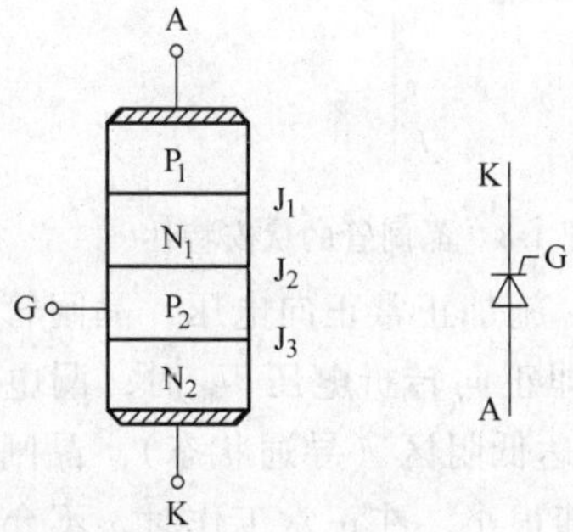

a)　　b)

图1-6　晶闸管

a）四层半导体结构　b）电气图形符

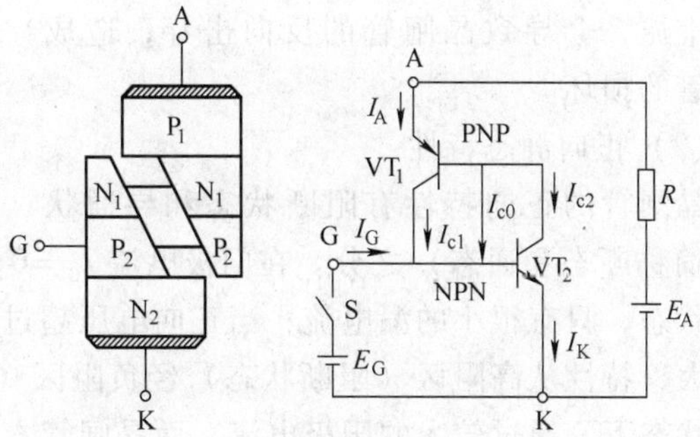

a)　　b)

图1-7　晶闸管的工作原理图

由晶闸管的双晶体管等效电路可知：

$$I_K = I_A + I_G \tag{1-1}$$

$$I_A = \alpha_1 I_A + \alpha_2 I_K + I_{c0} \tag{1-2}$$

式中，I_{c0}为流过J_2结的反向漏电流；α_1、α_2分别为晶体管VT_1和VT_2的共基极电流增益，

即 $\alpha_1 = I_{c1}/I_A$，$\alpha_2 = I_{c2}/I_K$。

由式（1-1）和式（1-2）可得

$$I_A = [I_{c0} + \alpha_2 I_G]/[1-(\alpha_1+\alpha_2)] \tag{1-3}$$

晶体管的特性是，电流增益随发射极电流的增大而迅速增大。因此，在晶体管阻断状态下，α_1 和 α_2 都很小，流过晶体管的电流仅仅稍大于 J_2 结漏电流。如果注入触发电流使各个晶体管的发射极电流增大，以致 $\alpha_1+\alpha_2 \approx 1$ 时，将大大提高流过晶闸管的电流 I_A，其值完全由主回路的电源电压和回路电阻决定，晶闸管进入饱和导通状态。

晶闸管进入导通状态后，即使断开门极驱动电流 I_G，由于正反馈的作用，晶闸管仍然维持导通状态。由此可见，触发晶闸管，门极只需要一个脉冲电流，因此，对于晶闸管，往往称作门极触发，而对于 IGBT 或 MOSFET，一般称作门极驱动。若要关断晶闸管，可向阳极注入负电流或在 A-K 间施加负电压。在相控换流器中，晶闸管在交流输入电压的负向过零点关断，在强制换流器中，需另配强制换流电路，向晶闸管阳极注入负电流，或使晶闸管 A-K 电压反偏。正是由于通过其门极只能控制开通，而不能控制关断，故晶闸管属于半控型器件。

2. 基本特性

晶闸管的基本特性包括伏安特性和门极特性。

晶闸管的伏安特性如图 1-8 所示，位于第Ⅰ象限（正向特性）和第Ⅲ象限（反向特性）。

（1）反向静态特性

在正常情况下，当晶闸管承受反向阳极电压时，不论门极是否有触发电流，晶闸管总是处于阻断状态。当反向电压增加到一定数值时，反向漏电流增加较快。再继续增大反向电压，会导致晶闸管的反向击穿，造成晶闸管的损坏。

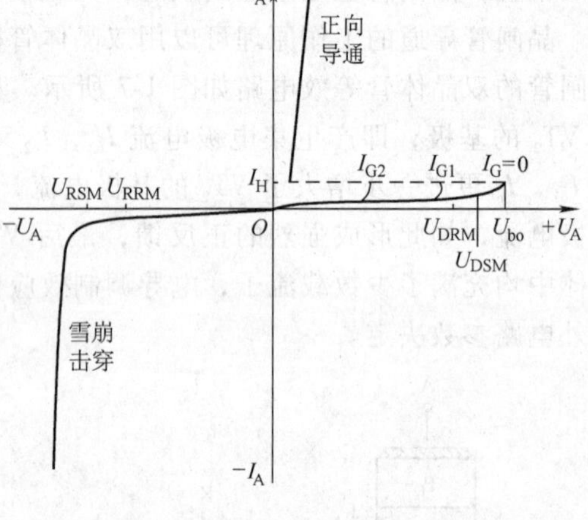

图 1-8　晶闸管的伏安特性

（2）正向静态特性

晶闸管的正向特性有阻断状态和导通状态（简称断态和通态）之分。在门极电流 $I_G=0$ 的情况下，施加正常正向电压，晶闸管处于阻断状态，只有很小的漏电流；当正向电压超过临界极限即正向转折电压 U_{bo}时，漏电流急剧增大，特性从高阻区（阻断状态）经负阻区（虚线）到达低阻区（导通状态）。晶闸管在导通状态下，通过较大的阳极电流，而晶闸管本身的压降却很小。在正常工作时，不允许把正向阳极电压加到转折电压 U_{bo}（对应于 $I_G=0$ 的情况），而是从门极输入触发电流 I_G，使晶闸管导通。门极电流 I_G 愈大，正向转折电压 U_{bo} 愈低。在晶闸管导通后，逐步减小阳极电流，当阳极电流 I_A 小于 I_H 时，晶闸管由导通变为阻断。I_H 是维持晶闸管导通所需的最小电流，简称为维持电流。

（3）动态特性

晶闸管的开通过程和关断过程的物理机理是很复杂的，这里只能对其过程作一简单介绍。图 1-9 给出了晶闸管开通过程和关断过程的波形。

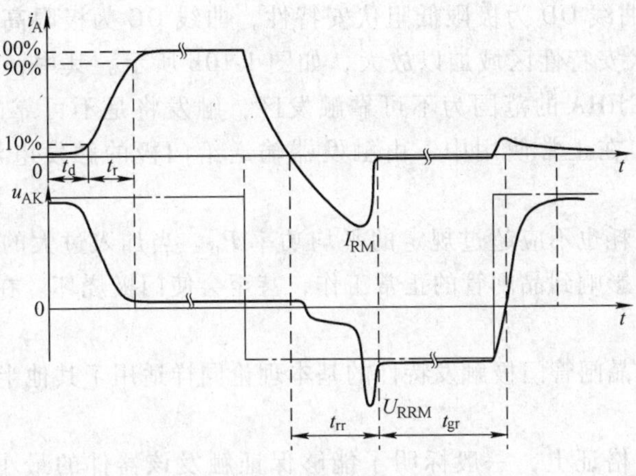

图 1-9　晶闸管的动态导通过程

开通过程：在坐标原点时刻，施加理想的门极触发信号。由于晶闸管内部的正反馈过程需要时间，再加上外电路电感的限制，阳极电流的增长不可能是瞬时的。从门极触发脉冲前沿的10%到阳极电流上升到稳态值的10%的时间间隔称为延迟时间 t_d，与此同时，晶闸管的正向压降也在减小。阳极电流从10%上升到稳态值的90%所需的时间称为上升时间 t_r。开通时间定义为两者之和。普通晶闸管延迟时间约为0.5～1.5μs，上升时间约为0.5～3μs。

关断过程：在某一时刻，外加阳极电压突然反向，此时门极没有信号。由于外电路电感的存在，阳极电流在衰减时也存在过渡过程。如图1-9所示，阳极电流逐步衰减到零，然后同电力二极管的关断过程类似，在反方向会流过反向恢复电流，经过最大值 I_{RM} 后，再反方向衰减。同样，在恢复电流快速衰减时，由于外电路电感的作用，会在晶闸管两端引起反向的尖峰电压 U_{RRM}，其大小与外电路电感有密切关系。反向恢复电流最终衰减至接近于零，晶闸管恢复其对反向电压的阻断能力。从正向电流降为零到反向恢复电流衰减至接近于零的时间，就是晶闸管的反向阻断恢复时间 t_{rr}。反向恢复过程结束后，由于载流子复合过程比较慢，晶闸管要恢复其对正向电压的阻断能力还需要一段时间，这叫做正向阻断恢复时间 t_{gr}。正向阻断恢复时间内如果重新对晶闸管施加正向电压，即使没有门极电流触发，晶闸管也会重新正向导通。因此，实际应用中，应对晶闸管施加足够长时间的反向电压。晶闸管的反向关断时间 t_q 定义为 t_{rr} 与 t_{gr} 之和。普通晶闸管的关断时间约为几百微秒。

（4）门极特性

晶闸管的门极和阴极间有一个P-N结 J_3，门极与阴极间的伏安特性称为门极特性。由于实际产品的门极伏安特性分散性较大，因此为了应用的方便，常以一条典型的极限高阻门极伏安特性和一条极限低阻门极伏安特性之间的区域来代表所有器件的伏安特性，称为门极伏安特性区域。图1-10给出500A晶闸管的门极伏安特性区域。

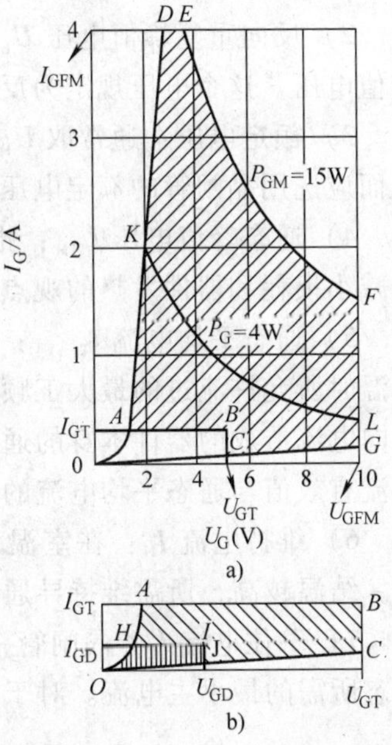

图 1-10　晶闸管门极伏安特性

在图1-10中，曲线OD为极限低阻伏安特性，曲线OG为极限高阻伏安特性。将接近坐标原点处的门极伏安特性区域加以放大，如图1-10b所示。其中，OHIJO范围中的区域称为不触发区。ABCJIHA的范围为不可靠触发区，触发将是不可靠的。ADEFGCBA的区域称为可靠触发区，在正常使用中，由触发器输送给门极的触发电流和电压都应该处于这个区内。

门极平均功率损耗也不应超过规定的平均功率P_G。当加入过大的功率时，会使晶闸管整个结温上升，直接影响到晶闸管的正常工作，甚至会使门极烧坏。在图1-10中，P_{GM}为允许的瞬时最大功率。

以上讲述的有关晶闸管门极触发特性的基本理论同样适用于其他半控型或可控型电力半导体开关。

在晶闸管出厂合格证上，一般标明了能够保证触发该器件的最小触发电流I_{GT}和电压U_{GT}。为使触发器通用于同型号的晶闸管，电路设计者应使触发器输送给门极的电流和电压大于标准规定的I_{GT}和U_{GT}值，即大于图1-10中的OABCO范围。如果触发电压太低，则晶闸管容易受干扰造成误触发。温度升高时，所需的触发电流和电压值可以相应地降低，反之则需增大。在设计触发器时必须考虑以上情况。

为了防止晶闸管受干扰而误触发，可在门极上加负电压。负电压的数值不应超过5V，否则会造成门极P-N结的反向击穿，或因P-N结反向漏电流过大造成过热而损坏。原因是晶闸管门极和阴极间P-N结的反向特性不像普通二极管反向特性那样理想，有时反向电阻值和正向电阻值比较接近。

3. 晶闸管的主要技术参数

1）断态重复峰值电压U_{DRM}：门极断路、器件额定结温时，允许重复加在器件上的正向峰值电压。国标规定重复频率为50Hz、每次持续时间少于10ms。这个电压规定为断态不重复峰值电压U_{DSM}的90%。

2）反向重复峰值电压U_{RRM}：门极断路、器件额定结温时，允许重复加在器件上的反向峰值电压。这个电压规定为反向不重复峰值电压U_{RSM}的90%。

3）额定电压：通常取U_{DRM}和U_{RRM}中的较小值。由于瞬时过电压会使晶闸管遭到破坏，因而应选用晶闸管的额定电压为其正常工作峰值电压的2至3倍作为安全裕量。

4）通态峰值电压U_{TM}：指晶闸管通以规定倍数的额定通态平均电流时的瞬态峰值电压。从减小损耗和器件发热的观点出发，应该选择U_{TM}较小的晶闸管。

5）通态平均电流$I_{T(AV)}$：在环境温度为+40℃和规定冷却条件下，稳定结温不超过额定结温时所允许流过的最大工频正弦半波电流的平均值。同电力二极管一样，这个参数是按照正向电流造成的器件本身的通态损耗的发热效应来定义的，因此在使用时应按照实际波形的电流有效值与通态平均电流的有效值相等的原则来选取晶闸管的电流定额。

6）维持电流I_H：在室温和门极断路时，使晶闸管维持导通所必需的最小电流。实际上，结温越高，所需维持导通的电流越小。

7）擎住电流I_L：晶闸管一经从断态转换到通态就移去触发信号，之后要保持器件维持通态所需的最小主电流。对于同一个晶闸管来说，通常擎住电流I_L约为维持电流I_H的2~4倍。

8）断态重复峰值电流I_{DRM}和反向重复峰值电流I_{RRM}：额定结温和门极断路时，对应于

断态重复峰值电压 U_{DRM} 和反向重复峰值电压 U_{RRM} 时的峰值漏电流。

9）浪涌电流 I_{TSM}：结温为额定值时，在工频正弦波半周期间器件能承受的最大过载电流，而且紧接浪涌后的半周期应能承受规定的反向电压。浪涌电流用峰值表示，是不重复的额定值，在器件的寿命期内，浪涌的次数应有一定的限制。这个参数可用来作为设计保护电路的依据。

10）门极触发电流 I_{GT}：在室温且阳极电压为6V 直流电压时，使晶闸管从阻断到完全开通所必需的最小门极直流电流。

11）门极触发电压 U_{GT}：对应于门极触发电流时的门极触发电压。使用晶闸管时，为使触发器适用于所有同型号的晶闸管，触发器输送给门极的电压和电流应适当地大于国标所规定的 V_{GT} 和 I_{GT} 的上限，但不应该超过其峰值 U_{GFM} 和 I_{GFM}。门极平均功率 P_G 和峰值功率 P_{GM}（允许的最大瞬时功率）也不应超过规定值。

12）断态电压临界上升率 du/dt：在额定结温和门极断路条件下，使器件从断态转入通态的最低电压上升率。也就是说，晶闸管保持断态所允许的最大电压上升率应小于此值。如果在晶闸管上突然加以正向阳极电压，等效于电容的 J_2 结中便会有充电电流流过 J_2 结面。这个电流流经 J_2 结时，起到类似于触发电流的作用。如果 du/dt 太大，充电电流足够大，即使阳极电压低于转折电压 U_{BO}，也会使晶闸管导通。

断态电压临界上升率 du/dt 的值为阳极电压的10% ~90% 两点的电压差除以这两点的时间差。du/dt 是晶闸管的一个极为重要的动态参数，高的 du/dt 可使晶闸管的缓冲电路简化或功率损耗减小，高的 du/dt 在晶闸管电压型逆变器中显得尤为重要，但不应超过断态电压临界上升率。

13）通态电流临界上升率 di/dt：在规定条件下，由门极触发晶闸管使其导通时，晶闸管能够承受而不导致损坏的通态电流的最大上升率，即晶闸管所允许的最大电流上升率 应小于此值。当门极输入触发电流后，晶闸管开始只在靠近门极附近的小区域内导通，随着时间的推移，导通区域才逐渐扩大，直至全部结面导通为止。如果电流上升太快，则刚一导通时很大电流集中在门极附近的小区域内通过，会造成局部过热而使晶闸管损坏。通态电流临界上升率 di/dt 的值为电流从零上升到导通后电流峰值的50% 除以两点之间的时间差。

di/dt 是晶闸管的又一个极为重要的动态参数，高的 di/dt 可使晶闸管的限制电流上升率电路得到简化，高的 di/dt 在多个晶闸管并联使用或采用大电流晶闸管时显得格外重要。该参数是晶闸管出厂测试中的破坏性试验参数，也是最严格的测试参数，di/dt 一般与晶闸管容量有关，电流容量大的晶闸管其 di/dt 耐量也大。

14）门极控制的开通时间 t_{on}：从门极触发脉冲前沿的10% 到阳极电压下降至10% 的时间间隔。开通时间 t_{on} 由两部分组成：延迟时间 t_d 和上升时间 t_r。延迟时间 t_d 是指从门极触发脉冲前沿的10% 到阳极电压开始下降的时间间隔；上升时间 t_r 是指阳极电压下降至90% 到下降至10% 的时间间隔。

门极控制的开通时间在多个晶闸管串联或并联使用时显得十分重要，电路设计者应采取措施尽可能使触发器送到门极的控制信号保证串、并联晶闸管的开通时间达到一致。

15）电路换向关断时间 t_q：从阳极电流 I_A 下降到零时起至器件刚能承受断态电压为止的时间间隔。关断时间 t_q 由 t_{rr} 和 t_{gr} 两部分组成：t_{rr} 称为反向恢复时间；t_{gr} 称为门极恢复时间。

16）额定结温 T_{JM}：器件在正常工作条件下所允许的最高 P-N 结温度。

1.3.2 双向晶闸管

双向晶闸管属于晶闸管家族中的派生器件。双向晶闸管不论从结构还是从特性方面来说，都可以把它看成是一对反向并联的普通晶闸管。它的基本结构、等效电路及伏安特性如图 1-11 所示。它有两个主电极 T_1 和 T_2，一个门极 G，这个门极具有短路发射极结构，使在主电路的正、反两个方向均可用交流或直流电流触发导通，所以双向晶闸管在第 I 和第 III 象限有对称的伏安特性。

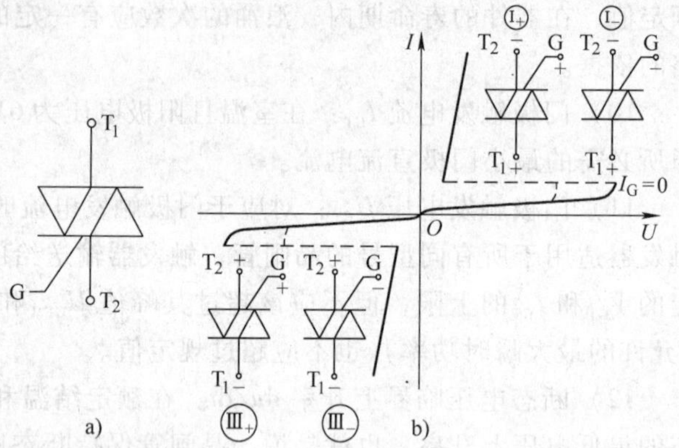

图 1-11 双向晶闸管

a）电气图形符 b）伏安特性

双向晶闸管有四种门极触发方式，即 I_+、I_-、III_+、III_-，如图 1-11b 所示。图中注明两个主电极 T_1 和 T_2 相对的电压极性，并注明门极 G 相对主电极 T_2 的电压极性。四种触发方式按灵敏度排列的顺序是 $\mathrm{I}_+ > \mathrm{III}_- > \mathrm{I}_- > \mathrm{III}_+$，在实际应用中，双向晶闸管需要正、反两方向触发，这样就有（$\mathrm{I}_+\mathrm{III}_-$）、（$\mathrm{I}_-\mathrm{III}_-$）、（$\mathrm{I}_+\mathrm{III}_+$）和（$\mathrm{I}_-\mathrm{III}_+$）四种组合方式。因为 III_+ 触发灵敏度最差，故实际使用中很少采用后两种组合。（$\mathrm{I}_+\mathrm{III}_-$）的触发组合灵敏度和可靠性均为最好，是双向晶闸管触发的首选方案，特别是直接引用交流主电源触发时，线路又特别简单，但当对触发精度要求较高，需采用直流方脉冲触发时，因（$\mathrm{I}_+\mathrm{III}_-$）需要正、负两种脉冲触发，会使触发电路较为复杂，而（$\mathrm{I}_-\mathrm{III}_-$）组合触发只需要同样负脉冲，可使线路简化，所以（$\mathrm{I}_-\mathrm{III}_-$）也常被采用，但（$\mathrm{I}_-\mathrm{III}_-$）触发的灵敏度和可靠性都不如（$\mathrm{I}_+\mathrm{III}_-$），使用时应给予注意。

由于双向晶闸管可在交流调压、固态继电器、交流电机调速和可逆直流调速等电路中代替两个反并联的普通晶闸管，因此可以大大地简化电路。另外，由于只有一个门极，而且正脉冲或负脉冲都能使它触发导通，所以其触发电路的设计是比较灵活的。

双向晶闸管在交流电路中使用时，须承受正、反两个半波电流和电压。它在一个方向导电结束时，管芯硅片各层中的载流子还没有恢复到截止状态的位置，这时若在相反方向承受电压，这些载流子电流有可能作为晶闸管反向工作时的触发电流而误导通，从而失去控制能力，造成换流失败。因此，应留有足够的换流时间。

双向晶闸管通常用在交流电路中，因而不能用平均值，而应用有效值表示它的额定电流。以 200A（有效值）双向晶闸管为例，其峰值电流为 $200\sqrt{2}$A，即为 283A。一个峰值为 283A 的普通晶闸管，按正弦半波来说，其平均值为 $283/\pi$A = 90A。所以，一个 200A（有效值）的双向晶闸管可代替两个 90A（平均值）的普通晶闸管。

1.3.3 光控晶闸管

光控晶闸管又称光触发晶闸管（Light Triggered Thyristor，LTT），是利用一定波长（900 ~940mm）的光照信号（几十毫瓦）触发导通的晶闸管，其电气图形符号和伏安特性如图 1-12 所示。除了中心门极结构外，光控晶闸管与普通电触发晶闸管的芯片结构完全一样。电触发晶闸管的触发电流向门极注入载流子；而在光控晶闸管中，光照信号施加于门极的中心光敏区，产生的载流子通过多重放大门极使光控晶闸管导通。小功率光控晶闸管只有阳极和阴极两个端子，大功率光控晶闸管则还有光缆，光缆上装有作为触发光源的发光二极管或半导体激光器。由于采用光触发保证了主电路与控制电路之间绝缘，而且可以避免电磁干扰的影响，因此光控晶闸管在高压大功率的场合，如高压直流输电和高压核聚变装置中，占据重要的地位。

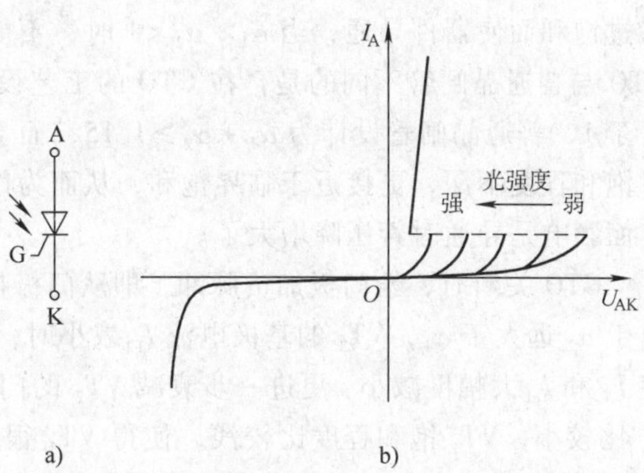

图 1-12　光控晶闸管的电气图形符与伏安特性

1.4 可关断器件

1.4.1 栅极可关断晶闸管

1. 基本结构

GTO 是晶闸管家族的一种派生器件，它是全控型、电流驱动、双极型器件。GTO 和普通晶闸管一样，是 PNPN 四层三端半导体结构，不同的是，GTO 是一种多元的功率集成器件，内部包含数十个甚至数百个共阳极的小 GTO 单元，这些 GTO 元的阴极和门极在器件内部并联在一起，其并联单元结构断面示意图如图 1-13所示。这种结构的特点是，门极和阴极间的距离大为缩短，阴极的横向宽度较窄，大大降低了 P_2 基区的横向电阻，所以，GTO 在门极反偏压的作用能影响到整个阴极区域，使得从门极抽出较大的电流成为可能。而普通晶闸管阴极的横向宽度通常有几厘米，P_2 基区存在较大的横向电阻，门极—阴极的反偏电压仅能使 P_2 基区靠近门极的区域（横向电阻上的压降与门极-阴极反偏压相平衡的区域）关断，但在更远的区域仍维持导通，这就是为什么 GTO 门极加反偏压可以关断，而普通晶闸管则不能的原因。GTO 的多元集成结构除了对关断有利外，也使得其比普通晶闸管开通过程更快，承受 d*i*/d*t* 的能力更强。

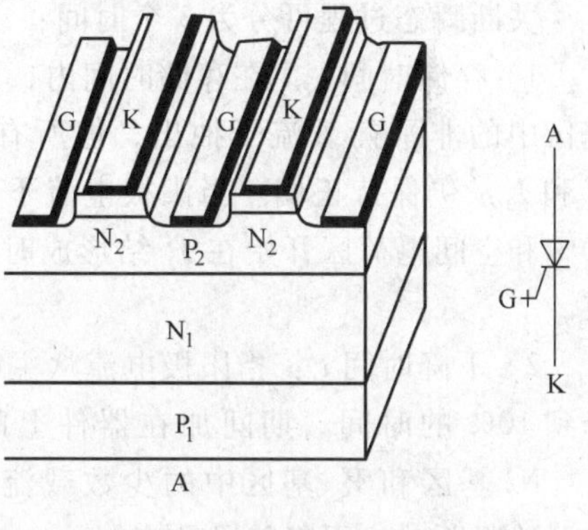

图 1-13　GTO 并联单元结构断面示意图和电气图形符号

2. 工作原理

GTO 有与普通晶闸管（SCR）类似的静态伏安特性，这里不再详细介绍，下面着重分析 GTO 的工作原理。

与普通晶闸管一样，GTO 的工作原理仍然可以用如图 1-7 所示的双晶体管模型来分析。

GTO 的导通过程与普通晶闸管是一样的，有同样的正反馈过程。在分析普通晶闸管的工作原理时我们知道，$\alpha_1+\alpha_2=1$ 是器件的临界导通条件，当 $\alpha_1+\alpha_2>1$ 时，两个等效晶体管过饱和而使器件导通，当 $\alpha_1+\alpha_2<1$ 时，不能维持饱和导通而关断。这同样适用于GTO。GTO与普通晶闸管不同的是，在GTO的工艺设计上，α_2 远大于 α_1，且导通时 $\alpha_1+\alpha_2$ 更接近于1，普通晶闸管设计为 $\alpha_1+\alpha_2\geqslant1.15$，而GTO设计为 $\alpha_1+\alpha_2\approx1.05$。这样使GTO导通时饱和程度不深，更接近于临界饱和，从而为门极控制关断提供了有利条件。但是这样做的负面影响是导通时管压降增大了。

GTO关断时，给门极加负脉冲，即从门极抽出电流，则晶体管 VT_2 的基极电流 I_{b2} 减小。由于 α_2 远大于 α_1，VT_2 的基极电流 I_{b2} 减小时，I_{c2} 和 I_K 将大幅度减小。I_{c2} 的大幅度减小，又使 I_A 和 I_{c1} 大幅度减小，更进一步衰减 VT_2 的门极电流，如此也形成了强烈的正反馈。由于 α_1 比较小，VT_1 饱和程度比较浅，使得 VT_1 很快退出饱和而关断。当两个晶体管发射极电流 I_A 和 I_K 的减小使 $\alpha_1+\alpha_2<1$ 时，器件退出饱和而关断。

下面从内部导电机理来分析GTO的关断机理，其示意图如图1-14a所示，图1-14b为关断过程中阳极、门极电流和阳极电压以及关断过程中的功率 P_A 的曲线波形。当门极施加负脉冲时，门极负电流排除 P_2 区非平衡空穴载流子的积累，门极负电压阻止 N_2 区阴极非平衡载流子的注入。门极负电流 $-I_G$ 的流动，意味着 P_2 基区中的过剩空穴通过门极流出器件，而电子则通过 J_3 结从阴极排出。随着空穴和电子的被排除，在 J_3 结的附近形成了耗尽层。此耗尽层从阴极靠近门极的区域逐渐向阴极中心部分扩展。这样，从 N_2 阴极没有电子注入 P_2 基区，P_2 区与 N_2 区中的过剩载流子复合一直到达到电中性为止。J_3 结如能维持反偏置状态，将为 J_2 结迅速恢复阻断能力创造条件，只要 J_2 结恢复了反向阻断能力，GTO就进入关断状态。

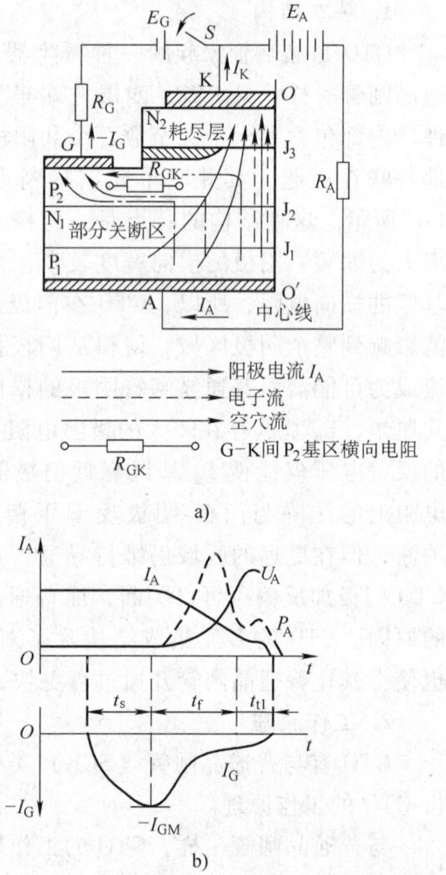

图1-14 GTO关断过程图

关断瞬态过程可分为3个时间：

1）存储时间 t_s：在存储时间内，门极电流将 P_2 基区中的非平衡载流子抽出，但所有GTO结（J_1，J_2 和 J_3）仍保持正偏。当阳极电流下降到主电流的90%和空间电荷区开始在 J_2 结形成时，存储阶段结束。

2）下降时间 t_f：指阳极电流从主电流的90%下降到10%的时间。期间加在器件上的电压逐渐上升，N_2 基区和 P_2 基区中的少数载流子被抽走。J_3 结开始阻断时，下降阶段结束。

3）拖尾时间 t_r：阳极电流从导通时主电流的10%下降到几乎为零的时间。关断时间 t_{off} 为存储时间 t_s 和下降时间 t_f 之和，不包括拖尾时间 t_r。

3. 主要参数

GTO的许多参数都和普通晶闸管相应的参数意义相同。这里只介绍一些普通晶闸管没有的参数以及一些意义不同的参数。

1）最大可关断阳极电流 I_{ATO}：GTO的阳极电流既受热学上的限制（额定工作结温决定了GTO的平

均电流定额)，又受电学上的限制（电流过大时，$\alpha_1+\alpha_2$ 稍大于 1 的条件可能被破坏，使器件饱和程度加深，导致门极关断失败)。I_{ATO} 是一个重要的特征参数，用来标称 GTO 额定电流的参数。为了获得大容量的 GTO，就必须严格控制 α_1 和 α_2 的数值，特别是它们的温度稳定性，以免高温时关断失败。I_{ATO} 还随工作频率、再加电压、阳极电压上升率 du/dt、门极负电流波形以及电路参数等的变化而变化，使用中应特别注意。

2）通态电流 I_T：通态下阳极电流的稳定值（有的产品样本给出允许通过的通态电流最大值 I_{TM})。

3）阳极尖峰电压 U_p：该电压是在下降时间末尾出现的极值电压。它几乎随阳极主电流线性增加，U_p 过高，可能导致 GTO 失效。U_p 的产生是由缓冲电路中的引线电感、反并联二极管正向恢复电压及电容中的电感造成的。为了减小 U_p，必须尽量缩短缓冲电路的引线，以便减小引线电感，并采用正向恢复快的二极管和无感电容等。

4）门极最小触发电流 I_{GT}：由断态转向通态所需的最小门极电流。

5）门极反向关断电流 I_{RG}：从通态转入断态时流过门极的反向电流，亦称门极关断电流。

6）门极反向最大电压 U_{RGM}：门极反向电压的最大瞬时值。实际应用中，一般选择门极关断电压小于门极反向击穿电压，并留有足够的裕量，以免损坏 J_3 结。由于门极负关断电流以脉冲的形式出现，在门极负电流脉冲的下降阶段，由于线路寄生电感的作用，门极反向电压很可能超过门极反向峰值电压。

7）关断增益 G_{off}：最大可关断阳极电流 I_{ATO} 与门极负电流 I_{GTM} 最大值之比。关断增益较低时，即门极电流过大，易发生动态雪崩击穿。为此，在实际应用中，设计门极电路时，应确保关断增益不小于 2。关断增益较高时，易发生动态穿通现象。为此，在实际应用中，设计门极电路时，要确保关断增益不大于 5。故 G_{off} 一般为 2～5，这是 GTO 的一个主要缺点。一个 1000A 的 GTO，关断时门极负脉冲电流的峰值达 200A，这是一个相当大的数值。

8）阳极电压上升率 du/dt：GTO 保持断态不转向通态的最大电压上升率。GTO 允许的阳极电压上升率 du/dt 分为静态和动态两种情况。静态 du/dt 是指 GTO 阻断时所能承受的最大电压上升率，当静态 du/dt 过高时，GTO 中结电容将流过较大的位移电流并使（$\alpha_1+\alpha_2$）增大，可能引发误导通故障。静态 du/dt 与结温、阳极电压以及门极反偏压有关。结温和阳极电压越高，GTO 承受的静态 du/dt 能力越低，门极反偏压越高，静态 du/dt 耐量越高。动态 du/dt 也称重加 du/dt，表示 GTO 在门极关断过程中阳极电压的上升率。因为门极正加有关断负脉冲，所以此时不是因 du/dt 过高而引起 GTO 误触发，而是因为再加 du/dt 会使 I_{ATO} 下降，瞬时关断功耗过大，也会导致 GTO 损坏。对同一个器件来说，承受动态阻断电压的能力要比承受静态阻断电压的能力低。

9）阳极电流上升率 di/dt：它是 GTO 开通过程中的动态参数。di/dt 过大，可导致阴极区电流局部集中而烧坏 GTO。此外，di/dt 过大，造成开通损耗大，引起局部过热，导致 GTO 损坏。

4. 应用中其他应注意的问题

GTO 是个双稳态的大功率开关器件，与下面将要讲的巨型晶体管（GTR）和功率场效应晶体管（Power MOSFET）不同，GTO 门极加正触发信号时，没有安全工作区的问题，只有瞬时浪涌电流的规定值。在门极加负脉冲关断信号时，则有安全工作区的问题。GTO 安全工作区的定义是：在一定条件下，GTO能够可靠关断的阳极电流与阳极电压的轨迹。

与其他自关断器件一样，大容量GTO是由若干个小GTO并联而成的。从GTO工作原理部分的内容可知，GTO的门极关断是从阴极中最靠近门极部分的区域开始，逐步向较远区域即阴极的中心区域发展的。这意味着在GTO门极关断的过程中，阴极的中心区域与靠近门极的边缘区域存在着“关断时间差”，因而阴极的中心部分一直到关断的最后阶段还处于通态，仍然集中流过主电路电流。阴极中心部分的关断电流密度显著增大，可能超过该局部小GTO单元的最大可关断阳极电流，进而导致关断失败。而且，阴极中心部分的关断电流密度显著增大，将产生很大的功率损耗，其结果可能造成关断失败或器件损坏。

在关断过程中，因主电流集中在离门极较远的区域，结果导电部分与门极之间出现横向电场。在关断的最后阶段所流过的大部分门极电流是由这个电场产生的漂移电流，此横向电场越强就越能有效地进行关断，因此在设计时要求 J_3 结的反向击穿电压 U_{J_3} 尽可能大些。

正因为GTO关断过程中存在上述问题，所以要求GTO的门极驱动电流保证各GTO在关断和导通时动作应整齐一致。

1.4.2 巨型晶体管

1. 基本结构

巨型晶体管（Giant Transistor，GTR）又称电力晶体管、功率晶体管。它是一种高耐压、大电流的双极结型晶体管（Bipolar Junction Transistor，BJT）。在电力电子技术范围内，GTR与BJT这两个名称是等效的。GTR属于晶体管家族，内部为三层结构。GTR有NPN型和PNP型两种，它们的电路图形符号分别如图1-15a和图1-15b所示，它们均是用基极电流控制集电极电流的电流控制型器件，大功率GTR多采用NPN型结构。GTR芯片一般都由若干并联晶体管单元组成，这些晶体管单元共集电极，但发射极和基极则由许多分立单元并联组成，NPN型的GTR结构如图1-16所示，由重掺杂的N型单晶片作为衬底，利用外延生长法在N上制作一层 N^- 层，然后在 N^- 层上利用高温扩散形成P基区，再扩散N作为发射区。添加 N^- 层的目的是为了获得需要的电压承受能力。

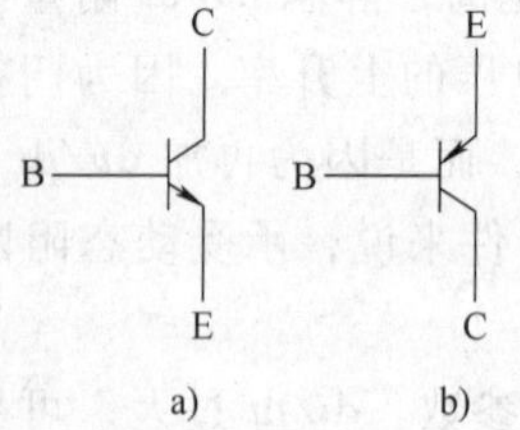

图1-15 GTR的电气图形符

a）NPN型 b）PNP型

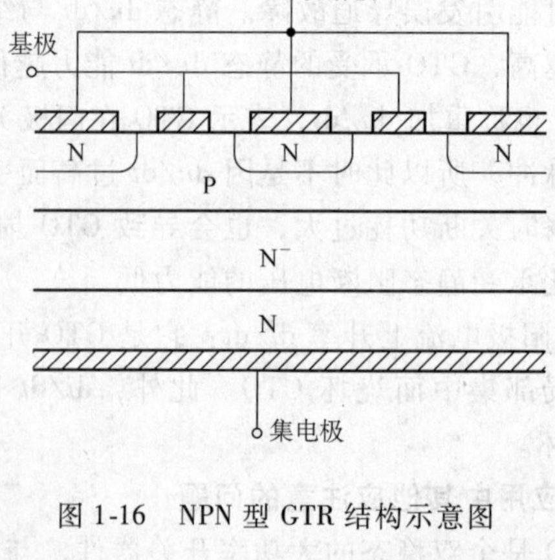

图1-16 NPN型GTR结构示意图

GTR的主要特点是：有自关断能力、开关时间短及安全工作区宽，自20世纪80年代以来，在中、小功率范围内取代晶闸管的主要是GTR，但目前，其地位已大多被绝缘栅双极晶体管和电力场效应晶体管所取代。

2. 基本特性

(1) 输出特性

GTR 的集电极伏安特性如图 1-17 所示。GTR 的工作状态分为四个区域：Ⅰ区为截止区，对应关断状态，此时基极—集电极间的 $P\text{-}N^-$ 结（以后称为集电结）与基极—发射极间的 P-N结（以后称为发射结）均处于反向偏置状态。Ⅱ区为线性工作区，此时集电结仍处于反向偏置，而发射结为正向偏置，集电极电流与基区少子浓度成线性关系，而基区少子浓度又与基极电流成线性关系，所以集电极电流与基极电流呈线性关系。Ⅲ为临界饱和区。随着基极电流的增加，开始出现基区宽度调制效应，集电极电流与基极电流之间的电流增益（集电极电流与基极电流之比）开始下降，出现非线性关系，即进入临界饱和区。在临界饱和区内，GTR 集电极—发射极间等效阻抗仍旧较大。Ⅳ区为深饱和区，此时，集电结完全正向偏置，电导调制效应使得集电极—发射极间等效阻抗较低，电流增益与导通电压均达到最小值。但是，采用达林顿结构的 GTR（其两级单元结构如图 1-18 所示，二极管 VD_1 用于加速关断过程。）由于其驱动管 VT_1 的输出并联在输出管 VT_2 的集电结上，其集电结不可能出现正向偏置的情况，因而达林顿结构的 GTR 不可能进入深饱和区，这样做的优点是容易退出饱和而迅速关断，电流增益高，可扩大输出容量，缺点是，导通时管压降较高。为了获得理想的电流增益，高压 GTR 多采用达林顿结构。达林顿结构的 GTR 也可由多个晶体管复合而成。

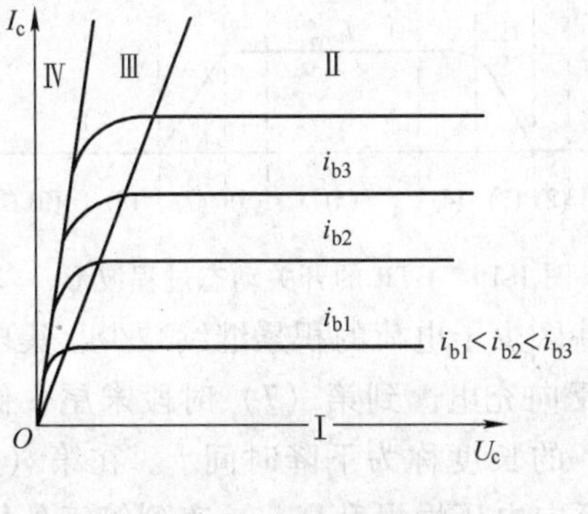

图 1-17　GTR 的集电极伏安特性

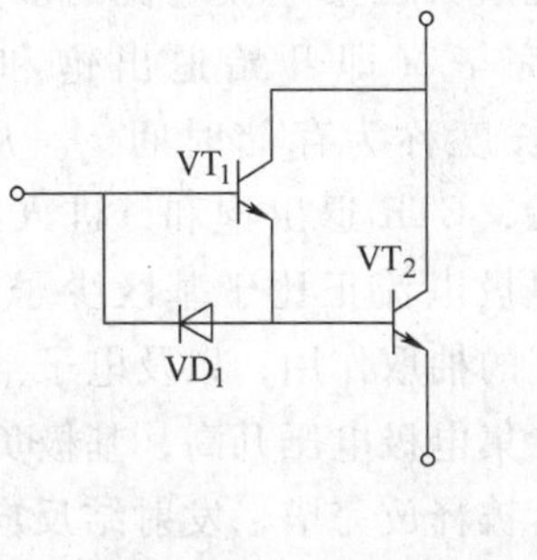

图 1-18　达林顿结构的 GTR 的两级单元结构

(2) 开关动态特性

GTR 的开关动态过程波形如图 1-19 所示。在第（1）时段，基极 GTR 处于截止状态。从第（2）时段开始，基极端外加正电压，基极电流产生，线路寄生电感限制了基极电流的上升速率。由于发射结等效电容的存在，基极电压并不会立即由负变为正，而是首先由基极正电流抽取原来储存的负电荷，在第（2）时段的末尾，负电荷释放完毕，基极—发射极间电压由负变正，发射结开始正向偏置。在此过程中，基极正电流同时也向集电结等效电容提供充电电荷。时段（2）的长度即为延迟时间 t_d。在第（3）时段，少子电荷（电子）从发射极通过发射结进入到基区，并在基区积累，而集电极电流与基区少子电荷的数量成线性关系，故集电极电流慢慢升高，由于外电路阻抗分压的作用，集电极—发射极电压慢慢下降，反向偏置的集电结等效电容（米勒电容）电压也慢慢下降。时段（3）的长度为上升时间，增大基极电流，可加快少子电荷注入并在基区积累的速度，加快米勒电容的充电速度，从而减小上升时间。在第（3）时段的末尾，集电结开始正向偏置，少子电荷（正电荷）从基极通过集电结进入 N^- 区并在 N^- 区积累，电导调制效应使得 N^- 区阻抗逐渐减小。到第（4）时段末尾，P 区和 N^- 区的少子电荷均得到了很大的积累，远超过维持线性放大区集电极电流所必需的浓度，GTR 集电极—发射极间呈现为低阻特性。第（5）时段，GTR 饱和导通。

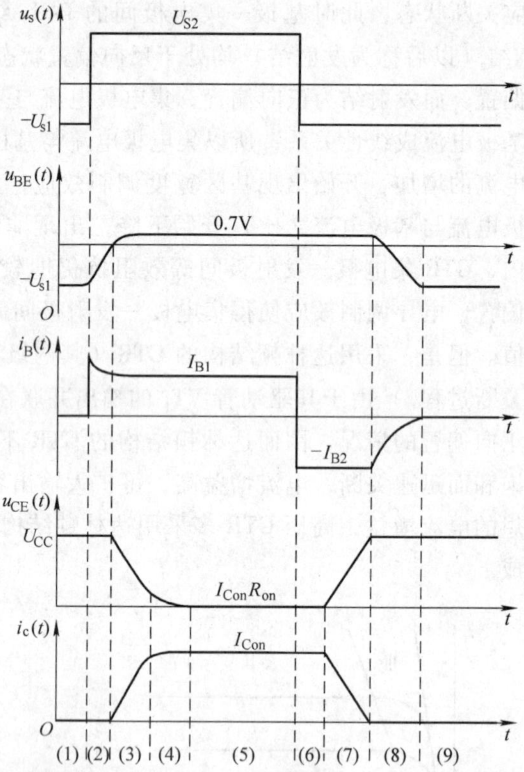

图 1-19　GTR 的开关动态过程波形

从第（6）时段开始，基极外加电压突然由正变负，之后基极电流逐渐由正变为负，基极负电流开始抽取 P 区中的少子电荷。由于少子电荷的排放需要一个过程，只要发射结附近存在少子电荷，发射结就仍然正向偏置。在第（6）时段过程中，集电极电流基本不变，而且，只要 P 区和 N^- 区中的少子电荷远超过维持线性放大区集电极电流所必需的浓度（即没有退出深饱和），集电极电流就基本不变。基极负电流的大小由外加负电压和外部电路阻抗决定。到第（6）时段末尾，P 区和 N^- 区中超过维持线性放大区集电极电流的多余少子电荷释放完毕（即开始退出饱和）。时段（6）的长度称为存储时间 t_s。从第（7）时段开始，GTR 退出饱和，进入线性放大区，集电极电流正比于基区少子电荷。基极负电流的抽取作用，以及电子空穴的再结合使得基区少子电荷的积累继续减少，集电极电流减小，集电极电压升高，基极负电流对米勒电容反向充电。到第（7）时段末尾，储存的少子电荷被释放完毕，发射结反向偏置，时段（7）的长度称为下降时间 t_f。在第（8）时段，发射结等效电容被反向充电，基极—发射极间反向电压慢慢升高，一直到等于外加负电压。从第（9）时段开始，GTR 进入稳定的截止状态。

（3）基极驱动电流

理想的基极驱动电流波形如图 1-20 所示。开通时，为了加快少子电荷进入基区并在基区积累的速度，从而减少开通时间，初始基极电流 I_{B1} 幅值较大。GTR 进入导通状态后，为了减轻 GTR 的饱和深度，从而减小关断时的存储时间，可适当地降低基极电流 I_{BO}，但 GTR 导通时饱和深度越浅，其导通压降也越大，所以 I_{BO} 的值也不能太小，应有一个合理的折中。GTR 关断电流 $-I_{B2}$ 的幅值越大越有利于 P 区少子电荷的排放，从而 GTR 的关断时间

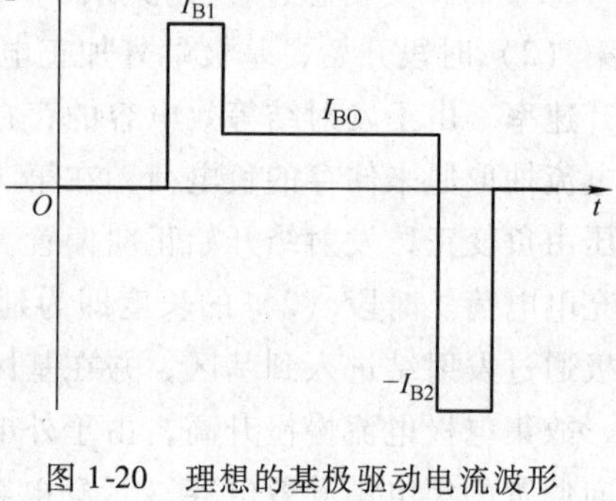

图 1-20　理想的基极驱动电流波形

就越快。I_{B1}、I_{B2}的幅值也不能过大，否则可能因为电流不均而造成热电击穿，GTR 集电极电流的正温度系数特性，热电反馈的结果更加剧了这种现象。

（4）二次击穿与安全工作区

工程应用中，损坏的 GTR 80% 以上是由于二次击穿造成的。GTR 二次击穿的概念是相对于一次击穿提出的。一次击穿电压为 BU_{CEO}，发生一次击穿时集电极电流急剧增加，器件端电压无明显跌落，如有外电路限制电流的增长，一般不会引起 GTR 特性变差，如不限制，就会导致二次击穿。二次击穿则是在电流突增的同时器件端电压骤然跌落，P-N 结特性彻底破坏。二次击穿的持续时间极短，一般为纳秒至微秒的数量级，即使如此短暂的时间内，也会使 GTR 内部出现明显的电流集中和过热点，造成 GTR 的永久性损坏，轻则耐压降低，重则集电结和发射结熔通引起短路故障。二次击穿引起的是热损坏，热点的形成需要能量的积累，因此凡是与 GTR 电压、电流、导通时间有关系的因素（如负载性质、脉冲宽度、电路参数、材料、工艺以及基极驱动电路的情况等）都会影响二次击穿。图 1-21 表示 GTR 在不同条件下的二次击穿特性，图中的 F、O、R 三条曲线分别对应发射结正偏（$I_B>0$）、开路（$I_B=0$）和反偏（$I_B<0$）三种情况。GTR 在各种情况下都可能发生二次击穿现象。在正偏情况下工作时，由于发射极电流集边效应不易形成热点，二次击穿电压耐量较大，相应的二次击穿触发功率 P_{SB} 也较大。在反向偏置情况下工作时，由于电场集中，使流向发射极的电流通道缩小，电流集中，易产生局部过热点而造成二次击穿，因而相应的二次击穿触发功率 P_{SB} 也小。

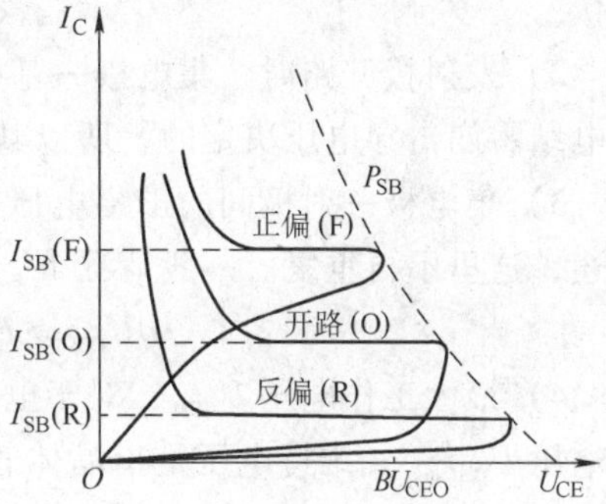

图 1-21　GTR 的二次击穿特性

前边已有所述，GTR 的击穿电压与基极驱动电路的情况有关，图 1-22 表示出了五种不同的基极情况，图 1-22a 为发射结开路时，集电结承受电压的情况；图 1-22b 为发射结开路时，集电极—发射极间加电压的情况；图 1-22c 为发射结短路时，集电极—发射极间加电压的情况；图 1-22d 为发射结间有外接电阻，集电极—发射极间加电压的情况；图 1-22e 为发射结接有反向偏压，集电极—发射极间加电压的情况；图 1-22f 中的 B、E、S、R、X 五条曲线分别示出了上述五种情况下各自的输出伏安特性，相应的击穿电压分别用 BU_{CBO}、BU_{CEO}、BU_{CES}、BU_{CER} 和 BU_{CEX} 表示，图中 U_a 和 U_b 表示 $I_B=0$ 和 $I_E=0$ 情况下对应电流失控时的集电极—发射极间承受的电压值。一般情况下，$U_b>BU_{CEX}>BU_{CES}>BU_{CER}>U_a$。当集电极开路时，发射结上的最大反向击穿电压用 BU_{EBO} 表示，其值由于发射区浓度很高而很小，只有几伏，典型值为 8V。

为了保证 GTR 安全可靠地工作，应将其工作状况限制在安全工作区内，即集电极电流、集电极电压、最大功耗等都不应超过允许的极限，必要时应增加过压保护电路。脉冲工作方式下允许的安全工作区比直流工作方式下的安全工作区的范围大，当脉冲宽度小于 10μs 时，已经不必考虑二次击穿的问题，如脉冲宽度减小至 1μs 或更小时，则根本不存在允许功耗与二次击穿的限制，相应的安全工作区只有允许的最大集电极电流和电压所限制。

3. 主要参数

1）集电极开路时，发射极—基极间的反向击穿电压 V_{EBO}：超过这个极限值，发射结将

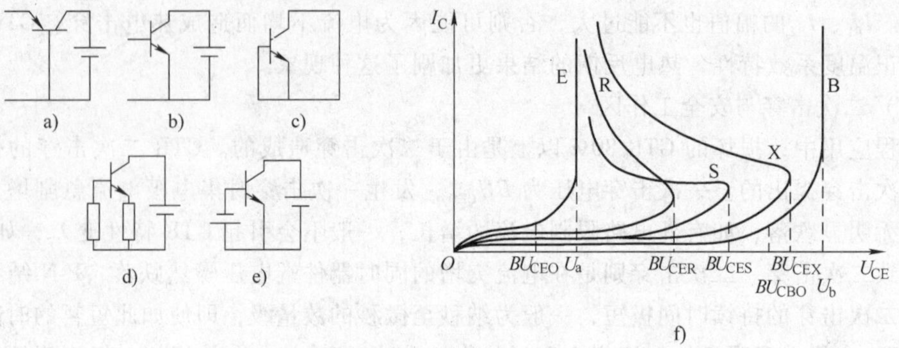

图 1-22　电压极限值与基极条件的关系

被击穿。一般合金结晶体管的 U_{EBO} 较高，典型值为几十伏；平面管的 U_{EBO} 较低，典型值为几伏。

2）发射极开路时，集电极—基极间的反向击穿电压 U_{CBO}：由于这个反向击穿电压是由集电结雪崩击穿电压决定的，所以其值比较高。

3）集电极—射极间的击穿电压：有 U_{CEO}、U_{CES}、U_{CER} 和 U_{CEX} 等几种情况，在前面已有所述，这里不再重复。一般情况下，这些值之间的关系是：

$$BU_{CBO} > BU_{CES} > BU_{CEX} > BU_{CER} > BU_{CEO}$$

4）最大工作电压 U_{CEM}：对于电阻负载，U_{CEM} 可取为 U_{CEO}。对于电感负载，U_{CEM} 取为维持电压 $U_{CE(sus)}$。维持电压是指晶体管在电感负载下开关时，在规定的电流值内不发生异常现象所能承受的最大电压。维持电压又分为两种，即基极没有反向偏压时的维持电压 $U_{CEO(sus)}$ 和基极有反向偏压时的维持电压 $U_{CEX(sus)}$。在电感负载条件下，$U_{CEO(sus)}$、$U_{CEX(sus)}$ 要比 U_{CEO} 和 U_{CEX} 低。

5）集电极最大工作电流 I_{CM}：晶体管的理论和实践均指出，在大电流情况下，随着集电极电流 I_C 的增加，电流放大倍数、截止频率及特征频率都要下降，开关时间也会增加，因此规定集电极最大工作电流 I_{CM} 为一个极限参数。一般作为开关应用的 GTR，实际运行的工作电流 I_C 应为 I_{CM} 的 1/5 ~ 1/3，具体值取决于脉冲持续时间和占空比。

6）集电极最大耗散功率 P_{CM}：P_{CM} 是 GTR 在热学方面的限制参数。晶体管工作过程中，由于管子的集电结和发射结都有电压和电流，所以它们都要消耗一定的功率。一般来讲，集电结消耗的功率比发射结大得多，因此晶体管总的消耗功率就可以认为是集电结消耗的功率。消耗功率产生热量，使集电结的结温进一步升高，如散热不好，由于热电反馈，容易发生击穿。因此，根据不发生热击穿的要求规定了最高集电极结温。而对结构一定的晶体管都规定了一个与可能产生最高结温相对应的最大耗散功率。

7）二次击穿功耗 P_{SB}：二次击穿时所对应的功耗。二次击穿情况很复杂，P_{SB} 曲线由实验决定。

1.4.3　功率场效应晶体管

功率场效应晶体管，有时也被称为功率 MOSFET。它是用栅极电压来控制漏极电流的电压控制型器件，驱动电路简单，需要的驱动功率小。它是采用场效应机理控制器件导通或关断的，而不是像 SCR、GTO、GTR 等器件通过控制少数载流子实现导电，因而功率 MOSFET 的开关速度快，工作频率高。也正由于此，不会出现电导调制效应来降低漂移区的电阻率，因而对于高耐压的器件，其导通电阻较高，导通压降大，功耗大。因此，功率 MOSFET 一般只适用于功率不超过 10kW 的场合。

1. 基本结构和工作原理

功率 MOSFET 的单元结构和电气图形符如图 1-23 所示，它是在 N^+ 型高掺杂浓度的硅片垫底上外延生长 N^- 高阻漂移区，在 N^- 区内选择地扩散出 P 型体区，再在 P 型体区选择地扩散出 N^+ 源区。漏区（由 N^+ 区和 N^- 区共同组成）通过金属铝模由芯片底部引出漏极 D，N^+ 源区通过金属铝模从芯片表面引出源极 S，在 N^+ 源区上先是植入一层薄的 SiO_2 绝缘层，然后形成控制区（栅极 G），栅极也从芯片表面引出。功率 MOSFET 内部有两个 P-N 结，一个是漏区与 P 体区之间的 P-N^- 结，称为漏区 P-N^- 结；另一个是 P 体区与源区之间的 P-N^+ 结，称为源区 P-N^+ 结。由于源区和体区总是被金属模短路在一起由源极线引出，因此，源区 P-N 结总是处于零偏置状态。正向截止状态（栅极电压 $U_{GS} \leqslant 0$）下，漏区 P-N^- 结反向偏置，没有电流流过，漏源正电压几乎全部降落在空间电荷区，如图 1-24a 所示。当栅极施加正电压（$U_{GS} \geqslant 0$）时，由于栅极是绝缘的，并不会有栅极电流流过（稳态时），但在栅极正电压电场的作用下，会将其下面 P 区的空穴排开，而将 P 区中的少子（电子）吸引到栅极下面的 P 区表面。当 U_{GS} 大于某一电压值 $U_{GS(th)}$ 时，栅极下 P 区表面的电子浓度将超过空穴浓度，从而使 P 型反型成 N 型，该反型层即为沟道，这里为 N 型沟道。N 沟道使得此片区域的 P-N^- 结消失，漏极和源极导通，电流从漏极流入，经 N^+ 区、N^- 区、N 沟道和 N^+ 源区，从源极流出，如图 1-24b 所示。其中 $U_{GS(th)}$ 称为阈值电压，U_{GS} 超过 $U_{GS(th)}$ 越多，载流子浓度越大，形成的沟道越宽，导电能力越强，漏极电流 I_D 越大。这就是场效应晶体管导电的机理。漏极电流的通路电阻由 N^- 区电阻、沟道电阻、漏极和源极接触电阻共同作用，当电压较大时，N^- 区电阻起主要作用。由于参与导电的电荷全部是电子，所以功率 MOSFET 为单极型器件。

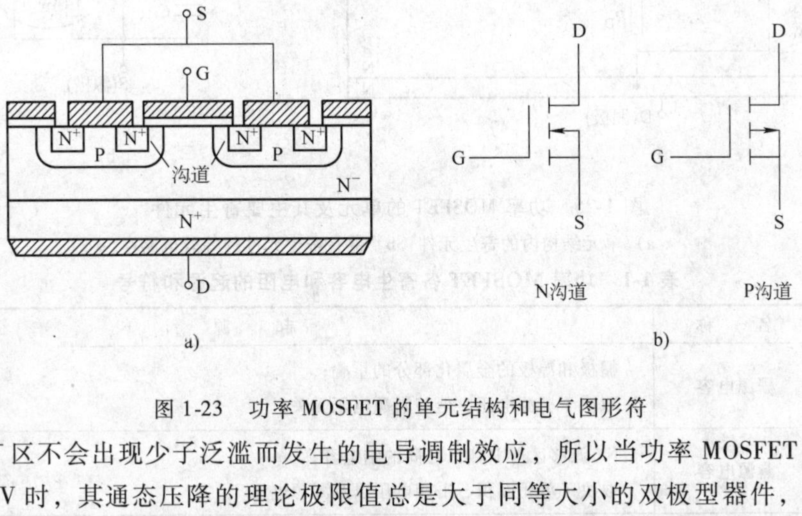

图 1-23　功率 MOSFET 的单元结构和电气图形符

由于 N^- 区不会出现少子泛滥而发生的电导调制效应，所以当功率 MOSFET 的截止电压为 200～400V 时，其通态压降的理论极限值总是大于同等大小的双极型器件，而且其电流承载能力也比它们小。而另一方面，也正因为仅仅由多子承担的电荷运输，没有任何少子存储效应，因此，功率 MOSFET 很容易实现极短的开关时间。但由于功率 MOSFET 内部寄生电容的存在，电容的充放电影响了其开关速度。因为每平方厘米的芯片面积上的电容约可达 0.3μF，在芯片尺寸很大的器件中（高耐压/高电流），其内部寄生电容充放电需要的驱动电流很大，会影响 MOSFET 的开关速度。这些由 MOSFET 的物理结构所决定的电容是其最重

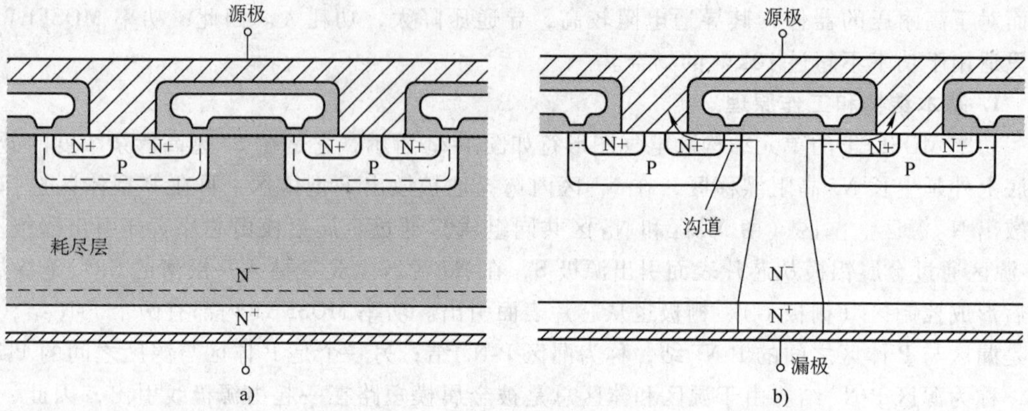

图 1-24　功率 MOSFET 的运行状态

a）正向截止状态　b）导通状态

要的寄生参数，是影响功率 MOSFET 开关速度的主要因素，图 1-25 表示了它们的起源和等效电路图，各寄生电容和电阻的起源和符号如表 1-1 所述。

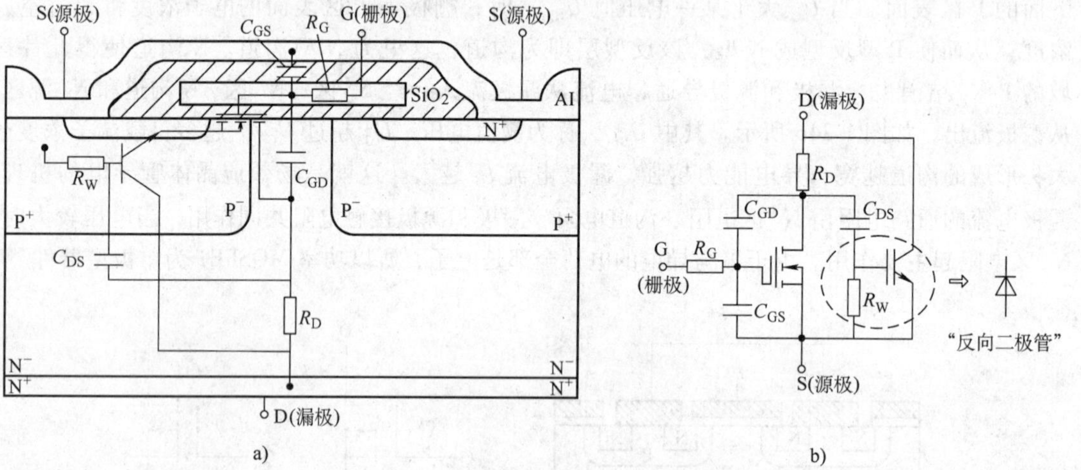

图 1-25　功率 MOSFET 的单元及其主要寄生元件

a）单元结构内的寄生元件　b）带有寄生元件的等效电路

表 1-1　功率 MOSFET 各寄生电容和电阻的起源和符号

符　号	名　称	起　源
C_{GS}	栅源电容	栅极和源极的金属化部分的重叠； 取决于栅源电压，但与漏源电压无关
C_{DS}	漏源电容	N^- 漂移区与 P 体区之间的结电容； 取决于单元面积、击穿电压以及漏源电压
C_{GD}	栅漏电容	米勒电容，由栅极和 N^- 漂移区之间的重叠而产生
R_G	栅极内阻	多晶硅栅极的电阻。在多芯片并联的模块中，常常还有附加的串联电阻以削弱芯片之间的震荡
R_D	漏极内阻	N^- 漂移区的电阻。占 MOSFET 通态电阻的主要部分
R_W	P 体区横向电阻	寄生 NPN 双极型晶体管的基极—发射极之间的电阻

上面所讲的是 N 沟道增强型 MOSFET。所谓增强型，是指在栅极正电压驱动作用下形成沟道，器件导通，驱动电压消失后，沟道消失，器件截止。相对于沟道增强型，有沟道耗散型，其特点是，不需要驱动电压便可以导通（自导通），而在施加驱动电压时，产生一个空间电荷区，使得沟道变窄，进而扼断电流。相对于 N 型沟道，有 P 型沟道，它是通过一个负偏驱动电压去影响由正电荷载流子所形成的沟道。由于 P 型沟道，以及耗散型结构，使用时不方便，功率 MOSFET，以及后面要讲的 IGBT，主流均是采用 N 沟道增强型，所以后面的讨论均默认为 N 沟道增强型结构。

图 1-23a 所示结构为垂直式结构，栅极和源极位于芯片上表面，漏极位于芯片底面，除在沟道外，负载电流垂直通过芯片。MOSFET 也有平面式结构，平面式 MOSFET 的漏、源、栅极均位于芯片上表面，负载电流水平流过芯片。由于平面式结构的电流密度仅能达到垂直式结构的 30%，因而明显地需要更多的安装面积，所以在大多数情况下，人们均采用垂直式的 MOSFET 结构。平面式晶体管结构主要被用在复杂的单芯片电路中。

功率 MOSFET 内部也是由众多微单元组成的，在一块 0.3 至 1.5cm^2 的芯片上，每平方厘米的单元数目可达几十万。这些微单元的栅极和源极在内部并联在一起，共有漏极。

2. 基本特性

（1）静态特性

功率 MOSFET 的输出特性如图 1-26 所示。在第一象限，它分为正向截止状态和导通状态，导通状态又分为主动区域和电阻性区域；在第三象限，功率 MOSFET 工作在反向运行状态。

正向截止状态：当外加一个正的漏源电压 U_{DS}时，若栅源电压 U_{GS} 小于栅源开启电压 $U_{GS(th)}$，则在漏源之间只有一个很小的漏电流 I_{DSS}在流动。当 U_{DS} 增加时，I_{DSS} 也略有增加。当 U_{DS}超过某一特定的最高允许值（锁定电压 $U_{(BR)DSS}$）时，P-N$^-$ 结会发生锁定现象，电流剧增。这一锁定电压在物理上大致对应了 MOSFET 结构中的寄生 NPN 双极晶体管的击穿电压 U_{CER}。该 NPN 晶体管由 N 源区—P 体区—N$^-$漂移区/N 生长层构成，如图 1-21 所示。

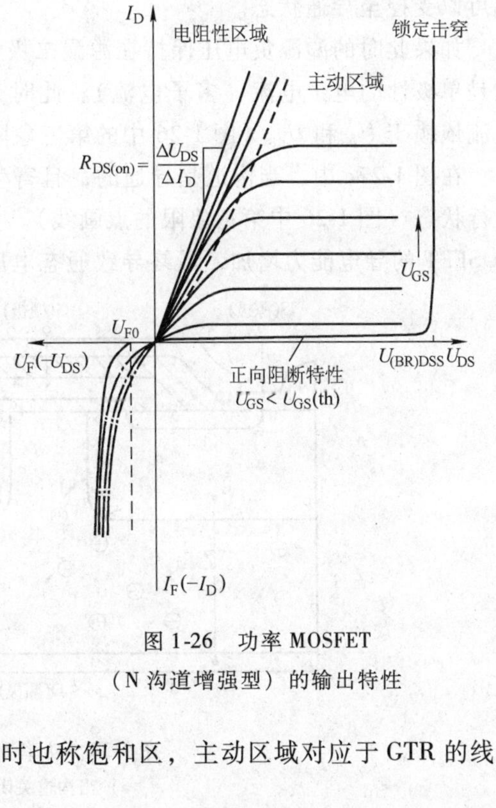

图 1-26 功率 MOSFET（N 沟道增强型）的输出特性

导通状态：当漏源电压 U_{DS} 为正，栅源电压 U_{GS}大于栅源开启电压 $U_{GS(th)}$时，MOSFET 进入正向导通状态。正向导通状态可分为两块区域。

① 主动区域：当栅源电压 U_{GS}仅略大于栅极开启电压时，沟道内电流的饱和作用将产生一个可观的压降（输出特性的水平线），此时，I_D 由 U_{GS}控制。这个区域称为主动区域，有时也称饱和区，主动区域对应于 GTR 的线性放大区。

② 电阻性区域：在开关状态下，如果 I_D 仅仅由外电路所决定，就处于被称为通态的阻性区域，有时也被称为非饱和区域，对应于 GTR 的饱和区域。此时的导通特性可以用通态电阻，即漏源电压 U_{DS} 和漏极电流 I_D 之商来描述。在大信号区域内有

$$U_{DS(on)} = R_{DS(on)} \cdot I_D \tag{1-4}$$

式中，$R_{DS(on)}$ 依赖于栅源电压 U_{GS} 和芯片温度，从 25℃到 125℃时大约会增加一倍。

功率器件只允许在开关状态下工作，所以主动区域只是在开通和关断过程中被经过。而且一般来说，不允许 MOSFET 在主动区域内稳定运行，原因是 $U_{GS(th)}$ 随温度的上升而下降，因此，单个芯片之间小小的制造偏差就有可能引起温升失衡。

功率 MOSFET 饱和、非饱和的概念与 GTR 饱和的概念不同。功率 MOSFET 的饱和是指漏源电压增加时漏极电流不再增加，非饱和是指漏源电压增加时漏极电流相应增加。

反向运行：功率 MOSFET 的漏极和源极之间形成了一个与之反向并联的寄生二极管，当漏源电压为负，且 U_{GS} 小于 $U_{GS(th)}$ 时，则 MOSFET 会显示出二极管特性（图 1-26 中第三象限的实线）。源漏 PN 结（反向二极管的双极性电流）的导通电压决定了 MOSFET 在反向时的导通特性。这个双极型反向二极管可以运行到由 MOSFET 所给定的电流极限。然而在实际应用中，这个反向二极管情况如下：

① 导致较大的通态损耗，它与 MOSFET 本身的损耗一起，必须被散发出去。

② 在 MOSFET 作为硬开关应用时具有较差的关断特性，从而限制了 MOSFET 的应用范围。

如图 1-27b 所示，原则上只要 U_{GS} 大于 $U_{GS(th)}$，即使漏源电压为负值，MOSFET 的沟道也可以受控至导通状态。

如果此时的漏源负电压保持在源漏二极管结的开启电压之下，则漏源之间的反向电流就只是单极性的电子电流（多子电流）。此时，它的关断特性则与 MOSFET 的关断特性相同。电流依赖于 U_{DS} 和 U_{GS}（图 1-26 中的第三象限虚线）。

在图 1-27c 中，当沟道是导通的，且寄生二极管也导通时，则会出现两者相结合的电流运行状态（图 1-26 中第三象限的点画线）。由于被注入的载流子还可以横向扩散，从而使得 MOSFET 的导电能力增加，最终导致通态电压下降。

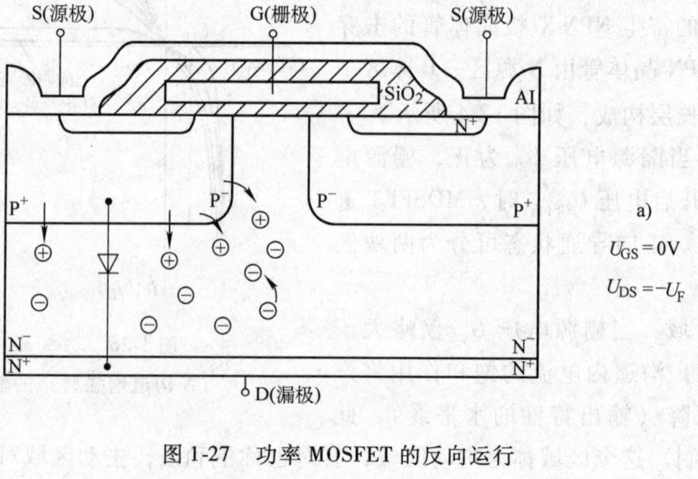

图 1-27 功率 MOSFET 的反向运行

a) 当沟道关闭时（双极型电流）

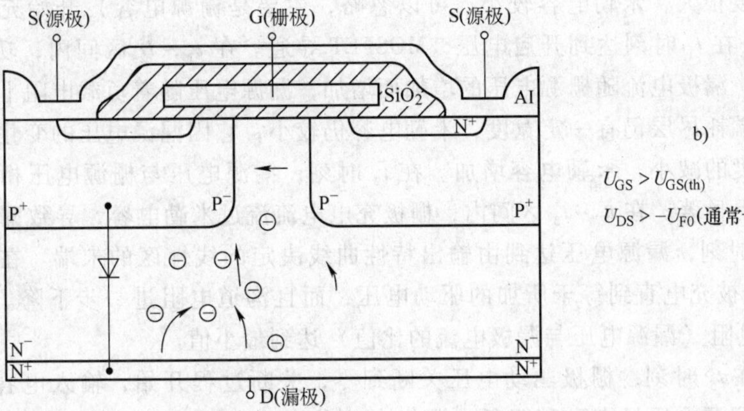

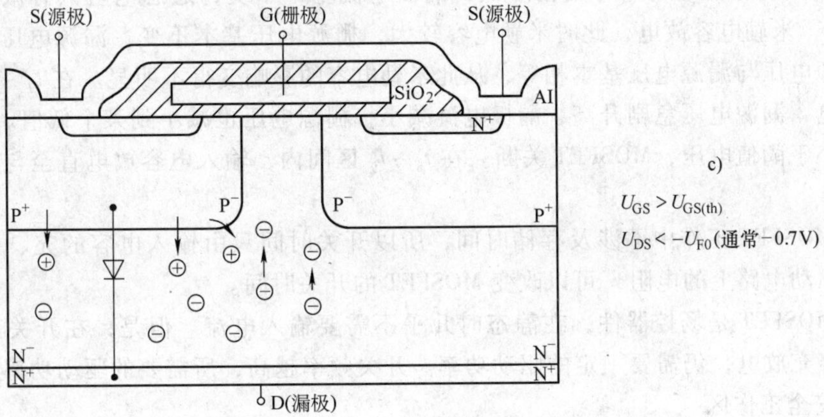

图 1-27 （续）

b）当沟道受控开通以及 U_{DS} 为一较小的负值时（单极型电流）

c）当沟道受控开通以及 U_{DS} 为一较大的负值时（混合型电流）

（2）动态过程

在分析 MOSFET 的动态过程时，需要考虑各寄生电容的充放电过程，MOSFET 的开关速度和其输入电容的充放电有很大关系。

C_{GS} 随栅源电压 U_{GS} 变化而变化的幅度很小，基本上可视为一个不变的电容参数。栅漏电容 C_{GD} 是栅漏电压 U_{GD} 的非线性函数。稳态时栅漏电容 C_{GD} 的值比栅源电容 C_{GS} 小得多，但随着漏源电压的变化，栅漏电容可增大至栅源电容的 20 倍。因此，充电时，栅漏电容需要比栅源电容更多的电荷量。栅漏电容也称米勒电容（或密勒电容），它在输出与输入之间形成了一个反馈回路，因此它是一个非常重要的参数。

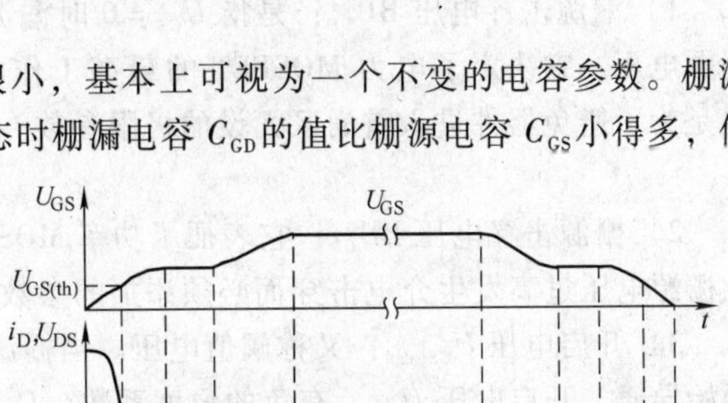

图 1-28 功率 MOSFET 的开关过程波形

功率 MOSFET 的开关过程波形如图 1-28 所示。

开通过程：在 t_0 时刻施加栅极正驱动电压，输入电容 C_{iss}（$C_{iss}=C_{GS}+C_{GD}$）（此

时漏端耗尽层宽度很大，米勒电容较小，可以忽略，主要是栅源电容）开始充电，栅极电压 U_{GS}开始上升。在 t_1 时刻达到开启电压，MOSFET 导通。在 $t_1 \sim t_2$ 区间内，功率 MOSFET 工作在主动区域，漏极电流随栅源电压的增加而增加，漏源电压随着负载电阻上压降的上升而下降，此时漏端耗尽层仍有一定宽度，米勒电容仍较小，它因漏源电压的变化而放电。随着漏端耗尽层宽度的减小，米勒电容增加。在 t_2 时刻，漏源电压与栅源电压相等，米勒电容的影响开始变得显著。在 $t_2 \sim t_3$ 区间内，栅极充电电流流过米勒电容，导致漏源电压的进一步降低。在 t_3 时刻，漏源电压达到由输出特性曲线决定的线性区的末端。在 $t_3 \sim t_4$ 区间内，输入电容 C_{iss}被充电直到等于所加的驱动电压，而且沟道电阻进一步下降。在 t_4 时刻，MOSFET 的通态电阻（漏源电压与漏极电流的比值）达到最小值。

关断过程：在 t_5 时刻，栅极驱动电压关断到零，关断过程开始，输入电容 C_{iss} 开始放电。到 t_6 时刻，栅源电压只有稍稍降低，漏极电流基本不变，通态电阻只有微微上升。在 $t_6 \sim t_7$ 区间，米勒电容放电，此时米勒电容较大，栅源电压基本不变，漏源电压上升。在 t_7 时刻，栅源电压与漏源电压基本相等，从此米勒电容的影响变得不明显。在 $t_7 \sim t_8$ 区间，米勒电容充电，漏源电压急剧升高，漏极电流减小，栅源电压也减小到某个低值。在 t_8 时刻，栅源电压小于阈值电压，MOSFET 关断。在 $t_8 \sim t_9$ 区间内，输入电容放电直至与驱动电压相等。

因为 MOSFET 工作中不涉及存储时间，所以开关时间只由输入电容的充、放电过程决定。改变驱动电路上的电阻，可以改变 MOSFET 的开关时间。

功率 MOSFET 是场控器件，在静态时几乎不需要输入电流。但是，在开关过程中需要对输入电容充放电，仍需要一定的驱动功率。开关频率越高，所需要的驱动功率越大。

（3）安全工作区

一般来说，功率 MOSFET 没有二次击穿问题，其安全工作区由最大漏源电压、最大漏电流、最大功耗及低压部分的导通电阻等限制。功率 MOSFET 的通态电阻 R_{on} 比较大，自身导通功耗也较大，所以安全工作区不仅受最大漏极电流的限制，还要受到通态电阻 R_{on} 的限制。通态电阻 R_{on}是选择功率 MOSFET 时很重要的一个参数，它影响着器件整体功耗。

3. 主要参数

1）漏源击穿电压 BU_{DS}：是指 $U_{GS}=0$ 时漏源之间的反向泄漏电流达到某一规定值时的漏源电压。它决定了电力 MOSFET 的最高工作电压，限制了器件的电压和功率处理能力，这是为了避免器件进入雪崩区而设的极限参数。BU_{DS}具有正的温度系数，随温度的上升而上升。

2）栅源击穿电压 BU_{GS}：它表征了功率 MOSFET 栅源之间能承受的最高电压，是为了防止栅源电压过高发生介电击穿而必须添加的参数。

3）开启电压 $U_{GS(th)}$：又称阈值电压。当栅源电压大于开启电压 $U_{GS(th)}$ 时，功率 MOSFET 开始导通。开启电压 $U_{GS(th)}$ 有负的温度系数，$U_{GS(th)}$ 随着结温的升高而下降。

4）漏极电流 I_D：它表征功率 MOSFET 的电流容量。确定 MOSFET 电流定额的方法与 GTR 不同，GTR 的集电极电流过大时，电流放大系数 β 迅速下降，因此，β 的下降程度限制了集电极电流的最大允许值。MOSFET 的转移斜率 g_{fs}则随漏极电流的增大而增大，直至达到稳定值。因此，漏极载流能力主要受温升的限制。

5）漏极最大电流 I_{DM}：功率 MOSFET 漏极连续电流 I_D 和脉冲电流幅值 I_{DM} 主要受器件温

度的限制，不论器件是连续电流还是脉冲电流工作，器件内部温度都不得超过其最高工作温度150℃。按实际经验，器件外壳温度应低于100℃。功率 MOSFET 电流控制能力受结温限制。当结温升高时，实际可用的连续电流值会下降。

6）连续反向漏极电流 I_{DR}：指内部隐含二极管（源漏 P-N 结）的额定电流。

7）通态电阻 R_{on}：指在确定的栅源电压 U_{GS}下，功率 MOSFET 处于恒流区的直流电阻，它与输出特性密切相关，是影响最大输出功率的重要参数。R_{on}的大小与栅源电压 U_{GS}有很大的关系，随着 U_{GS}的增加，R_{on}减小，但 U_{GS}也不能太高，受到 BU_{GS}的限制。另外，过高的 U_{GS}会引起过多的电荷存储在输入电容中，增加功率 MOSFET 的关断时间，通常 U_{GS}取10V 左右。

8）极间电容：一般生产厂家提供的是漏源短路时的输入电容 C_{iss}（$C_{iss}=C_{GS}+C_{GD}$）、共源极输出电容 C_{oss}（$C_{oss}=C_{DS}+C_{GD}$）及反向转移电容 C_{rss}（$C_{rss}=C_{GD}$），这些电容都是非线性的。实验证明，功率 MOSFET 的漏源极电压 U_{DS}越高，则极间电容越小，当 $U_{DS}>25V$ 时，各电容值趋于稳定。为减小这些电容，U_{DS}应大于10V。

9）二极管正向压降 U_{SD}：指内部寄生二极管通以两倍反向电流，在栅源极短路时的压降。

10）二极管反向恢复时间 t_{rr}：指内部寄生的反并联二极管在额定的条件下，常温时测得的反向恢复时间。

1.4.4 绝缘栅双极型晶体管

1. 基本结构和工作原理

N 沟道增强型 IGBT 的物理结构和通用电气符号如图1-29 所示，图中 IGBT 具有穿通型（Punch Through，PT）结构，N^+和 N^- 在一块 P^+型基片上外延生长而成。比较 IGBT 和 MOSFET 的物理结构，其不同之处在于 IGBT 比 MOSFET 多了一个 P^+层（引出 IGBT 的集电极），形成了四层结构。

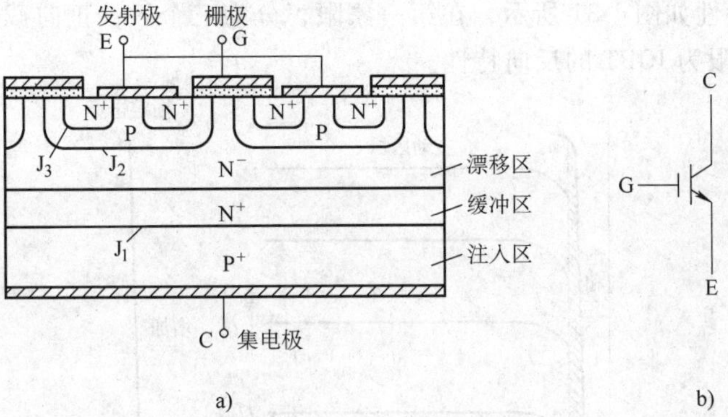

图1-29 N 沟道增强型 IGBT

a）物理结构 b）通用电气符号

IGBT 可等效为由一个 MOSFET 和一个 PNP—NPN 晶体管级联而成，它们的起源和等效电路如图1-30 所示。由于 NPN 晶体管的基极和发射极由发射极的金属铝模短路，设计时尽可能使 NPN 不起作用，IGBT 相当于一个由 MOSFET 驱动的厚基区 PNP 晶体管，因此，IGBT的驱动原理与功率 MOSFET 基本相同，它是一种场控器件，其开通和关断由栅极和发射极间的电压决定，当 U_{GE}为正且大于开启电压 $U_{GE(th)}$时，MOSFET 内形成沟道，并为晶体管提供基极电流进而使 IGBT 导通。IGBT 导通时，P^+区向 N^+区发射少子，从而对 N^-漂移区电导率进行调制，N⁻漂移区的电阻减小，使高耐压的 IGBT 也具有低的通态压降。当栅极与发射极间施加反向电压或不加信号时，MOSFET 内的沟道消失，晶体管的基极电流被切断，使得 IGBT 关断。由图 1-30c 可知，IGBT 电流由两部分组成：MOSFET 的沟道电流 i_1 和 PNP 晶体管的集电极电流 i_2。其中 i_1 是 IGBT 电流的主要部分。当 MOSFET 沟道消失后，i_1 消失，晶体管的基极电流被切断，但由于 N⁻漂移区存储的少子没有任何排放回路，只能在 N⁻漂移区内通过再结合而慢慢消失，因此，晶体管的集电极电流 i_2 并不会立即消失，这就导致 IGBT 的关断时间要远远大于 MOSFET 的关断时间。

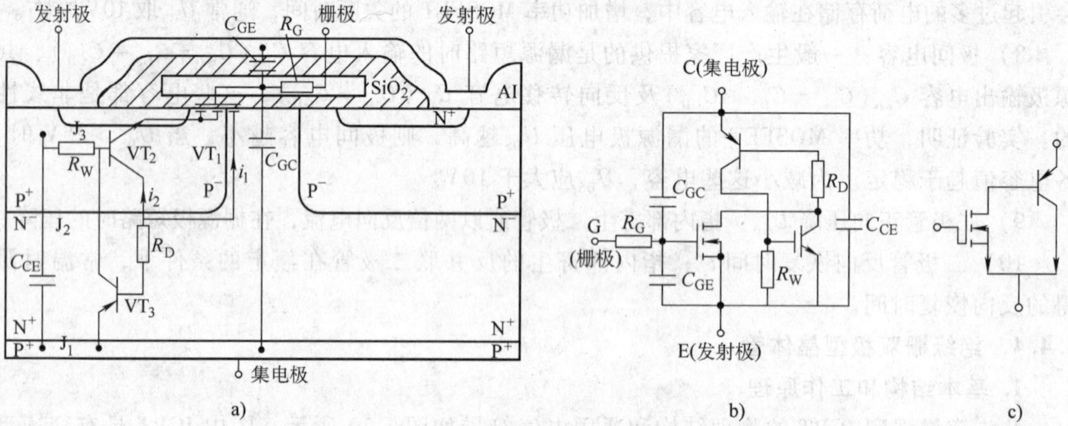

图 1-30 IGBT（NPT 结构）的单元及其主要寄生元件和等效电路

a）单元结构内的寄生元件 b）带有寄生元件的等效电路 c）常用等效电路

2. 基本特性

（1）静态特性

IGBT 的输出特性如图 1-31 所示，在第一象限，分为三个区：正向截止、主动区域和饱和区域；在第三象限为 IGBT 的反向特性。

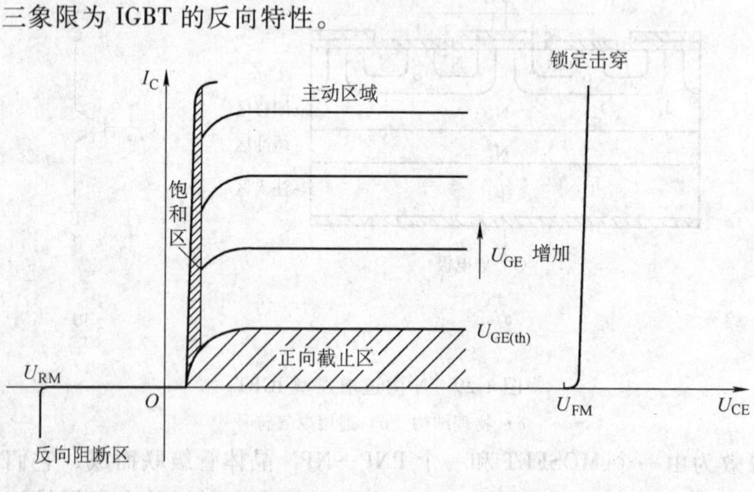

图 1-31 IGBT 的输出特性

正向截止：当栅极—发射极电压 U_{CE}小于栅极—发射极开启电压 $U_{GE(th)}$时，J_2 结呈反向阻断状态，集电极和发射极端子之间仅存在着一个很小的集电极—发射极参与漏电流 I_{CES}。I_{CES}随 U_{CE}增加而略微增加。当 U_{CE} 大于某一最高允许的集电极—发射极电压 U_{CES}时，IGBT 的 PIN 结（P⁺体区/N⁻漂移区/N 外延生长层）会出现锁定效应。从物理的角度来说，U_{CES}

对应了 IGBT 结构中 PNP 晶体管的击穿电压 U_{CER}。

主动区域：当栅极—发射极电压 U_{GE} 只是略大于栅极—发射极开启电压 $U_{GE(th)}$ 时，由于沟道电流的饱和效应，沟道会出现一个可观的压降（输出特性中的水平线）。此时，集电极电流跟随 U_{GE} 而变化。对于工作在开关状态的 IGBT，这一区域只是在开关过程中被经过，一般不允许在这一区域稳定运行。

饱和区域：在这一区域，集电极电流 I_C 仅由外电路决定。IGBT 导通时即工作在此区域。由于 N^- 漂移区的少子泛滥，电导调制，IGBT 的饱和压降明显低于同类型 MOSFET 的通态压降，耐压 1000V 的 IGBT 通态压降为 2～3V。

反向特性：由于 IGBT 集电极端的 PN 结处于截止状态，因此，与 MOSFET 不同的是，IGBT 不具备反向导通的能力。但由于在设计芯片和它的边缘结构时，人们注重于追求高的正向截止电压和优化集电极端口的散热，该 PN 结不能承受高反偏电压，所以，IGBT 的反向截止电压仅在数十伏上下。对于需要 IGBT 承受高反向电压的应用来说，到目前为止全部采用了混合结构，即在模块中并连一个快速二极管。

（2）开关特性

由于 IGBT 与 MOSFET 具有相同的栅极结构，因此它们的开关特性也大致相似，下面只讲 IGBT 与 MOSFET 不同的地方。

IGBT 开通时，开始一段时间与 MOSFET 一样，集电极—发射极间电压会在数十纳秒内迅速下降到某一数值，该数值对应了 N^- 漂移区的电压降。对于 MOSFET 来说，这就是它的通态压降 $U_{DS(on)} = I_D \cdot R_{DS(on)}$。但对于 IGBT 来说，$P^+$ 集电极区同时向 N^- 漂移区注入少子，在这个过程（大约 100ns 至数微秒）达到稳定后，IGBT 才达到其饱和压降的静态值 $U_{CE(sat)}$，对于高截止电压的器件来说，由于电导调制效应，这一值相对较低。

IGBT 关断时，开始一段时间也与 MOSFET 一样，内部电容需要放电并反向充电，直至沟道区的电荷载子的作用完全被消除，MOSFET 关断。但对于 IGBT，发射极电流在 N^- 漂移区被关断后，N^- 漂移区内还存在着大量的少子，需通过再结合的方式被清除。这一过程导致了所谓的集电极拖尾电流。因为该尾流下降的过程可持续数微秒，而此时集电极—发射极电压已经开始上升，所以在硬关断过程中，IGBT 的关断损耗在相当程度上由拖尾电流所决定，并明显高于 MOSFET 的关断损耗。

3. 主要参数

1）最大集电极—发射极间电压 U_{CES}　由器件内部的 PNP 晶体管所能承受的击穿电压所确定。

2）集电极—发射极间饱和电压 $U_{CE(sat)}$　IGBT 饱和导通时通过额定电流时的集电极—发射极间电压，该值表征 IGBT 的通态损耗，选用时应选 $U_{CE(sat)}$ 小的 IGBT 管。

3）栅极开启电压 $U_{GE(th)}$　使 IGBT 导通所需的最小栅极—发射极电压。

4）集电极额定电流 I_{CN}　允许的集电极最大直流电流，在实际应用中，应选其实际使用的平均电流值 I_C = （1/3～1/2）I_{CN}。

5）集电极脉冲峰值电流 I_{CP}　在一定脉冲宽度工作时，IGBT 的集电极允许的最大脉冲峰值电流。

4. IGBT 的擎住效应与安全工作区

（1）擎住效应

IGBT 为四层结构，体内存在一个寄生晶闸管，如图 1-30a 所示。在 VT_2的基极与发射极之间并有一个扩展电阻 R_w，它是 P 型体区的横向电阻。在此电阻上，P 型体区的横向空穴会产生一定压降，对 J_3 结来说，相当于一个正偏置电压。在规定的漏极电流范围内，这个正偏置电压不大，VT_2 不起作用，当 I_C 大到一定程度时，该正偏置电压足以使 VT_2 开通，进而使 VT_2 和 VT_3 由于正向反馈作用进入饱和状态，于是寄生晶闸管开通，栅极失去控制作用，这就是所谓的静态擎住效应。IGBT 发生擎住效应后，集电极电流增大，造成过高功耗，导致损坏。可见，集电极电流有一个临界值 I_{Cm}，当 $I_C > I_{Cm}$时便会产生擎住效应。

在 IGBT 关断的动态过程中，假若 dU_{CE}/dt 过高，那么在 J_2 结电容中引起的位移电流 $C_{J_2}(dU_{CE}/dt)$ 会很大，当该电流流过体区扩展电阻 R_w 时，也可产生足以使晶体管 VT_2 开通的正向偏置电压，满足寄生晶体管开通擎住的条件，形成动态擎住效应。使用中必须防止IGBT发生擎住效应，为此可限制 I_{Cm} 值，或者用加大栅极电阻 R_g 的办法延长 IGBT 关断时间，以减少 dU_{CE}/dt。

值得指出的是，动态擎住所允许的集电极电流比静态擎住所允许的要小，故生产厂家所规定的 I_C 值是按动态擎住所允许的最大集电极电流来确定的。

（2）安全工作区

IGBT 开通时的正向安全工作区（FBSOA）由电流、电压和功耗三条边界极限包围。最大集电极电流 I_{Cm} 根据避免动态擎住而设定，最大集电极—发射极电压 U_{CEm} 由 IGBT 中晶体管 VT_3 的击穿电压所确定，最大功耗由最高允许结温所决定。导通时间越长，发热越严重，安全工作区越窄。

IGBT 的反向偏置安全工作区（RBSOA）由最大集电极电流 I_{Cm}、最大集电极—发射极电压 U_{CEm} 和最大允许电压上升率（dU_{CE}/dt）确定。dU_{CE}/dt 越高，RBSOA 越小。

1.4.5 门极换流晶闸管

门极换流晶闸管（Gate Commutated Thyristor，GCT）是在 GTO 的基础上发展起来的。GTO 的优点是耐压高，通流能力强，通态损耗小，其不足之处在于关断时间过长（几十微秒），关断过程不均匀，元件电荷存储时间差异过大，使 GTO 在串联和并联应用时需有复杂的缓冲回路，几乎占整体设备的一半左右，因而其应用受到限制。GCT 对 GTO 结构进行了重大改进，如引入了 N^+ 缓冲层、

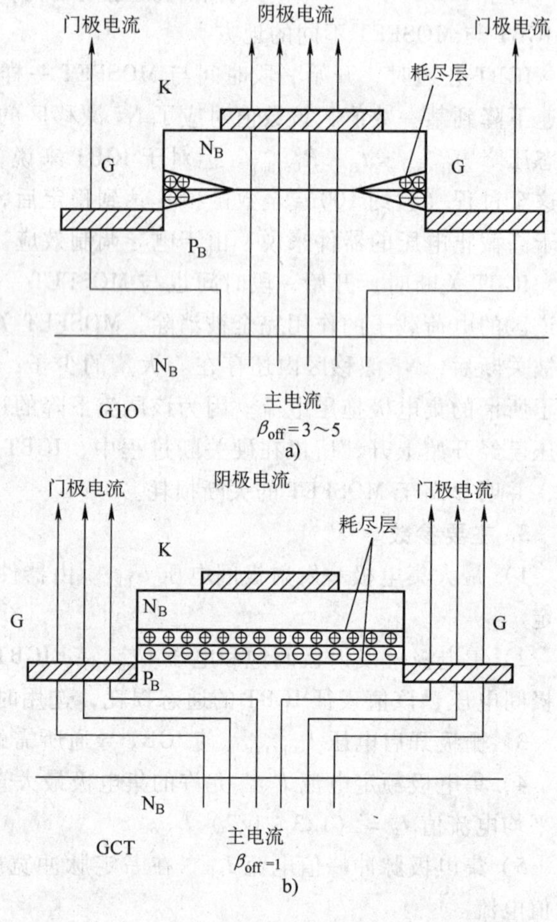

图 1-32　GTO 与 GCT 关断时阳极电流示意图

a）GTO　b）GCT

采用了透明阳极和逆导技术等，从而获得了更优化的性能。

图1-32是GTO与GCT关断时阳极电流示意图。GTO关断时，阳极主电流较缓慢地分流至门极电路，器件内导通区逐渐变窄，最后形成一个耗尽层将GTO关断，其关断增益约为3~5（阳极电流/关断电流为关断增益）。而GCT是主电流在瞬间全部换流到门极（犹如阳极电流快速换相成门极电流，其名称由此得来），从而使器件关断，关断增益约为1。

GCT不但拥有GTO的全部优点，如高电压、大电流、低损耗等，而且还具有以下性能特点：

1）快速关断特性，关断时间大幅度降低，仅是GTO的十几分之一，因而可实现快速化。

2）由于采用很薄的N^+缓冲层结构，使GCT器件的通态压降很低，因而通态损耗较小。

3）不需dU/dt抑制缓冲回路，从而可降低缓冲功率损耗和降低设备总重量。

4）由于dI/dt耐量的提高，可使抑制dI/dt的阳极电抗器小型化。

5）关断功率降低，仅为GTO关断功率的1/2。

6）GCT的硅片中同时集成了功率二极管，从而使结构更为紧凑。

7）缺点是：GCT需要较大的驱动功率，开关控制电路和设计较复杂，需另外增加外部触发控制电路。

将GCT和驱动电路集成在一个芯片中，即构成集成门极换流晶闸管（Integrated Gate Commutated Thyristor，IGCT）。IGCT的结构更加优化、寄生电感更小、费用更低，更容易控制，在所有中高压领域以及功率为15~100MVA的应用中代替了GTO。目前，IGBT和IGCT占领了大功率器件的应用领域。就功率装置的电流和电压而言，这两种器件具有很大的互补性。在实际应用中需注意，电压较低时选用IGBT较为合算；电压较高时选用IGCT较为合算。根据应用和设计的标准不同，在1800~3300V之间，两种器件交叉使用，IGBT更适于功率较小的装置，而IGCT则较适用于功率较大的装置。

本章小结

本章首先对电力半导体器件进行了总体概述，然后针对具体电力半导体器件讲述了它们的性能。

在进行电力半导体设计时，最大的挑战是获得高击穿电压的同时拥有较低的正向压降和较低的导通电阻，另外一个问题就是，高耐压低阻抗器件往往开关时间比较长。通过各种技术，对击穿电压、导通阻抗和开关时间之间进行不同的折中，从而得到了不同的电力半导体器件。

电力半导体器件反向P-N结的击穿电压和耗尽层宽度与掺杂浓度直接相关：高耐压要求低掺杂浓度，从而至少在P-N结的一侧实现高阻率。器件的导通电阻往往主要决定于高阻率区域的电阻，因此高耐压器件的导通电阻高于低耐压器件。对于通过多子导电的半导体器件，如MOSFET和肖特基二极管，导通电阻与额定电压具有一阶线性关系。而对于通过少子导电的半导体器件，如扩散P-N二极管、双极结型晶体管（Bipolar Junction Transistor，BJT）、绝缘栅极晶体管（IGBT）和晶闸管系列（SCR、GTO、MCT），它们会出现电导调制现象。当少子器件导通时，少子被正偏P-N结电压注入到低掺杂度高阻率区域，结果高浓度的少数载流子有效地降低了该区域的电阻率，从而减小了导通电阻。因此，相对来说，少子器件的导通电阻比多子器件更低。

通过少子导电的器件的优点是导通电阻较小，缺点是开关速度较慢。半导体的导通状态决定于器件中关键电荷的电量多少，导通时间/关断时间决定于注入/抽出关键电荷的时间。当电导调制效应发生作用时，器件由注入的少数载流子来控制。控制少子器件需要的少子总量远远大于多子器件需要的多子数量，因此，少子器件的开关时间远远大于多子器件。故多子器件多用于低压、高开关频率的场合，少子器件多用于高压、低频场合。

思 考 题

1. 掌握各器件的性能特点。

2. 可控型器件有哪些？不可控型器件有哪些？

3. 什么是单极型器件？什么是双极型器件？哪些器件是单极型器件？哪些器件是双极型器件？

4. 哪些器件是电流控制型？哪些器件是电压控制型？电流控制型器件的导通原理是什么？电压控制型器件的导通原理是什么？

5. 什么是雪崩击穿？什么是齐纳击穿？

6. 试分析 IGBT 的导通关断过程。

7. 简述晶闸管和晶体管的特点。

8. 简述电导调制效应。

第2章　AC-DC 变换电路

本章介绍 AC-DC 变换电路的性能指标、电路拓扑、分析方法和基本数量关系。所分析的 AC-DC 变换电路包括单相和三相不控整流电路、相控整流电路及 PWM 整流电路。

2.1　概述

AC-DC 变换电路是将交流电（AC）转换为直流电（DC）的电路，即通常所说的整流电路。它在直流电动机的调速、发电机的励磁调节、电解、电镀等领域得到广泛应用。整流电路通常由主电路、滤波器和变压器组成。其中，主电路一般采用整流二极管、晶闸管或全控型开关器件实现交流到直流的变换；滤波器接在主电路输出与负载之间，用于滤除输出直流电压中的谐波成分；变压器的作用是实现交流输入电压与直流输出电压间的匹配以及交流电网与整流电路之间的电隔离，设置与否可视具体情况而定。

整流电路可按照不同分类方法分为很多类型：

1）按交流电源输入的相数可分为单相整流电路、三相整流电路和多相整流电路等，通常单相整流电路应用于小功率场合，三相及多相整流电路用于大功率场合。

2）按电力电子器件的控制能力可分为不控整流电路和可控整流电路，其中可控整流电路又可分为相控整流电路和 PWM 斩波控制整流电路。不控整流电路全由不可控制的二极管构成，相控整流电路由半控的晶闸管构成，而 PWM 斩波控制整流电路一般由全控型的电力电子开关构成。相控整流电路还可进一步细分为全控整流电路和半控整流电路，其中全控整流器件全由晶闸管组成，半控整流电路则由二极管和晶闸管混合组成。

3）按输入电流波形特征可分为半波整流电路和全波整流电路。半波整流电路中，各整流器件的阴极（或阳极）全部连接到一起，接到负载的一端，而负载的另一端与电源的一个端点相连。半波整流电路中，每根电源进线只流过单向电流，负载上得到的只是电源电压波形的一半，故称半波整流。全波整流电路可看成两组半波整流电路串联而成，一组接成共阴极，另一组接成共阳极，它们分别接到负载的两端。在全波整流电路中，每根电源进线流过双向的交变电流，可提高输入侧功率因数。

4）按整流输出的电压、电流方向及功率流向的不同可分为一象限整流电路、两象限整流电路及四象限整流电路等。

另外，大容量系统中，还常采用上述各类整流电路的串、并联等组合形式。

各类整流电路性能差异很大，除了效率、体积、成本、电磁兼容性等电力电子变换电路通用的评价指标外，应用中对整流电路基本的要求还有：输出的直流电压稳定和可控，即交流输入电压变化时或负载波动时，输出的直流电压能准确跟随给定；输出直流电压中的谐波电压分量需被控制在允许范围以内；交流侧输入电流的谐波需控制在允许范围以内，即输入功率因数要尽可能高。描述上述要求的常用性能指标包括：

1）电压波形系数 FF（Form Factor）。按照波形系数定义，整流电路电压波形系数为整

流输出电压有效值 U 与平均值 U_D 之比：

$$FF = \frac{U}{U_D} \tag{2-1}$$

2）电压纹波系数 RF（Ripple Factor），定义为输出纹波电压 U_H 与输出电压直流平均值 U_D 之比：

$$RF = \frac{U_H}{U_D} \tag{2-2}$$

其中，输出纹波电压 U_H 指整流输出电压中除直流平均值电压 U_D外含有的所有交流谐波电压有效值，可用直流输出电压有效值 U 及直流平均值 U_D 表示为

$$U_H = \sqrt{U^2 - U_D^2} \tag{2-3}$$

因此有

$$RF = \frac{U_H}{U_D} = \sqrt{\left(\frac{U}{U_D}\right)^2 - 1} = \sqrt{FF^2 - 1} \tag{2-4}$$

3）电压脉动系数 S，定义为整流输出电压中最低次谐波幅值 U_{Hm}与直流平均值 U_D 之比：

$$S = \frac{U_{Hm}}{U_D} \tag{2-5}$$

4）输入电流总畸变率 THD（Total Harmonic Distortion）或输入电流谐波因数（Harmonic Factor，HF），定义为输入电流中除基波电流外的所有谐波电流有效值与基波电流有效值之比：

$$THD = \frac{\sqrt{\sum_{n=2}^{\infty} {I_{Sn}}^2}}{I_{S1}} \tag{2-6}$$

式中，I_{Sn}为第 n 次谐波电流的有效值。

5）输入功率因数 PF（Power Factor），定义为交流电源输入有功功率 P_{AC}与其视在功率 S_{AC}之比，即

$$PF = \frac{P_{AC}}{S_{AC}} \tag{2-7}$$

一般整流电路输入电压为无畸变的正弦波，这种情况下有功功率可表示为

$$P_{AC} = U_S I_{S1} \cos\varphi_1 \tag{2-8}$$

式中，U_S 为交流电源电压有效值；I_{S1}为输入基波电流有效值；φ_1 为输入电流基波分量滞后于交流电源电压相位角，也称作基波位移角。

视在功率 S_{AC}可表示为

$$S_{AC} = U_S I_S \tag{2-9}$$

式中，I_S 为交流电源总电流有效值。

2.2 不控整流电路

不控整流电路是指仅采用二极管作为开关器件完成 AC-DC 转换的整流电路，因此一般又被称为二极管整流电路。二极管有两种工作状态：当施加正向电压时它处于导通状态，两

端电压降接近于零。当二极管承受反向电压时，它立即截至转为断态，阻断交流电源。不控整流电路基本工作原理是在交流电源与直流负载之间插入二极管，利用二极管的单向导通特性，周期性地导通和截止输入交流电源，将交流电源转换为脉动的直流电提供给负载。由于二极管不可控，整流电路输出的直流电压只与交流输入电压的大小有关，不能随意调节，因此称为不控整流电路。

下面对各种不控整流电路进行基本的描述和分析。

2.2.1 单相半波不控整流电路

单向半波不控整流电路通过一个二极管实现整流，但一般在负载端反并联一个二极管实现续流，所以电路由两个二极管构成，如图 2-1 所示，其中，VD_1 为实现整流功能的二极管，VD_0 为实现续流的二极管，u_S 为输入交流电源，其电压可用 $u_S=U_m\sin\omega t$ 描述，i_D、u_D 分别为整流输出电流与电压。

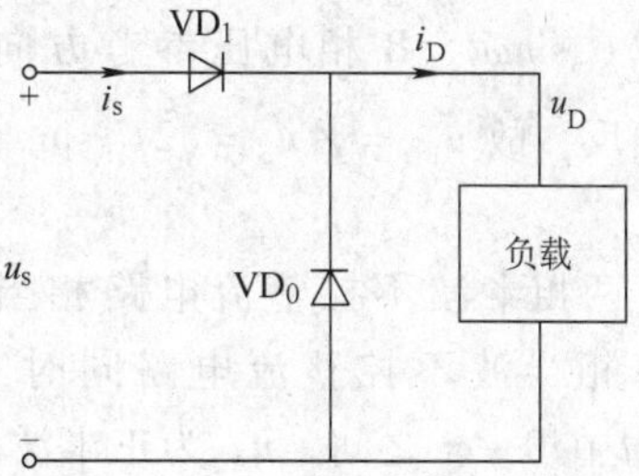

图 2-1 单相半波不控整流电路

在 $0<\omega t<\pi$（即 0°～180°，后续内容中将统一用弧度表示）区间，当电源电压为正半周时，二极管 VD_1 承受正向电压导通。二极管导通时，通常导通电压为 1V 左右，若忽略此压降，则负载电压 $u_D=u_S=u_m\sin\omega t$，与电源电压一致，负载电流与电源电流相同，$i_S=i_D$，如图 2-2 第一段所示。对于纯电阻性负载，负载电流与电压波形一致，只相差一个比例系数。

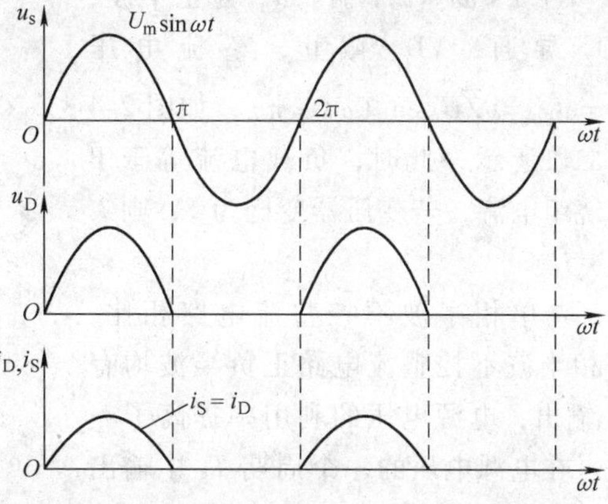

图 2-2 单相半波不控整流电压电流波形

当电源电压处于负半周时（如 $\pi<\omega t<2\pi$），由于 $u_S<0$，二极管 VD_1 受反压截止，阻断电路，因此负载电压为零。对于电阻性负载，负载电流也为零，如图 2-2 第二段所示；对于电感性负载，负载电流 i_D 可通过二极管 VD_0 续流。

因此，在单相半波不控整流电路中，在电源电压的一个周期 T_S 内，只有正半波有输入电流 i_S，也只有正半周有整流电压 u_D 输出，在电源电压的一个周期 T_S 中，整流输出电压 u_D 的脉冲波数 $m=1$，其直流平均值为

$$
\begin{aligned}
U_D &= \frac{1}{2\pi}\int_0^{\pi} U_m \sin\omega t \mathrm{d}(\omega t) \\
&= \frac{1}{2\pi}\int_0^{\pi} \sqrt{2}U_S \sin\omega t \mathrm{d}(\omega t) = \frac{\sqrt{2}}{\pi}U_S \approx 0.45U_S
\end{aligned} \tag{2-10}
$$

式中，U_S 为电源电压有效值。

由于二极管导通关断只取决于其承受的电压方向，所以其导通关断时刻完全由电源电压确定，其输出整流电压的直流平均量 U_D 也就只与 U_S 有关，在 U_S 已定的情况下无法调控，因此，这种整流电路被称为单相半波不控整流电路。单相半波不控整流电路输出电压 u_D 脉动大，电源电压只能利用正半周，利用率很低，交流电源电流 i_S 中含有很大的直流分量，

电源侧功率因数低，会给交流电网中的发配电设备造成危害，故单相半波不控整流电路在实际中很少使用。

2.2.2 两相半波不控整流电路

两相半波整流电路也被称为单相双半波整流电路，图 2-3 是通过变压器中心抽头得到两相电压的两相半波不控整流电路，其中，A 相电压 $u_{AO}=u_S=\sqrt{2}U_S\sin\omega t$，B 相电压参考方向与 A 相相反，故 $u_{BO}=-u_S=\sqrt{2}U_S\sin(\omega t-\pi)$。

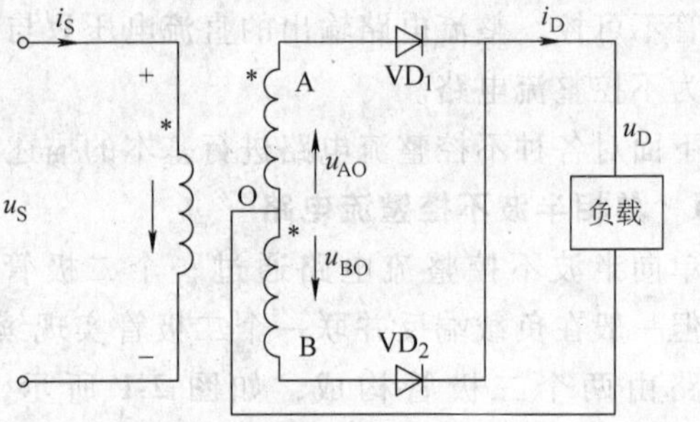

图 2-3 带变压器中心抽头的两相半波不控整流电路

两相半波不控整流电路相当于两个单相半波不控整流电路同时工作。当 ωt 在 $0\sim\pi$ 之间，u_{AO} 为正半波，$u_{AO}>u_{BO}$，二极管 VD_1 导通，VD_2 截止，整流电压 $u_D=u_{AO}=\sqrt{2}U_S\sin\omega t$，如图 2-4 第一段所示，负载电流等于 A 相绕组电流，若变压器变比为 1，则 $i_S=i_D$。

当 $\pi<\omega t<2\pi$ 时，u_{BO} 为正半波，VD_2 导通，VD_1 截止，整流电压 $u_D=u_{BO}=\sqrt{2}U_S\sin(\omega t-\pi)$，如图 2-4 第二段所示，此时，负载电流等于 B 相绕组电流，若变压器变比为 1，则 $i_S=-i_D$。

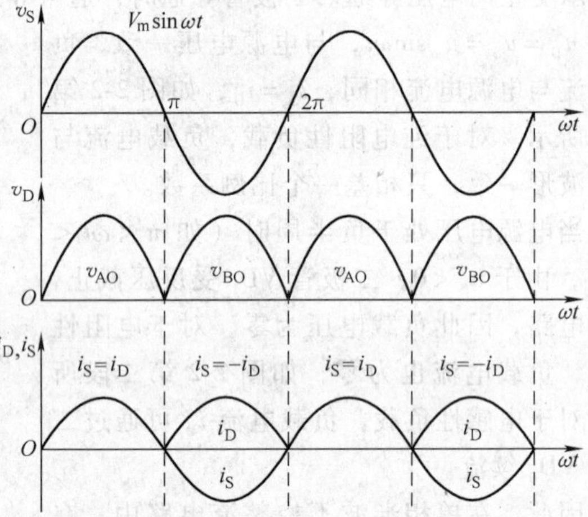

图 2-4 带变压器中心抽头的两相半波不控整流电压电流波形

与单相半波不控整流电路相比，两相半波不控整流电路正负半波均有 u_D 输出，电源电压的利用率提高了一倍。在电源电压的一个周期 T_S 中输出电压 u_D 的脉波数 $m=2$，和单相半波整流电路相比，脉动频率提高了一倍，使得对输出电压进行滤波变得容易了。两相半波不控整流电路输出电压的直流平均值为

$$U_D=\frac{1}{\pi}\int_0^{\pi}\sqrt{2}U_S\sin\omega t\,d(\omega t)=\frac{2\sqrt{2}}{\pi}U_S\approx0.9U_S \tag{2-11}$$

另外，两相电路中交流电源侧的电流 i_S 为正、负对称的交流电流，无直流分量，网侧功率因数得到了提高，对交流电网的影响小。因此，这种两相半波不控整流电路输出特性明显优于单相半波不控整流电路，缺点是需要额外使用带有中心抽头的变压器。

2.2.3 单相桥式不控整流电路

桥式整流电路也被称为全波整流电路，图 2-5 所示为单相桥式不控整流电路，二极管 VD_1、VD_2 串联构成一个桥臂，VD_3、VD_4 串联构成另一个桥臂。将 VD_1、VD_3 的阴极连在

一起，构成共阴极，连接负载的一端。将 VD_2、VD_4 的阳极连在一起，构成共阳极，连接负载的另一端。

在 $0<\omega t<\pi$ 区间，电源电压 u_S 为正半周时，VD_1、VD_4 承受正压导通。整流电压 $u_D=u_S$，负载上的整流电流为 VD_1、VD_4 上流过的电流，$i_D=i_{VD_1}=i_{VD_4}=i_S$，$VD_2$、$VD_3$ 不导通，所以 $i_{VD_2}=i_{VD_3}=0$，其承受反压为 $u_{D2}=u_{D3}=-u_S$，如图 2-6 第一段所示。

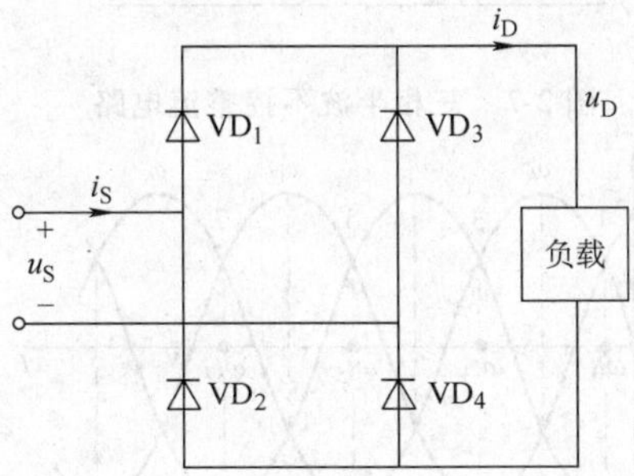

图 2-5 单相桥式不控整流电路

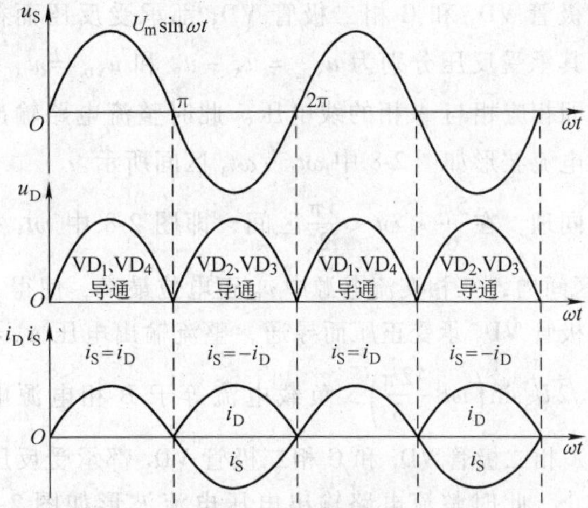

图 2-6 单相桥式不控整流电压电流波形

当 $\pi<\omega t<2\pi$ 时，电源电压 u_S 为负半周，VD_2、VD_3 承受正压导通。整流电压 $u_D=-u_S$，负载上的整流电流为 VD_2、VD_3 上流过的电流，$i_D=i_{VD_2}=i_{VD_3}=-i_S$，$VD_1$、$VD_4$ 不导通，所以 $i_{VD_1}=i_{VD_4}=0$，其承受反压为 $u_{VD_1}=u_{VD_4}=u_S$，如图 2-6 第二段所示。

如图 2-6 所示，工作过程中每个二极管承受的最大反向电压为电源电压 u_S 的峰值 U_m。与两相半波不控整流电路相同，负载得到的电压波形就是将电源的电压取绝对值后的波形。图 2-6 给出了单相桥式不控整流电路的电压、电流波形，其整流输出电压的直流平均值同样为

$$U_D=\frac{1}{\pi}\int_0^{\pi}\sqrt{2}U_S\sin\omega t\,\mathrm{d}(\omega t)=\frac{2\sqrt{2}}{\pi}U_S\approx 0.9U_S \tag{2-12}$$

通过对比可以看出，单相桥式不控整流电路与两相半波不控整流电路特性相当，且不需要额外使用带中心抽头的变压器，但需多用两个二极管。

2.2.4 三相半波不控整流电路

三相半波不控整流电路相当于三个单相半波整流电路同时工作，其结构如图 2-7 所示，其中整流二极管 VD_1、VD_3、VD_5 的阴极连在一起，构成共阴极，连接负载的一端，负载另一端连接三相交流电源的中点，交流电源输入为三相平衡的交流电压 u_A、u_B、u_C，可写为

$$\begin{cases} u_A=\sqrt{2}U_S\sin\omega t \\ u_B=\sqrt{2}U_S\sin\left(\omega t-\dfrac{2\pi}{3}\right) \\ u_C=\sqrt{2}U_S\sin\left(\omega t-\dfrac{4\pi}{3}\right) \end{cases} \tag{2-13}$$

在$\frac{\pi}{6}<\omega t<\frac{5\pi}{6}$区间，三相交流电源中 u_A 正电位最高，使得 A 相二极管 VD_1 承受正压而导通，整流输出电压 $u_D=u_A=\sqrt{2}U_S\sin\omega t$，负载电流等于 A 相电源电流，$i_D=i_A$。此时图中的 $u_P=u_A$，P 点电位使 B 相二极管 VD_3 和 C 相二极管 VD_5 都承受反压而截止，其承受反压分别为 $u_{VD_3}=u_A-u_B$ 和 $u_{VD_5}=u_A-u_C$，即相应相与 A 相的线电压。此时整流电路输出电压电流波形如图 2-8 中 $\omega t_1\sim\omega t_3$ 区间所示。

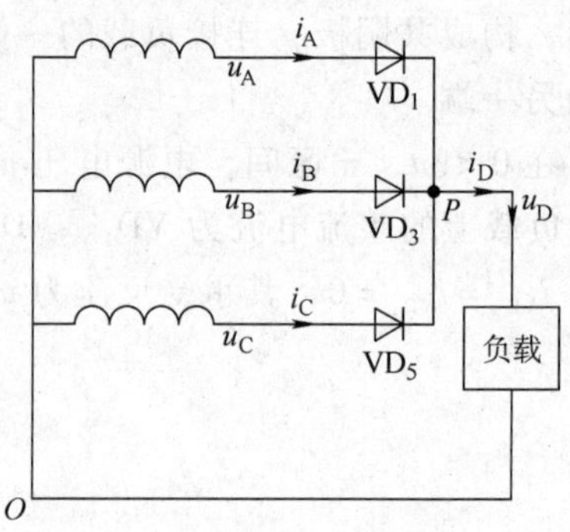

图 2-7　三相半波不控整流电路

同理，在$\frac{5\pi}{6}<\omega t<\frac{3\pi}{2}$区间，即图 2-8 中 $\omega t_3\sim\omega t_5$ 区间内，三相交流电源中 v_B 正电位最高，使得 B 相二极管 VD_3 承受正压而导通，整流输出电压 $u_D=u_B=\sqrt{2}U_S\sin\left(\omega t-\frac{2\pi}{3}\right)$，负载电流等于 B 相电源电流，A 相二极管 VD_1 和 C 相二极管 VD_5 都承受反压而截止。此时整流电路输出电压电流波形如图 2-8 中 $\omega t_3\sim\omega t_5$ 区间所示。在之后的 $\omega t_5\sim\omega t_7$ 区间内，三相交流电源中 u_C 正电位最高，使得 C 相二极管 VD_5 承受正压而导通，整流输出电压 $u_D=u_C=\sqrt{2}U_S\sin\left(\omega t-\frac{4\pi}{3}\right)$，负载电流等于 C 相电源电流，A 相二极管 VD_1 和 B 相二极管 VD_3 都承受反压而截止。此时整流电路输出电压电流波形如图 2-8 中 $\omega t_3\sim\omega t_5$ 区间所示。之后又开始 A 相导通，重复上述过程。

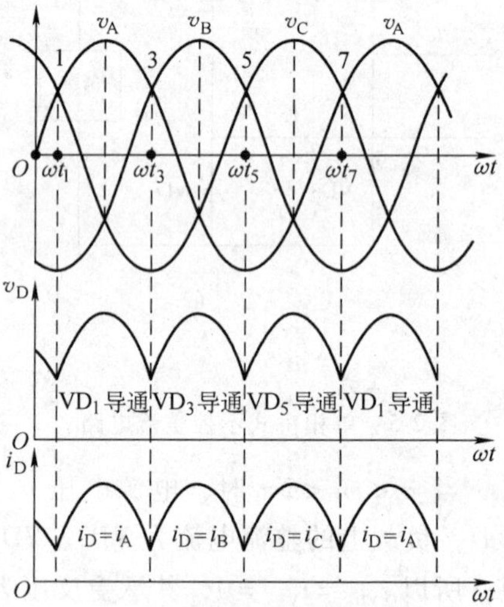

图 2-8　三相半波不控整流电路电压电流波形

在一个电源周期 T_S 中，A 相 VD_1、B 相 VD_3、C 相 VD_5 依序各导通 $2\pi/3$，整流输出电压 u_D 由三个相同的脉波组成（脉波数 $m=3$），其直流平均值 U_D 为

$$U_D=\frac{1}{2\pi/3}\int_{\frac{\pi}{6}}^{\frac{5\pi}{6}}\sqrt{2}U_S\sin\omega t\mathrm{d}(\omega t)=\frac{3\sqrt{6}}{2\pi}U_S\approx1.17U_S \tag{2-14}$$

三相半波整流电路虽然整流电压 v_D 脉动较小，脉动频率为 $3f_S$（f_S 为电源频率），U_D数值也较高，但由于电源电流 i_S 中含有很大的直流分量（1/3 周期 $i_S=i_D$，2/3 周期为零），降低了电源侧的功率因数，实际中较少使用。

2.2.5　三相桥式不控整流电路

三相桥式不控整流电路可以看成是两个三相半波不控整流电路串联组成，其电路结构如图 2-9 所示，电路由两组共 6 个二极管组成，VD_1、VD_3 和 VD_5 三个二极管共阴极，连接负载一端；VD_4、VD_6 和 VD_2 三个二极管共阳极，连接负载另一端。其中交流电源输入为三相平衡的交流电压 u_A、u_B 和 u_C。

三相桥式不控整流电路工作原理与三相半波电路类似，可以看作两个半波电路的串联工作。该整流电路共阴极的上桥臂可以看作一个三相半波整流电路，其整流输出电压为 u_P，共阳极的下桥臂也可以看作一个三相半波整流电路，其整流输出电压为 u_N，这样，负载上的整流电压为 $u_D=u_{PN}=u_P-u_N$。根据三相半波整流电路的分析方法，对于共阴极的三只整流管来说，哪一相电压最高，该相的二极管就处于导通状态，所以 P 点电位为三相交流电源相电压包络线顶端值。对于共阳极的三只整流管来说，哪一相电压最低，该相的二极管就导通，N 点的电位被钳在三相交流电源相电压包络线底端值。任何时候都有两只器件在导通，即共阴极和共阳极各有一只器件在导通。

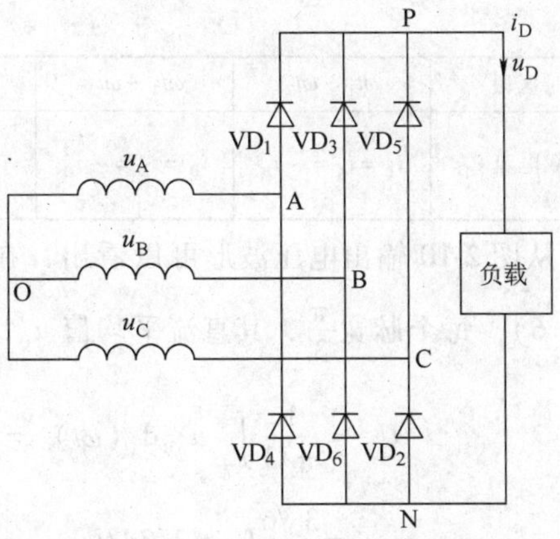

图 2-9　三相桥式不控整流电路

具体分析如下：在 $\omega t_1<\omega t<\omega t_2$ 的 $\frac{\pi}{3}$ 时区中，u_A 正电位最高，因此 A 相上桥臂二极管 VD_1 导通，同时 u_B 负电位最低，B 相下桥臂二极管 VD_6 导通，故在这一时区的 P 点电位 $u_P=u_A$，N 点电位 $u_N=u_B$。整流电压 $u_D=u_{PN}=u_P-u_N=u_A-u_B=u_{AB}$，即通过 VD_1、VD_6 导通，把正值最大的线电压 u_{AB} 加到负载上，此时负载电流 i_D 经 VD_1 和 VD_6 依次流过 A 相和 B 相，$i_D=i_A=-i_B$，整流电压电流波形如图 2-10 中 $\omega t_1\sim\omega t_2$ 区间所示。

同理，在随后几个宽度为 $\frac{\pi}{3}$ 的时区中，加在负载上的电压依次是线电压 u_{AC}（VD_1、VD_2 导通）、u_{BC}（VD_2、VD_3 导通）、u_{BA}（VD_3、VD_4 导通）、u_{CA}（VD_4、VD_5 导通）、u_{CB}（VD_5、VD_6 导通）。其整流输出电压波形及负载电流波形如图 2-10 所示。表 2-1 给出了各个时区段二极管导通顺序及相应整流输出电压和负载电流。

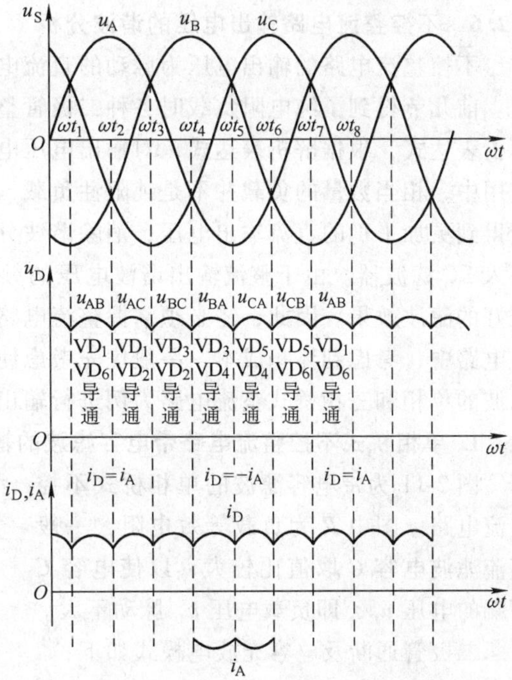

图 2-10　三相桥式不控整流电路电压电流波形

表 2-1　三相桥式不控整流电路二极管导通顺序及整流输出电压、负载电流

时区段	$\omega t_1\sim\omega t_2$	$\omega t_2\sim\omega t_3$	$\omega t_3\sim\omega t_4$	$\omega t_4\sim\omega t_5$	$\omega t_5\sim\omega t_6$	$\omega t_6\sim\omega t_7$
导通的共阴极上管	VD_1	VD_1	VD_3	VD_3	VD_5	VD_5
导通的共阳极下管	VD_6	VD_2	VD_2	VD_4	VD_4	VD_6
整流输出电压 v_D	u_{AB}	u_{AC}	u_{BC}	u_{BA}	u_{CA}	u_{CB}

（续）

时区段	$\omega t_1 \sim \omega t_2$	$\omega t_2 \sim \omega t_3$	$\omega t_3 \sim \omega t_4$	$\omega t_4 \sim \omega t_5$	$\omega t_5 \sim \omega t_6$	$\omega t_6 \sim \omega t_7$
负载电流 i_D	$i_D = i_A = -i_B$	$i_D = i_A = -i_C$	$i_D = i_B = -i_C$	$i_D = i_B = -i_A$	$i_D = i_C = -i_A$	$i_D = i_C = -i_B$

从图 2-10 输出电压波形可以看出，在一个电源周期 T_S 中，u_D 由 6 个相同的脉波组成（$m=6$），每个脉宽$\frac{\pi}{3}$，其直流平均值 u_D 为

$$U_D = \frac{1}{\pi/3}\int_{\frac{\pi}{6}}^{\frac{\pi}{2}} u_{AB}\,\mathrm{d}(\omega t) = \frac{1}{\pi/3}\int_{\frac{\pi}{6}}^{\frac{\pi}{2}} \sqrt{3}\cdot\sqrt{2}U_S\sin\left(\omega t+\frac{\pi}{6}\right)\mathrm{d}(\omega t)$$

$$= \frac{3\sqrt{6}}{\pi}U_S \approx 2.34U_S \tag{2-15}$$

由图 2-10 可以看出，三相不控整流电路的输出电压最高可达到线电压的幅值，输出电压的脉动频率为 $6f_S$（脉波数 $m=6$），易于进行滤波，并且交流电源电流 i_S 中不含直流分量。基于以上优点，三相桥式不控整流电路在中、大功率整流中得到了广泛的应用。

2.2.6 不控整流电路输出电压的谐波分析

不控整流电路的输出电压为脉动的直流电压，此脉动的直流电压波形是周期性的非正弦波。前几节得到了纯电阻负载时各种二极管整流电路的输出电压电流波形，并得到了相应的解析表达式，根据解析表达式，对输出电压电流波形进行谐波分解相对比较简单。但在实际使用中，相当数量的负载并不是纯阻性负载，如直流电动机就是典型的感性负载。另外，为了得到更加平稳的直流输出电压，消除谐波分量的影响，常在整流电路的输出端与负载之间接入 LC 滤波器。由于整流输出谐波电压的频率并不高，所以必须使用较大的 LC 才能得到较好的滤波效果。因此，还必须掌握整流电路在各种类型负载状况下的输出电压特点。在滤波电路中，考虑到体积成本，一般优先考虑使用电容进行滤波，所以下面以最常见的带电容滤波的单相和三相桥式整流电路为例进行输出电压电流特性分析。

1. 单相桥式不控整流电路带电容滤波的输出电压特性

图 2-11 为带电容滤波的单相桥式不控整流电路。图中 R 为负载等效电阻，一般直流滤波电容 C 取值比较大，以使电容 C 两端的电压 u_C，即负载电压 u_D 脉动不大。

二极管通断及电容充放电模式如下：

在电源交流电压 $u_S(t)$ 正半波，由于滤波电容的影响，仅在电源电压的瞬时值 $u_S > u_D$ 时，二极管 VD_1、VD_4 才导通，将电源电压 u_S 加到电容和负载端，此时 $u_D = u_S$。当 $u_S < u_D$ 时，二极管 VD_1、VD_4 截止，仅由电容 C 对 R 放电提供能量。

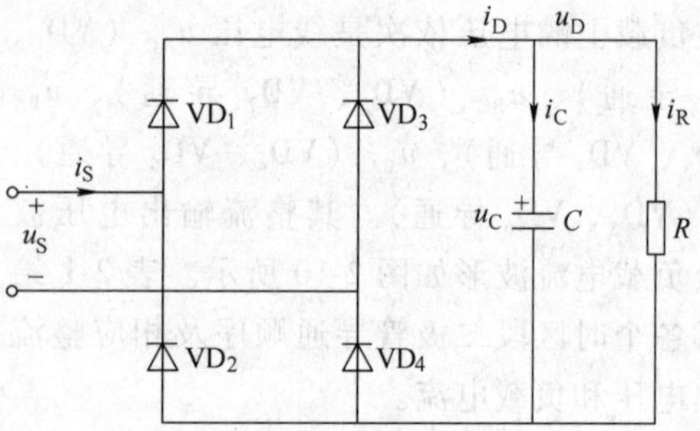

图 2-11　带电容滤波的单相桥式不控整流电路

同理，在电源交流电压 $u_S(t)$ 负半周，仅在电源电压绝对值 $|u_S| > u_D$ 时，二极管 VD_2、VD_3 导通，由电源向电容和负载供电。在 $|u_S| < u_D$ 时，二极管 VD_2、VD_3 截止，仅由电容 C 对 R 放电提供能量。

为便于分析，我们将时间坐标的零点取在正半周交流电源电压 u_S 与 u_C（u_D）的交点 1

处，即交流电压上升达到电容电压的时刻，如图2-12所示。之后，随着 u_S 的增大，二极管 VD_1、VD_4 开始导通，由电源向电容和负载供电，电容电压开始充电而跟随 u_S 上升，电源输出电流 i_D 等于电容充电电流 i_C 与负载电流 i_R 之和，$i_C>0$。u_S 到达峰值 $\sqrt{2}V_S$（见图2-12中2点）后，$u_D=u_S=u_C$ 开始下降，因此电容开始进入放电状态，此时电阻负载上的电流 i_R 等于电源输出电流 i_D 与电容放电电流 i_C 之和，$i_C<0$，由电源和电容同时向负载提供能量。这一过程持续到 i_D 下降为零时刻（见图2-12中3点），之后 VD_1、VD_4 关断，由电容单独向负载提供能量，直至整流电压的下一脉波，由 VD_2、VD_3 导通对电源电压的负半周进行整流，之后周而复始，重复上述过程。

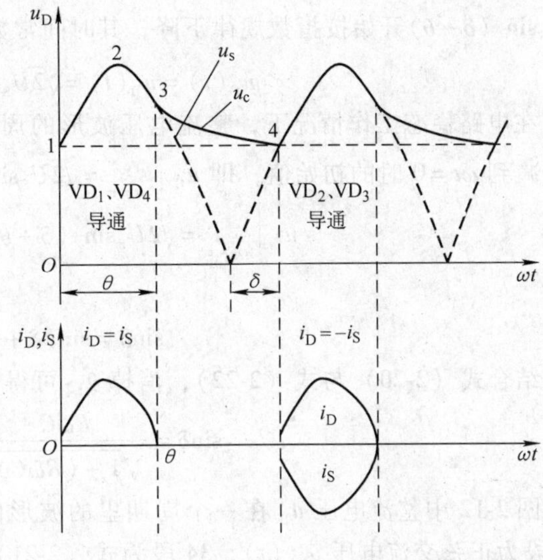

图2-12　带电容滤波的单相桥式不控整流电路工作波形

为计算整流输出电压和二极管导通宽度，假设在上述条件下电源电压 $u_S(t)$ 的初相角为 δ，电源电压可表示为

$$u_S(t)=\sqrt{2}U_S\sin(\omega t+\delta)$$

设二极管导通宽度为 θ，则在 $0<\omega t<\theta$ 区间有

$$u_S(t)=\sqrt{2}U_S\sin(\omega t+\delta)=u_D=u_C=u_{C0}+\frac{1}{C}\int_0^t i_C\mathrm{d}t \tag{2-16}$$

电容充放电电流为

$$i_C(t)=C\frac{\mathrm{d}u_C}{\mathrm{d}t}=C\frac{\mathrm{d}u_S}{\mathrm{d}t}=\sqrt{2}U_S\omega C\cos(\omega t+\delta) \tag{2-17}$$

负载电流为

$$i_R=\frac{u_D}{R}=\frac{u_S}{R}=\frac{\sqrt{2}U_S}{R}\sin(\omega t+\delta)$$

流经二极管的直流输出电流 i_D 为电容电流与负载电流之和

$$i_D=i_C+i_R=\sqrt{2}U_S\omega C\cos(\omega t+\delta)+\frac{\sqrt{2}U_S}{R}\sin(\omega t+\delta) \tag{2-18}$$

将边界条件 $i_D=0$ 代入式（2-17），求得二极管持续导通角 θ 与起始相位角 δ 的函数关系为

$$\tan(\delta+\theta)=-R\omega C \tag{2-19}$$

考虑到整流电路的工作过程，二极管持续导通的时刻必然晚于电源电压达到峰值的时刻，因此，$\delta+\theta$ 取值范围为 $\frac{\pi}{2}\sim\pi$，故有

$$\delta+\theta=\pi-\arctan(R\omega C) \tag{2-20}$$

在 $\omega t>\theta$ 之后，仅由电容 C 向负载 R 放电提供能量，v_C（v_D）从 $\omega t=\theta$ 时的瞬时值

$\sqrt{2}U_S\sin(\delta+\theta)$开始按指数规律下降，其时间常数为 RC，因此，u_C（u_D）可写为

$$u_C(t)=u_D(t)=\sqrt{2}U_S\sin(\delta+\theta)e^{-\frac{\omega t-\theta}{R\omega C}} \tag{2-21}$$

在电路稳态工作情况下，整流电压波形的周期为 π，因此，当 $\omega t=\pi$ 时，u_C（u_D）应该衰减到 $\omega t=0$ 时的初始值，即 $u_C\Big|_{\omega t=\pi}=\sqrt{2}U_S\sin\delta$，因此有

$$u_C\Big|_{\omega t=\pi}=\sqrt{2}U_S\sin(\delta+\theta)\ e^{-\frac{\pi-\theta}{R\omega C}}=\sqrt{2}U_S\sin\delta$$

故有

$$\sin\delta=\sin(\delta+\theta)e^{-\frac{\pi-\theta}{R\omega C}} \tag{2-22}$$

结合式（2-20）与式（2-22），消掉 θ，可得

$$\sin\delta=\frac{R\omega C}{\sqrt{1+(R\omega C)^2}}e^{-\frac{\delta+\arctan(R\omega C)}{R\omega C}} \tag{2-23}$$

图 2-12 中整流电压 u_D 在一个周期里的波形由点 1、2、3 和 4 围成，周期为 π。其中，123 段为正弦交流电压 $u_S(t)$，34 段为式（2-21）描述的指数衰减电压。直流电压 u_D 的平均值 U_D 可由图中曲线积分再平均求得

$$\begin{aligned}U_D&=\frac{1}{\pi}\int_0^{\theta}\sqrt{2}U_S\sin(\omega t+\delta)\ d(\omega t)+\frac{1}{\pi}\int_{\theta}^{\pi}\sqrt{2}U_S\sin(\theta+\delta)\ e^{-\frac{\omega t-\theta}{R\omega C}}d(\omega t)\\&=\frac{2\sqrt{2}U_S}{\pi}\sin\left(\frac{1}{2}\theta\right)\left[\sin\left(\delta+\frac{1}{2}\theta\right)+R\omega C\cos\left(\delta+\frac{1}{2}\theta\right)\right]\end{aligned} \tag{2-24}$$

再利用式（2-20）可得

$$U_D=\frac{2\sqrt{2}U_S}{\pi}\cdot\sin^2\frac{\theta}{2}\cdot\sqrt{1+(R\omega C)^2} \tag{2-25}$$

在已知 $R\omega C$ 的情况下，可由式（2-20）和式（2-23）求出起始导通角 δ 和二极管持续导通角 θ，再由式（2-25）即可求出整流电压平均值 U_D。$R\omega C$ 值对整流电路特性的影响可总结为：在 $R\omega C$ 从零增大到无限大时，起始导电角 δ 从 0 逐渐增大到$\frac{\pi}{2}$，二极管持续导通角 θ 从 π 逐渐减少到零，整流输出电压 U_D 则从$\frac{2\sqrt{2}}{\pi}U_S$ 逐渐增大到$\sqrt{2}U_S$。其中，$R\omega C=0$ 对应为纯电阻负载，$R\omega C$ 增大表明滤波电容或负载电阻增加，$R\omega C=\infty$ 对应于空载。

i_D 及相应的交流电流 i_S 如图 2-12 所示。这里并没有考虑电源变压器漏感 L_S 或直流侧电感 L，当考虑电感影响时，i_D 的上升和下降过程将更加缓和。实际应用中，有时候为了抑制电流冲击，常在直流侧串入一个较小的电感来构成一个 LC 滤波电路。

2. 三相桥式不控整流电路带电容滤波的输出电压特性

图 2-13 为带电容滤波的三相桥式不控整流电路。

在分析三相桥式不控整流电路时已经得知，如果为纯阻性负载，电路任何时候有两个二极管同时导通，将线电压为最大值的一段加到负载端。而在带电容滤波的整流电路中，由于滤波电容的影响，仅在电源线电压的瞬时值 $u_L(t)$ 大于 $u_C(u_D)$ 时，相应两个二极管（见表 2-1）才开始导通，将电源线电压加到电容和负载端。图 2-14 为带电容滤波的三相桥式不控整流电路工作波形。其中，坐标原点取为电容电压与线电压 u_{AB} 重合的点。与电容滤波单相不控整流电路的工作过程类似，在相应两个二极管导通之后，$u_D=u_L$，由电源向电容和负载

供电，电容电压开始充电而跟随 u_L 上升，电源输出电流 i_D 等于电容充电电流 i_C 与负载电流 i_R 之和，$i_C>0$。u_L 到达峰值$\sqrt{6}U_S$ 后（见图 2-14 中 2 点），$u_D=u_L=u_C$ 开始下降，因此电容开始进入放电状态，此时电阻负载上的电流 i_R 等于电源输出电流 i_D 与电容放电电流 i_C 之和，$i_C<0$，由电源和电容同时向负载提供能量。这一过程持续到 i_D 下降为零时刻（见图 2-14 中 3 点），之后相应两个二极管关断，由电容单独向负载提供能量，直至整流电压的下一脉波，之后周而复始，重复上述过程。

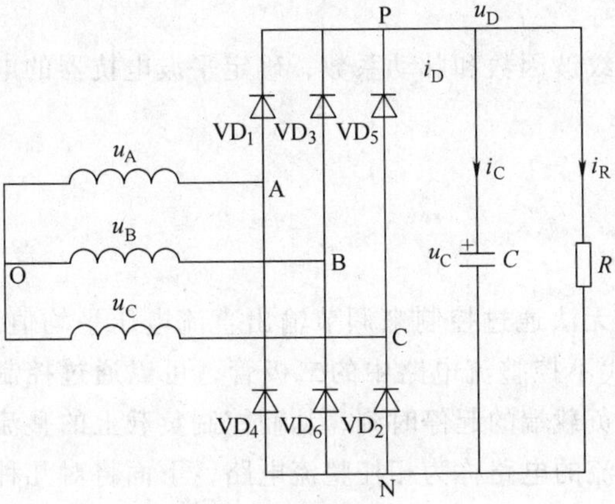

图 2-13　带电容滤波的三相桥式不控整流电路

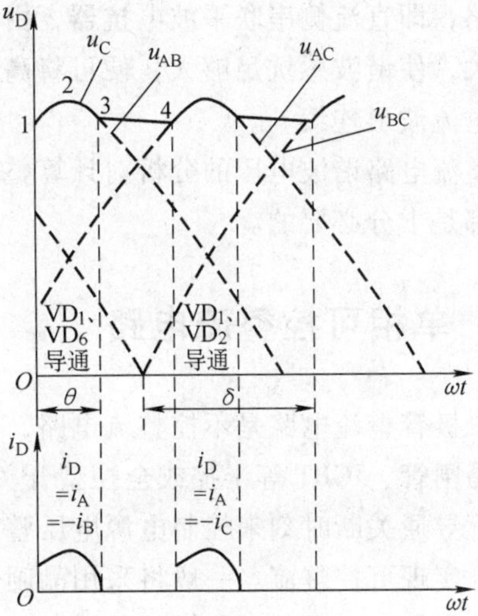

图 2-14　带电容滤波的三相桥式不控整流电路工作波形

与分析电容滤波单相不控整流电路的工作过程类似，设电源线电压 u_{AB} 的初相角为 δ，类似于电容滤波单相不控整流电路的数学分析，对于电容滤波的三相不控整流电路可以求得与单相桥式电路电容滤波相同的式（2-19）和式（2-20），因此有

$$\tan(\delta+\theta)=-R\omega C \tag{2-26}$$

$$\delta+\theta=\pi-\arctan(R\omega C) \tag{2-27}$$

如图 2-14 所示，当整流输出电流 i_D 降为零后，仅由电容 C 向负载 R 放电提供能量，u_C（u_D）从 $\omega t=\theta$ 时的瞬时值$\sqrt{6}U_S\sin(\delta+\theta)$ 开始按指数规律下降。考虑到电容滤波的三相桥式不控整流电路输出整流电压周期为$\frac{\pi}{3}$，稳态工作时必须满足边界条件

$$\sin\delta=\sin(\delta+\theta)\cdot e^{-\frac{\pi/3-\theta}{R\omega C}}$$

类似于式（2-23），消去 θ 可得

$$\sin\delta=\frac{R\omega C}{\sqrt{1+(R\omega C)^2}}\cdot e^{-\frac{\delta+\arctan(R\omega C)-\frac{2\pi}{3}}{R\omega C}} \tag{2-28}$$

电容滤波的三相不控整流直流电压平均值为

$$\begin{aligned}U_D&=\frac{1}{\pi/3}\left\{\int_0^{\theta}\sqrt{6}U_S\sin(\omega t+\delta)\cdot d(\omega t)+\int_{\theta}^{\frac{\pi}{3}}\sqrt{6}U_S\sin(\theta+\delta)\cdot e^{-\frac{\omega t-\theta}{R\omega C}}d(\omega t)\right\}\\&=\frac{6\sqrt{6}}{\pi}U_S\sin^2\frac{\theta}{2}\cdot\sqrt{1+(R\omega C)^2}\end{aligned} \tag{2-29}$$

已知 $R\omega C$，可由式（2-27）和式（2-28）求出起始导通角 δ 和二极管持续导通角 θ，再由式（2-29）可求得直流电压平均值 U_D。$R\omega C$ 值对电容滤波的三相不控整流电路特性的影响与单相桥式不控整流电路类似。

以上分析中均未考虑实际电路中存在的交流电源侧电感以及直流侧外串的滤波电感。考虑上述电感后，i_D 和电源相应相电流的上升、下降将不再是突变的，而是逐渐上升到最大值再逐渐下降，进一步减小了对电源和负载的电流冲击。为了使负载电流连续，通常在整流输出回路，即直流侧串联平波电抗器，由于电感的感抗与谐波频率成正比，只要把电感量取得足够大，使谐波感抗足够大，便可将高次谐波电流的幅值限制到足够小，使最小负载时也能保证电流波形连续。

整流电路谐波电压的分析对计算整流电路的纹波因数和脉动系数，确定平波电抗器的电感量都是十分必要的。

2.3 单相可控整流电路

二极管整流电路是不控整流电路，其缺点是无法通过控制来调节输出直流电压平均值。采用晶闸管、IGBT 等半控或全控型开关器件替代不控整流电路中的二极管，可以通过控制开关管导通关断时刻来控制电源电压整流后加到负载端的起停时刻，从而控制负载上的整流电压，实现可控整流。一般将采用晶闸管实现整流的电路称为相控整流电路，下面将对几种典型的相控整流电路进行描述分析。

2.3.1 单相桥式全控整流电路

如图 2-15 所示，若将单相桥式二极管整流电路中的 4 只二极管全部换为晶闸管，便组成了单相桥式全控整流电路。晶闸管作为一种半控开关器件，和二极管的差别在于，当它承受了正向电压，同时又受到触发脉冲作用时才能被触发开通；处于导通的晶闸管一旦受到反压作用时，则立即被强迫关断——从通态转入断态。因此，利用晶闸管的可控导通特性控制施加触发脉冲的时刻就能控制整流电压送至负载端的起始时刻，从而实现可控整流。

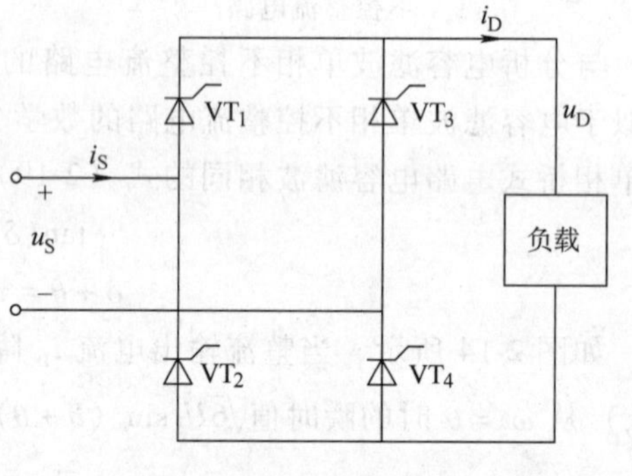

图 2-15 单相桥式全控整流电路

在分析相控整流电路时，一般假设开关器件均为理想开关器件。下面根据负载性质的不同分别进行讨论。

1. 电阻性负载

单相桥式全控整流电路中，晶闸管 VT_1 和 VT_2 组成一个桥臂，VT_3 和 VT_4 组成另一个桥臂。当电源电压处于正半周时，同时控制晶闸管 VT_1、VT_4 的导通角 α，在 VT_1、VT_4 导通时，电源电压直接加在负载两端，VT_2、VT_3 承受反向电压处于关断状态；当电源电压处于负半周时，同时控制晶闸管 VT_2、VT_3 的导通角 α，在 VT_2、VT_3 导通时，电源电压反向施加于负载两端，VT_1、VT_4 处于关断状态承受反向电压；当 4 只晶闸管都处于关断状态时，负载端电压为零。上述工作过程如图 2-16 所示。

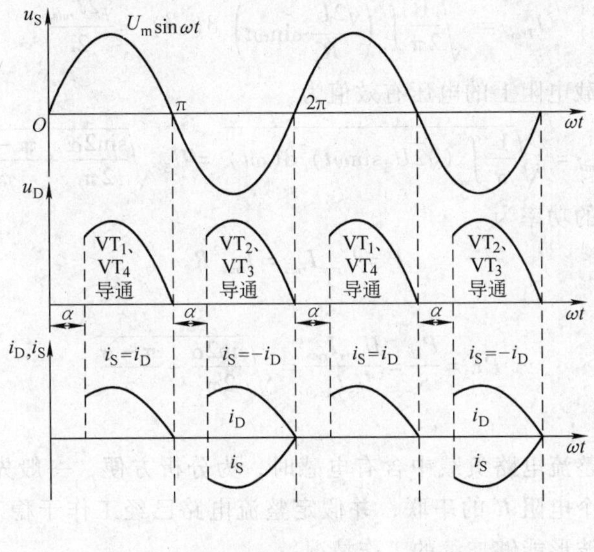

图 2-16　带电阻负载的单相桥式全控整流波形

此时，负载两端得到的平均电压为

$$U_D = \frac{1}{\pi}\int_{\alpha}^{\pi}\sqrt{2}U_S\sin\omega t\mathrm{d}(\omega t) = \frac{\sqrt{2}U_S}{\pi}(1+\cos\alpha) \approx 0.45U_S(1+\cos\alpha) \tag{2-30}$$

当 4 只晶闸管都处于关断状态时，每只器件承受的电压情况比较复杂。与每只器件的正、反向漏电流有关，漏电流较小的器件承受的电压较高。如假定每只器件的正、反向漏电流相等时，则有

在 $0<\omega t<\alpha$ 期间，$U_{VT_1}=U_{VT_4}=\dfrac{U_1}{2}$，$U_{VT_2}=U_{VT3}=\dfrac{-U_1}{2}$；

在 $\pi<\omega t<\pi+\alpha$ 期间，同样有：$U_{VT_1}=U_{VT_4}=\dfrac{-U_1}{2}$，$U_{VT_2}=U_{VT_3}=\dfrac{U_1}{2}$。

在上述假定条件下，每只晶闸管可能承受的最大正向电压为 $U_m/2$，所承受的最大反向电压为电源电压峰值 U_m。

负载电流的平均值为

$$I_D = \frac{U_D}{R} = \frac{\sqrt{2}U_S}{\pi R}(1+\cos\alpha) \approx \frac{0.45U_S}{R}(1+\cos\alpha) \tag{2-31}$$

由于 VT_1、VT_4 与 VT_2、VT_3 是轮流导通的，所以流过每只晶闸管的平均电流为负载平均电流的一半，即 $I_{Tmean}=\dfrac{1}{2}I_D$。

在控制角为 α 时，负载电流的有效值是

$$I_{rms} = \sqrt{\frac{1}{\pi}\int_{\alpha}^{\pi}\left(\frac{\sqrt{2}U_S}{R}\sin\omega t\right)^2\mathrm{d}(\omega t)} = \frac{U_S}{R}\sqrt{\frac{\sin2\alpha}{2\pi}+\frac{\pi-\alpha}{\pi}} \tag{2-32}$$

而此时流过晶闸管的电流有效值为

$$I_{\mathrm{Trms}}=\sqrt{\frac{1}{2\pi}\int_{\alpha}^{\pi}\left(\frac{\sqrt{2}U_{\mathrm{S}}}{R}\sin\omega t\right)^{2}\mathrm{d}(\omega t)}=\frac{\sqrt{2}I_{\mathrm{rms}}}{2} \tag{2-33}$$

同理可以求出负载电阻上的电压有效值为

$$U_{\mathrm{rms}}=\sqrt{\frac{1}{\pi}\int_{\alpha}^{\pi}(\sqrt{2}U_{\mathrm{S}}\sin\omega t)^{2}\mathrm{d}(\omega t)}=U_{\mathrm{S}}\sqrt{\frac{\sin2\alpha}{2\pi}+\frac{\pi-\alpha}{\pi}} \tag{2-34}$$

电阻负载上得到的功率为

$$P=U_{\mathrm{rms}}I_{\mathrm{rms}}=I_{\mathrm{rms}}{}^{2}R \tag{2-35}$$

功率因数 PF 为

$$PF=\frac{P_{\mathrm{D}}}{S}=\frac{U_{\mathrm{rms}}I_{\mathrm{rms}}}{U_{\mathrm{S}}I_{\mathrm{rms}}}=\sqrt{\frac{\sin2\alpha}{2\pi}+\frac{\pi-\alpha}{\pi}} \tag{2-36}$$

2. 电感性负载

当单相桥式全控整流电路负载中含有电感时，为分析方便，一般先将图 2-15 中负载等效为一个电感 L 和一个电阻 R 的串联，并假定整流电路已经工作于稳态。首先考虑负载电感足够大，负载电流波形能够连续的工作情况。

在电源电压 u_{S} 为正半周，$\omega t=\alpha$ 时，同时触发晶闸管 $\mathrm{VT_1}$、$\mathrm{VT_4}$，由于 $\mathrm{VT_1}$、$\mathrm{VT_4}$ 承受正压而导通，在 $\mathrm{VT_1}$、$\mathrm{VT_4}$ 导通期间，电源电压 u_{S} 通过 $\mathrm{VT_1}$、$\mathrm{VT_4}$ 加到负载上，负载电压 u_{D} 等于 u_{S}。

当 $\omega t=\pi$ 时，电源电压过零点，之后电源电压由正变为负。由于负载电感足够大，负载电流并不马上衰减为零。所以，在 $\mathrm{VT_2}$、$\mathrm{VT_3}$ 被触发导通之前，$\mathrm{VT_1}$、$\mathrm{VT_4}$ 一直处于导通状态，即在 $\pi<\omega t<\pi+\alpha$ 期间，负载电压 u_{D} 仍然等于电源电压 u_{S}。这期间电源电压 u_{S} 已经变为负值了，所以负载的电压波形出现了负值的部分。控制角 α 越大，负值的部分占总面积的比值越大，当 $\alpha=\dfrac{\pi}{2}$时，两块正、负面积相等，即输出电压的平均值为零。

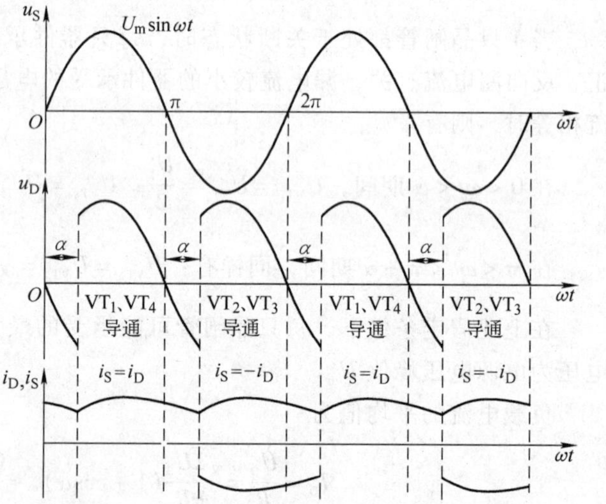

图 2-17　带大电感负载的单相桥式全控整流波形

当 $\omega t=\pi+\alpha$ 时，同时触发 $\mathrm{VT_2}$、$\mathrm{VT_3}$，$\mathrm{VT_2}$、$\mathrm{VT_3}$ 承受正压而导通，在 $\mathrm{VT_2}$、$\mathrm{VT_3}$ 导通的同时，$\mathrm{VT_1}$、$\mathrm{VT_4}$ 在反向电压作用下被关断。$\mathrm{VT_2}$、$\mathrm{VT_3}$ 导通时，电源电压 u_{S} 经过 $\mathrm{VT_2}$、$\mathrm{VT_3}$ 加到负载上，此时负载电压 u_{D} 等于 $-u_{\mathrm{S}}$。$\mathrm{VT_1}$、$\mathrm{VT_4}$ 与 $\mathrm{VT_2}$、$\mathrm{VT_3}$ 的工作情况是对称的。带电感负载的单相桥式全控整流波形如图 2-17 所示。

负载上得到的直流平均电压为

$$U_{\mathrm{D}}=\frac{1}{\pi}\int_{\alpha}^{\alpha+\pi}\sqrt{2}U_{\mathrm{S}}\sin\omega t\mathrm{d}(\omega t)=\frac{2\sqrt{2}U_{\mathrm{S}}}{\pi}\cos\alpha\approx0.9U_{\mathrm{S}}\cos\alpha \tag{2-37}$$

在负载电流连续时，每只晶闸管导通 π，触发脉冲移相范围为$\frac{\pi}{2}$。当负载电感足够大时，负载电流接近于一条直线。晶闸管承受的正、反向最高电压为 U_m，即电源电压 u_S 的峰值。

负载电压等于电感上的压降和电阻上的压降，由于电感电压 $u_L = L\frac{di_D}{dt}$，正常稳态工作时在一个周期内，电感电流的增量应为零：$\Delta i_D = \int_0^T \frac{u_L}{L}dt = 0$，因此，电感两端电压在一个周期中的平均值 $\Delta U_L = \frac{1}{T}\int_0^T u_L dt$ 也应为零，而整流电压平均值 $U_D = \Delta U_L + I_D R = I_D R$，因此，负载电流平均值为

$$I_D = \frac{U_D}{R} = \frac{2\sqrt{2}U_S}{\pi R}\cos\alpha \approx \frac{0.9U_S}{R}\cos\alpha \tag{2-38}$$

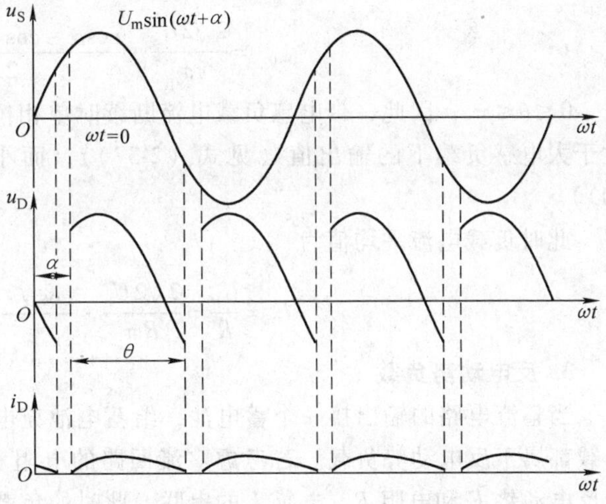

图 2-18 带电感负载电流断续时单相桥式全控整流波形

当负载电感不够大时或触发角 α 过大时，电感中储存的能量不足以续流到下一组晶闸管触发导通时刻，负载电流将出现断流现象，晶闸管的导通角 $\theta < \pi$。此时整流电路输出的平均整流电压将取决于导通角 θ。负载电路的参数 L、R 不同，控制角 α 大小不同，则晶闸管的导通角 θ 也不一样，晶闸管的导通角 θ 是控制角 α 和负载电路参数 R、L 的函数。图 2-18 给出了带电感负载电流断续时单相桥式全控整流电压、电流波形，为方便求解，在此取图中晶闸管导通起始点（α 处）为时间坐标的零点，此时 u_S 可表达为 $u_S = \sqrt{2}U_S\sin(\omega t + \alpha)$。

则电路电压平衡方程式为

$$L\frac{di_D}{dt} + Ri_D = \sqrt{2}U_S\sin(\omega t + \alpha) \tag{2-39}$$

上式的解为

$$i_D = Ae^{-\frac{R}{\omega L}\omega t} + \frac{\sqrt{2}U_S}{\sqrt{R^2 + (\omega L)^2}}\sin(\omega t + \alpha - \phi) \tag{2-40}$$

式中，ϕ 为负载阻抗角。

$$\phi = \arctan\frac{\omega L}{R} \tag{2-41}$$

由于 $\omega t = 0$ 时，$i_D = 0$，代入式（2-39）求得常数 A 为

$$A=-\frac{\sqrt{2}U_S}{\sqrt{R^2+(\omega L)^2}}\sin(\alpha-\phi)$$

当 $\omega t=\theta$ 时，晶闸管断流关断，$i_D=0$，则

$$0=-\frac{\sqrt{2}U_S}{\sqrt{R^2+(\omega L)^2}}\sin(\alpha-\phi)\,e^{-\frac{R}{\omega L}\theta}+\frac{\sqrt{2}U_S}{\sqrt{R^2+(\omega L)^2}}\sin(\theta+\alpha-\phi)$$

由上式可得

$$\sin(\theta+\alpha-\phi)=\sin(\alpha-\phi)e^{-\frac{R}{\omega L}\theta} \tag{2-42}$$

根据式（2-42）可以求出 θ，但由于上式为一个超越方程，一般需要采用作图法或累试法求得。由式（2-42）可以看出触发角变化的基本趋势：触发角 α 越小，导通角 θ 越大；电感值 L 越大，导通角 θ 越大。根据求取到的 θ，可以计算整流输出电压的平均值

$$\begin{aligned}U_D&=\frac{1}{\pi}\int_0^{\theta}\sqrt{2}U_S\sin(\omega t+\alpha)\,d(\omega t)\\&=\frac{2\sqrt{2}U_S}{\pi}\cdot\frac{\cos\alpha-\cos(\alpha+\theta)}{2}\end{aligned} \tag{2-43}$$

$0\leqslant\theta\leqslant\pi$，因此，带电感负载电流断续时单相桥式全控整流电路输出的直流平均电压将大于大电感负载下的输出值（见式（2-37）），而小于纯电阻负载下的输出值（见式（2-30））。

此时负载电流平均值为

$$I_D=\frac{U_D}{R}=\frac{2\sqrt{2}U_S}{R\pi}\cdot\frac{\cos\alpha-\cos(\alpha+\theta)}{2} \tag{2-44}$$

3. 反电动势负载

当整流电路的输出接一个蓄电池，给蓄电池充电，或接直流电动机时，整流电路所带的负载都属于反电动势负载。若考虑整流回路的电阻和电感时，可将图 2-15 中负载等效为一个反电动势 E 和电阻 R、电感 L 的串联，此时的负载称为反电动势阻感负载。

当整流电路接有反电动势负载时，如果整流电路中的电感 L 较小则可以忽略，只有在电源电压 v_S 的瞬时值大于反电动势 E 时，晶闸管才会承受正向电压被触发导通。当 $v_S<E$ 时，晶闸管承受反向电压阻断。因此，整流电路接反电动势负载时，晶闸管的导通角比较小。在晶闸管导通期间，输出整流电压 $u_D=E+i_DR$，在晶闸管关断期间，输出整流电压为反电动势 E。带反电动势与电阻负载的单相桥式全控整流波形如图 2-19 所示，图中 γ 被称为停止导电角，其大小为

$$\gamma=\arcsin\frac{E}{\sqrt{2}U_S}$$

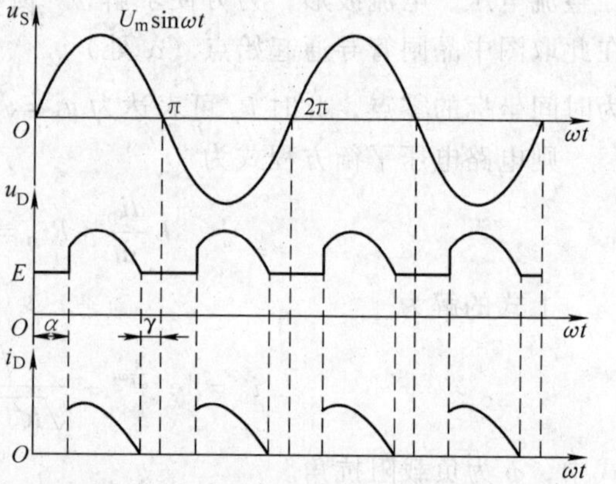

图 2-19　带反电动势与电阻负载的单相桥式全控整流波形

此时，整流电路输出电压、电流平均值要分为两种情况讨论：

当 $\alpha>\gamma$ 时，触发脉冲加在需导通晶闸管控制脚瞬间，由于电源电压 u_S 大于反电动势 E，因此晶闸管立即导通，直至电源电压减小到 E 为止，整流输出电压平均值为

$$
\begin{aligned}
U_D &= E+\frac{1}{\pi}\int_{\alpha}^{\pi-\gamma}(\sqrt{2}U_S\sin\omega t-E)\,d(\omega t)\\
&=\frac{\sqrt{2}U_S}{\pi}\left[\cos\gamma+\cos\alpha+\frac{E}{\sqrt{2}U_S}(\gamma+\alpha)\right]\\
&=\frac{\sqrt{2}U_S}{\pi}\left[\sqrt{1-\left(\frac{E}{\sqrt{2}U_S}\right)^2}+\cos\alpha+\frac{E}{\sqrt{2}U_S}\left(\arcsin\frac{E}{\sqrt{2}U_S}+\alpha\right)\right]
\end{aligned}
\tag{2-45}
$$

负载上只有晶闸管导通时才有电流，所以负载电流平均值为

$$
\begin{aligned}
I_D &= \frac{1}{\pi}\int_{\alpha}^{\pi-\gamma}\frac{\sqrt{2}U_S\sin\omega t-E}{R}d(\omega t)\\
&=\frac{\sqrt{2}U_S}{\pi R}\left[\cos\gamma+\cos\alpha-\frac{E}{\sqrt{2}U_S}(\pi-\gamma-\alpha)\right]\\
&=\frac{\sqrt{2}U_S}{\pi R}\left[\sqrt{1-\left(\frac{E}{\sqrt{2}U_S}\right)^2}+\cos\alpha-\frac{E}{\sqrt{2}U_S}\left(\pi-\arcsin\frac{E}{\sqrt{2}U_S}-\alpha\right)\right]
\end{aligned}
\tag{2-46}
$$

当 $\alpha<\gamma$ 时，触发脉冲加在需导通晶闸管控制脚瞬间，由于电源电压 u_S 小于反电动势 E，因此晶闸管不会立即导通，为使晶闸管可靠导通，必须保证触发脉冲有足够的宽度。这样晶闸管会在 $\omega t=\gamma$ 时开始导通，直至电源电压减小到 E 为止，整流输出电压平均值为

$$
\begin{aligned}
U_D &= E+\frac{1}{\pi}\int_{\gamma}^{\pi-\gamma}(\sqrt{2}U_S\sin\omega t-E)\,d(\omega t)\\
&=\frac{\sqrt{2}U_S}{\pi}\left(2\cos\gamma+\frac{2\gamma E}{\sqrt{2}U_S}\right)\\
&=\frac{\sqrt{2}U_S}{\pi}\left(2\sqrt{1-\left(\frac{E}{\sqrt{2}U_S}\right)^2}+\frac{\sqrt{2}E}{U_S}\arcsin\frac{E}{\sqrt{2}U_S}\right)
\end{aligned}
\tag{2-47}
$$

此时负载电流平均值为

$$
\begin{aligned}
I_D &= \frac{1}{\pi}\int_{\gamma}^{\pi-\gamma}\frac{\sqrt{2}U_S\sin\omega t-E}{R}d(\omega t)\\
&=\frac{\sqrt{2}U_S}{\pi R}\left[2\cos\gamma-\frac{E}{\sqrt{2}U_S}(\pi-2\gamma)\right]\\
&=\frac{\sqrt{2}U_S}{\pi R}\left[2\sqrt{1-\left(\frac{E}{\sqrt{2}U_S}\right)^2}-\frac{E}{\sqrt{2}U_S}\left(\pi-2\arcsin\frac{E}{\sqrt{2}U_S}\right)\right]
\end{aligned}
\tag{2-48}
$$

纯电阻负载时，整流输出电流是断续的。为了提高电源利用率，降低电流噪声，一般在负载回路串联一个平波电抗器，即一个大的电感，以平稳电流的脉动和延长晶闸管导通时间。此时假设负载的反电动势为 E，等效电感为 L，电阻为 R，电感足够大时，电枢电流连续，整流电路工作波形如图 2-20 所示。

负载上得到的直流平均电压为

$$U_D = \frac{1}{\pi}\int_{\alpha}^{\alpha+\pi}\sqrt{2}U_S\sin\omega t\mathrm{d}(\omega t) = \frac{2\sqrt{2}U_S}{\pi}\cos\alpha \approx 0.9U_S\cos\alpha \tag{2-49}$$

图 2-20 电压波形的阴影部分为电阻和电感上的压降，整流电路输出的直流电压平均值 U_D 应等于一个周期中电阻和电感上的压降平均值与 E 之和，而整流电路稳定工作时一个周期中电感 L 上的压降平均值为零，故有

$$U_D = RI_D + E \tag{2-50}$$

因此负载电流平均值为

$$I_D = \frac{U_D - E}{R} = \frac{2\sqrt{2}U_S}{\pi R}\cos\alpha - \frac{E}{R} \approx \frac{0.9U_S}{R}\cos\alpha - \frac{E}{R} \tag{2-51}$$

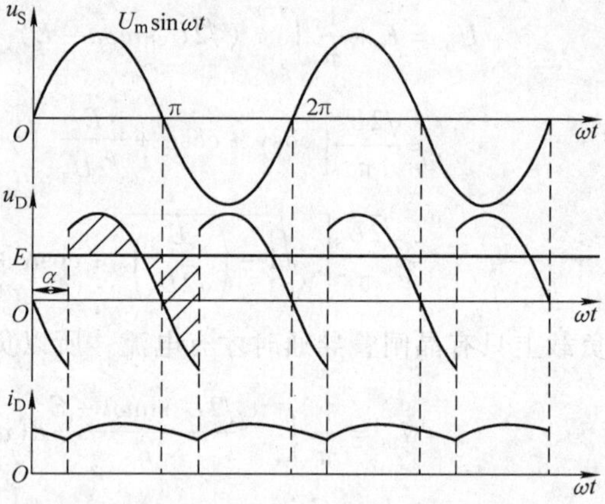

图 2-20 带反电动势与大电感负载的单相桥式全控整流波形

当负载电感不够大时或触发角 α 过大时，电感中储存的能量不足以续流到下一组晶闸管触发导通时刻，带反电动势与电感负载的单相桥式全控整流电路负载电流同样会出现断流现象，使晶闸管的导通角 $\theta<\pi$。此时整流电路输出的平均整流电压将取决于晶闸管的导通角 θ，θ 是控制角 α 和负载电路参数 R、L、E 的函数。图 2-21 给出了带反电动势、电感负载电流断续时单相桥式全控整流电压、电流波形，为方便求解，在此图中取晶闸管导通起始点（α 处）为时间坐标的零点，此时 u_S 可表达为 $u_S = \sqrt{2}U_S\sin(\omega t+\alpha)$。

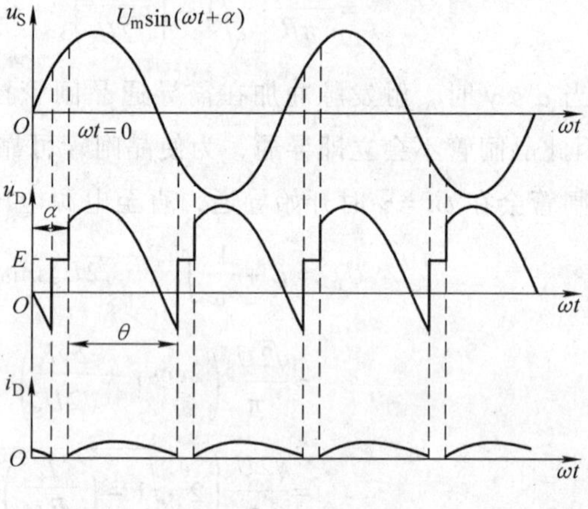

图 2-21 带反电动势与电感负载电流断续时单相桥式全控整流波形

此时电路电压平衡方程式为

$$L\frac{\mathrm{d}i_D}{\mathrm{d}t} + Ri_D = \sqrt{2}U_S\sin(\omega t+\alpha) - E \tag{2-52}$$

由上式解得

$$i_D = Ae^{-\frac{R}{\omega L}\omega t} + \frac{\sqrt{2}U_S}{\sqrt{R^2+(\omega L)^2}}\sin(\omega t+\alpha-\phi) - \frac{E}{R} \tag{2-53}$$

式中，ϕ 为负载阻抗角。

$$\phi = \arctan\frac{\omega L}{R} \tag{2-54}$$

由于 $\omega t=0$ 时，$i_D=0$，代入式（2-53）求得常数 A 为

$$A = \frac{E}{R} - \frac{\sqrt{2}U_S}{\sqrt{R^2 + (\omega L)^2}}\sin(\alpha - \phi)$$

当 $\omega t = \theta$ 时，晶闸管断流关断，$i_D = 0$，则

$$0 = \left[\frac{E}{R} - \frac{\sqrt{2}U_S}{\sqrt{R^2 + (\omega L)^2}}\sin(\alpha - \phi)\right]e^{-\frac{R}{\omega L}\theta} + \frac{\sqrt{2}U_S}{\sqrt{R^2 + (\omega L)^2}}\sin(\theta + \alpha - \phi)$$

由上式可得

$$\sin(\theta + \alpha - \phi) = \sin(\alpha - \phi)e^{-\frac{R}{\omega L}\theta} - \frac{E\sqrt{1 + \left(\frac{\omega L}{R}\right)^2}}{\sqrt{2}U_S}e^{-\frac{R}{\omega L}\theta} \tag{2-55}$$

根据式（2-55）采用作图法或累试法可以求出晶闸管导通角 θ，进而可以计算整流输出电压的平均值

$$\begin{aligned} U_D &= E + \frac{1}{\pi}\int_0^{\theta}[\sqrt{2}U_S\sin(\omega t + \alpha) - E]\,d(\omega t) \\ &= E + \frac{\sqrt{2}U_S}{\pi}\left[\cos\alpha - \cos(\alpha + \theta) - \frac{E}{\sqrt{2}U_S}\theta\right] \end{aligned} \tag{2-56}$$

因此，负载电流平均值为

$$I_D = \frac{U_D - E}{R} = \frac{\sqrt{2}U_S}{\pi R}\left[\cos\alpha - \cos(\alpha + \theta) - \frac{E}{\sqrt{2}U_S}\theta\right] \tag{2-57}$$

2.3.2 单相桥式半控整流电路

将单相全控桥电路中的一对晶闸管换成两个二极管，就构成单相桥式半控整流电路，直接采用这样的电路时，如果触发脉冲突然消失或者控制角度由较小值突然增加到接近 π 时，电路可能出现失控现象，为防止这一现象发生，一般在负载端还会反并联一个续流二极管，最后形成的电路如图 2-22 所示，其中，VD_3 为续流二极管。与单相全控桥电路相比，半控整流比较经济，触发装置也简单一些。单相桥式半控整流电路的工作特点是晶闸管触发导通、而整流二极管在阳极电压高于阴极电压时自然导通。单相半控桥在接电阻性负载时，其工作情况与单相全控桥电路相同，输出电压、电流的波形及元件参数的计算公式也都一样，但是接电感性负载的工作情况则有所不同。

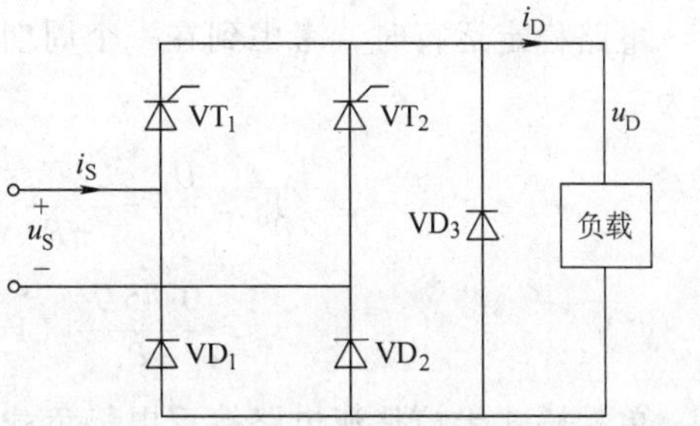

图 2-22 单相桥式半控整流电路

假定负载中电感足够大，负载电流 i_D 连续并近似为一条直线，在 u_S 的正半周 $\omega t = \alpha$ 的时刻触发晶闸管 VT_1，则 VT_1、VD_2 导通，电流从电源正端经 VT_1、负载、VD_2 回到负端，负载两端整流电压 $u_D = u_S$。

当 u_S 在 $\omega t = \pi$ 进入负半周，而下一个触发脉冲尚未到来时，电感上的电流 i_D 经续流二极管 VD_3 续流，负载两端整流电压 $u_D = 0$。当 $\omega t = \pi + \alpha$ 时，触发 VT_2 使其导通，续流二极

管 VD_3 因受到反压关断，负载电流从电源负端经过 VT_2、负载、VD_1 回到正端，负载两端得到整流电压 $u_D = -u_S$。

当 u_S 在 $\omega t > 2\pi$ 进入正半周而下一个触发脉冲尚未到来时，电感上的电流 i_D 又经续流二极管 VD_3 续流，如此循环工作。

单相桥式半控整流电路工作波形如图 2-23 所示。

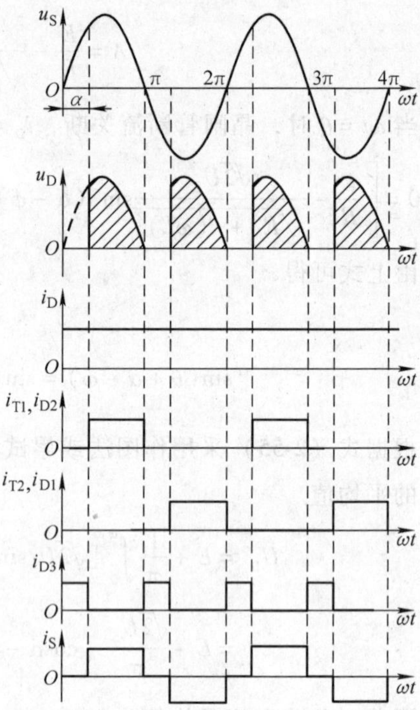

图 2-23　单相桥式半控整流电路波形

此时，负载两端得到的平均电压为

$$
\begin{aligned}
U_D &= \frac{1}{\pi}\int_{\alpha}^{\pi}\sqrt{2}U_S\sin\omega t\,\mathrm{d}(\omega t) \\
&= \frac{\sqrt{2}U_S}{\pi}(1+\cos\alpha) \\
&\approx 0.45U_S(1+\cos\alpha) \qquad (2\text{-}58)
\end{aligned}
$$

可以看出，单相桥式半控整流电路不论接电阻性负载还是电感性负载，输出电压波形都相当于桥式全控整流电路接纯电阻性负载的情况，触发控制角可控范围即最大移相范围都是 π。因此，单相桥式半控整流电路在 $0<\alpha<\pi$ 范围内移相控制时，U_D 只能为正值，而全控整流电路中 U_D 在 $\alpha>\frac{\pi}{2}$ 时可为负值。

电路稳定运行时，考虑到在一个周期内电感上平均电压为零，因此，输出负载电流平均值为

$$
\begin{aligned}
I_D &= \frac{U_D}{R} = \frac{\sqrt{2}U_S}{\pi R}(1+\cos\alpha) \\
&\approx \frac{0.45U_S}{R}(1+\cos\alpha) \qquad (2\text{-}59)
\end{aligned}
$$

单相桥式半控整流电路接反电势负载时，输出 U_D 同样只能为正值，具体分析方法与桥式全控整流电路类似，不再重复。

单相全控整流电路主要用在可逆传动系统以及宽调速范围的不可逆传动系统中。在一般的整流装置中，由于半控整流电路控制简单、成本较低，故应用较多。

2.4　三相可控整流电路

单相可控整流电路的输出电压脉动大，脉动频率低，而且对三相电源来说，只是一相有负载，影响电网的平衡运行，所以只适用于小功率负载。三相 AC-DC 变换器具有比单相变换器更优越的性能，诸如输出电压高且脉动小、脉动频率高、交流电网侧功率因数高以及动态响应快等优点，另外，低次谐波频率也比单相整流电路的高，所以，用电感滤波效果更好。因此，它在中、大功率整流领域中获得广泛的应用。三相可控整流电路的类型很多，有

三相半波、三相全控桥式、三相半控桥式、双反星形连接以及三相成组串并联电路等。但三相半波可控整流电路是最基本的组成形式，其余类型都可看作是由三相半波电路以不同方式串联或并联组成的。虽然三相半波整流由于交流侧电流是单方向电流，含有很大直流分量而用得不多，但其特性分析对理解各种三相整流电路都很有帮助。

2.4.1 三相半波可控整流电路

图 2-24 是三相半波相控整流电路。图中三个晶闸管的阴极接在一起构成共阴极接法，方便于安排触发电路的公共点，故经常采用，它可以看成是 3 个单相半波相控整流电路一起工作。在三相电路中，通常规定自然换相点为触发控制角 α 的零点，自然换向点就是相应不控整流电路二极管关断导通的切换点，单相半波相控整流电路的自然换相点如图 2-8 所示中的 ωt_1、ωt_3 和 ωt_5 点，3 个晶闸管的触发脉冲互差 $2\pi/3$。下面以不同性质的负载来分析三相半波可控整流电路工作原理。

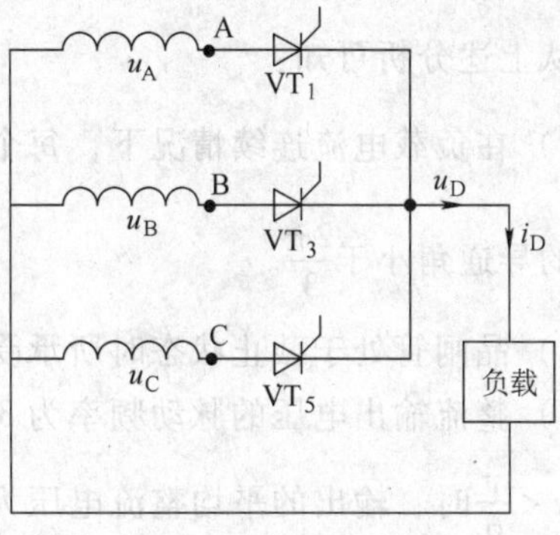

图 2-24 三相半波可控整流电路

1. 电阻性负载

图 2-25 为三相半波相控整流电路连接纯电阻性负载时的电压电流波形。当三相半波可控整流电路带纯电阻性负载时，负载上的电压与电流方向一致，由于晶闸管的单向导电特性，因此只能向负载传递正向的电压电流。如图 2-25 所示，以 A 相电流正向过零点为 ωt 起始点，则 A 相自然换向点为 $\omega t=\dfrac{\pi}{6}$。在 $\omega t=\dfrac{\pi}{6}+\alpha$ 时，对 VT_1 施加触发脉冲使 A 相晶闸管 VT_1 导通，A 相电压 v_A 加到负载上，VT_1 导通状况一直会持续到满足下列两个条件之一：u_A 进入负半周或者 $\omega t=\dfrac{\pi}{6}+\alpha+\dfrac{2\pi}{3}$ 的时刻，b 相晶闸管 VT_3 被触发导通。如果前一条件先满足，则会有一段时间晶闸管都不导通，负载上电压电流都为零，这种情况一直持续到 B 相晶闸管 VT_3 被触发导通为止；如果后一条件先满足，则负载上电流是连续的，负载电流直接由 A 相晶闸管 VT_1 换流至 B 相晶闸管 VT_3。之后 B 相电压 u_B 加到负载上，VT_3 导通状况一直会持续到满足下列两个条件之一：u_B 进入负半周或者 $\omega t=\dfrac{\pi}{6}+\alpha+\dfrac{4\pi}{3}$ 的时刻，C 相晶闸管 VT_5 被触发导通。之后依此类推，3 个晶闸管轮流工作，向负载提供整流电压。

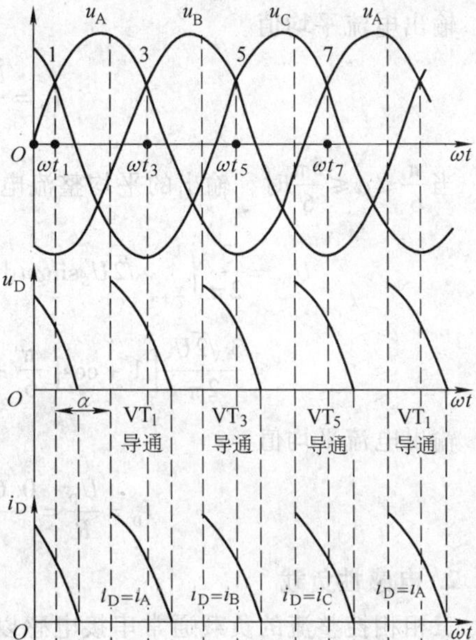

图 2-25 带电阻性负载的三相半波可控整流电路工作波形

以 VT_1 换流至 VT_3 的过程分析电流连续的条件：u_A 在 $\omega t=\pi$ 时进入负半周，所以负载

电流连续的条件是 VT_3 被触发导通的时刻早于 $\omega t=\pi$，即$\frac{\pi}{6}+\alpha+\frac{2\pi}{3}<\pi$，得到 $\alpha<\frac{\pi}{6}$，此时每个晶闸管的导通周期是$\frac{2\pi}{3}$。同理可知，当$\frac{\pi}{6}<\alpha<\frac{5\pi}{6}$时，电阻负载上的电流是断续的，而当 $\alpha\geqslant\frac{5\pi}{6}$时，电阻负载上的电压为零。

从上述分析可知：

1）在负载电流连续情况下，每个晶闸管的导通角均为$\frac{2\pi}{3}$；电流断续的情况下，每个晶闸管的导通角小于$\frac{2\pi}{3}$。

2）晶闸管处于截止状态时所承受的电压是线电压峰值。

3）整流输出电压的脉动频率为 $3f$（脉波数 $m=3$）。

$\alpha<\frac{\pi}{6}$时，输出的平均整流电压为

$$U_D=\frac{3}{2\pi}\int_{\frac{\pi}{6}+\alpha}^{\frac{5\pi}{6}+\alpha}\sqrt{2}U_S\sin\omega t\,d(\omega t)=\frac{3\sqrt{6}U_S\cos\alpha}{2\pi}\approx 1.17U_S\cos\alpha \tag{2-60}$$

输出电流平均值

$$I_D=\frac{U_D}{R}=\frac{1.17U_S}{R}\cos\alpha \tag{2-61}$$

当$\frac{\pi}{6}\leqslant\alpha\leqslant\frac{5\pi}{6}$时，输出的平均整流电压为

$$\begin{aligned}U_D&=\frac{3}{2\pi}\int_{\frac{\pi}{6}+\alpha}^{\pi}\sqrt{2}U_S\sin\omega t\,d(\omega t)\\&=\frac{3\sqrt{2}U_S}{2\pi}\left[1+\cos\left(\frac{\pi}{6}+\alpha\right)\right]\approx 0.675U_S\left[1+\cos\left(\frac{\pi}{6}+\alpha\right)\right]\end{aligned} \tag{2-62}$$

输出电流平均值

$$I_D=\frac{U_D}{R}=\frac{0.675U_S}{R}\left[1+\cos\left(\frac{\pi}{6}+\alpha\right)\right] \tag{2-63}$$

2. 电感性负载

三相相控整流的负载通常串接电感以减小负载电流脉动并使之连续，如果电感足够大，则整流输出电流 i_D 可视为恒定直流 I_D。

在负载中包含较大电感使电流连续的情况下，电路分析如下：如图 2-26 所示，在 $\omega t=\frac{\pi}{6}+\alpha$ 时，对 VT_1 施加触发脉冲使 A 相晶闸管 VT_1 导通，A 相电压 u_A 加到负载上，VT_1 管在 $2\pi/3$ 期间流过负载电流 i_D。VT_1 管导通一直持续到 $\omega t=\frac{\pi}{6}+\alpha+\frac{2\pi}{3}$时 B 相晶闸管 VT_3 被触发导通为止。一旦 VT_3 导通，$u_D=u_B>u_A$，VT_1 管立刻承受反向电压而关断，负载电流也就立即从 A 相 VT_1 管转到 B 相 VT_3 管，负载被施加 B 相电压。这种情况一直持续到 $\omega t=\frac{\pi}{6}$

$+\alpha+\frac{4\pi}{3}$时 C 相晶闸管 VT_5 被触发导通为止。C 相晶闸管 VT_5 被触发导通后，B 相 VT_3 管立刻承受反向电压而关断，负载电流也就立即转移到 VT_5 管。C 相电压施加到负载上，直到 A 相晶闸管 VT_1 再一次被触发导通为止，之后依此类推，3 个晶闸管轮流工作，向负载提供整流电压。

由此可知，电流连续时，每个晶闸管导通角为$\frac{2\pi}{3}$，此时输出直流电压平均值为

$$
\begin{aligned}
U_D &= \frac{3}{2\pi}\int_{\frac{\pi}{6}+\alpha}^{\frac{5\pi}{6}+\alpha} U_m \sin\omega t \, d(\omega t) \\
&= \frac{3\sqrt{3}U_m}{2\pi}\cos\alpha = \frac{3\sqrt{6}U_S}{2\pi}\cos\alpha \approx 1.17U_S\cos\alpha
\end{aligned}
\tag{2-64}
$$

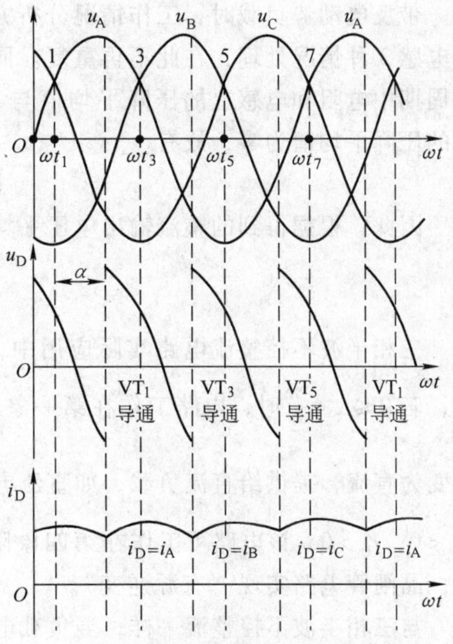

图 2-26　带电感负载的三相半波可控整流电路工作波形

这个表达式与整流电路带阻性负载 $0\leqslant\alpha\leqslant\frac{\pi}{6}$ 时完全相同。

所以，当 $0\leqslant\alpha<\frac{\pi}{2}$时，输出直流电压平均值 U_D 为正值；当 $\alpha=\frac{\pi}{2}$时，$U_D=0$；当$\frac{\pi}{2}<\alpha\leqslant\pi$ 时，输出直流电压平均值 U_D 为负值。

负载电流平均值为

$$
I_D=\frac{U_D}{R}=\frac{3\sqrt{6}U_S}{2\pi R}\cos\alpha\approx\frac{1.17U_S}{R}\cos\alpha \tag{2-65}
$$

当负载电感不够大时或触发角 α 过大时，电感中储存的能量不足以续流到下一组晶闸管触发导通时刻，带电感负载的三相半波可控整流电路负载电流会出现断流现象，使晶闸管的导通角 $\theta<\frac{2\pi}{3}$。此时整流电路输出的平均整流电压将取决于晶闸管的导通角 θ，θ 是控制角 α 和负载电路参数 R、L 的函数，可以采用与单相全控电路相同的方法求得。根据求得的晶闸管导通角 θ，可将平均整流电压表示为

$$
\begin{aligned}
U_D &= \frac{1}{\frac{2\pi}{3}}\int_0^{\theta}\sqrt{2}U_S\sin(\omega t+\alpha)\,d(\omega t) \\
&= \frac{3\sqrt{2}U_S}{\pi}\cdot\frac{\cos\alpha-\cos(\alpha+\theta)}{2}
\end{aligned}
\tag{2-66}
$$

负载电流平均值为

$$
I_D=\frac{U_D}{R}=\frac{3\sqrt{2}U_S}{\pi R}\cdot\frac{\cos\alpha-\cos(\alpha+\theta)}{2} \tag{2-67}
$$

3. 反电动势负载

带反电动势负载时，工作情况分析方法与单相全控电路相同，需分不含电感、大电感和小电感3种情况处理，在此不再重复。同理，整流电路输出的直流电压平均值 U_D 应等于一个周期中电阻和电感上的压降平均值与 E 之和，而整流电路稳定工作时一个周期中电感 L 上的压降平均值为零，故有

$$U_D = RI_D + E$$

因此，根据得到的整流输出电压平均值可得负载电流平均值

$$I_D = \frac{U_D - E}{R}$$

三相半波不控整流电路实际应用中，为减少输出电流脉动，一般都包含滤波电感。因此，若 $0 \leqslant \alpha < \frac{\pi}{2}$ 时，电路工作在第一象限，$U_D > 0$，$I_D > 0$，为整流状态，整流器将交流电能变为直流，提供给直流负载，如直流电动机或者蓄电池。若带反电动势负载，$\frac{\pi}{2} < \alpha \leqslant \pi$，$U_D < 0$，$I_D > 0$，该电路可工作在第四象限。反电动势 E 将直流电能经过晶闸管送至交流电源，晶闸管电路实现"有源逆变"。

与三相半波不控整流一样，当负载电感很大时，交流侧电流是单方向 $2\pi/3$ 宽的矩形波电流，交流侧只有单方向电流，因此电源输入功率因数较低。三相半波整流电路为了得到零线，整流变压器二次侧必须为 Y 接法。一次侧通常为三角形接法，以便能流通三次谐波电流。

2.4.2 三相桥式全控整流电路

图2-27是常见的两种三相桥式相控整流电路：全控整流电路和半控整流电路。将三相桥式不控整流电路的6个二极管换成可控的晶闸管，就构成了三相桥式全控整流电路，习惯将其中阴极连接在一起的3个晶闸管 VT_1、VT_3、VT_5 称为共阴极组；将其中阳极连接在一起的3个晶闸管 VT_4、VT_6、VT_2 称为共阳极组。如果将共阴极组或共阳极组晶闸管换回二极管，则构成了三相桥式半控整流电路。其中三相桥式全控整流电路工业上应用非常广泛，这种电路实际上是由两组三相半波整流电路相串联取消零线而演化过来的。

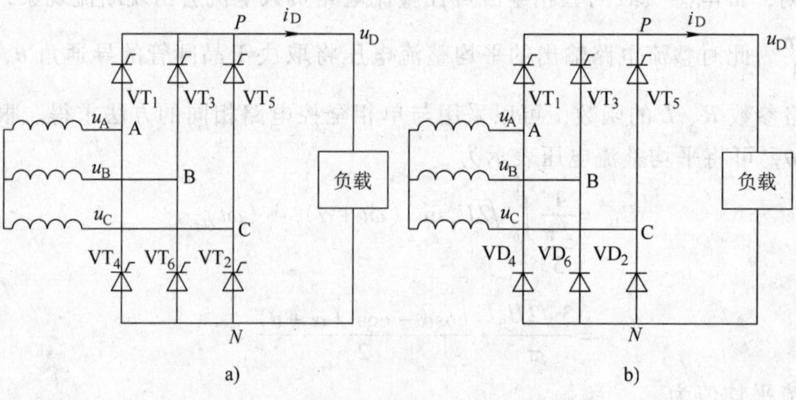

图2-27 三相桥式可控整流电路
a）全控电路 b）半控电路

从三相桥式相控整流电路可以看出，仅在三个上管（VT_1、VT_3、VT_5）和三个下管

（VT_4、VT_6、VT_2）中上、下各有一个晶闸管处于通态时才能将某个线电压接通至负载，形成整流电压 v_D。一般将对应于三相桥式不控整流电路的6个自然换相点1、2、3、4、5、6的 ωt 为 ωt_1、ωt_2、ωt_3、ωt_4、ωt_5、ωt_6 时刻（如图2-10所示）作为 VT_1、VT_2、VT_3、VT_4、VT_5、VT_6 的控制触发角零点，即在这些时刻分别对各晶闸管施加触发脉冲，触发角 $\alpha=0$。与单相桥式全控整流电路类似，三相桥式全控整流电路的输出电压特性与负载类型密切相关，下面分别对电阻、电感及反电势负载具体分析。

1. 电阻性负载

负载为电阻 R 时，负载电流 $i_D=\dfrac{u_D}{R}$，i_D 与整流电压 u_D 波形成比例。以下为不同导通角时三相桥式全控整流电路的整流特性。

1）$\alpha=0$ 时，即从各自然换相点开始对各晶闸管施加触发脉冲。从 ωt_1 开始 u_A 正电位在三相中最高，VT_1 承受正向电压，从 ωt_1 开始 VT_1 又被施加触发脉冲，在此后的$\dfrac{2\pi}{3}$期间内，u_A 保持正电位最高，VT_1 导通；从 ωt_2 开始 u_C 负电位在三相中最低，VT_2 承受正向电压，从 ωt_2 开始 VT_2 又被施加触发脉冲，在此后的$\dfrac{2\pi}{3}$期间内，u_C 保持负电位最低，VT_2 导通。所以在 $\omega t_1\leqslant\omega t\leqslant\omega t_2$ 时，A相上管 VT_1 与C相下管 VD_2 同时导通，故整流电压 $u_D=u_{PN}=u_A-u_C=u_{AC}$，即整流电压等于相应线电压。类似分析，最终可以得到6个晶闸管在6个时区中的通、断状态及整流电压 v_D 的大小，这时6个开关管的通断状态、整流电压 u_D 波形及电流波形与三相桥式不控整流时完全相同。

2）$0\leqslant\alpha\leqslant\dfrac{\pi}{3}$时，$VT_1$ 推迟到 $\omega t=\omega t_1+\alpha$ 时被触发导通。在 VT_1 被触发导通之前，仍是 VT_5、VT_6 导通，$u_D=u_{CB}$。在 $\omega t_1+\alpha\leqslant\omega t\leqslant\omega t_1+\alpha+\dfrac{\pi}{3}$时，切换为 VT_6、VT_1 导通，$u_D=u_{AB}$，此后各$\dfrac{\pi}{3}$时区中 u_D 依次是 u_{AC}、u_{BC}、u_{BA}、u_{CA} 和 u_{CB}。相对于三相桥式不控整流电路，6个导通区都向后延α，u_D 的平均值将比三相桥式不控整流电路输出电压有所减小，可表示为

$$U_D=\frac{1}{\pi/3}\int_{\omega t_1+\alpha}^{\omega t_1+\alpha+\frac{\pi}{3}}u_{AB}\,d(\omega t)=\frac{3}{\pi}\int_{\frac{\pi}{6}+\alpha}^{\frac{\pi}{6}+\alpha+\frac{\pi}{3}}\sqrt{3}\cdot\sqrt{2}U_S\sin\left(\omega t+\frac{\pi}{6}\right)d(\omega t)$$
$$=\frac{3\sqrt{6}}{\pi}U_S\cos\alpha\approx2.34U_S\cos\alpha \tag{2-68}$$

输出电流平均值

$$I_D=\frac{U_D}{R}=\frac{3\sqrt{6}}{\pi R}U_S\cos\alpha=\frac{2.34U_S}{R}\cos\alpha \tag{2-69}$$

$0\leqslant\alpha\leqslant\dfrac{\pi}{3}$时电阻负载的三相桥式全控整流电路工作波形如图2-28所示。

3）$\dfrac{\pi}{3}\leqslant\alpha\leqslant\dfrac{2\pi}{3}$时，纯电阻负载上电流波形与电压波形只相差一个比例系数，由于晶闸管的单向导通电流特性，所以施加在电阻负载端的整流电压只能为正值。以 VT_1 触发开始

的 A、B 相导通为例分析，从图 2-28 中可以看出，向负载施加的 u_{AB} 电压只能是从 VT_1 的自然换向点（$\alpha=0$）到 $u_{AB}=0$ 这段宽度为 $\frac{2\pi}{3}$ 区间的某一段，所以当 $0\leqslant\alpha\leqslant\frac{\pi}{3}$ 时，每个脉波导通宽度可持续 $\frac{\pi}{3}$；而在 $\alpha>\frac{\pi}{3}$ 后，a、b 导通脉波只能导通到 $u_{AB}=0$，所以导通宽度达不到 $\frac{\pi}{3}$，只能是 $\frac{2\pi}{3}-\alpha$，此后 u_{AB} 为负值，故从 $\omega t=\frac{5\pi}{6}$ 开始，VT_6、VT_1 截止，使输出电压始终为零，即 $u_D=0$，这种情况一直会持续到 $\omega t=\frac{\pi}{2}+\alpha$ 时刻 VT_2 触发导通为止。此时电阻负载上电压电流 u_D、i_D 不连续。这时整流直流电压平均值 U_D 为

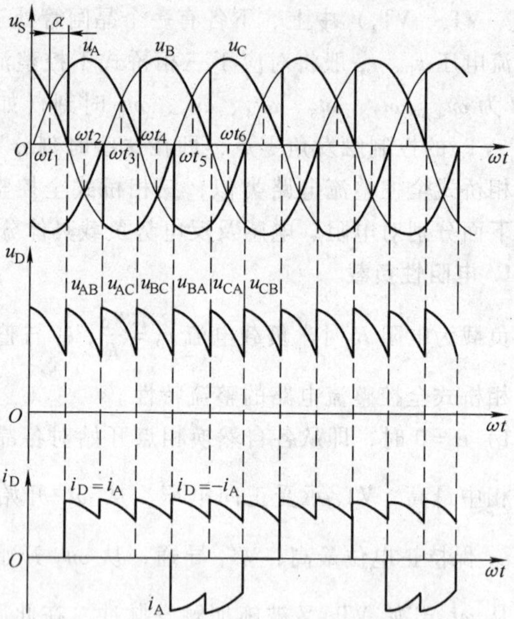

图 2-28　三相桥式全控整流电路带电阻负载 $0\leqslant\alpha\leqslant\frac{\pi}{3}$ 时的波形

$$
\begin{aligned}
U_D &= \frac{1}{\pi/3}\int_{\omega t_1+\alpha}^{\frac{5\pi}{6}} u_{AB}\,\mathrm{d}(\omega t) \\
&= \frac{3}{\pi}\int_{\frac{\pi}{6}+\alpha}^{\frac{5\pi}{6}} \sqrt{3}\cdot\sqrt{2}U_S\sin\left(\omega t+\frac{\pi}{6}\right)\mathrm{d}(\omega t) \\
&= \frac{3\sqrt{6}}{\pi}U_S\left[1+\cos\left(\frac{\pi}{3}+\alpha\right)\right]\approx 2.34U_s\left[1+\cos\left(\frac{\pi}{3}+\alpha\right)\right]
\end{aligned}
\tag{2-70}
$$

输出电流平均值

$$
I_D=\frac{U_D}{R}=\frac{3\sqrt{6}U_S}{\pi R}\left[1+\cos\left(\frac{\pi}{3}+\alpha\right)\right]\approx\frac{2.34U_S}{R}\left[1+\cos\left(\frac{\pi}{3}+\alpha\right)\right] \tag{2-71}
$$

$\frac{\pi}{3}\leqslant\alpha\leqslant\frac{2\pi}{3}$ 时，带电阻负载的三相桥式全控整流电路工作波形如图 2-29 所示。

4）$\alpha>\frac{2\pi}{3}$ 时，VT_1 被触发的起始点 $\omega t=\omega t_1+\alpha>\frac{5\pi}{6}$，这时 $u_{AB}<0$，VT_1 无正向外加电压，即使被施加，触发脉冲也不可能被触发导通，因此输出恒为零，即 $u_D\equiv0$，因此，三相桥式全控整流电路在电阻负载时，$\alpha>\frac{2\pi}{3}$ 时是无法通过改变 α 角调控 U_D 的。

2. 电感性负载

三相桥式相控整流电路大多用于向电阻电感混合性负载或有反电势的电阻电感混合性负载供电，比如典型的直流电动机负载。对于电阻电感混合性负载，由于电感的电流不能突变，电流 i_D 通常都是连续的。为方便于分析，在此假定整流电路已经工作于稳态，且假定

负载电感足够大，则负载电流波形连续，反电势为零。

由于电流连续，相控角 α 在 0 ~ π 之间变化时，一个电源周期中，整流电压 v_D 都是 6 个相同的、连续的、脉宽为$\frac{\pi}{3}$的脉波，整流电压、电流波形如图 2-30 所示。

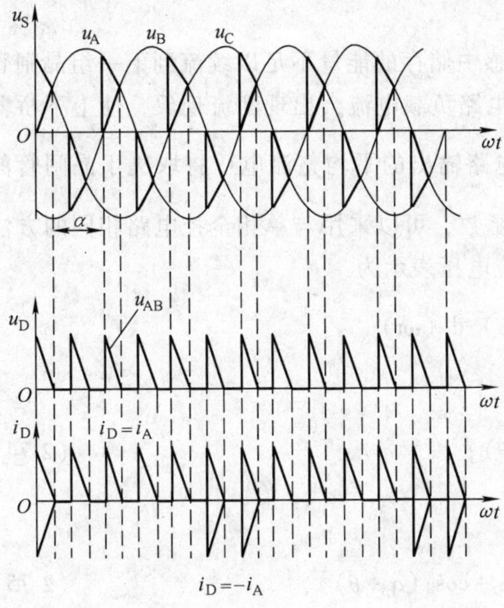

图 2-29 三相桥式全控整流电路带电阻负载 $\frac{\pi}{3}\leqslant\alpha\leqslant\frac{2\pi}{3}$时的波形

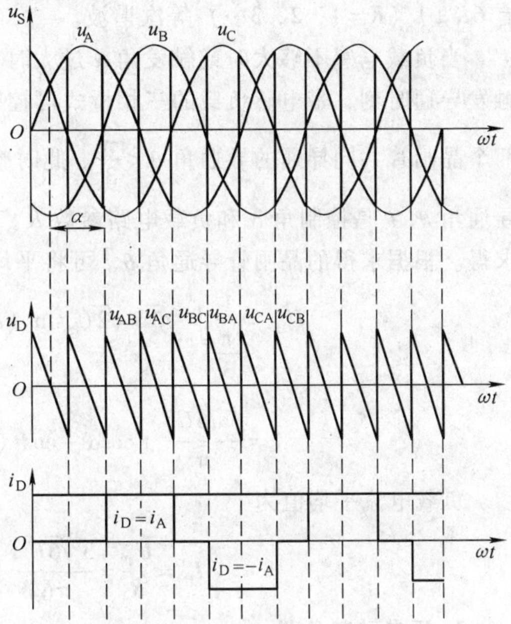

图 2-30 三相桥式全控整流电路带大电感负载时的输出波形

$0\leqslant\alpha\leqslant\frac{\pi}{3}$时，带电阻电感性负载时的输出整流电压 u_D 的波形与电阻负载时完全一致，平均整流电压为

$$U_D=\frac{1}{\pi/3}\int_{\omega t_1+\alpha}^{\omega t_1+\alpha+\frac{\pi}{3}}u_{ab}\,\mathrm{d}\,(\omega t)=\frac{3}{\pi}\int_{\frac{\pi}{6}+\alpha}^{\frac{\pi}{6}+\alpha+\frac{\pi}{3}}\sqrt{6}U_S\sin\left(\omega t+\frac{\pi}{6}\right)\mathrm{d}\,(\omega t)$$

$$=\frac{3\sqrt{6}}{\pi}U_S\cos\alpha\approx 2.34U_S\cos\alpha \tag{2-72}$$

当 $\alpha>\frac{\pi}{3}$ 时，由于电感的续流作用，负载两端可以承受反向的负电压，一次输出整流电压情况与纯电阻负载时不同，相当于将 α 的调节范围增加了 π/3，输出整流电压的平均值 U_D 表达式仍为式（2-72）。

由式（2-72）可知，对于带电阻电感性负载的三相桥式全控整流电路，当 $\alpha<\frac{\pi}{2}$时，输出整流电压的平均值 U_D 为正值；当 $\alpha=\frac{\pi}{2}$时，$U_D=0$；当 $\alpha>\frac{\pi}{2}$时，U_D 为负值。

电流连续时输出电流平均值为

$$I_D=\frac{U_D}{R}=\frac{3\sqrt{6}U_S}{\pi R}\cos\alpha\approx 2.34\frac{U_S}{R}\cos\alpha \tag{2-73}$$

三相桥式整流输出电压 u_D 脉动频率是交流电源频率的6倍，因此 u_D 中的谐波阶次应是 $n=6K$（$K=1$，2，3，…），最低次谐波为6次谐波。图2-30所示的A相电流波形为交流电源一相输入的负载电流波形，是一系列幅值为 I_D、宽度为$\frac{2\pi}{3}$的方波，因此，除基波外还含有 $6K\pm1$（$K=1$，2，3…）等次谐波。

当负载电感不够大时或触发角 α 过大时，电感中储存的能量不足以续流到下一组晶闸管触发导通时刻，带电感负载的三相桥式可控整流电路负载电流会出现断流现象，使上下桥臂两个晶闸管共同导通的导通角 $\theta<\frac{\pi}{3}$。此时整流电路输出的平均整流电压将取决于晶闸管的导通角 θ，θ 是控制角 α 和负载电路参数 R、L 的函数，可以采用与单相全控电路相同的方法求得。根据求得的晶闸管导通角 θ，可将平均整流电压表示为

$$U_D=\frac{1}{\frac{\pi}{3}}\int_0^{\theta}\sqrt{3}\cdot\sqrt{2}U_S\sin(\omega t+\alpha)\,d(\omega t)$$

$$=\frac{3\sqrt{6}U_S}{\pi}[\cos\alpha-\cos(\alpha+\theta)] \tag{2-74}$$

负载电流平均值为

$$I_D=\frac{U_D}{R}=\frac{3\sqrt{6}U_S}{\pi R}[\cos\alpha-\cos(\alpha+\theta)] \tag{2-75}$$

3. 反电动势负载

对于有反电动势的电阻电感混合性负载，通常电感较大，能使负载电流 i_D 连续，此时三相桥式相控整流电路工作情况与电感电阻性负载时相似，只不过负载（不包括反电势部分）上的电压跟电感电阻性负载时差了一个反电动势值 E。因此，电路中各电压电流波形均相同，但负载电流直流平均值 I_D 为

$$I_D=\frac{U_D-E}{R}$$

当连接反电动势电感性负载时，通过输出负值电压，三相桥式全控整流电路可工作在有源逆变状态。

通过对上述三相桥式全控整流电路的工作过程分析可以看出，在电流连续的情况下，整流电路任何时刻都有两个晶闸管导通，一个是上桥臂组（共阴极组）的，一个是上桥臂组（共阳极组）的，此时整流电路的每个晶闸管导通脉冲相位依次相差$\frac{\pi}{3}$，每次导通宽度为$\frac{2\pi}{3}$，导通脉冲宽度能保证相应晶闸管可靠开通就可以了。但在电流断续的情况下，每个晶闸管的导通宽度小于$\frac{2\pi}{3}$，在每次断流结束时，为了保证需导通的两个晶闸管的可靠触发，必须对它们同时施加触发脉冲，一般可采用两种方法：

1）宽脉冲触发：使每个晶闸管的触发脉冲宽度大于$\frac{\pi}{3}$而小于$\frac{2\pi}{3}$，这种方法比较容易实现，但需要较大的脉冲输出功率，即需要较大体积的脉冲变压器铁心。

2）双窄脉冲触发：在触发某个晶闸管时，同时给上一次触发过的晶闸管补发一个触发脉冲，这种方法对脉冲的控制时刻要求较高，实现电路会复杂一些，但可以减小脉冲变压器所需功率。

三相桥式全控整流电路共阴极组晶闸管在电源电压正半周导通，如果整流电路与电源通过变压器连接，则流经电源侧变压器次级绕组的是正向电流；共阳极组晶闸管在电源电压负半周导通，此时流经电源侧变压器次级绕组的是负向电流。因此，当三相桥式全控整流电路稳定工作时，在一个周期内变压器绕组中没有直流励磁磁势，与半波电路相比，提高了变压器的利用率，同时，电源输入电流直流分量为零，电源的功率因数也较高，因此这种电路在中大功率整流中得到了广泛的应用。

如果将三相桥式全控整流电路共阴极组或共阳极组晶闸管换回二极管，则构成了三相桥式半控整流电路。与单相桥式半控整流电路类似，三相桥式半控整流电路不论接电阻性负载还是电感性负载，输出电压波形都相当于桥式全控整流电路接电阻性负载的情况，即输出电压平均值只能为正值，不能为负值，因此不能工作于有源逆变状态，具体分析方法不再重复。在一些无需逆变，并且对控制系统的动、静态特性要求不太高的中、大功率整流应用场合（如造纸机、印刷机等）不要求可逆的电力传动设备，可以采用比三相全控桥式整流电路更经济的半控整流电路。

2.5 PWM 整流电路

二极管不控整流装置只能输出固定的电压，在大部分场合并不能直接应用，而传统的晶闸管相控整流装置网侧功率因数偏低，对电网的电能质量影响严重，另外，其输出电压波形低次谐波丰富，通常需要增加较大滤波装置才能提供给负载。为解决上述问题，可以采用在电气传动中广泛应用的 PWM（脉宽调制）控制技术构成 PWM 电路，一种方案是先将交流电源通过二极管不控整流电路变换为一恒定直流电压，然后通过 PWM 控制的 DC—DC 变换电路将这一恒定直流电压变换为可控的直流电压，这种电路一般被称为直流斩波器，其工作原理和特性将在后续章节专门讲述；另一种方案是采用 PWM 控制技术直接将交流电源变换为可控的直流电压，一般被称为 PWM 整流电路。PWM 控制技术是利用半导体开关器件的导通和关断把电源电压变成电压脉冲序列，并通过控制电压脉冲的宽度达到变压变频目的的一种控制技术。在一些谐波标准日趋严格的用电场合，采用高功率因数、低谐波的高频开关模式 PWM 整流电路 SMR（Switchcd Mode Rectifier）是一个发展趋势。和传统不控或相控整流电路相比，PWM 开关模式整流电路采用全控型开关器件进行高频脉宽调制 PWM 控制，可以将交流电源输入电流控制为畸变很小的正弦化电流，功率因数也可控制到接近 1。此外，PWM 整流电路和传统相控整流器相比较，体积、重量可大大减少，动态响应速度显著提高。因此，在今后的工业应用中，PWM 整流电路将越来越多地替代传统相控整流电路。

2.5.1 PWM 整流电路分类与结构

PWM 整流电路分类方法较多，并目部分分类方法相互涵盖，如可根据交流电源相数分为单相和三相 PWM 整流电路，可根据主回路结构分为半桥式和全桥式 PWM 整流电路，可根据是否具有能量回馈功能分成无能量回馈功能的 PWM 整流电路和具有能量回馈功能的开关模式 PWM 整流电路，可根据整流输出特性分为电压型 PWM 整流电路和电流型 PWM 整流电路等。下面简单介绍几种常用的 PWM 整流电路。

1. 无能量回馈功能的 PWM 整流电路

无能量回馈的 PWM 整流电路一般采用单开关管进行 PWM 斩波控制，主要目的是改善不控整流电路的功率因数，因此一般也被称为 PFC (Power Factor Correction) 电路。图 2-31 为两种常见的三相 PFC 整流电路，分别为 Boost 型和 Buck 型。

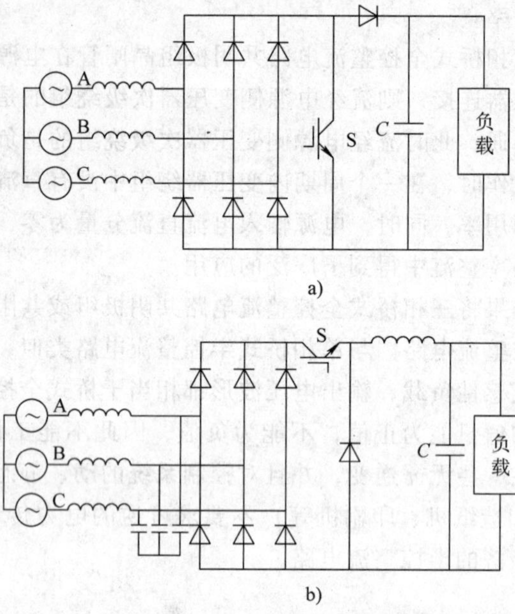

图 2-31　无能量回馈功能的 PWM 整流电路

a）三相 Boost 型　b）三相 Buck 型

可以看出，这类 PWM 整流电路实际上是在不控整流电路的基本结构上增加了一个开关管及部分电感电容器件，相当于在不控整流电路和负载之间接入一个 DC-DC 开关变换器，应用电流反馈技术，使交流电源电流波形接近正弦并跟踪交流输入电压波形，使之与交流输入电压同相，从而提高电源侧功率因数，减小输入端总谐波畸变率 THD。PFC 电路最大的优点是简单、经济。但由于仅有一个可控元件，要使三相电流均为正弦波且与电压同相位是十分困难的。另外，由于前端不控整流电路的限制，电能只能从交流电源流向直流侧负载，而不可能将直流侧的电能反送至交流电网，因此只是一种单向的 PWM 整流。上述 Boost 型和 Buck 型等 PFC 电路具体控制方法将在后续 DC-DC 变换章节中讲述。

2. 能量可回馈的 PWM 整流电路

能量可回馈型的 PWM 整流器均采用全控型半导体开关器件，它比无能量回馈功能电路 PFC 具有更快的动态响应和更好的输入电流波形。它还可以把交流输入电流的功率因数控制为任意值，实现交、直流侧的双向能量流动。

图 2-32 是几种常见的能量可回馈的 PWM 整流电路，分别是单相半桥、单相全桥、三相全桥电压型和三相全桥电流型 PWM 整流器。除必须具有输入电感或电容外，PWM 整流器的主电路结构和逆变桥是一样的。稳态工作时，整流器输出直流电压不变，开关管按正弦规律作 PWM 脉宽调制，整流器交流侧的电压是和逆变器输出电压类似的 PWM 交流电压。由于电感的滤波作用，交流电源流入的电流中谐波电流不大，忽略整流器交流侧输出交流电压的谐波分量，变换器交流侧电压可以看作是可控正弦交流电压源，它与电网的正弦电压 v_S 共同作用于输入电感 L，产生正弦输入电流。通过 PWM 技术调节开关管来控制整流器交流端电压的幅值和相位，就可以获得受控的电源输入电流，从而控制电源的输入功率因数和电流畸变率。

功率因数在中、大功率领域是很重要的性能指标，因此，实际应用中更常见的是三相 PWM 整流电路。图 2-32c 为三相全桥电压型 PWM 整流电路，在这种电路中，由于直流储能

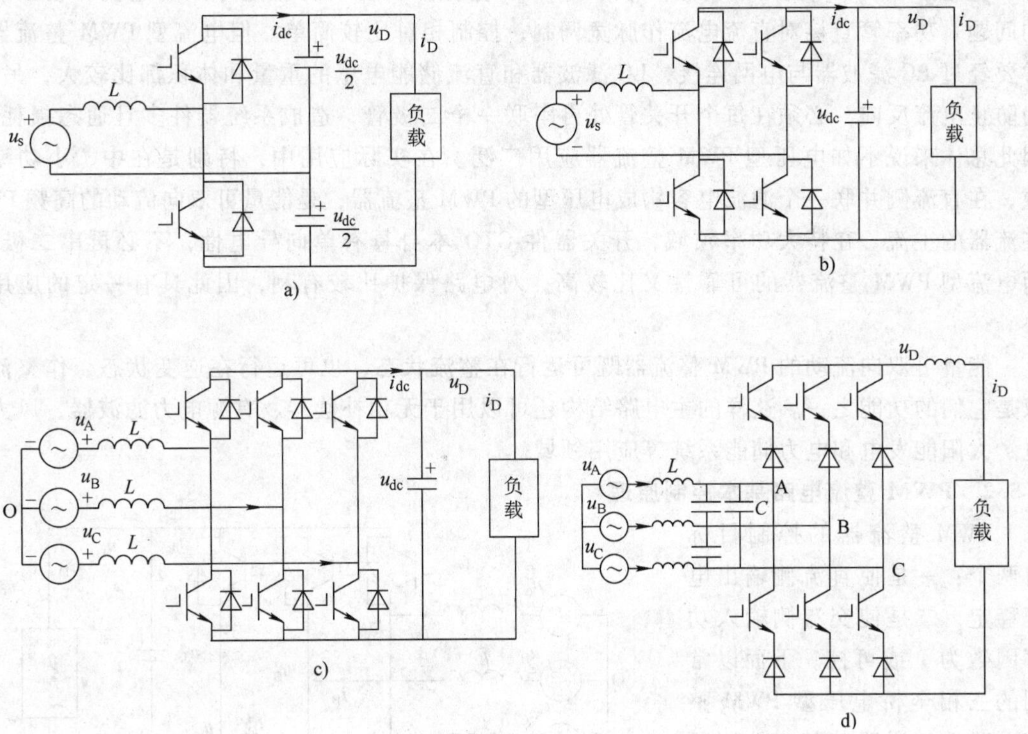

图 2-32　能量可回馈的 PWM 整流电路

a）单相半桥 PWM 整流电路　b）单相全桥 PWM 整流电路

c）三相全桥电压型 PWM 整流电路　d）三相全桥电流型 PWM 整流电路

环节为电容，具有电压源性质，因此被称为电压型 PWM 整流器。这是目前研究得最多、应用最广泛的拓扑，具有直流母线电压可控、交流电流波形正弦度高、单位功率因数等特点，而且主电路与最常用的电压型逆变器结构相同，可以与电压型逆变器级联构成背靠背结构的变频器，是交—直—交变频器理想的整流器。为了实现开关器件的正弦脉冲宽度 PWM 控制，双向变换器交流侧电压 u_i 的峰值只能小于直流电压 u_{dc}，实现的是一种基于 PWM 的升压（Boost）变换。通常交流电感 L 上压降不大，因此这种变换器直流输出电压 u_{dc} 总是大于交流电源电压峰值，以保证对交流电流的控制能力。电路中交流电流可以双向流动，实现能量的双向流动。

图 2-32d 为三相全桥电流型 PWM 整流电路，这种拓扑与电压型 PWM 整流电路相比，其直流储能环节为储能电感，具有电流源性质，因此被称为电流型 PWM 整流器。另外，在交流侧还增加了一组滤波电容，起滤除网侧谐波电流、抑制整流桥交流侧谐波电压的作用。在 IGBT 构成的桥臂上，需要串联与 IGBT 同方向的二极管，以提供阻断反向电流的能力。它的直流电压方向可逆，在低于电网电压的范围内大小可控，因此是一种降压变换，可以作为稳定的低压直流电源，也可作为连续可调的可编程直流电源。可以看出，这种整流电路不能实现电流回馈，但通过控制直流储能电感上的电流变化可使得直流侧电压 v_{dc} 按交流形式变化，因此同样可以实现能量双向流动。因整流器直流输出需要很大的平波电抗，装置体积较大，电流型 PWM 整流器一般不用于单相。

与电压型 PWM 整流器相比，电流型 PWM 整流器没有桥臂直通导致的过流和输出短路的问题，功率管直接对直流电流作脉宽调制，控制相对比较简单。但电流型 PWM 整流器通常要经过 LC 滤波器与电网连接，LC 滤波器和直流储能电感的重量和体积都比较大，另外，为防止电流反向，必须在每个开关管处再串联一个二极管，造成系统器件多且通态损耗大，因此总体来说不如电压型 PWM 整流器应用广泛。在实际应用中，特别是在中、小功率领域，在直流侧并联一个滤波电容构成电压型的 PWM 整流器，是能量可双向流动的高频 PWM 整流器的主流。在特大功率领域，开关器件 GTO 本身具有单向导电性，不必再串二极管，而电流型 PWM 整流器的可靠性又比较高，对电路保护比较有利，因此具有一定的应用优势。

能量可双向流动的 PWM 整流器既可运行在整流状态，也可运行在逆变状态，作整流器只是它们的功能之一。这样的主电路结构还可以用于无功补偿器、有源电力滤波器、风力发电、太阳能发电和电力储能系统等应用领域。

2.5.2　PWM 整流电路基本控制原理

PWM 整流器的控制目标有两个：一是使直流侧输出电压稳定，二是使交流侧输入功率因数为 1 或可控。下面以常用的三相全桥电压型 PWM 整流电路为例说明其基本控制原理。如图 2-33 所示的三相全桥电压型 PWM 整流电路，交流电源三相电压 u_A、u_B、u_C 经电感 L 接到三相全控桥式变换器，直流侧为整流输出电压 v_D，整流电路交流输入端相电压为 u_{i_A}、u_{i_B}、u_{i_C}，电流为 i_A、i_B、i_C。

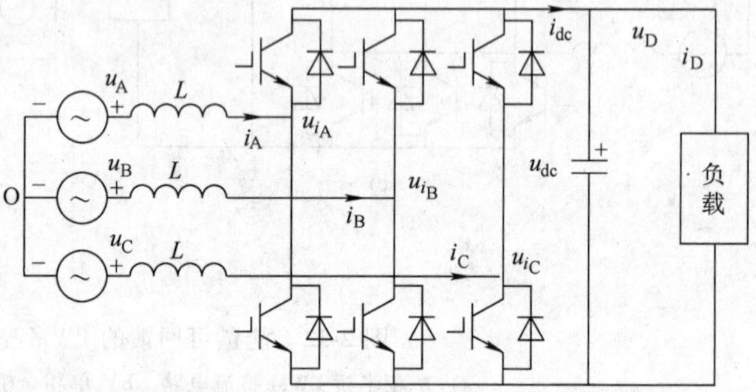

图 2-33　三相全桥电压型 PWM 整流电路

对于交流电源电压

$$\begin{cases} u_A = \sqrt{2}U_s \sin\omega t \\ u_B = \sqrt{2}U_s \sin\left(\omega t - \dfrac{2\pi}{3}\right) \\ u_C = \sqrt{2}U_s \sin\left(\omega t - \dfrac{4\pi}{3}\right) \end{cases} \tag{2-76}$$

如果需控制输入功率因数为 cosϕ，则理想的电源输入相电流为

$$\begin{cases} i_A = \sqrt{2}I_s \sin\left(\omega t - \phi\right) \\ i_B = \sqrt{2}I_s \sin\left(\omega t - \dfrac{2\pi}{3} - \phi\right) \\ i_C = \sqrt{2}I_s \sin\left(\omega t - \dfrac{4\pi}{3} - \phi\right) \end{cases} \tag{2-77}$$

式中，I_s 是交流电源输入相电流的有效值；ϕ 是输入电流矢量 $\dot{I}_s$ 滞后电源电压矢量 $\dot{U}_s$ 的功率因数角。

理想的三相桥变换器交流侧相电压应为

$$\begin{cases} u_{i_A}=\sqrt{2}U_i\sin\ (\omega t-\delta) \\ u_{i_B}=\sqrt{2}U_i\sin\left(\omega t-\dfrac{2\pi}{3}-\delta\right) \\ u_{i_C}=\sqrt{2}U_i\sin\left(\omega t-\dfrac{4\pi}{3}-\delta\right) \end{cases} \tag{2-78}$$

式中，U_i 是整流电路交流输入端相电压有效值；δ 是交流输入端电压矢量 $\dot{U}_i$ 落后于电源电压矢量 $\dot{U}_s$ 的相位角。

电压、电流矢量关系为

$$\dot{U}_s=\dot{U}_i+\mathrm{j}\dot{I}_sX \tag{2-79}$$

式中，电感 L 的电抗 $X=\omega L$。

图 2-34 给出了描述式（2-79）关系的三相全桥电压型 PWM 整流电路交流侧电压电流矢量图，其中取电源电压矢量方向为 d 轴，与之垂直的方向为 q 轴。

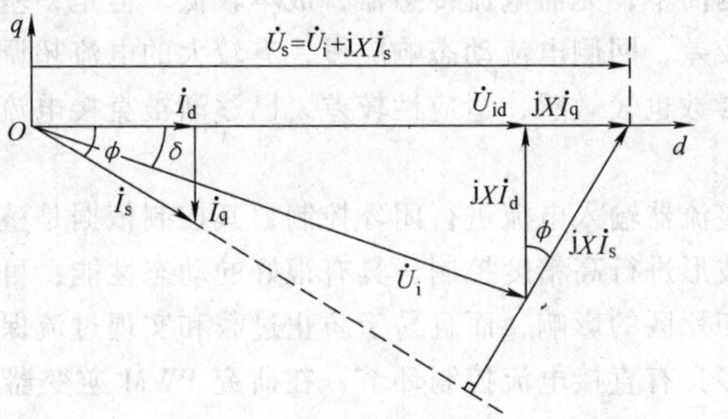

图 2-34 三相全桥电压型 PWM 整流电路交流侧矢量图

根据图 2-34 可求出有功电流 I_d 和无功电流 I_q

$$\begin{cases} I_d=\dfrac{U_{iq}}{X}=\dfrac{U_i\sin\delta}{X}=I_s\cdot\cos\phi \\ I_q=\ (U_s-U_{id})\ /X=\ (U_s-U_i\cos\delta)\ /X=I_s\cdot\sin\phi \end{cases} \tag{2-80}$$

与之对应的从交流电源输入到整流电路的有功功率 P 和无功功率 Q 为

$$\begin{cases} P=3U_sI_d=3U_sI_s\cos\phi=3U_sU_{iq}/X=3U_sU_i\sin\delta/X \\ Q=3U_sI_q=3U_sI_s\sin\phi=3U_s\dfrac{U_s-U_i\cos\delta}{X} \end{cases} \tag{2-81}$$

对图 2-33 中 6 个开关管进行 PWM 控制，可以调控三相桥交流侧的电压 U_i 的大小和相位 δ，从而对输入到变换器的电流大小方向有功功率、无功功率和功率因数进行控制。

当电压 U_i 数值较大，以致 $U_i\cos\delta>U_S$ 时，则 I_q 为负，Q 为负，即交流电源向整流器输出容性无功电流、无功功率，或交流电源从整流器输入感性无功电流、无功功率。当电压 U_i 较小，$U_i\cos\delta<U_s$ 时，I_q 为正，Q 为正，即交流电源向整流器输出感性无功电流、无功功率，或交流电源从整流器输入容性无功电流、无功功率。

当交流输入端电压 $\dot{U}_i$ 相位滞后于 $\dot{U}_s$ 时，即滞后角 δ 为正值时，有功电流 I_d 为正值，P 为正，表示交流电源向变换器输出有功功率，经整流器输出直流电能给负载，变换器工作于整流状态；反之，当交流输入端电压 $\dot{U}_i$ 的相位超前 $\dot{U}_s$ 时，δ 为负值，I_d 为负值，P 为负，表示交流电源从整流器输入有功功率，即变换器将直流电源电能变为交流电能反送给交流电源，变换器工作于逆变状态。

如果以交流输入电流为控制对象，要做到单位功率因数整流，只需控制整流器网侧电流与电网电压同相位。根据是否直接选取瞬态电感电流作为反馈和被控制量，PWM 整流电路的控制分为直接电流控制和间接电流控制两种：引入交流电流反馈的称为直接电流控制；没有引入交流电流反馈的称为间接电流控制。另外，近年来，以网侧输入的有功功率和无功功率为控制对象的一些直接功率控制策略也得到了研究。下面分别予以简单介绍：

1. 间接电流控制

间接电流控制也称为幅值相位控制或幅相控制。这类方法通过控制整流桥交流侧基波电压的幅值和相位达到控制输入电流的目的，使得交流侧输入电流与电压同相位，从而使功率因数为 1，其电流控制的依据是整流器交流侧的稳态相量关系，对电流的控制是开环的。其常用的控制方式有移相 SPWM 控制和电压空间矢量调制方式等。

间接电流控制结构简单，无需电流传感器，成本较低。但是，基于稳态模型的控制在系统的过渡过程中特性较差，网侧电流动态响应慢，有较大的电流超调，还会有直流偏置。另外，这种方法对系统参数也较敏感，适应性较差，已逐渐被直接电流控制策略所取代。

2. 直接电流控制

直接电流控制对整流器输入电流进行闭环控制，其控制依据是整流器的动态方程。直接电流控制对瞬时电流波形进行高精度控制，具有很好的动态性能，可以补偿系统参数变化带来的误差以及管压降和死区的影响，而且易于防止过载和实现过流保护。事实上，高性能的电力电子控制设备大多具有直接电流控制环节，在研究 PWM 逆变器时提出的各种电流控制技术基本上都能应用于 PWM 整流器中，如滞环电流控制、预测电流控制和 PI 电流调节控制等。这些控制方法一般都采用双闭环结构。外环为电压环，通过对直流母线电压的调节得到交流电流的指令瞬时值。内环为电流环，控制三相交流电流跟随指令值。电流控制器较电流瞬时值与指令值，产生能减少电流误差的开关信号，因此，电流控制器具有减小误差和产生调制的作用。

（1）滞环电流控制

滞环电流控制是一种电流瞬时值反馈控制，常用于对电压型 PWM 整流器的控制。在此方式中，如图 2-35 所示，将实际电流与给定电流比较，偏差值作为滞环比较器的输入，当偏差在滞环之外时，改变开关管通断的驱动信号，驱动整流桥桥臂状态改变，使电流误差减小。

传统的滞环电流控制器可以用模拟器件实现，开关频率不固定，而且随着滞环宽度的减小，负载的增加而升高，因此，电流谐波的分布是随机的，不利于滤波器的设计；开关损耗变化较大，不利于散热设施的设计。为了得到固定的开关频率和便于微机数字控制，现在应用较多的是具有固定开关频率的滞环控制，即增量调节控制。

增量调节控制将每一个等时间间隔采样的实际电流与给定电流比较，根据二者的大小决定整流器的开关状态。采样周期越小，实际电流越接近给定电流，开关频率也越高。这种控制有固定的开关频率，但是电流误差的幅值不再恒定。

采用三相滞环电流比较的整流器，由于各相独立控制，其直流电压利用率只能达到

0.866，而且相间存在互相影响，开关状态的改变并不一定使该相电流往设定的方向改变，电流误差可能会超出原先设定的滞环宽度。但是，系统结构简单，电流响应速度快，控制运算未使用电路参数，具有很强的鲁棒性。

（2）预测电流控制

预测电流控制的思想是从开关的在线优化出发，根据系统负载模型选择加到整流桥开关管的控制信号状态，使得复平面上电流矢量轨迹相对于参考电流矢量保持最小的空间误差。换句话说，它根据负载情况和给定的电流矢量变化率，推导出使电流误差矢量趋于零的电压矢量去控制 PWM 整流器的开关。实现中，如图 2-36 所示，在每个采样周期的开始，根据实际电流的误差和电路参数、负载情况等信息，计算出合适的开关状态或者电压矢量，使采样周期结束时，电流实际值与给定值之间保持最小的误差。

预测电流控制器可以在三相坐标系中实现，也可以在两相坐标系中实现。在三相坐标系中实现时，直流母线电压利用率只能达到 0.866；在两相坐标系中实现可以提高电压利用率至 1，扩大了系统的带载稳定范围，增加了系统的调节能力。

预测电流控制具有良好的控制效果，但在采样频率不高或受微处理器运算速度限制的情况下，它的电流误差比滞环电流控制要大，另外，其控制精度依赖于系统的参数。

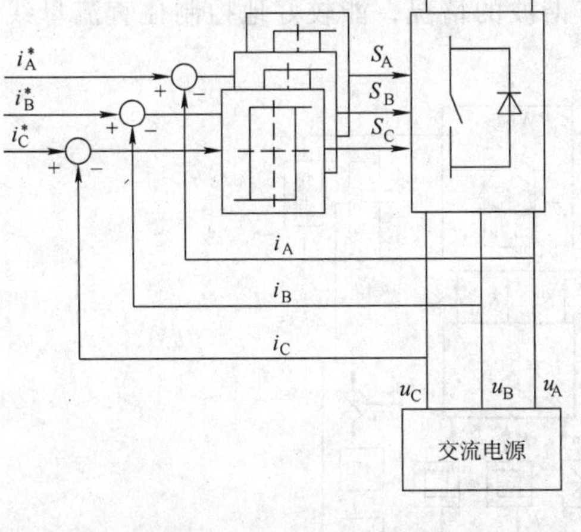

图 2-35　滞环电流控制器

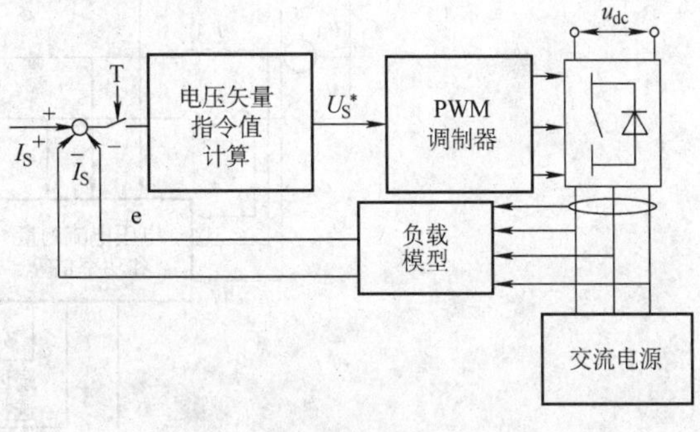

图 2-36　预测电流控制器

（3）PI 调节电流控制

这是一种典型的线性控制方法，包括 ABC 坐标系下的 PI 调节电流控制和同步旋转 dq 坐标系下的 PI 调节电流控制，其中，后者由于稳态误差小，使用较多。

如图 2-37 所示，将电流指令值与实际值的偏差作为 PI 调节器的输入，调节器输出所需的空间电压矢量。在同步旋转坐标系中，电流给定值是直流量，PI 调节器可以做到无差调节，因此系统的控制精度高。运用空间矢量将三相作为一个整体考虑，直流电压利用率高。

3. 直接功率控制

直接功率控制法以整流桥交流侧的瞬时有功功率和瞬时无功功率作为被控量，进行反馈调节，因此称为直接功率控制。

与直接电流控制的电压环输出电流指令值不同，直接功率控制的电压环输出有功功率的指令值，因为 PWM 整流器的直流母线电压是与电网输入的有功功率直接相关联的。为了实现单位功率因数整流，无功功率的指令值为零。

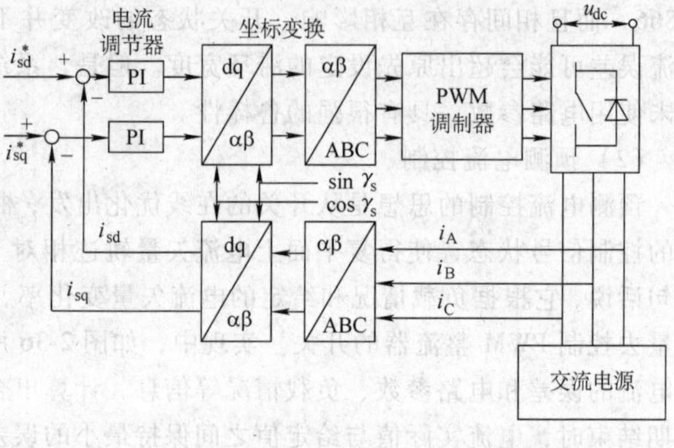

图 2-37　同步旋转坐标系下 PI 调节电流控制器

如图 2-38 所示，在实现直接功率控制时，可先将整个电压矢量空间划分出扇区，当电网电压矢量处于某个扇区时，整流桥输出的不同电压矢量对于系统输入的有功功率和无功功率的影响是不同的。因此可以制作一个矢量表，表中存储电网电压矢量。在不同的扇区时，如果需要增加或减少有功功率或无功功率，整流桥应该发出哪种矢量。

使用滞环比较器，其输入为瞬时有功功率和瞬时无功功率与对应的指令值的偏差，输出为有功功率或无功功率的调整方向。根据功率调整方向和电网电压矢量所在扇区查表，即可得到整流桥桥臂的驱动信号。

直接功率控制结构较为简单，对系统参数不敏感；动态响应好，非常适合应用于功率流向快速转变的场合；对电网电压不对称或者含有谐波的情况，能较好地控制住直流母线电压。缺点是控制不够精细，开关频率不固定。

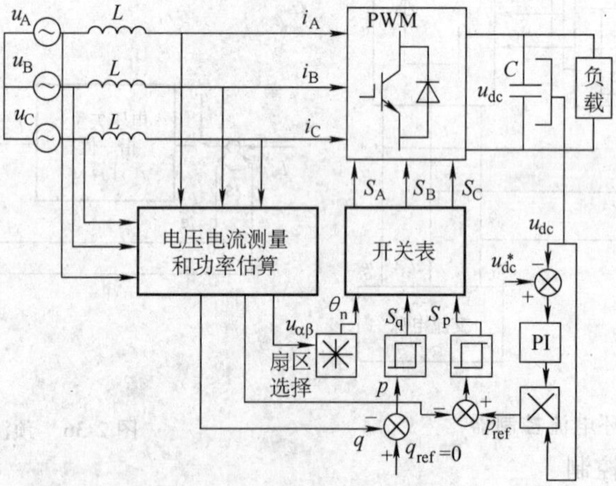

图 2-38　直接功率控制

本章小结

AC-DC 电路的主要任务就是将交流电能转变为直流电能。就其控制方式可分为采用二极管的不控整流、采用半控器件的相控整流及采用全控型开关器件的 PWM 整流，在本章中都分别作了介绍。

1）有 5 类基本的整流电路：单相半波、两相半波、三相半波、单相桥式和三相桥式整流电路。半波整流电路中，交流电源仅半个周期中有负载电流，因而交流电源中含有有害的直流分量，应用较少，桥式电路电源输入电流无直流分量，功率因数高，应用广泛。

2）在二极管整流电路中，二极管在交流电源电压的自然换相点自然导通，其直流输出电压只依赖于交流输入电压的大小而不能调控，只能实现不控整流。

3）在相控整流电路中，晶闸管的导通可由施加触发脉冲电流的时间相位角控制，改变晶闸管的延迟触发控制角 α，即可调控整流输出电压的平均值，实现相控整流。

4）相控整流电路的输出电压特性与负载类型密切相关：纯电阻负载时，由于晶闸管的单向电流导通特性，输出整流电压值不能为负值，当触发控制角 α 较大时，电流和电压有断流现象，影响了控制角的有效控制范围；当负载中有电感时，由于电感对电流变化的抑制，可使整流器的输出电压为负值，增加了控制角的有效控制范围，当电感足够大以致可以忽略负载电流的脉动时，单相桥式整流电路中交流电源电流为宽度 π 的交流方波，三相桥式整流时交流电源相电流为宽度 $2\pi/3$ 的交流方波。

5）传统的晶闸管相控整流装置网侧功率因数偏低，对电网的电能质量影响严重，另外，其输出电压波形低次谐波丰富，通常需要增加较大滤波装置才能提供给负载。采用 PWM 整流电路是解决上述问题的良好方案，PWM 整流电路采用全控型开关器件进行高频脉宽调制 PWM 控制，可以将交流电源输入电流控制为畸变很小的正弦化电流，功率因数也可控制到接近 1，其体积、重量也较传统整流电路小，在今后的工业应用中将越来越多地替代传统相控整流电路。

思 考 题

1. 画出下列整流电路，并描述其各自的特点：

（1）单相半波电路（可控和不控）；

（2）单相桥式电路（可控和不控）；

（3）三相半波电路（可控和不控）；

（4）三相桥式电路（可控和不控）。

2. 单相（三相）桥式全控整流电路和半控整流电路输出直流电压特性有什么差异？

3. 单相（三相）桥式全控整流电路带不同类型负载时输出直流电压有什么差异？

4. 三相桥式全控电路中，什么情况下需要采用双脉冲触发？为什么？

5. 描述三相 PWM 整流电路调节直流电压的工作原理。

6. 题图 2-1 所示的单相半波整流电路中，电源电压为 $u_S = \sqrt{2}U_S\sin\omega t$，电感 L 充分大，电流脉动可以忽略不计，试求输出的直流电压及负载电流。

7. 单相桥式全控电路中，电源电压有效值 $U_S = 220V$，负载电阻 $R = 100\Omega$，设滤波电感 $L = \infty$，当控制角 $\alpha = \pi/6$ 时，试求：

（1）负载电阻上的输出直流电压平均值 U_D；

（2）负载电阻上的输出电流平均值 I_D；

（3）晶闸管电流平均值 I_T；

（4）交流电源输入电流的有效值 I_S。

8. 题图 2-2 所示的三相桥式全控整流电路中，如果共阴极组三个晶闸管控制角为 α_1，

共阳极组控制角为 α_2，电源相电压有效值为 U_S，试求下列情况下的直流输出电压平均值 U_D：

（1）$\alpha_1=\dfrac{\pi}{6}$，$\alpha_2=\dfrac{\pi}{6}$，负载为纯电阻；

（2）$\alpha_1=\dfrac{\pi}{6}$，$\alpha_2=\dfrac{\pi}{6}$，负载为带大电感的电阻电感混合负载；

（3）$\alpha_1=\dfrac{2\pi}{3}$，$\alpha_2=\dfrac{5\pi}{6}$，负载为纯电阻；

（4）$\alpha_1=\dfrac{2\pi}{3}$，$\alpha_2=\dfrac{5\pi}{6}$，负载为带大电感的电阻电感混合负载。

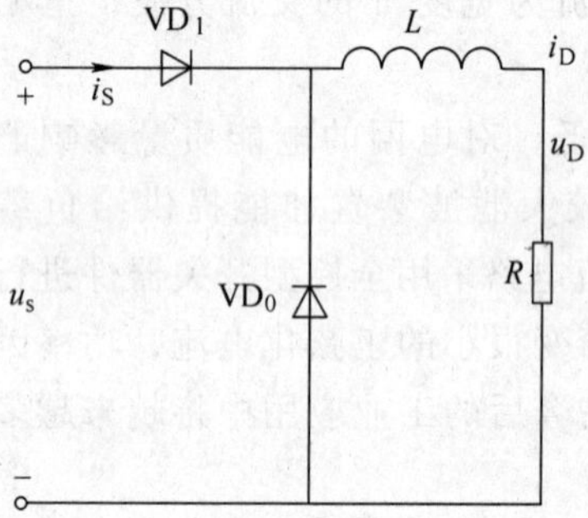

题图 2-1

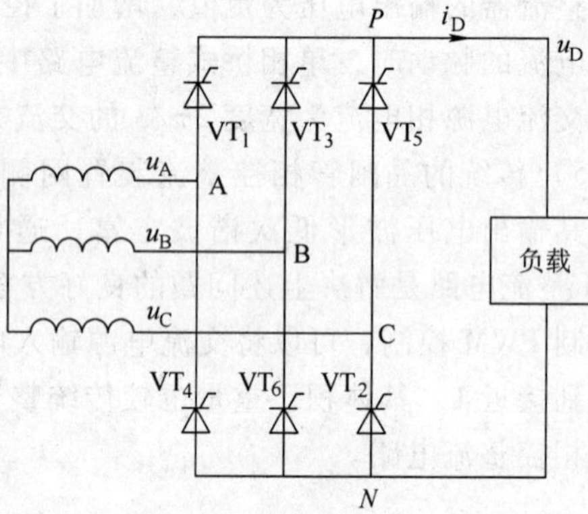

题图 2-2

第 3 章　DC-DC 变换电路

本章着重介绍高频开关 PWM DC-DC 变换器，包括单开关管输入输出非隔离型变换器、单开关管输入输出隔离型变换器和多开关管变换器。介绍电路拓扑、工作原理、分析方法、电路特性和参数设计原则等；以 Bi Buck-Boost 变换器为例介绍双向变换器的概念和工作原理；介绍软开关概念，举例说明基本的软开关方式和典型软开关变换器拓扑。

3.1　概述

DC-DC 变换器是将一种数值的直流电变换为另一种数值的直流电的电路拓扑，这里所说的直流电可以是电压或电流，但最常用的是电压型变换器，即输入输出都是直流电压。本章只讨论电压型变换器。电压型 DC-DC 变换器最基本的用途是稳压，故称稳压电源。即其输入电压可以在一定范围内变动，而输出电压是稳定的。

我们在模拟电子技术课程中已经学过线性稳压电源。这一类稳压电路的输入和输出电流都是平滑的直流、而且大小几乎相等，是通过将输入功率与输出功率的差值消耗在稳压电路上来实现输出稳压的，图 3-1 是集成三端稳压电路，稳压器芯片中的功率晶体管（调整管）工作在线性放大区，控制端的电流远远小于输入输出电流。理论上该稳压电源的效率

$$\eta = \frac{P_o}{P_i} = \frac{U_o}{U_i}$$

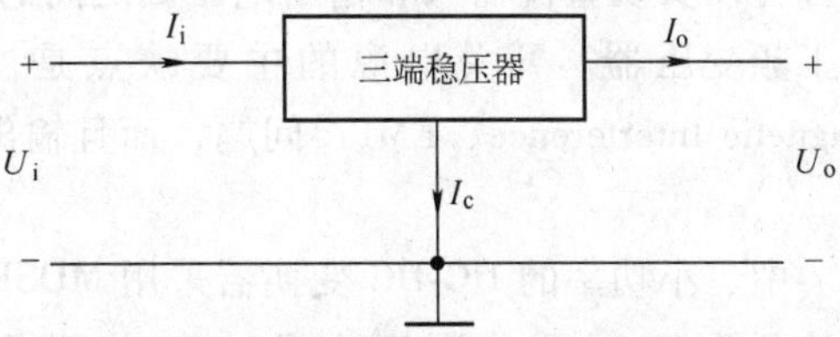

图 3-1　线性稳压电源

高频开关 DC-DC 变换器的工作原理和特性，可以通过图 3-2 的电路来说明。图 3-2a 中的 R_L 是负载电阻，S 是理想可控开关。S 周期性地开通和关断，设开关周期为 T、一个开关周期内导通时间为 T_{on}，则负载上得到脉冲电压 u_o

$$u_o = \begin{cases} U_i & 0 \leqslant t \leqslant T_{on} \\ 0 & T_{on} \leqslant t \leqslant T \end{cases}$$

式中，U_i 是直流输入电压。平均电压

$$U_o = \frac{1}{T}\int_0^{T_{on}} U_i \mathrm{d}t = \frac{T_{on}}{T}U_i$$

由上式可见，在开关周期 T 一定的情况下，只要控制开关 S 的导通时间 T_{on}，就可以得到要求的输出电压 U_o（$U_o < U_i$）。并且，在输入电压 U_i 变动时，只要相应地控制改变 T_{on}，便能稳定 U_o。

图 3-2a 的输出电压 u_o 是脉动的。在负载和斩波电路之间加入足够大的 LC 滤波电路，如图 3-2c 所示，就可以得到平滑的直流电压，而 LC 滤波器是不影响直流分量的，因此输出电压仍等于 U_o。这就是真正的开关稳压电源。具体的电路和详细分析将在后面几节展开。

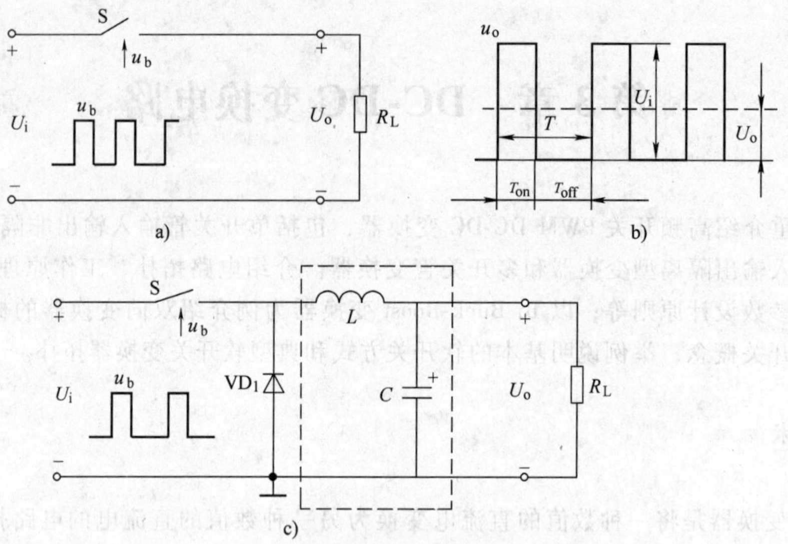

图 3-2　斩波电路和开关电源

a）斩波电路原理图　b）斩波电路波形图　c）开关稳压电源原理图

理想 LC 滤波电路和理想开关都是不消耗能量的，因此，开关电源的工作效率理论上为 100%。实际的开关变换器效率也是很高的，如 95%，因此，与线性电源相比，开关电源不需要大的散热器散掉电源本身的热损耗，体积重量大大小于线性电源；开关电源还可以通过适当的电路拓扑和控制得到高于或低于输入电压的输出电压；借助于高频隔离变压器，开关电源可以实现直流输入和输出电压源之间的电气隔离，而高频隔离变压器的体积重量远远小于工频变压器。开关电源的主要缺点是，开关器件高频动作将带来电磁干扰（Electro Magnetic Interference，EMI）问题，而且输出电压的交流分量（称之为纹波）不可能完全滤除。

中、小功率的 DC-DC 变换器采用 MOSFET 或 IGBT 做可控高频开关元件（如图 3-2 所示中的开关 S），开关频率在几十赫兹至几百千赫兹。应用脉冲宽度调制（Pulse Width Modulation，PWM）技术控制输出电压。

从不同角度，DC-DC 变换电路有不同的分类方法。根据输入端直流电源的类型，可分为电压源型变换器和电流源型变换器；根据有无隔离变压器，可分为隔离式的和非隔离式的；根据开关管的数量，可以分为单管、双管和四管等；根据输入和输出电压的相对大小（即变换比），可分为降压式、升压式和升降压式等。

从 DC-DC 变换器的演变过程来看，最基本的是 Buck 变换器（降压式变换器，即输出电压总是不高于输入电压）和 Boost 变换器（升压式变换器，即输出电压总是不低于输入电压），如图 3-3a、b 所示，图中，R_L 表示负载电阻，而且 Buck 和 Boost 的电路是对偶的。在此基础上又逐渐衍变出四种升降压式变换器（即输出电压可以低于输入电压、也可以高于输入电压）：Buck-Boost、Cuk、Zeta 和 SEPIC，如图 3-3c ~ 图 3-3f 所示，其中 Buck-Boost 和 Cuk、Zeta 和 SEPIC 分别是对偶的。这 6 个变换器也被称为开关变换器的基本拓扑，是非隔离单管变换电路。在此基础上又衍变出很多种类的变换器。

在高频 PWM 变换器中加入变压器，称为隔离式（Isolated）变换器。一般 PWM 变换器

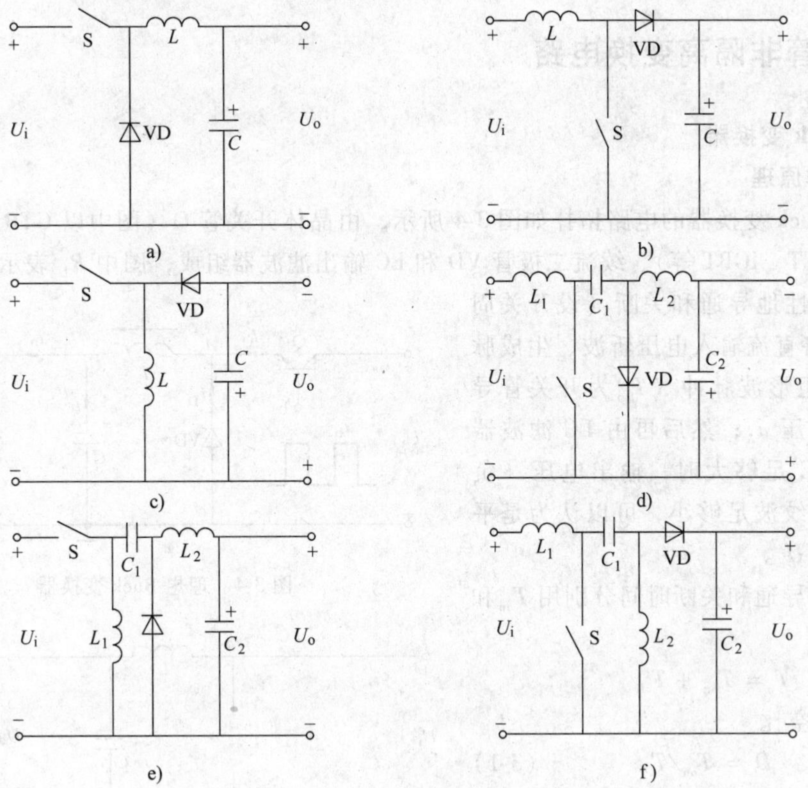

图 3-3 DC-DC 变换器的 6 种基本拓扑

a) Buck b) Boost c) Buck-Boost d) Cuk e) Zeta f) SEPIC

中加变压器的目的有两个：

1）引入隔离，使电源和负载两个直流系统之间有绝缘。

2）改变输出—输入电压比。

隔离式 DC-DC 变换器有两类：单端式（Single-ended）和双端式（Double-ended）。

单端隔离式 DC-DC 变换器在一个开关周期内，直流输入功率只从变压器一次绕组的一端流入，故称单端。单端隔离式变换器的主要缺点是：功率只在开关管导通时间内输入变压器，变压器磁心只在 B-H 平面第一象限运行，因此，磁心不能得到充分利用。

双端隔离式 DC-DC 变换器在一个开关周期内，功率从隔离变压器一次绕组的一端和另一端交替流入，故称双端。双端隔离式 DC-DC 变换器的磁心在 B-H 平面的第一和第三象限运行，因此，磁心可以得到充分利用。常用的双端隔离式 DC-DC PWM 变换器有推挽（Push-Pull）、半桥（Half-Bridge）和全桥（Full-Bridge）电路。

功率管开关过程中，其电压和电流波形有交叠，因而有较大的开关损耗，并且电流电压尖峰带来的电磁干扰可能影响变换器的供电系统或负载的正常工作，称为硬开关。为了提高开关电源效率，降低电磁干扰水平，人们研究软开关技术（即电压/电流波形不交叠的技术），发明了很多软开关变换器。

本章以最为基本和常用的电路拓扑为例，介绍 DC-DC 变换器的基本原理、分析方法和电路特性。

3.2 单管非隔离变换电路

3.2.1 Buck 变换器

1. 工作原理

理想 Buck 变换器的电路拓扑如图 3-4 所示，由晶体开关管 Q（图中以 GTR 为例，也可以是 MOSFET、IGBT 等）、续流二极管 VD 和 LC 输出滤波器组成，图中 R_L 表示负载。稳态时，Q 周期性地导通和关断（设开关周期为 T），将直流输入电压斩波、生成脉宽为 T_{on} 的矩形波脉冲（T_{on} 为开关管导通时间）电压 u_A；然后再由 LC 滤波器滤波，当 LC 足够大时，输出电压（负载电压）的纹波足够小，可以认为是平滑直流电压 U_o。

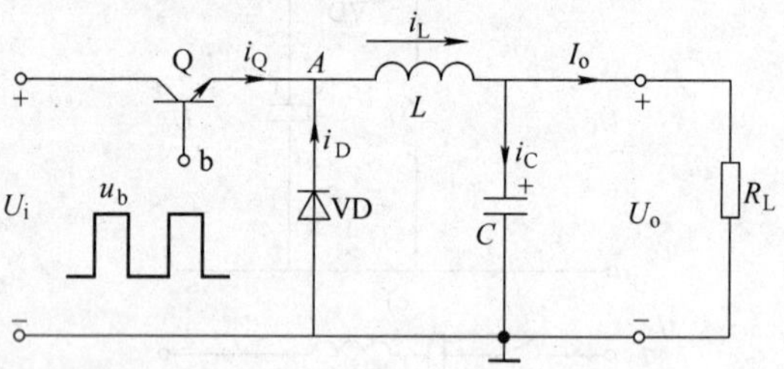

图 3-4 理想 Buck 变换器

设 Q 的导通和关断时间分别用 T_{on} 和 T_{off} 表示

$$T = T_{on} + T_{off}$$

定义占空比

$$D = T_{on}/T \tag{3-1}$$

稳态时，根据电感电流是否连续，Buck 变换器有连续和断续两种工作模式。

(1) 电感电流连续模式

当晶体开关管 Q 导通时，二极管 VD 关断，输入端直流电源 U_{in} 将功率传送到负载，并使电感储能、电感电流上升；当开关管 Q 关断时，二极管 VD 导通续流，电感储能向负载释放、电感电流 i_L 下降。如果在 Q 再次开通时，电感电流尚未下降到零，则电感电流是连续的，称变换器工作在电感电流连续模式（Continuous Conduction Mode，CCM）。一个开关周期内，变换器有两种工作模态：Q 导通 VD 关断以及 Q 关断、VD 导通。

Q 导通期间，VD 承受反向电压、因而关断，等效电路如图 3-5a 所示，对于电感 L，有

$$U_i - U_o = L\frac{di_L}{dt} = L\frac{\Delta i_{Lon}}{T_{on}} \tag{3-2}$$

式（3-2）表示端电压（$U_i - U_o$）在导通

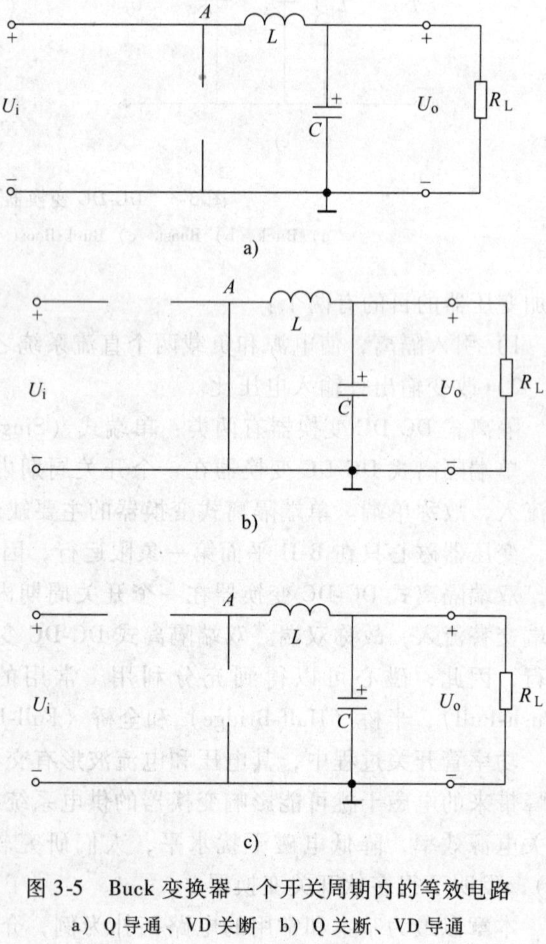

图 3-5 Buck 变换器一个开关周期内的等效电路
a）Q 导通、VD 关断 b）Q 关断、VD 导通
c）Q 和 VD 都关断

时间 T_{on} 内使电感电流上升了 Δi_{Lon}。

Q 被关断时，电感电流 i_L 不能突变，因此 i_L 将通过二极管 VD 继续流通，故称 VD 为续流管。Q 关断、VD 导通期间的等效电路如图 3-5b 所示，并且

$$-U_o = L\frac{di_L}{dt} = L\frac{\Delta i_{Loff}}{T_{off}} \tag{3-3}$$

关断期间（T_{off}）电感电流的变化（下降）量为 Δi_{Loff}。

稳态时，$\Delta i_{Lon} = -\Delta i_{Loff}$，用 Δi_L 表示，即定义

$$\Delta i_L = \Delta i_{Lon} = -\Delta i_{Loff}$$

代入式（3-1）~式（3-3），可得

$$U_o = DU_i \tag{3-4}$$

由于占空比 $D \leqslant 1$，因此图 3-4 称为降压式（Buck）变换器。

理想条件下变换效率为 100%，故

$$P_o = P_i$$

即

$$U_oI_o = U_iI_i$$

式中，I_o、I_i 分别为输出电流和输入电流均值。

所以

$$I_o = I_i/D \tag{3-4a}$$

可见，Buck 变换器的输出电流总是大于输入平均电流。

CCM Buck 变换器主要电量的工作波形如图 3-6。

（2）电感电流临界连续模式

电感电流临界连续（Critical Conduction Mode 或 Boundary Mode，CRM）是指电感电流在二极管续流状态结束（即 Q 将要再次开通）时刚好下降到零的情况，主要电量的工作波形如图 3-7 所示。这时也可以认为变换器工作在连续模式，只是电感电流最小值 i_{Ln} 为零。

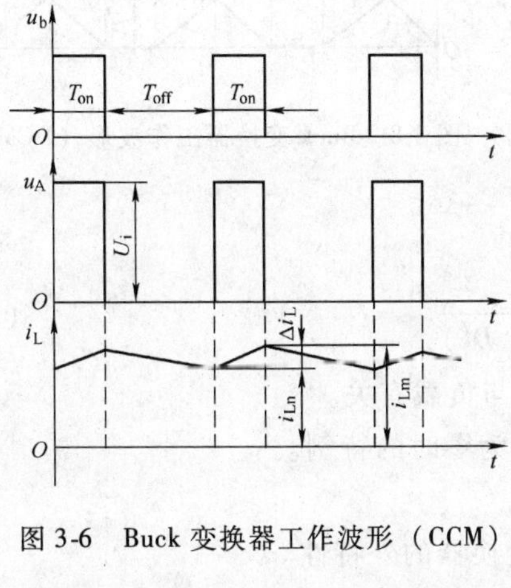

图 3-6 Buck 变换器工作波形（CCM）

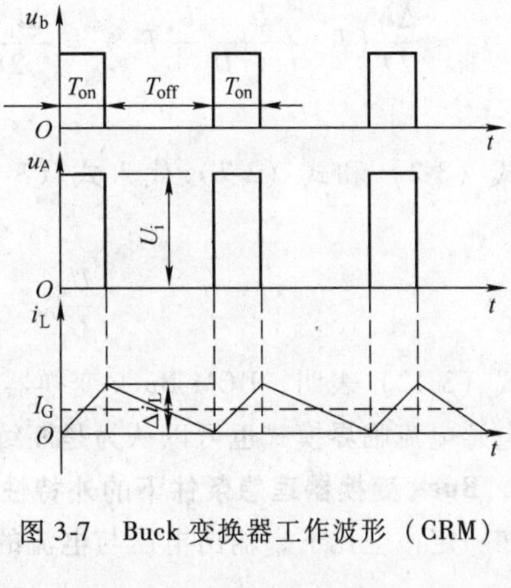

图 3-7 Buck 变换器工作波形（CRM）

稳态时，输出电压（即电容电压）的平均值稳定不变，所以电容电流平均值为零，负载电流 I_o 等于电感电流的平均值 I_L。临界连续时的负载电流用 I_G 表示

$$I_G = I_L = \frac{1}{2}\Delta i_L \tag{3-5}$$

将式（3-2）、与式（3-4）代入式（3-5），则

$$I_G = \frac{U_i D(1-D)T}{2L} \tag{3-6}$$

可见，当 $D=0.5$ 时，I_G 最大，为

$$I_{G_{max}} = \frac{U_i T}{8L} \tag{3-7}$$

（3）电感电流断续模式

如果在二极管 VD 续流期间、Q 再次开通之前，电感电流已经下降到零，则称变换器工作在电感电流断续模式（Discontinuous Conduction Mode，DCM）。此时 Buck 变换器一个开关周期有以下 3 种工作模态：

a）Q 导通、VD 关断，等效电路如图 3-5a 所示，式（3-2）仍成立。

b）Q 关断、VD 导通，等效电路如图 3-5b 所示，这段时间用 T_{off1} 表示，并且

$$-U_o = L\frac{di_{Loff1}}{dt} = L\frac{\Delta i_{Loff1}}{T_{off1}} \tag{3-8}$$

c）Q 和 VD 都关断，i_L 为零，等效电路如图 3-5c 所示，这段时间用 T_{off2} 表示。

主要电量的工作波形如图 3-8 所示。

稳态时负载电流 I_o 等于电感电流平均值 I_L

$$I_o = I_L = \frac{1}{T}\cdot\frac{1}{2}\Delta i_L\cdot(T_{on}+T_{off1}) \tag{3-9}$$

将 $\Delta i_{Lon} = -\Delta i_{Loff1} = \Delta i_L$ 代入式（3-2）和式（3-8）可得

$$T_{off1} = \frac{U_i - U_o}{U_o} T_{on} \tag{3-10}$$

将式（3-1）和式（3-10）代入式（3-9），整理得

$$I_o = \frac{\Delta i_L}{2T}\left(T_{on} + \frac{U_i - U_o}{U_o}T_{on}\right) = \frac{\Delta i_L U_i D}{2U_o} \tag{3-11}$$

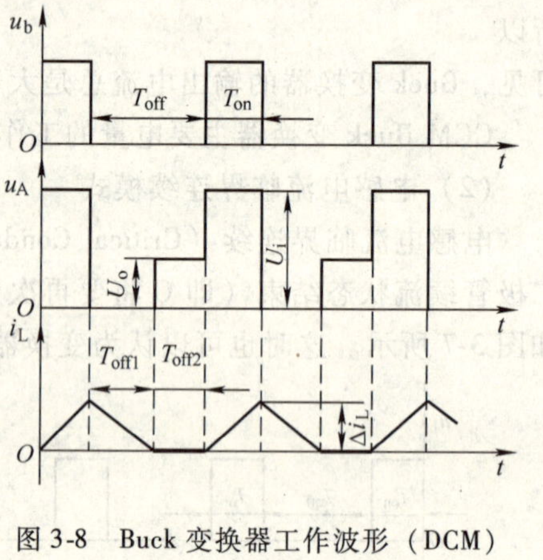

图 3-8　Buck 变换器工作波形（DCM）

再将式（3-2）和式（3-7）代入式（3-11），整理可得

$$\frac{U_o}{U_i} = \frac{1}{1 + I_o/(4I_{G_{max}}D^2)} \tag{3-12}$$

式（3-12）表明，DCM Buck 变换器的输出电压与负载有关。

电感电流临界模式也可以认为是断续模式当 T_{off2} 为零时的特例。

2. Buck 变换器理想条件下的外特性

在一定占空比下，输出电压与电流的关系称为变换器的外特性。

$$U_o = f(I_o)\big|_D \tag{3-13}$$

由式（3-4）和式（3-12），可得理想 Buck 变换器的标幺外特性。

$$\frac{U_o}{U_i} = \begin{cases} D & I_o \geqslant I_G\text{，即电感电流连续或临界连续} \\ \dfrac{1}{1 + I_o/(4I_{G_{max}}D^2)} & I_o \leqslant I_G\text{，即电感电流断续或临界连续} \end{cases} \tag{3-14}$$

外特性曲线如图 3-9 所示，图中虚线 A 为临界连续曲线，虚线 A 右边为电流连续区，电压传输比与负载电流无关；而左边为断续区，相同占空比下，负载电流越小、电压传输比越大。

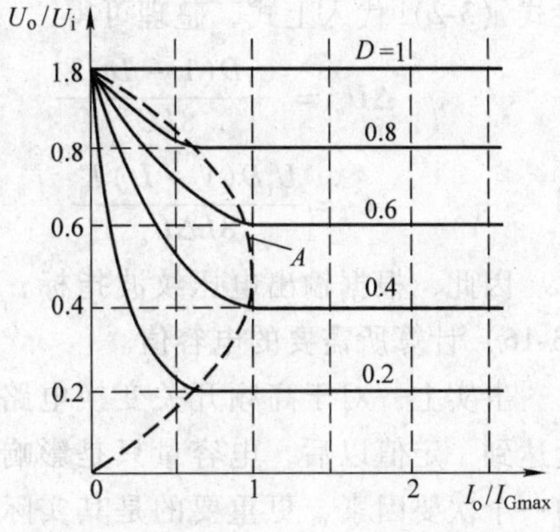

图 3-9　理想 Buck 变换器的标幺外特性

3. 开关器件应力分析

根据理想 Buck 变换器的稳态工作波形图 3-6～图 3-8 可以分析开关管 Q 和二极管 VD 所承受的电压和电流应力，以便选择器件的定额。

1）开关管 Q。VD 导通时，Q 承受最大正向电压 U_i。

Q 的电流峰值 i_{sp} 等于电感电流峰值：

$$i_{sp} = I_L + \Delta i_L/2 = I_o + \Delta i_L/2 \qquad (3\text{-}15)$$

在电感电流连续的情况下，将式（3-3）代入式（3-15），有

$$i_{sp} = I_o + U_o(1-D)T/(2L)$$

可见，同样负载下，占空比 D 最小、即输入电压最高时，开关管电流峰值最大。

2）二极管 VD。Q 导通时，VD 承受最大反向电压 U_i。

满载时，一般设计电感电流的纹波远远小于其均值，此时二极管波形可以近似为矩形波，其电流有效值 I_{Drms} 可近似为

$$I_{Drms} = I_o\sqrt{(1-D)}$$

4. 输出滤波参数设计

1）电感值 L。负载较轻（即负载电流较小）时，在其他条件相同的前提下，如果电感 L 较小，则电感电流断续、输出电流和电压纹波较大。因此，电感 L 一般根据允许的电感电流纹波或临界连续负载电流 I_{omin}（即工作在连续模式的最小负载电流）来设计。取 $I_G = I_{omin}$，代入式（3-6），有

$$L = \frac{U_i TD(1-D)}{2I_{omin}}$$

一般取额定负载电流的 10%～20% 为临界连续负载电流 I_{omin}。如果 I_{omin} 取得太小，则需要的电感量较大，电感器件的体积重量也大；而 I_{omin} 取得太大的话，电流纹波和峰值电流较大，使开关管电流应力和输出电压纹波较大。

2）电容值 C。根据要求的输出电压纹波设计。变换器带额定负载时，电容在开关频率下的等效容抗远远小于负载阻抗，因此电感电流的交流分量几乎全部流过电容、而直流分量流过负载电阻

$$i_c = i_L - I_o$$

$i_c > 0$ 时，电容 C 充电，如图 3-10 所示，输出电压上升量（纹波）

$$\Delta U_o = \frac{1}{C}\left(\int_{T_{on}/2}^{T_{on}} i_c\,dt + \int_{T_{on}}^{T_{on}+T_{off}/2} i_c\,dt\right)$$

上式括号中的积分项，即图 3-10 阴影三角形的面积，故

$$\Delta U_o = \frac{1}{C}\cdot\frac{1}{2}\cdot\frac{T}{2}\cdot\frac{\Delta i_{Lon}}{2}$$

将式（3-2）代入上式，整理可得

$$\Delta U_o = \frac{U_i D(1-D)T^2}{8LC}$$

即
$$C = \frac{U_i D(1-D)T^2}{8L\Delta U_o} \tag{3-16}$$

因此，根据输出电压纹波指标，可以用式（3-16）计算所需要的电容值。

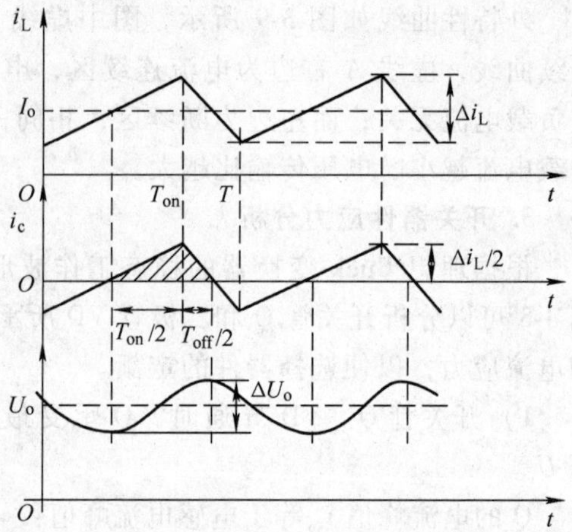

图 3-10　输出电容电流与电压纹波

事实上，对于高频开关变换电路，在电容量达到一定值以后，电容量只是影响电压纹波的一个次要因素，更重要的是其实际电容器的阻抗频率特性。高频下的电容器等效为理想电容 C、等效串联电阻（ESR）和等效串联电感（ESL）串联。随着工作频率的提高，ESR、继而 ESL 成为造成输出电压纹波的主要因素。为减小纹波，应选择低 ESR、ESL 的电容器，或多个高频电容并联。

5. 实际器件参数对 Buck 变换器外特性的影响

实际开关管和二极管有正向导通压降或导通电阻，滤波电感有线圈电阻，这些实际参数都造成变换器的内部损耗，使外特性下垂。因此，在相同占空比下，实际 Buck 变换器的输出电压小于理想情况。换言之，为了得到要求的输出电压，实际变换器的工作占空比大于理想计算值。而且即使在连续模式，同样输入电压的情况下，要维持输出电压不变、必须控制占空比随负载电流增大而增大。

3.2.2　Boost 变换器

1. 工作原理

理想 Boost 变换器的电路拓扑和等效电路如图 3-11 所示，也是由晶体开关管 Q、二极管 VD 和 LC 滤波器组成，R_L 为负载电阻。一个开关周期内 Boost 变换器的等效电路如图 3-12 所示。根据电感电流是否连续，Boost 变换器也有连续、临界连续和断续 3 种工作模式。

（1）电感电流连续模式

一个开关周期内，变换器有两种工作模态：Q 导通 VD 关断以及 Q 关断 VD 导通。当晶体开关管 Q 导通时，二极管 VD 关断。电感 L 储能，电感电流上升；电容放电、提供负载功率。当开关管 Q 关断时，二极管 VD 导通，电源和电感能量向负载和电容 C 释放，电感电流下降、电容充电。

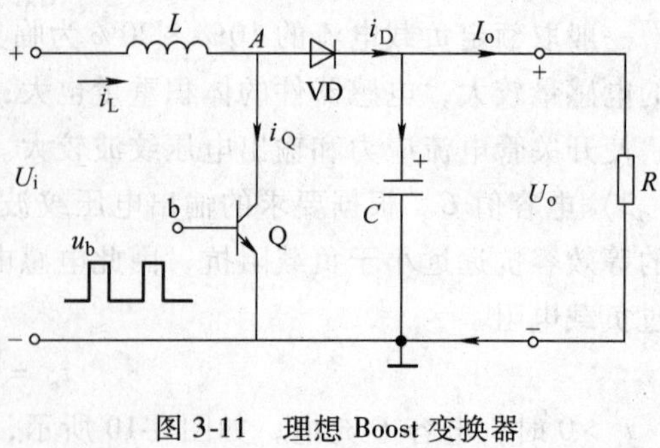

图 3-11　理想 Boost 变换器

Q 导通期间，VD 承受反向电压而关断，等效电路如图 3-12a 所示，电感电流 i_L 由 Q 流通，$i_Q = i_L$，$i_D = 0$，对于电感 L，有

$$U_i = L\frac{di_L}{dt} = L\frac{\Delta i_{Lon}}{T_{on}} \tag{3-17}$$

式（3-17）表示端电压 U_i 在导通时间 T_{on} 内使电感电流上升了 Δi_{Lon}。

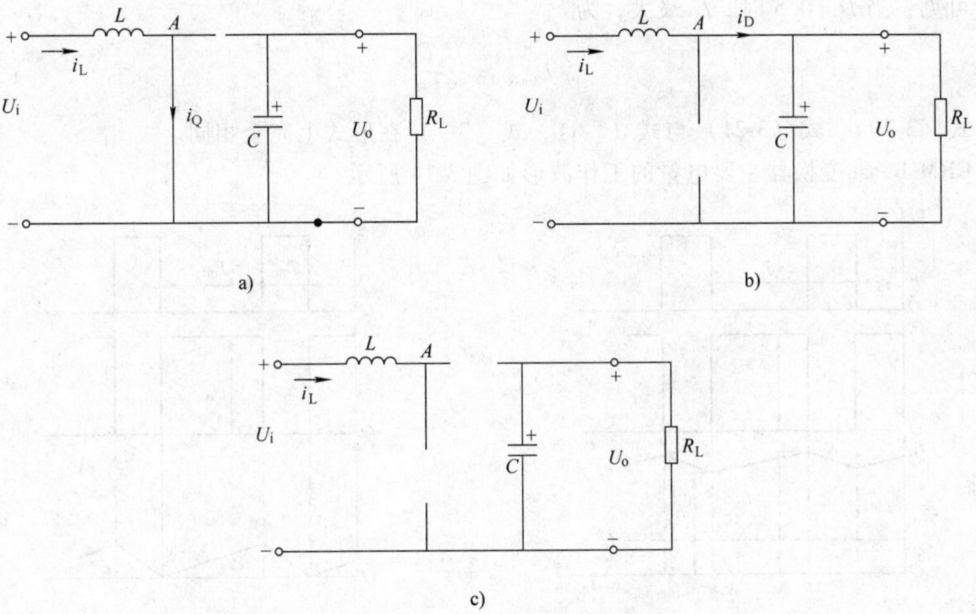

图 3-12　Boost 变换器等效电路

a）Q 导通、VD 关断　b）Q 关断、VD 导通　c）Q 和 VD 都关断

Q 被关断时，电感电流 i_L 不能突变、通过续流二极管 VD 继续流通，$i_D=i_L$，$i_Q=0$，等效电路如图 3-12b 所示。

$$U_i-U_o=L\frac{di_L}{dt}=L\frac{\Delta i_{Loff}}{T_{off}} \tag{3-18}$$

关断时间 T_{off} 电感电流的变化（下降）量为 Δi_{Loff}。

稳态时，$\Delta i_{Lon}=-\Delta i_{Loff}=\Delta i_L$，代入式（3-17）和式（3-18），可得

$$U_o=U_i/(1-D) \tag{3-19}$$

由于占空比 $D\leqslant 1$，总有 $U_o\geqslant U_i$，因此图 3-11 被称为升压式（Boost）变换器。与式（3-4a）同理，有

$$I_o=(1-D)I_i \tag{3-19a}$$

CCM Boost 变换器主要电量的工作波形如图 3-13 所示。

（2）电感电流临界连续模式

在电感电流临界连续模式下，电感电流在二极管续流状态结束（即 Q 将要再次开通）时刚好下降到零，电感电流最小值 i_{Ln} 为零，主要电量的工作波形如图 3-14 所示。

稳态时输出电压（即电容电压）的平均值不变，所以电容电流平均值为零，负载电流 I_o 等于二极管电流的平均值 I_D，临界连续时的负载电流 I_o 用 I_G 表示

$$I_G=I_D=\frac{1}{2}\Delta i_L(1-D)$$

将式（3-17）代入上式，可得

$$I_G=\frac{U_iD(1-D)T}{2L} \tag{3-20}$$

可见，当 $D=0.5$ 时，I_G 最大，为

$$I_{Gmax} = \frac{U_i T}{8L} \tag{3-21}$$

式（3-20）、式（3-21）与式（3-6）、式（3-7）在形式上完全相同。

CRM Boost 变换器主要电量的工作波形如图 3-14 所示。

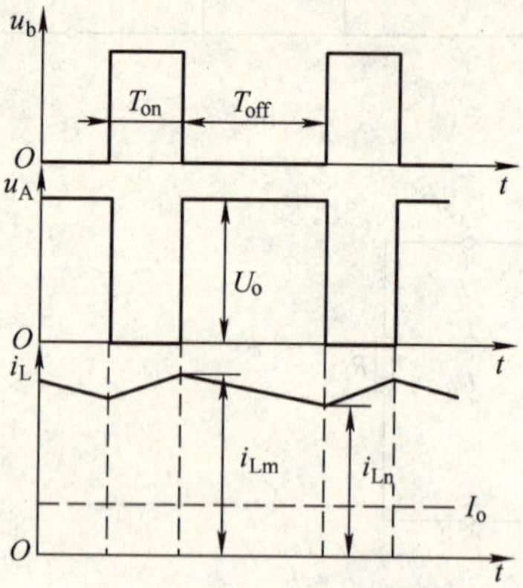

图 3-13　Boost 变换器工作波形（CCM）

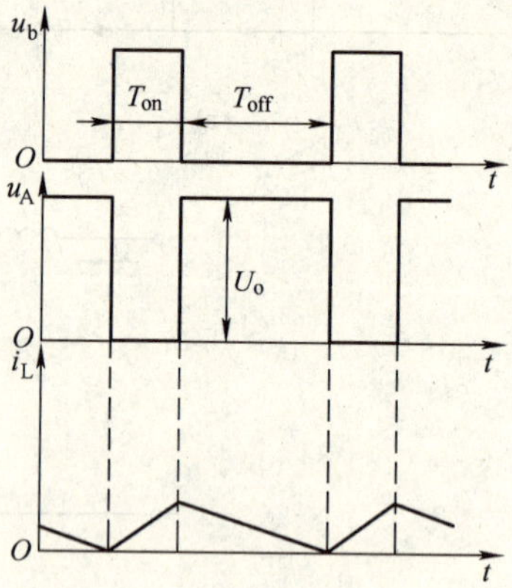

图 3-14　Boost 变换器工作波形（CRM）

（3）电感电流断续模式

此时 Boost 变换器一个开关周期有 3 种工作模态：

1）Q 导通 VD 关断，等效电路如图 3-12a 所示，式（3-17）仍成立。

2）Q 关断 VD 导通，等效电路如图 3-12b 所示，这段时间用 T_{off1} 表示，并且

$$U_i - U_o = L\frac{di_L}{dt} = L\frac{\Delta i_{Loff1}}{T_{off1}} \tag{3-22}$$

3）Q 和 VD 都关断，i_L 为零，等效电路如图 3-12c 所示，这段时间用 T_{off2} 表示。

DCM Boost 主要电量的工作波形如图 3-15 所示。由图 3-11 可知，Boost 变换器的负载电流 I_o 等于二极管平均电流 I_D

$$I_o = \frac{1}{T} \cdot \frac{1}{2}\Delta i_{Loff1} \cdot T_{off1}$$

将式（3-22）和 $\Delta i_{Lon} = -\Delta i_{Loff1} = \Delta i_L$ 代入上式，可得

$$I_o = \frac{L\Delta i_L^2}{2T(U_o - U_i)}$$

再将式（3-17）和式（3-21）代入上式，可得

$$\frac{U_o}{U_i} = 1 + 4I_{Gmax}D^2/I_o \tag{3-23}$$

式（3-23）表明，DCM Boost 变换器的升压比 U_o/U_i 与负载 I_o 有关。

2. Boost 变换器理想条件下的外特性

由式（3-19）和式（3-23），可得理想 Boost 变换器的标幺外特性：

$$\frac{U_i}{U_o} = \begin{cases} 1-D，I_o \geqslant I_G，\text{即电感电流连续或临界连续} \\ \dfrac{1}{1+4I_{Gmax}D^2/I_o}，I_o \leqslant I_G，\text{即电感电流断续或临界连续} \end{cases} \tag{3-24}$$

外特性曲线如图 3-16 所示，当 $I_o \to 0$ 时，$U_o \to \infty$，故 $U_i/U_o \to 0$；当 $D \to 1$ 时，也有 $U_o \to \infty$、$U_i/U_o \to 0$。可见，纵坐标用 U_i/U_o、而不用 U_i/U_o 标幺 Boost 外特性，更便于作图和理解。

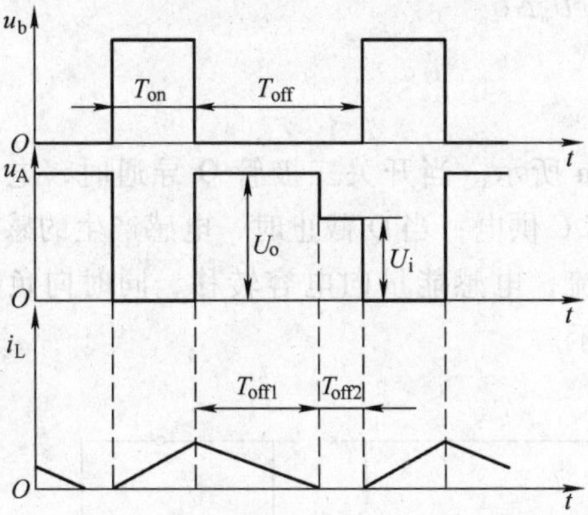

图 3-15　Boost 变换器工作波形（DCM）

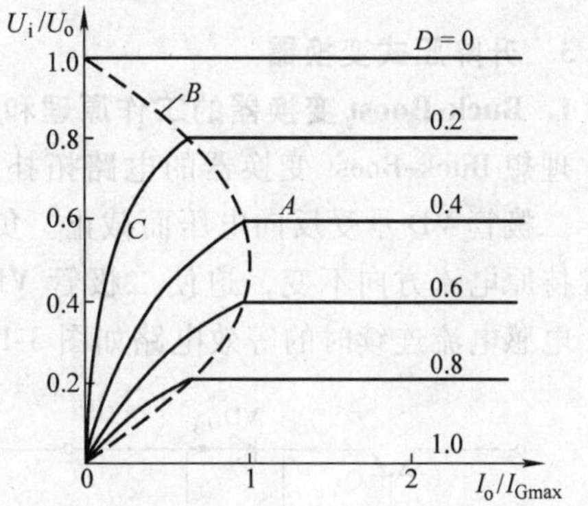

图 3-16　理想 Boost 变换器的标幺外特性

3. 开关器件应力分析

根据 Boost 变换器的工作波形图 3-13 ~ 图 3-15 分析开关管 Q 和二极管 VD 所承受的电压和电流应力。

1）开关管 Q。VD 导通时，Q 承受最大（正向）电压 U_o。

Q 的电流峰值 i_{sp} 等于电感电流（也是输入电流）峰值

$$i_{sp} = I_L + \Delta i_L/2 = I_i + \Delta i_L/2$$

在电感电流连续的情况下，式（3-17）、式（3-19）和式（3-19a）代入上式，有

$$i_{sp} = \frac{I_o}{1-D} + \frac{U_o D(1-D)T}{2L}$$

2）二极管 VD。Q 导通时 VD 承受最大电压 U_o。

输出电流 I_o 是二极管电流 i_D 的平均值，一般来说，满载时电感电流的纹波远远小于其平均值，因此，二极管电流的波形则近似为流通时间为（1 − D）T、幅度为 I_o/（1 − D）的矩形波，故二极管电流有效值

$$I_{Drms} = \frac{I_o}{\sqrt{1-D}}$$

4. 输出滤波参数设计

1）电感值 L。和 Buck 变换器一样，电感 L 根据允许的电感电流纹波或临界连续负载电流 I_{omin}（即工作在连续模式的最小负载电流）来设计。取 $I_G = I_{omin}$，由式（3-20），有

$$L = \frac{U_i TD(1-D)}{2I_{omin}}$$

2）电容值 C。根据输出电压纹波大小设计。VD 关断期间，电容向负载 R_L 放电、输出电压下降。一般电路时间常数 $R_L C$ 远远大于开关周期，因此可以认为电容电压线性下降。

$$\Delta U_o = U_o \frac{T_{on}}{R_L C}$$

又 $$R_L = \frac{U_o^2}{P_o}$$

故 $$C = U_o \frac{DT}{R_L \Delta U_o} = \frac{P_o DT}{U_o \Delta U_o}$$

3.2.3 升降压式变换器

1. Buck-Boost 变换器的工作原理和特性

理想 Buck-Boost 变换器的电路拓扑如图 3-17a 所示。当开关三极管 Q 导通时，电感储能，二极管 VD 承受反向电压而截止。负载由电容 C 供电；当 Q 截止时，电感产生的感应电势维持原电流方向不变，迫使二极管 VD 导通续流，电感能量向电容转移，同时向负载供电。电感电流连续时的等效电路如图 3-17b、c 所示。

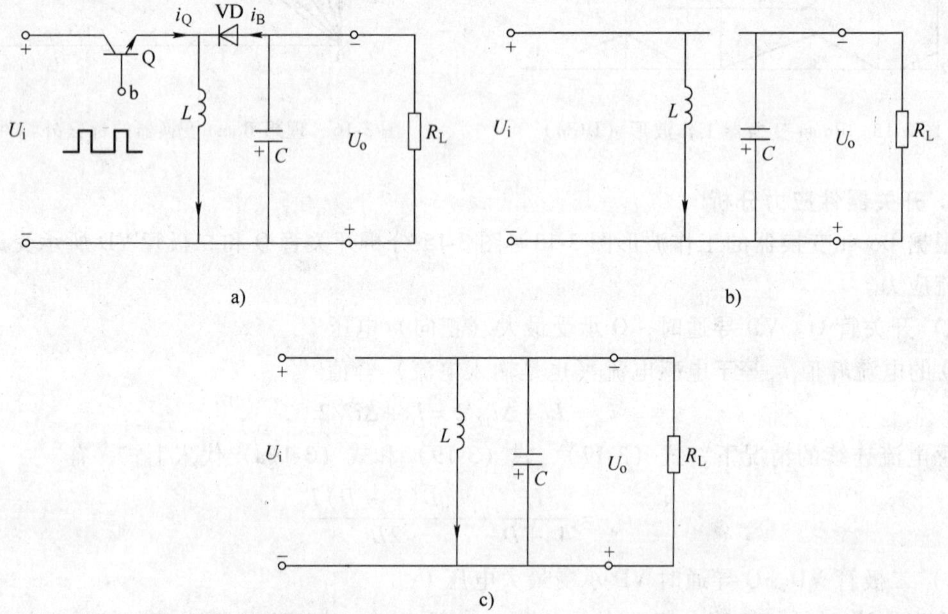

图 3-17 理想 Buck-Boost 变换器及其等效电路（电感电流连续时）
a）Buck-Boost 变换器 b）Q 导通、VD 关断 c）Q 关断、VD 导通

稳态时，一个开关周期电感两端的平均电压为零（即伏—秒面积平衡）。于是，在电感电流连续模式有

$$U_i T_{on} + (-U_o) T_{off} = 0$$

即 $$U_o/U_i = D/(1-D) \tag{3-25}$$

可见，当 $D<0.5$ 时，$U_o/U_i<1$，而当 $D>0.5$ 时，$U_o/U_i>1$，也就是说，图 3-17a 所示电路是升/降式变换器。

伏秒平衡原理同样适用于分析 Buck 等变换器。

2. Cuk 变换器的工作原理

理想 Cuk 变换器如图 3-18 所示。

图 3-18 中的电容 C_1 很大，稳态工作时其电压纹波很小，因此可以用电压源 U_{C1} 表示，Cuk 变换器在 CCM 模式下的工作原理是：当开关管 Q 导通时，输入端电感 L_1 储能，同时耦

合电容 C_1 通过 Q 向负载及 L_2 释放能量，二极管 VD 关断，输出电压极性对公共点而言为负。当开关管 Q 关断时，二极管 VD 导通，输入端直流电压 U_i 及电感 L_1 储能，使耦合电容 C_1 充电，同时输出滤波电感 L_2 储能向负载释放。

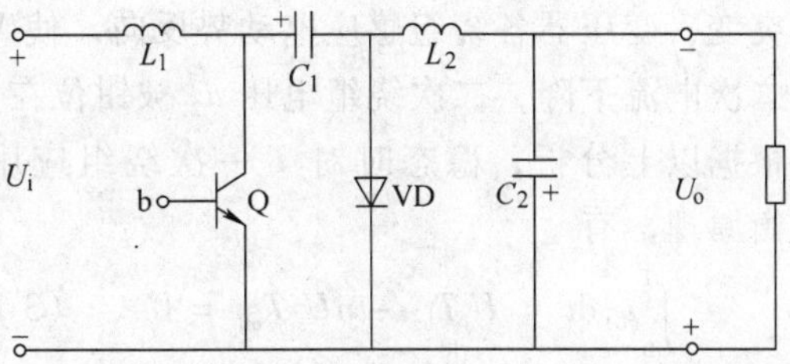

图 3-18　Cuk 变换器

可以证明 Cuk 变换器在 CCM 工作模式下的输出—输入电压变换比为

$$U_o/U_i = D/(1-D) \tag{3-26}$$

对比式（3-25）和式（3-26），可见 Cuk 变换器与 Buck-Boost 变换器有相同的输出—输入电压变换比。

3.2.4　6 种基本拓扑的比较

表 3-1 给出 DC-DC PWM 变换器 6 种基本拓扑的比较。

表 3-1　DC-DC PWM 变换器基本拓扑的比较

开关变换器	输出—输入电压变换比 U_o/U_i	输入电流纹波	输出电流纹波
Buck	D	大	小
Boost	$1/(1-D)$	小	大
Buck-Boost	$D/(1-D)$	大	大
Cuk	$D/(1-D)$	小	小
SEPIC	$D/(1-D)$	小	大
Zeta	$D/(1-D)$	大	小

3.3　单管隔离式变换电路

3.3.1　单端反激变换器

1. 工作原理

单端反激变换器的电路拓扑如图 3-19 所示，由晶体开关管 Q、电感—变压器 T、二极管 VD 和输出滤波电容 C 组成，图中 R_L 表示负载。T 不同于普通变压器（普通变压器传递能量而不储存能量，各绕组瞬时功率的代数和为零），它兼有隔离和储能电感的作用，故称为电感—变压器（或储能变压器）。

根据电感—变压器的储能是否连续，反激变换器有连续和断续两种工作模式。

（1）连续模式

开关管 Q 导通时，输入电压加在 T 一次，T 二次绕组电压为上负下正，故二次侧二极管 VD 承受反压而关断，电感—变压器 T 一次绕组储能、一次电流上升；开关管 Q 关断时，T 一次电流迅速下降到零，由于电感能量及磁通

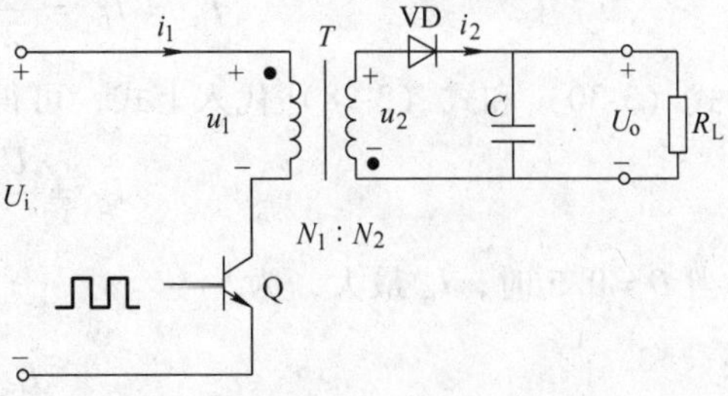

图 3-19　理想单端反激变换器电路拓扑

不能突变，变压器各绕组感应电动势反向，使 VD 导通，变压器储能通过二次绕组向负载释放、二次电流下降，二次绕组电压 u_2 被钳位在 U_o。主要波形如图 3-20 所示。

根据以上分析，稳态时对 T 一次绕组应用伏秒平衡原理，有

$$\int_0^T u_1 \mathrm{d}t = U_i T_{on} - nU_o T_{off} = 0 \tag{3-27}$$

式中，$n = N_1/N_2$ 为变压器匝比。

将 $T_{on} = DT, T_{off} = (1-D)T$ 代入式（3-27），可得输出—输入电压变换比

$$\frac{U_o}{U_i} = \frac{D}{n(1-D)} \tag{3-28}$$

可见，反激变换器是隔离式的升降压式变换器。

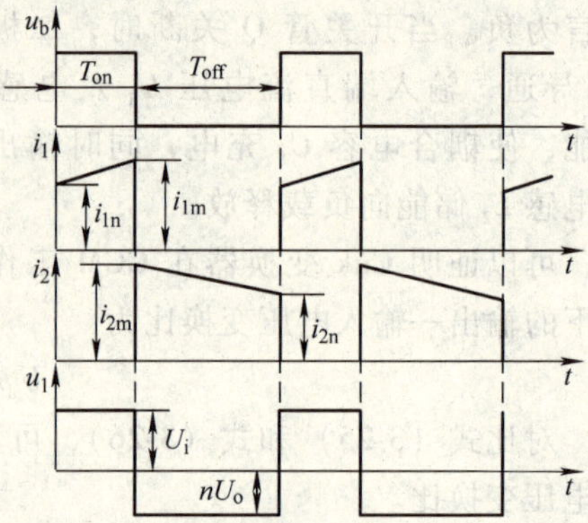

图 3-20　反激变换器连续模式主要波形

另一方面，Q 导通、VD 关断期间

$$U_i = L_1 \frac{\mathrm{d}i_1}{\mathrm{d}t} = L_1 \frac{\Delta i_{1on}}{T_{on}} \tag{3-29}$$

式中，L_1 和 i_1 分别表示 T 一次侧电感和电流，$\Delta i_{1on} = i_{1m} - i_{1n}$，如图 3-20 所示，

Q 关断、VD 导通期间

$$-U_o = L_2 \frac{\mathrm{d}i_2}{\mathrm{d}t} = L_2 \frac{\Delta i_{2off}}{T_{off}} \tag{3-30}$$

式中，L_2 和 i_2 分别表示 T 二次侧电感和电流，$\Delta i_{2off} = i_{2n} - i_{2m}$。

根据磁元件的总安匝数不能突变，在 Q 导通和关断的转换时刻，有

$$i_{1m}N_1 = i_{2m}N_2,\ i_{1n}N_1 = i_{2n}N_2$$

所以

$$\Delta i_{1on}N_1 = -\Delta i_{2off}N_2 \tag{3-31}$$

又

$$\frac{L_1}{L_2} = \frac{N_1^2}{N_2^2} \tag{3-32}$$

由式（3-29）~式（3-32）也可以导出式（3-28）。

（2）临界连续模式

在临界连续模式下，电感—变压器二次侧绕组电流（即电感—变压器储能）在二极管续流状态结束（即 Q 将要再次开通）时刚好下降到零，主要电量的工作波形如图 3-21a 所示。

稳态时，负载电流 I_o 等于二极管电流的平均值 I_D，临界连续时的 I_o 用 I_G 表示。

$$I_G = I_D = \frac{1}{2}(-\Delta i_{2off})(1-D)$$

将式（3-30）和式（3-28）代入上式，可得

$$I_G = \frac{U_i D(1-D)Tn}{2L_1} \tag{3-33}$$

即当 $D = 0.5$ 时，I_G 最大，为

$$I_{Gmax} = \frac{U_i Tn}{8L_1} \tag{3-34}$$

（3）断续模式

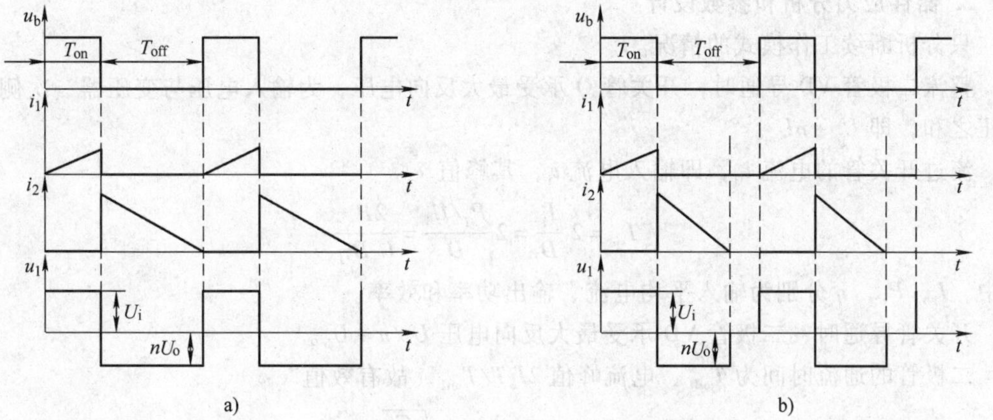

图 3-21　反激变换器在临界连续和断续模式的主要波形

a）临界连续模式　b）断续模式

Q 关断期间，T 二次侧电流 i_2 下降，如果在 Q 再次导通之前 i_2 已经下降到零，则变换器工作在断续模式，主要电量的工作波形如图 3-21b 所示。

$$-U_o = L_2\frac{di_2}{dt} = L_2\frac{\Delta i_{2off}}{T_{off1}} \tag{3-35}$$

式中，T_{off1} 为二极管 D 导通时间，$T_{off1} < (1-D)T$。

负载电流 I_o 等于 i_2 平均电流

$$I_o = \frac{1}{T}\cdot\frac{1}{2}(-\Delta i_{2off})\cdot T_{off1} \tag{3-36}$$

由式（3-29）和式（3-35）等可推导出

$$I_o = 4I_{Gmax}D^2\cdot\frac{U_i}{nU_o}$$

整理上式，得到反激变换器在断续模式下的标幺外特性

$$\frac{nU_o}{U_i} = \frac{D^2}{I_o/(4I_{Gmax})} \tag{3-37}$$

理想反激变换器标幺外特性曲线如图 3-22 所示。

反激变换器结构简单，在小功率隔离电源中应用广泛，为减小电感—变压器的体积，一般设计其电感值较小，令变换器在整个负载范围内都工作在断续模式。

单端隔离式 DC-DC 变换器，“单端”的含义是指，在一个开关周期内，直流输入功率只从变压器一次绕组的一端流入。单端隔离式变换器的主要缺点是：功率只在开关管导通时间 DT 内输入变压器，变压器磁心只在 B-H 平面第一象限运行，因此磁心不能得到充分利用。

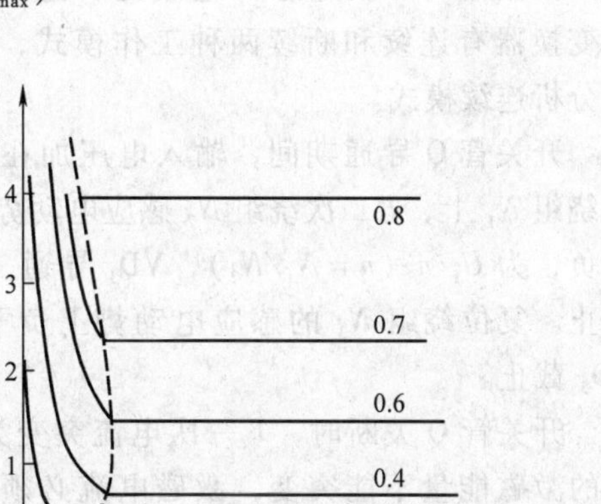

图 3-22　理想反激变换器的标幺外特性曲线

2. 器件应力分析和参数设计

只分析断续工作模式的情况。

整流二极管 VD 导通时，开关管 Q 承受最大反向电压，为输入电压与变压器一次侧感应电压之和，即 $U_i + nU_o$。

流过开关管的电流 i_Q，即输入电流 i_i，其峰值

$$I_{sp} = 2\frac{I_i}{D} = 2\frac{P_i/U_i}{D} = \frac{2P_o}{U_i D\eta}$$

式中，I_i，P_o，η 分别为输入平均电流、输出功率和效率。

开关管导通时，二极管 VD 承受最大反向电压 $U_i/n + U_o$。

二极管的通流时间为 T_{off1}、电流峰值 $2I_o T/T_{off1}$，故有效值

$$I_{Drms} = \frac{2}{\sqrt{3}} I_o \sqrt{\frac{T}{T_{off1}}}$$

如果设计变换器在最大负载下临界连续，则此时 $T_{off1} = (1 - D)T$

$$I_{Drms} = \frac{2}{\sqrt{3}} I_o \sqrt{\frac{1}{1 - D}}$$

需要指出的是，实际的反激变换器，由于变压器漏感的存在，关断瞬间必然造成开关管 Q 很大的 u_{ce} 电压尖峰，必须加吸收或钳位电路为漏感能量（电流）提供泄放回路、以减小尖峰。

设计反激变换器工作在断续模式，即最大负载电流 I_{om} 不大于临界连续负载电流 I_G，根据式（3-33），有

$$L \leqslant \frac{U_o T(1 - D)^2 n^2}{2I_{om}}$$

滤波电容 C 的设计与 Boost 变换器相同。

3.3.2 单端正激变换器

单端正激变换器的电路拓扑如图 3-23 所示，由开关管 Q、变压器 T、整流二极管 VD_1、续流二极管 VD_2 和 LC 输出滤波器等组成。T 只作变压器运行、不储存能量，它除了一二次绕组外，还有复位绕组 N_3。

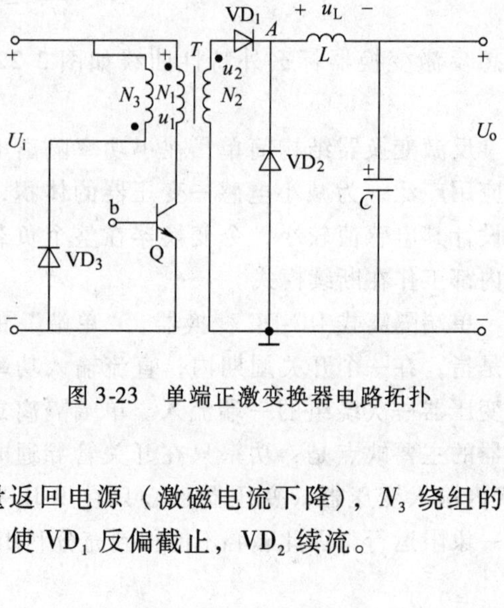

图 3-23 单端正激变换器电路拓扑

根据输出滤波电感 L 电流是否连续，正激变换器有连续和断续两种工作模式，这里只分析连续模式。

开关管 Q 导通期间，输入电压加在 T 一次绕组 N_1 上，T 二次绕组 N_2 感应电动势上正下负，为 U_i/n（$n = N_1/N_2$），VD_1 导通、VD_2 截止。复位绕组 N_3 的感应电动势上负下正、VD_3 截止。

开关管 Q 关断时，T 一次电流突变为零，它的激磁能量不能突变，激磁电流必须维持原来的流向、即继续由“·”端流入 T，所以 VD_3 导通，为激磁电流提供通路、将激磁能量返回电源（激磁电流下降），N_3 绕组的端电压为 U_i（“·”端为负），所以 u_2 随之反向，使 VD_1 反偏截止，VD_2 续流。

由以上分析，在 Q 导通和关断状态，A 点的电位分别为 U_i/n 和 0，对电感 L 列写伏秒平衡方程，有

$$(U_i/n - U_o)DT - U_o(1 - D)T = 0$$

故

$$\frac{U_o}{U_i} = D/n \tag{3-38}$$

正激变换器属于降压式变换器。

分析 T 的磁通变化，Q 导通期间，U_i 加在 N_1 绕组（“·”端为正），T 处于磁化过程，激磁电流和激磁磁通增加，T_{on}期间总的磁通增量

$$\Delta\phi_{on} = \frac{U_i T_{on}}{N_1} \tag{3-39}$$

Q 关断、VD_3 导通期间，U_i 加在 N_3 绕组并且“·”端为负，T 处于去磁过程（磁复位），磁通减小，由于 VD_3 单向导通，因此激磁电流和磁通减小到零时不会反向增大。设磁复位时间为 T_R，则

$$\Delta\phi_R = \frac{-U_i T_R}{N_3} = -\Delta\phi_{on} \tag{3-40}$$

要保证变换器正常工作，必须避免磁饱和，因此，在 Q 关断时间 T_{off}内，T 必须磁复位，即 $T_R \leqslant T_{off}$，代入式（3-39）和式（3-40），整理得

$$D \leqslant \frac{N_1}{N_1 + N_3}$$

磁复位期间，N_1 和 N_2 绕组的感应电动势分别为 $U_i\dfrac{N_1}{N_3}$和 $U_i\dfrac{N_2}{N_3}$，因此，Q、VD_1 和 VD_2 承受的最大电压应力分别为$U_i\dfrac{N_1}{N_3} + U_i$、$U_i\dfrac{N_2}{N_3}$ 和 $U_i\dfrac{N_2}{N_1}$。

连续模式主要工作波形如图 3-24 所示。

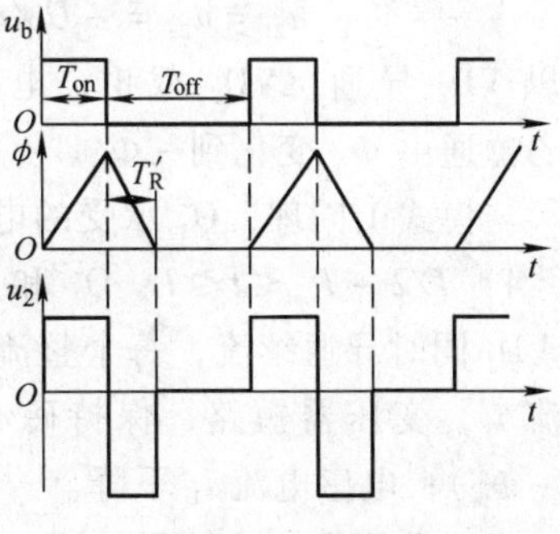

图 3-24 理想正激变换器连续模式主要工作波形

图 3-23 中如果没有磁复位绕组，那么 Q 关断瞬间，由于激磁电流没有通路、突降为零，因此这样极大的电流变化率必然在等效激磁电感产生极大的电压尖峰加在 Q 上、令 Q 击穿。如果 T_{off}期间，T 不能完全磁复位，即一个开关周期内 $\Delta\phi > 0$，则 ϕ 逐渐趋于 ϕ_m，几个开关周期后，磁心进入饱和状态，相当于变压器一次侧短路。

正激变换器还有其他磁复位的方法，这里不再赘述。

3.4 多管变换电路

3.4.1 推挽变换器

推挽式 DC-DC 变换器（Push-Pull DC-DC Converter）电路如图 3-25 所示。电路中变压器一次侧有中心抽头（$N_{11} = N_{12} = N_1$），图中二次侧采用全波整流，因此也有中心抽头（$N_{21} = N_{22} = N_2$），VD_1、VD_2 为开关管 Q_1 和 Q_2 的反并二极管，VD_3、VD_4 为整流管，L、C 输出滤波。

Q_1 和 Q_2 以相同的占空比交替开关。在电感电流连续模式下，一个开关周期内有如下 4 个阶段。

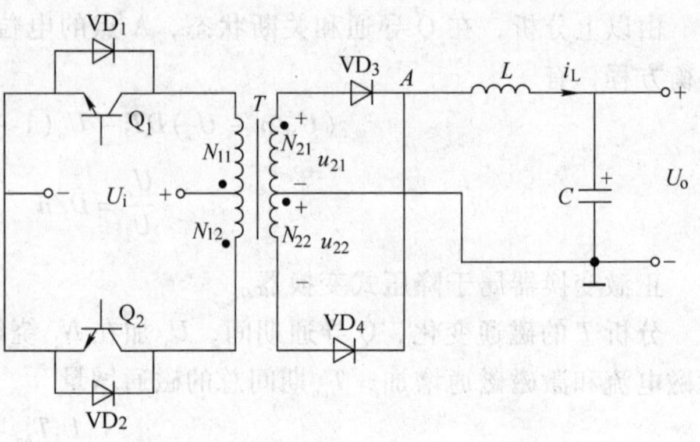

图 3-25　推挽式 DC-DC 变换器

1）$0 \leqslant t \leqslant T_{on}$：$Q_1$ 导通、Q_2 关断，输入电压加在 N_{11} 绕组、变压器正向磁化，其他绕组的感应电动势“·”端均为正，二次电压

$$u_{21} = u_{22} = U_i / n$$

式中，$n = N_1 / N_2$。所以 VD_3 导通，VD_4 反偏截止，A 点电位为 U_i/n，电感电流 i_L 上升；变压器磁心磁通由 $-\Phi_m$ 变化到 Φ_m。

N_{12}绕组的感应电动势等于 N_{11}绕组端电压 U_i，所以，此阶段 Q_2 承受的电压应力为 $2U_i$。

2）$T_{on} \leqslant t \leqslant T/2$：$Q_1$ 和 Q_2 都关断，变压器二次绕组电压消失。电感 L 的电流不能突变，迫使 VD_3 和 VD_4 同时导通续流，若忽略励磁电流，则每个整流管流过一半的电感电流 i_L，A 点电位为零，电感电流下降。

N_{21}和 N_{22}流过极性相反的电流，使变压器被短路（端电压为零），保持磁心磁通不变（恒为 Φ_m），激磁电流通过二次绕组流通，且在本阶段保持不变。

3）$T/2 \leqslant t \leqslant T/2 + T_{on}$：$Q_2$ 导通、Q_1 关断，输入电压加在 N_{12}绕组、变压器反向磁化，其他绕组的感应电动势“·”端均为负，二次电压

$$u_{21} = u_{22} = -U_i / n$$

所以 VD_4 导通，VD_3 截止，电感电流 i_L 上升；磁心磁通由 Φ_m 变化到 $-\Phi_m$。

与模式 1 同理，Q_1 承受的电压应力为 $2U_i$。

4）$T/2 + T_{on} \leqslant t \leqslant T$：$Q_1$ 和 Q_2 都关断，VD_3 和 VD_4 同时导通续流，每个整流管流过一半电感电流 i_L，变压器短路，保持磁心磁通不变（仍为 $-\Phi_m$）；电感电流 i_L 下降。

主要电压和电流波形如图 3-26 所示。

可见，图 3-25 推挽变换器电路相当于两个单端正激变换器并联，原则上，两个正激变换器应当是完全对称、平衡的。在这个条件下，高频变压器所承受的交流方波电压是正负对称的。它们交替工作，使变压器磁心正负双向磁化，不需要另外的磁恢复绕组。Q_1 和 Q_2 必须对称工作，否则将造成偏磁（即磁心正负两个方向磁通变化量不等）引起磁心饱和。

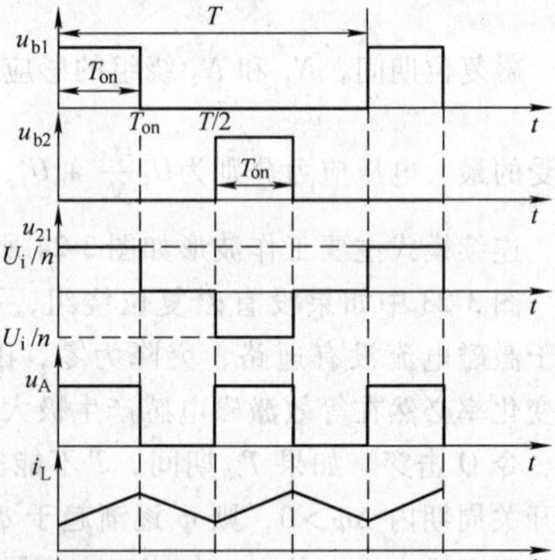

图 3-26　推挽式 DC-DC 变换器连续模式主要工作波形

电感电流 i_L 的波动频率是 Q_1、Q_2 开关频率

的两倍，即 $2f(f=1/T)$ 。电压传输比

$$\frac{U_o}{U_i}=2D/n$$

式中，D 为一个开关周期 T 内 Q_1 或 Q_2 的占空比，$D=T_{on}/T$，如图 3-26 所示。一个开关周期内 Q_1 和 Q_2 各导通一次，所以 $D\leqslant 0.5$。

推挽变换器的两个开关管 Q_1 和 Q_2 不能同时导通，否则，变压器一次绕组被短路、使输入电源被短路。

开关管 Q_1 和 Q_2 所承受的电压应力是输入电压的两倍，实际电路由于变压器的漏感，开关管实际承受的电压应力更高，所以推挽变换器不适合用于高压输入的场合；Q_1 或 Q_2 导通时，一次电流回路中只有一个管压降，所以推挽变换器适合于低压大电流输入应用。

反并二极管 VD_1 和 VD_2 用于为激磁电流提供通路及在开关瞬间避免变压器漏感造成的电压尖峰。

推挽式变换器的二次侧也可以采用桥式整流等二次侧整流电路。全波整流电路中也可以接入续流二极管。

3.4.2 半桥变换器

半桥式 DC-DC 变换器如图 3-27 所示，开关管 Q_1 和 Q_2 串联成一个桥臂接到电源上，两个相等的大电容 C_1 和 C_2 串联分压作为另一个桥臂。带变压器输出时，将变压器的一次侧接在开关管连接点 A 与电容连接点 B 之间，不带变压器输出时，整流滤波网络和负载直接接在 A、B 点之间。二次侧整流滤波电路与推挽变换器相同，可以采用桥式、全波等整流电路形式，图 3-27 所示电路中二次侧为全波整流。

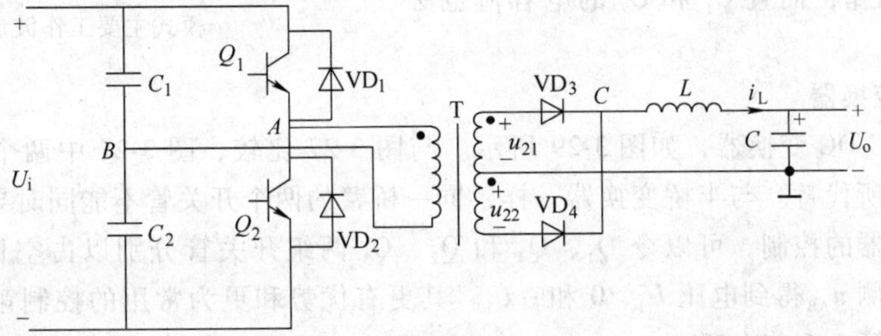

图 3-27　半桥式 DC-DC 变换器

和推挽变换器一样，开关管 Q_1 和 Q_2 也是以相同的占空比 D 交替导通。所以，稳态时两电容的平均电压均为 $U_i/2$。

在电感电流连续模式下，一个开关周期内有如下 4 个阶段。

1）$0\leqslant t\leqslant T_{on}$：$Q_1$ 导通、Q_2 关断，变压器一次侧电压 u_{AB} 为 $U_i/2$、且“·”端为正。二次侧 VD_3 导通，VD_4 反偏截止，电感电流 i_L 上升；变压器磁心磁通由 $-\Phi_m$ 变化到 Φ_m。

输入电流通过 Q_1 流入变压器，再流过 C_2，回到电源负端。C_2 充电、B 点电位上升，同时 C_1 放电。由于电容值很大，所以 B 点电位纹波很小。

2）$T_{on}\leqslant t\leqslant T/2$：$Q_1$ 和 Q_2 都关断，与推挽变换器同，一次电流为零，二次侧 VD_3 和 VD_4 同时导通续流、各流过一半电感电流（忽略激磁电流），变压器短路、保持磁心磁通不

变（仍为 Φ_m）。电感电流 i_L 下降。

3）$T/2 \leqslant t \leqslant T/2 + T_{on}$：$Q_2$ 导通、Q_1 关断，变压器一次电压 $U_i/2$、但“·”端为负。二次侧 VD_4 导通，VD_3 反偏截止，电感电流 i_L 上升；变压器磁通由 Φ_m 变化到 $-\Phi_m$。C_1 充电、C_2 放电。B 点电位略下降。

4）$T/2 + T_{on} \leqslant t \leqslant T$：$Q_1$ 和 Q_2 都关断，VD_3 和 VD_4 同时导通续流；变压器磁心磁通保持在 $-\Phi_m$。

主要电压和电流波形如图 3-28 所示。

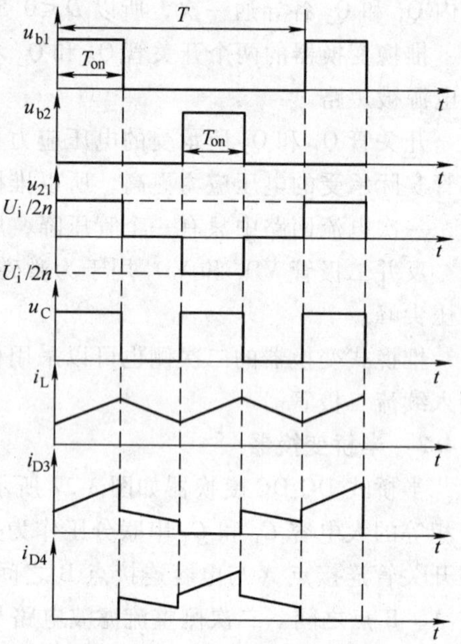

图 3-28　半桥式 DC-DC 变换器连续模式主要工作波形

电感电流的波动频率也是 Q_1、Q_2 开关频率的两倍，电压传输比

$$\frac{U_o}{U_i} = D/n$$

式中，$n = N_1/N_2$；D 为一个开关周期 T 内 Q_1 或 Q_2 的占空比，$D = T_{on}/T$，如图 3-28 所示，$D \leqslant 0.5$。

半桥电路中开关管承受的电压仅为 U_i，是推挽电路的一半。

Q_1、Q_2 不能同时导通，否则电源短路，将造成晶体管损坏。C_1、C_2 的电容值影响电容中点电位的纹波电压，但不影响其平均电压。

为保证变压器对称磁化、避免偏磁，Q_1 和 Q_2 必须对称工作，而且 C_1 和 C_2 的电容值也必须尽量接近。

3.4.3　全桥变换器

全桥式 DC-DC 变换器，如图 3-29 所示。与图 3-27 比较，图 3-27 中两个电容用图 3-29 中两个晶体管所代替。与半桥变换器一样，同一桥臂的两个开关管不能同时导通。

全桥变换器的控制，可以令 Q_1、Q_4 和 Q_2、Q_3 两组开关管分别以占空比 D 交替导通，在变压器一次侧 u_{AB} 得到电压 U_i、0 和 $-U_i$。其更有优势和更为常用的控制策略称为移相控制，将在本章第 3.6 节介绍。

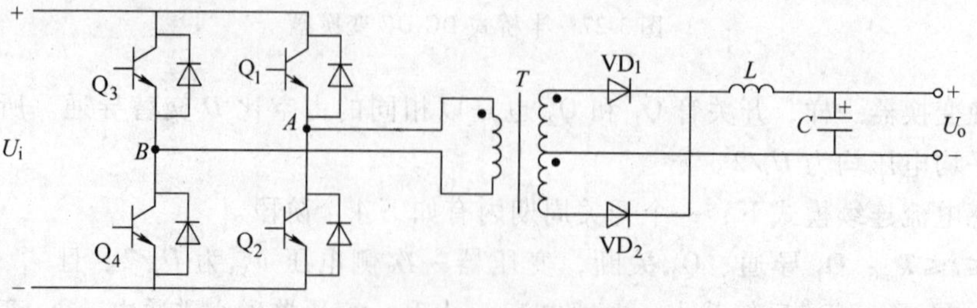

图 3-29　全桥变换器

桥式变换器中晶体管承受的电压与半桥一样，为输入电压 U_i，流过晶体管的电流，在相同的输出功率下，全桥是半桥的一半。与推挽电路比较，桥式电路中晶体管承受的电压为电源电压，而推挽中为电源电压的两倍；桥式输出可以有变压器，也可没有变压器，推挽则

必须具有变压器。另外，加在变压器一次侧的电压，推挽只一个晶体管饱和电压，而桥式为两个，因此，推挽电路适用于低输入电压场合，而桥式电路适用于高输入电压场合。

如果桥式电路用变压器输出，它与推挽电路一样，会由于功率晶体管的压降或驱动脉冲的不对称等，引起变压器铁心的偏磁问题。通常解决这个问题的办法是在变压器的一次侧串联一个电容，隔离直流分量；或用电流控制 PWM 模式；或用直流分量控制等技术避免铁心饱和。

适合于推挽、半桥和全桥变换器的整流滤波电路除了上述的全波整流之外，还有桥式整流电路和倍流整流电路，如图 3-30 所示，这 3 种整流电路相比，在输出电流电压相同的情况下，全桥整流管承受的电压应力最低，适于高压输出；倍流电路整流管和滤波电感承受的电流应力最小，变压器也没有中心抽头，适于低压大电流输出。

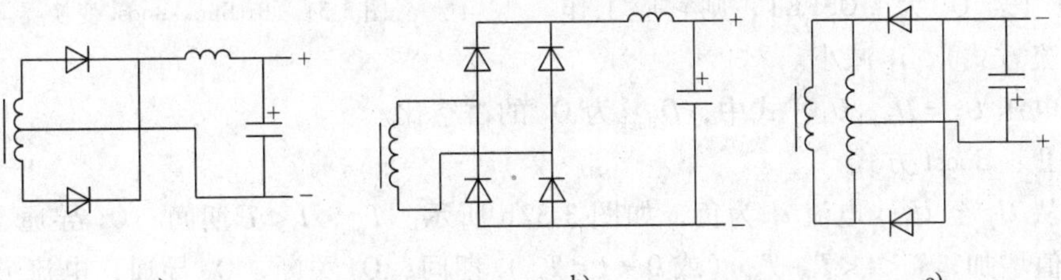
a)　　b)　　c)

图 3-30　整流滤波电路

a）全波整流电路　b）桥式整流电路　c）倍流整流电路

3.4.4　隔离式 DC-DC PWM 变换器比较

隔离式 DC-DC 开关变换器电路比较见表 3-2。表中 $n = N_1/N_2$，N_1 和 N_2 分别为变压器一次和二次线圈匝数。

表 3-2　隔离式 DC-DC 开关变换器比较

	单端式		双端式		
	正激	反激	推挽	半桥	全桥
U_o/U_{in}	D/n	$D/((1-D)n)$	$2D/n$	D/n	$2D/n$
主开关管最大电压应力	$2U_i$①	$U_i + nU_o$	$2U_i$	U_i	U_i

①　在图 3-23 中 $N_3 = N_1$ 条件下。

3.5　双向 DC-DC 变换器

本章前几节所介绍的 DC-DC 变换器只能将能量从电路的一个方向传递到另一个方向，而双向 DC-DC 变换器则可实现能量的双向传递。双向 DC-DC 变换器又包括两象限变换器和四象限变换器。有的变换器可以实现电流双向流动，但电压的极性不能改变，称为电流双向变换器，在电压电流坐标平面内，变换器可以工作在第一象限和第二象限。电压极性可以转变，而电流只能单向流动的变换器则可以工作在第一象限和第四象限，而电流电压极性都可以改变的则称为四象限变换器。

双向变换器的电路拓扑很多，也包括非隔离的和隔离式的。图 3-31 的双向 Buck-Boost

变换器（也称Bi Buck-Boost变换器）是一个最简单的例子。它是在 Buck 和 Boost 变换器基础上构造的一个非隔离电流双向变换器，即在 Buck 的开关管 Q_1 和二极管 VD_1 两端分别并联二极管 VD_2 和开关管 Q_2 而成，U_1 和 U_2 分别为其两个电压输入—输出端。

控制 Q_1 和 Q_2 互补 PWM 工作，Bi Buck-Boost 变换器有 3 种工作方式。

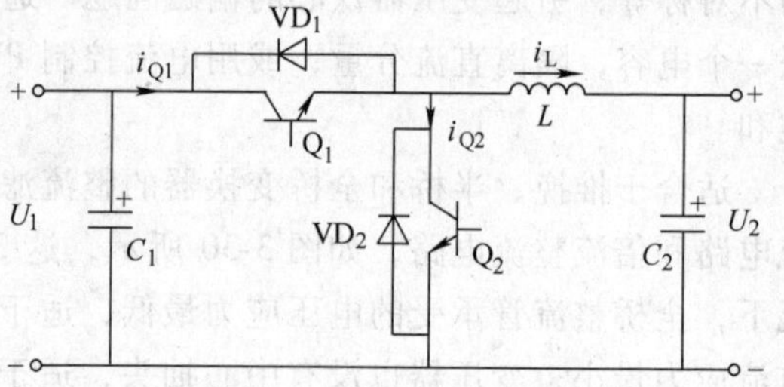

图 3-31　Bi Buck-Boost 变换器

方式Ⅰ：Buck 方式

能量从 U_1 至 U_2，电流 i_L 为正，如图 3-32a i_L 波形图所示。$0<t<T_{on}$ 期间，Q_1 导通、Q_2 关断，i_L 增加；$T_{on}<t<T$ 期间，Q_1 关断、Q_2 的反并二极管 VD_2 导通续流，电流 i_{Q2}为负（若 Q_2 为 MOSFET，则它应工作在同步整流方式），i_L 减小。

输出电压 $U_2=D_{Buck}U_1$，式中，D_{Buck} 为 Q_1 的占空比。

方式Ⅱ：Boost 方式

能量从 U_2 至 U_1，电流 i_L 为负，如图 3-32b 所示。$T_{on}<t<T$ 期间，Q_2 导通、Q_1 关断，i_L 的绝对值增加；$T<t<T+T_{on}$（或 $0<t<T_{on}$）期间，Q_2 关断、Q_1 导通，电流 i_{Q1}为负，i_L 的绝对值减小。

输出电压 $U_1=U_2/(1-D_{Boost})$，式中，D_{Boost} 为 Q_2 的占空比。由于 Q_2、Q_1 互补工作，因此 $D_{Boost}=1-D_{Buck}$，所以也有 $U_1=U_2/D_{Buck}$。

方式Ⅲ：交替方式

交替工作方式下电感电流 i_L 稳态波形如图 3-32c 所示，与前两种工作方式比较，其特点是，一个开关周期内 i_L 正负交替。在一个开关周期有 4 个开关模态，等效电路如图 3-33 所示，注意图中电流均为实际流向。

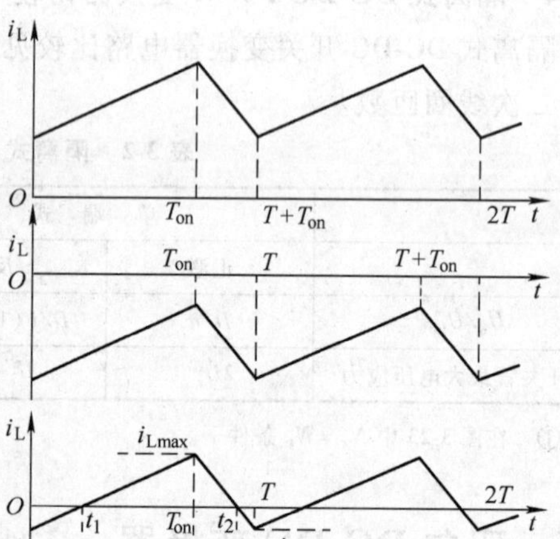

图 3-32　Bi Buck-Boost 变换器电流波形

a) 方式Ⅰ　b) 方式Ⅱ　c) 方式Ⅲ

（1）$0\leqslant t\leqslant T_{on}$期间，令 Q_1 导通、Q_2 关断

1）模态Ⅰ：$0\leqslant t\leqslant t_1$。$i_L$ 从 i_{Lmin}反向下降到零，电感释放能量，等效电路如图 3-33a 所示，电感储能和 U_2 侧电压源一起向 U_1 侧传送能量。i_{Q1}（i_L）由 Q_1 的反并二极管 VD_1 流通，t_1 时刻 Q_1ZVS 开通。

2）模态Ⅱ：$t_1\leqslant t\leqslant T_{on}$。$i_L$ 从 0 正向增加到 i_{Lmax}，等效电路如图 3-33b 所示，U_1 侧转而向 U_2 侧传送能量、同时给电感储能。i_{Q1}（i_L）由 Q_1 流通。

$0\leqslant t\leqslant T_{on}$期间，$i_L$ 的变化率为 $di_L/dt=(U_1-U_2)/L$。

（2）$T_{on}\leqslant t\leqslant T$期间，令 Q_1 关断、Q_2 导通

1）模态Ⅲ：$T_{on}\leqslant t\leqslant t_2$。$i_L$ 从 i_{Lmax} 下降到零，等效电路如图 3-33c 所示，电感向 U_2 侧释放能量。i_{Q2}（i_L）由 Q_2 的反并二极管 VD_2 流通，t_2 时刻 Q_2ZVS 开通。

2）模态Ⅳ：$t_2 \leqslant t \leqslant T$，$i_L$ 从 0 反向增加到 i_{Lmin}，电感储能，等效电路如图 3-33d 所示，U_2 侧给电感储能。i_{Q2}（i_L）由 Q_2 流通。

$T_{on} \leqslant t \leqslant T$ 期间，i_L 的变化率为 $di_L/dt = U_2/L$。

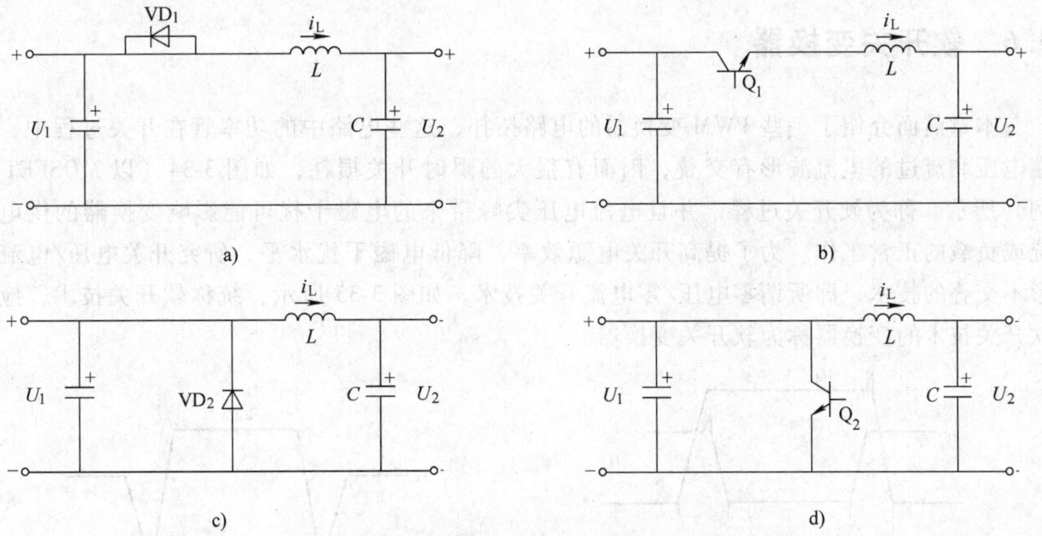

图 3-33　Bi Buck-Boost 变换器的等效电路

a）模态Ⅰ　b）模态Ⅱ　c）模态Ⅲ　d）模态Ⅳ

观察图 3-32c 中的 i_L 波形，若 $|i_{Lmax}| = |i_{Lmin}|$，则在一个开关周期内，电感电流 i_L 平均值为零，这表示在一个开关周期内从 U_1 流向 U_2 的能量等于从 U_2 反向流入 U_1 的能量，即平均传递功率为零。

若 $|i_{Lmax}| > |i_{Lmin}|$，则平均功率从 U_1 向 U_2 侧传输；若 $|i_{Lmax}| < |i_{Lmin}|$，则平均功率从 U_2 向 U_1 侧传输。

由于 Q_1 和 Q_2 互补导通，电感电流 i_L 始终为三角波，没有像单管 Buck 或 Boost 变换器那样在一段时间内出现 $i_L = 0$ 的电流断续现象，故当能量从 U_1 向 U_2 流动时，和电流连续时的 Buck 变换器相同，其电压关系为

$$\frac{U_2}{U_1} = D_{Buck} \tag{3-41}$$

式中，D_{Buck} 为 Q_1 的占空比。当能量反方向流动时，相当于连续模式的 Boost 变换器，电压关系为

$$\frac{U_1}{U_2} = \frac{1}{1 - D_{Boost}} \tag{3-42}$$

式中，D_{Boost} 为 Q_2 的占空比。因 Q_1 和 Q_2 互补导通，故 $D_{Boost} = 1 - D_{Buck}$，代入式（3-42），得

$$\frac{U_1}{U_2} = \frac{1}{D_{Buck}} \tag{3-43}$$

式（3-43）与式（3-41）完全相同，这表明 Bi Buck-Boost 变换器能量能双向自由流动。占空比不变时，若 U_2 电压较低，则能量从 U_1 电源向 U_2 流动，接在 U_2 端的电源处于充电状态；若 U_1 电压较低，则能量从 U_2 电源流向 U_1。

双向变换器的应用很多，如混合动力汽车，发动机起动时，蓄电池放电、通过变换器驱动电机做电动运行，而电机在制动时做发电运行通过变换器给蓄电池充电。该功率变换系统中，蓄电池的充放电就应用了双向 DC-DC 变换器。

3.6 软开关变换器

本章前面介绍了一些 PWM 变换器的电路拓扑，这些电路中的功率管在开关过程中，其端电压和流过的电流波形有交叠，因而有很大的瞬时开关损耗，如图 3-34（以 MOSFET 为例）所示。称为硬开关过程，并且电流电压尖峰带来的电磁干扰可能影响变换器的供电系统或负载的正常工作。为了提高开关电源效率，降低电磁干扰水平，研究开关电压/电流波形不交叠的技术，即所谓零电压/零电流开关技术，如图 3-35 所示，统称软开关技术，应用软开关技术的变换器称为软开关变换器。

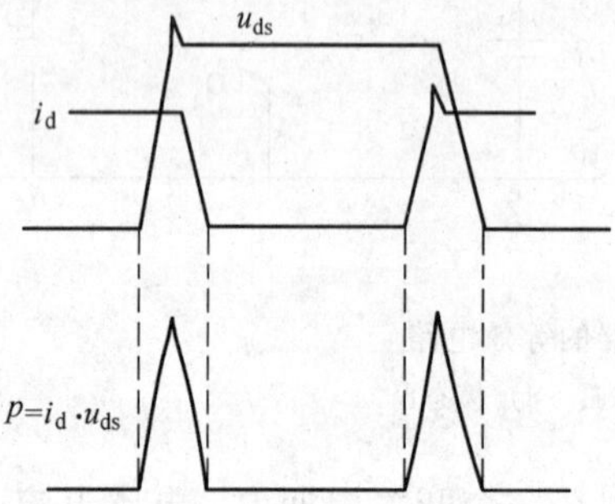

图 3-34 硬开关过程

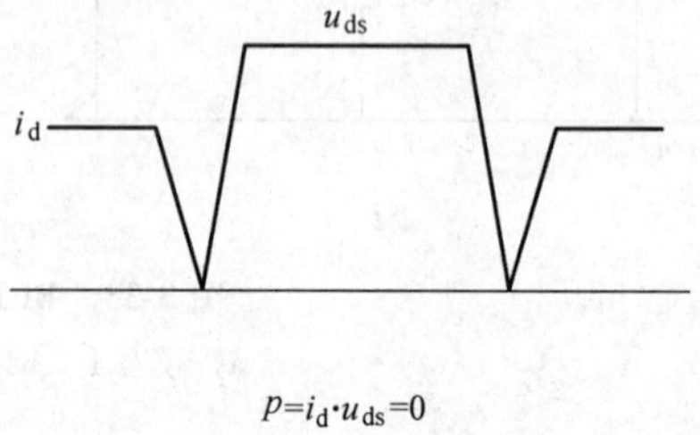

图 3-35 理想零开关过程

软开关变换器大致可分 3 类：准谐振变换器、零开关—PWM 变换器和有源钳位零电压开关变换器。本节以典型电路拓扑为例，介绍主要软开关技术的基本原理。

3.6.1 准谐振变换器

应用 LC 谐振原理，使开关变换器的开关器件中电流（或电压）按准正弦规律变化，当电流自然过零时，使器件开通和关断，称为零电流谐振开关，简称零电流开关（Zero Current Switch，ZCS）；或电压为零时，使器件开通和关断，称为零电压开关（Zero Voltage Switch，ZVS）。

谐振开关由半导体功率开关和电感、电容组成。而谐振开关组成的变换器，若在一个开关周期内有谐振运行区间、也有非谐振运行区间，则称为准谐振变换器（Quasi Resonant Converter，QRC）。

谐振开关单元代替 PWM 变换器中的单个开关，可以组成各种准谐振变换器。图 3-36a、b 分别表示 Buck 型 ZCS 和 ZVS 半波准谐振变换器（Quasi-Resonant Converter，QRC），虚线框内为 ZCS 或 ZVS 谐振开关。谐振电感 L_r 包括电路中可能有的杂散电感和变压器漏感，谐振电容 C_r 包括功率开关管结电容。

在图 3-36a 中，当开关管 Q 导通时，L_rC_r 谐振，开关管电流按准正弦规律变化，但注意谐振频率并不一定等于开关频率。当电流谐振到零时，令开关管关断，谐振停止，实现零电流关断。图 3-37a、b 分别表示 Buck 型 ZVS-QRC 和 ZCS-QRC 主要电流电压波形。

图 3-36a 电路的工作原理：一个开关周期可分为 4 个工作模态。为简化分析，假设输出滤波电感很大，忽略电感电流纹波、电感等效为恒流源 I_o。

设 Q 开通前 VD 流过负载电流 I_o，此时 $U_D=0$、$U_{cr}=U_i$。$t=t_0$ 时开通 Q。

模态Ⅰ：$t_o \leqslant t \leqslant t_1$，线性阶段

$t=t_o$ 时 VD 处于续流状态、流过电流 I_o；L_r 上感应电动势为 U_i，流过开关管的电流 i_{ds} 线性上升，$t=t_1$ 时升至 I_o。

模态Ⅱ：$t_1 \leqslant t \leqslant t_2$，谐振阶段

$t=t_1$ 时输入电流 i_{ds} 升至 I_o，因此 VD 电流下降到零而截止。L_rC_r 谐振、i_{ds} 继续上升，i_{ds} 除供给负载电流 I_o 外，还以 $i_{ds}-I_o$ 对电容 C_r 反向谐振充电，到 $t=t_2$ 时，$i_{ds}=0$，由于 VD_r 的作用、i_{ds} 不能反向流动、维持为零，Q 相当于关断。

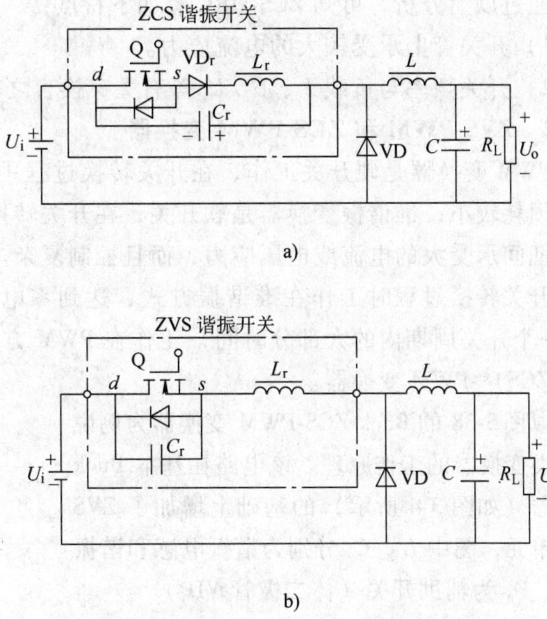

图 3-36 Buck 型半波准谐振变换器

a）ZCS-QRC b）ZVS-QRC

模态Ⅲ：$t_2 \leqslant t \leqslant t_3$，恢复阶段

$i_{ds}=0$ 时关断 Q。电容 C_r 以 I_o 恒流充电、电压 u_{cr} 线性上升，并在 $t=t_3$ 时上升到 U_i。此阶段电压源 U_i 向负载供电。

模态Ⅳ：$t_3 \leqslant t \leqslant t_4$，续流阶段

当 u_{cr} 上升到 U_i 时，续流管 VD 导通续流。

调节 Q 关断时间，即调节续流时间，就可以控制输出电压。

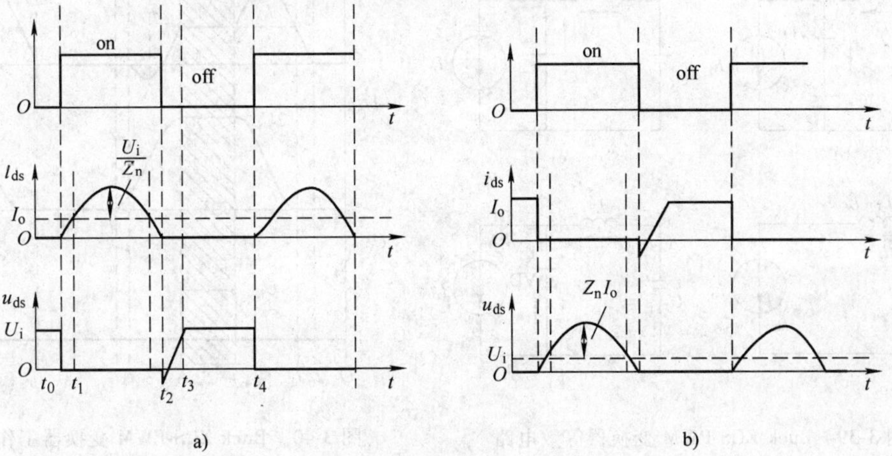

图 3-37 Buck 型半波准谐振变换器工作波形

a）ZCS-QRC b）ZVS-QRC

通过以上分析，可知 ZCS-QRC 有如下特点：

1）开关管上承受较大的电流应力。

2）开关频率与负载 I_o、U_o/U_i 等有关，换言之，需要变频控制实现稳压。

3.6.2 ZVS-PWM 和 ZCS-PWM 变换器

PWM 变换器是硬开关工作，在开关转换过程中有很大的开关损耗和应力，导通和截止期间损耗较小；准谐振变换器是软开关，在开关转换过程中是零电流和零电压，但在导通或截止期间承受大的电流或电压应力，而且控制复杂。将二者结合，构造一类新的变换器，使其在开关转换过程时工作在准谐振方式、达到零电流或零电压开关，而在导通和关断期间（即一个开关周期内的大部分时间）工作在 PWM 方式，这就是零电压（ZVS）-PWM 和零电流（ZCS）-PWM 变换器。

以图 3-38 的 Buck ZCS-PWM 变换器为例说明此类变换器的工作原理。该电路在基本 Buck 变换器（如图 3-4 所示）的基础上增加了 ZVS 辅助单元，图中 L_r、C_r 分别为谐振电感和谐振电容，Q_1 为辅助开关（体二极管 VD_1）。

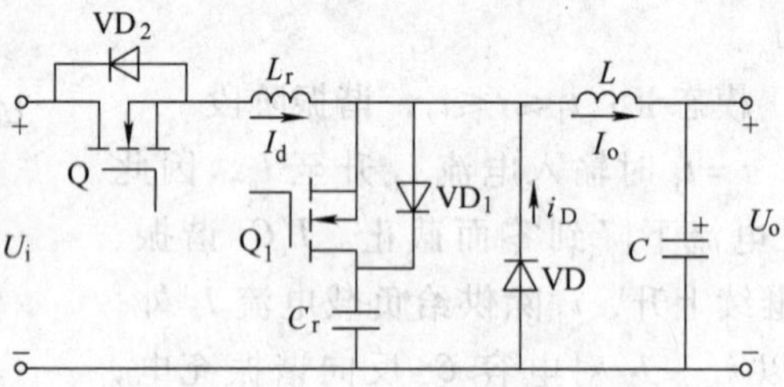

图 3-38 Buck ZCS-PWM 变换器

假设电路已经进入稳态，输出滤波电感很大、在开关过程中流过电感电流不变，可以看作恒流源 I_o。一个开关周期可分为 6 个工作模态，等效电路如图 3-39 所示，主要电流电压波形如图 3-40 所示。

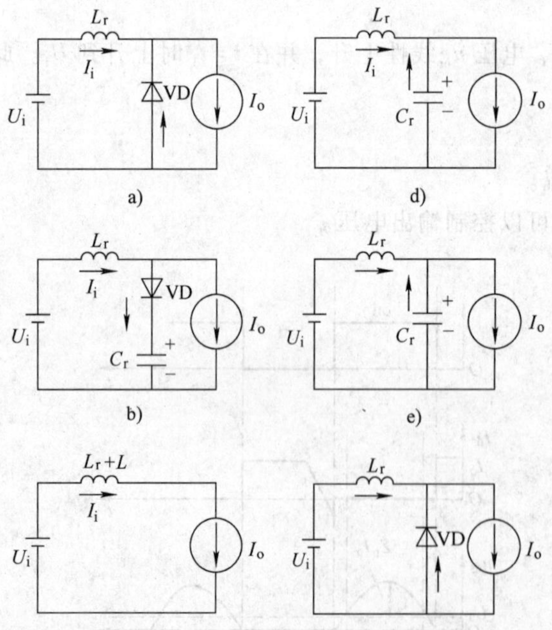

图 3-39 Buck ZCS-PWM 变换器等效电路

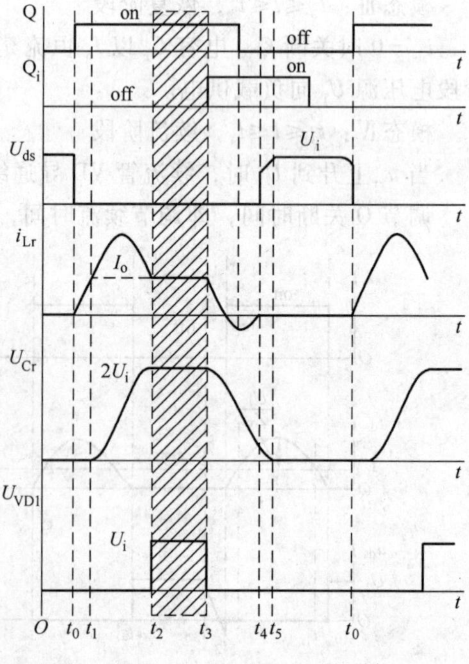

图 3-40 Buck ZCS-PWM 变换器工作波形

设 $t<t_0$ 时 Q 和 Q_1 关断、负载电流 I_o 由 VD 续流。$t=t_0$ 时开通主管 Q。

模态Ⅰ：$t_o \leqslant t \leqslant t_1$，线性阶段（如图 3-39a 所示）

$t=t_0$ 时 Q 开通、Q_1 仍关断。VD 续流、$u_D=0$，VD_1 截止、$u_{cr}=0$。电流 i_1 线性上升、i_D（$i_D=I_o-i_1$）线性下降。

$t=t_1$ 时 i_D 下降为零，VD 截止，$i_1=I_o$。

模态Ⅱ：$t_1 \leqslant t \leqslant t_2$ 准谐振阶段（如图 3-39b 所示）

VD 截止后，端电压上升，使 VD_1 导通。L_r 和 C_r 谐振，i_1 按正弦半波变化，当 $t=t_2$ 时 i_1 又降至 I_o、u_{cr}充电到 $2U_i$，VD_1 截止。

模态Ⅲ：$t_2 \leqslant t \leqslant t_3$，PWM 阶段（如图 3-39c 所示）

此阶段主管 Q 导通，与 PWM 变换器 T_{on}状态相同。

模态Ⅳ：$t_3 \leqslant t \leqslant t_4$，准谐振阶段（ZCS）（如图 3-39d 所示）

在主管 S 关断之前，开通辅助管 Q_1，L_r 与 C_r 谐振，C_r 放电、i_1 减小（$i_1=I_o-i_{cr}$），并变负流过 Q 的体二极管 VD_2。在 i_1 过零后关断 Q，i_1 谐振由负回升、$t=t_4$ 时回零。Q 零电流关断。由于此时 u_{cr}尚未下降到零，所以 Q 端电压 u_{ds}突变为 U_i-u_{cr}。

模态Ⅴ：$t_4 \leqslant t \leqslant t_5$，恒流放电阶段（如图 3-39e 所示）

Q 关断后，C_r 以恒流 I_o 放电、u_{cr}线性下降直至零、u_{ds}线性上升直至 U_i。

模态Ⅵ：$t_5 \leqslant t \leqslant t_6$，续流阶段（如图 3-39f 所示）

u_{cr}降至零并试图反向时、续流管 VD 导通，进入 PWM 续流阶段，此时可关断辅助管 Q_1（ZCS）。

由以上分析可见，与准谐振变换器相比，ZS-PWM 变换器增加了一个辅助开关，使变换器在一个开关周期内交替运行于准谐振方式和 PWM 方式，实现主开关管的零电流或零电压开关、低应力和 PWM 控制。

3.6.3 ZT-PWM 变换器

ZVS 和 ZCS-PWM 变换器的谐振元件串联在主电路内，因此，零开关条件与电源电压、负载电流的变化范围有关，轻载下有可能无法实现零开关。为了解决这个问题，提出了零转换（Zero Transition，ZT）-PWM 变换器。谐振网络与主开关并联，从而扩大了满足 ZVS 或 ZCS 条件的负载或电网变化范围。零转换变换器也有两类：零电流转换（Zero Current Transition，ZCT）和零电压转换（Zero Voltage Transition，ZVT）。

ZT-PWM 变换器的导电损耗和开关损耗最小，能实现零开关特性而不增大开关的电流或电压应力，适用于较高电压和较大功率的情况。

图 3-41 给出 Boost 型 ZVT-PWM 变换器电路及波形图。图中 Q 和 Q_1 分别表示主开关 Q 和辅助开关 Q_1 的驱动信号，u_{ds}和 i_{ds}分别为 Q 的电压和电流，i_L 为流过电感 L_r 的电

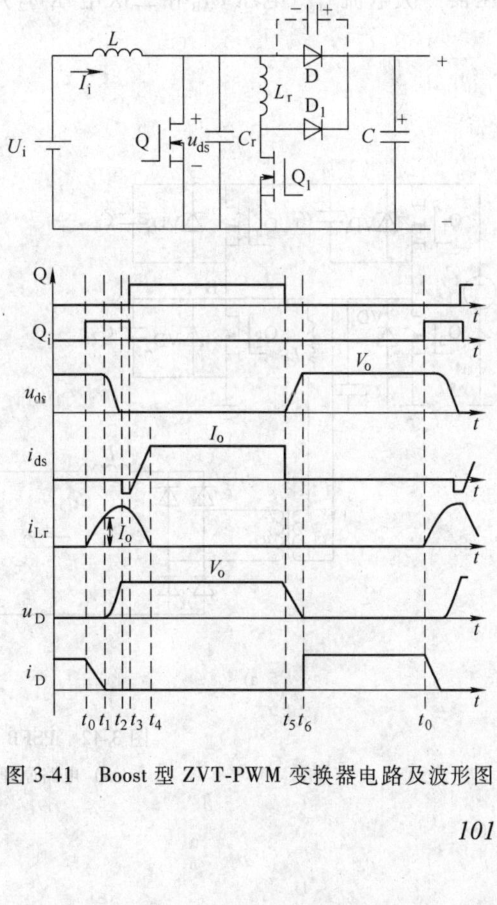

图 3-41 Boost 型 ZVT-PWM 变换器电路及波形图

流，u_D 和 i_D 分别为二极管 VD 的电压和电流。主开关 Q 并联一个谐振网络，由谐振电容 C_r（包括 S 的输出电容）、谐振电感 L_r、辅助开关 Q_1 及二极管 VD_1 组成。辅助开关 Q_1 先于主开关 Q 导通，使谐振网络工作，电容 C 的电压（即主开关电压）谐振下降到零，创造了主开关零电压开通条件。设 $t<t_0$ 时，Q 和 Q_1 均关断，VD 导通。令 $t=t_0$ 时，Q_1 开通。一个周期可分 7 种运行模态，见表 3-3。

表 3-3　Boost 型 ZVT-PWM 变换器一周期运行模式分析

模态	1	2	3	4	5	6	7
特征	i_L 线性上升	谐振	i_L 恒流	ZVT	i_{ds} 恒流	C_r 恒流充电	续流
Q	关断	关断	关断	ZV 开通	导通	关断	关断
Q_1	导通	导通	导通	关断	关断	关断	关断
u_{ds}	U_o	下降到 0	0	0	0	上升到 V_o	U_o
i_{ds}	0	0	<0	上升到 I_i	I_i	0	0

3.6.4　移相控制全桥变换器

移相全桥（Phase-Shifting Full Bridge，PSFB）ZVS-PWM 变换器是目前应用最为广泛的软开关变换器之一。在移相控制技术的基础上，利用功率 MOS 管的输出电容和变压器的漏电感（或外加谐振电感）作为谐振元件，使 FB PWM 变换器 4 个开关管依次在零电压下开通。电路简单，适用于较大功率应用场合。

图 3-42 为 PSFB ZVS-PWM 变换器主电路和主要工作波形（移相控制驱动信号 $Q_1 \sim Q_4$、变压器一次电流 i_1、电压 u_{AB} 和二次电压 u_2）。Q_1、Q_2、Q_3、Q_4 4 个开关依次 ZV 开通，Q_1

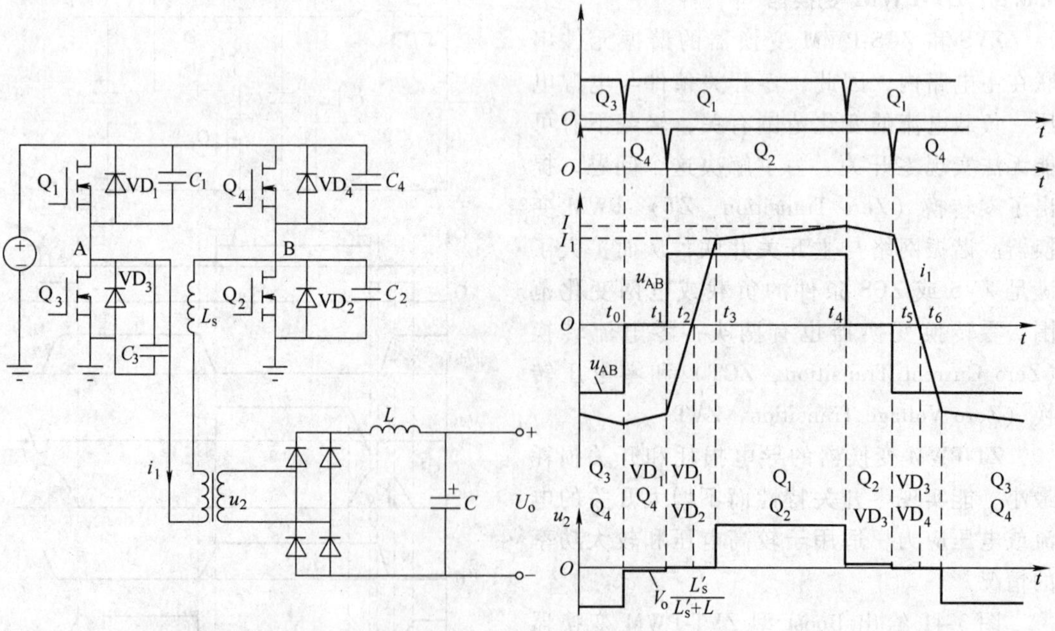

图 3-42　PSFB ZVS-PWM 变换器
a）电路原理图　b）波形图

和 Q_3 的开通相位分别超前于 Q_2 和 Q_4，改变相位差，就可以改变一次侧电压 u_{AB} 的占空比，从而可调节控制输出电压大小。

参考图 3-42，设 $t < t_0$ 时，Q_3、Q_4 导通，开关管结电容 C_1、C_2 充电，$u_{AB} = U_i$，通过 Q_3、Q_4 传送能量给负载。一个周期可以分成 8 个运行模态，前半个周期（$t_0 \sim t_4$）4 个运行模态的工作原理分析如下：

模态Ⅰ：$t_0 \leqslant t \leqslant t_1$

$t = t_0$ 时令 Q_3 关断，结电容 C_1、C_3 和等效电感（变压器漏感 L_s 与二次侧输出滤波电感 L 串联）谐振，C_1 放电、C_3 充电。当 C_1 放电到零时左桥臂 Q_1 的体二极管 VD_1 导通。结电容 C_3 使 Q_3ZV 关断，VD_1 的导通创造了 Q_1 的 ZV 开通条件。

模态Ⅱ：$t_1 \leqslant t \leqslant t_2$

$t = t_1$ 时令 Q_4 关断，结电容 C_2、C_4 和变压器漏感 L_s 谐振，C_4 充电、C_2 放电，当 C_2 放电到零时 Q_2 的体二极管 VD_2 导通。VD_2 的导通，创造了 Q_2 的 ZV 开通条件。变压器一次侧电压 $u_{AB} = U_i$，二次电压 $u_2 = 0$。

模态Ⅲ：$t_2 \leqslant t \leqslant t_3$

$t = t_2$ 时一次电流 i_1 由负变正，VD_1、VD_2 换流到 Q_1、Q_2，因此 Q_1、Q_2ZV 导通。但在模式 2 及模式 3 下，由于电流上升有一定斜率，u_{AB} 加在变压器漏感 L_s 上，二次电压 $u_2 = 0$，输出滤波电感通过二次侧整流管续流。

模态Ⅳ：$t_3 \leqslant t \leqslant t_4$

$t = t_3$ 时二次电压 u_s 建立，U_i 通过 Q_1、Q_2 传送能量给负载。

$t = t_4$，后半周期（$t_4 \sim t_8$）开始，运行模式和前半周期类似，只是导通管从 Q_1、Q_2 分别转换为 Q_3、Q_4。

PSFB ZVS-PWM 变换器的优点：① 4 个开关管 ZV 开通。② 恒频运行。③ 控制简单。④充分利用了寄生参数实现软开关。⑤ 电流电压应力小。主要缺点：① 轻载时 ZVS 条件难以满足。② 变压器一次侧有较大环流，使导电损耗增大。③ 输出整流管不能实现零开关。

PSFB ZVS-PWM 变换器还有其他改进的电路拓扑形式和控制策略。

3.6.5 有源钳位软开关变换器

人们已知，开关上并联吸收电路可以抑制电力电子系统中开关浪涌电压或电流，使电路中储能被利用或反馈到电网，从而将器件电压钳定于某一范围内。

利用这一概念，可以在开关变换器的功率开关管上并联钳位电路，不仅可以抑制开关管上的电压应力，还可以实现 ZVS。有源钳位 ZVS 技术可应用于正激和反激等多种电路，是软开关变换器的基本技术之一。

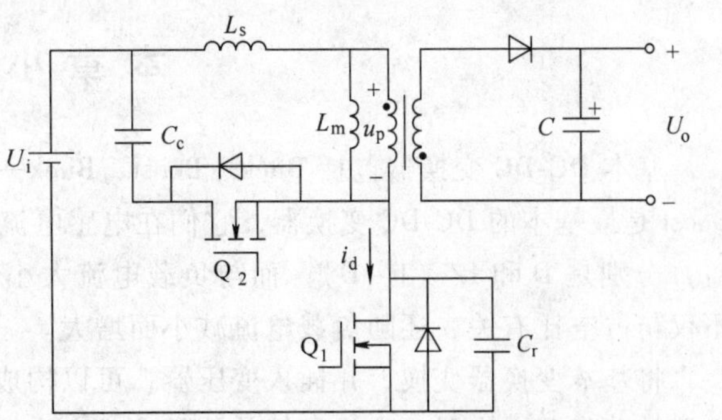

图 3-43　有源钳位反激变换器

以有源钳位反激变换器为例，如图 3-43所示。有源钳位电路可以使变压器漏磁能量回馈到源端。主开关结电容 C_r 与变压器漏感 L_s 谐振，在满足一定条件时，可以实现主开关管 Q_1 和钳位管 Q_2 的 ZVS。有源钳位电路还可限制输出整流二极管关断时的 di/dt，从而减少由于反向恢复产生的开关损耗和输出开关噪音。

3.6.6 广义软开关 PWM 技术

无源无损或有源无损吸收网络使开关管的开关轨迹 $i_{ds}-u_{ds}$ 向坐标轴靠近，从而大大减少了开关损耗，因此软化了开关过程；并且电路中储能可以回馈到电网，开关损耗很小。ZVS—PWM 或 ZCS—PWM 是一种传统意义的软开关 PWM 技术，而用缓冲网络（也称吸收电路）等技术使 PWM 变换器的开关过程软化，减少开关损耗，则可称为广义软开关 PWM 技术。由于吸收网路电路简单，某些情况下，其性能价格比可能优于软开关技术。

图 3-44 以一个 MOSFET 的关断过程为例，给出硬开关、零开关、广义软开关 3 种开关过程，显示出开关器件端电压和流过的电流波形在不同开关过程中的交叠情况。

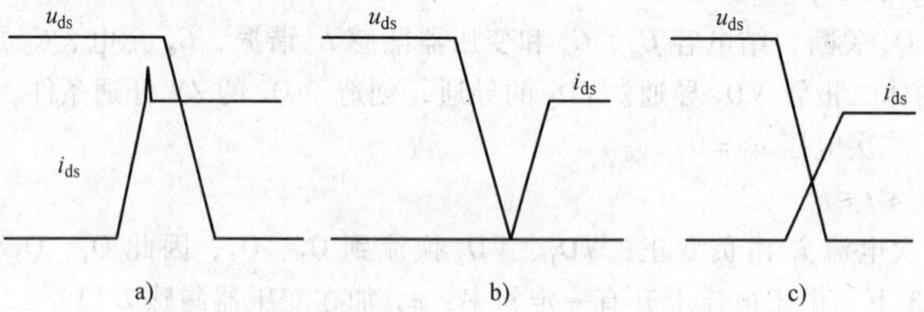

图 3-44 开关过程中开关器件的电压和电流波形
a) PWM 硬开关过程 b) 零开关过程 c) 广义软开关过程

1）PWM 硬开关过程。由图 3-44a 可知，电压和电流在开关过程中的交叠部分最多，这也是硬开关过程中开关损耗最大的原因。

2）零开关过程。电压和电流波形没有交叠，开关损耗为零。电压下降到零后开通，电流才上升（即零电压开通 ZVS），或电流下降到零后关断，电压才上升（即零电流关断 ZCS）。

3）广义软开关过程，无源或有源无损吸收网络，具有‘软化’开关过程、降低 du/dt，di/dt、降低电流/电压变化斜率的功能，使开关管电压和电流在开关过程中交叠部分较小，大幅度降低了开关损耗，吸收网络本身的损耗非常小。

实际上，有源无损吸收电路中，除包含 LCD 元件外，还包含有源器件—辅助开关管。这种情况下，有源无损吸收电路与 ZV/ZCS 软开关电路就不易严格区分。

本章小结

基本 DC-DC 变换器包括 Buck、Boost、Buck—Boost 和 Cuk 等 6 种拓扑。其中，Buck 和 Boost 是最基本的 DC-DC 变换器，它们在电感电流连续模式下的输出输入电压比（即电压增益）分别是 D 和 1/（1－D）、而与负载电流大小无关，在电感电流断续模式，其电压增益不仅与占空比有关、还随负载电流减小而增大。

将基本变换器变换、并插入变压器，可以构成单端反激和单端正激变换器。单端反激变换器是升降压变换器、也是最简单的隔离式变换器，其中的电感—变压器兼有电感储能和变压器隔离功能，适于较小功率的应用场合；单端正激变换器是隔离式 Buck 变换器，其传递功率过程中（即开关管导通时）变压器磁心单向磁化，所以开关管关断期间必须令磁心复位，可以用第三绕组复位方式，或其他复位方式。

两个或 4 个开关管组成的多管变换器（包括隔离的和非隔离的），多个开关管分担功率应力，所以适于较大变换功率应用。

上述变换器都是以 PWM 方式工作的，控制占空比 D 即可控制电压增益。所谓升压式还是降压式，是指变换器电压增益随占空比变化的关系。

双向变换器通过变换器中开关管的组合和控制，可以使能量双向流动，以变换器某一端为输出或另一端为输出，所得到的电压增益是不同的。

软开关技术可以减少开关损耗，减小电压和电流尖峰、降低 EMI 水平。但电路拓扑和控制比较复杂，软开关都是通过 LC 谐振过程实现的，这里的 LC 可以是外加的谐振元件或开关器件、变压器的寄生参数。软开关过程包括零电压开关过程和零电流开关过程。

思　考　题

1. 开关 DC-DC 变换电路和线性 DC-DC 变换电路相比有哪些优缺点？

2. Buck 变换器中电感电流和输出电压的脉动与哪些量有关？请从物理意义上加以解释。

3. 说明单端反激和单端正激变换器的工作原理和优缺点。

4. 理想 Buck 变换器电路如图 3-4 所示，输入电压为（48 ± 10%）V，输出电压为 12V，最大输出功率为 100W，最小输出功率为 10W，开关频率为 100kHz。求：（1）占空比变化范围。（2）保证整个工作范围电感电流连续的电感值。（3）输出电压纹波 $\Delta U_o = 120\text{mV}$ 时的滤波电容值。（4）若临界连续电感电流为 2A，求电感值及占空比变化范围。

5. 理想 Boost 变换器等效电路如图 3-11 所示，输入电压为（27 ± 10%）V，输出电压为 48V，输出功率为 750W，开关频率为 100kHz 电感电流连续。（1）求最大占空比。（2）理想 Boost 变换器输出端是否可以开路？为什么？

6. 两种带中心抽头的升压式变换器如题图 3-1a、b 所示，电感电流连续，占空比为 D，分别求 U_o/U_i。

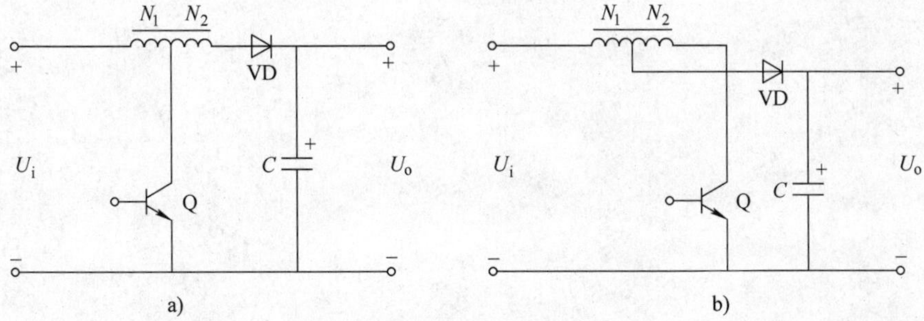

题图　3-1

7. 双管反激变换器如题图 3-2 所示电路，两个开关管同时开关。分析该电路的工作原理和半导体器件承受的电流、电压应力；该电路与图 3-19 的单端反激变换器有何异同？比较两个电路的特点。

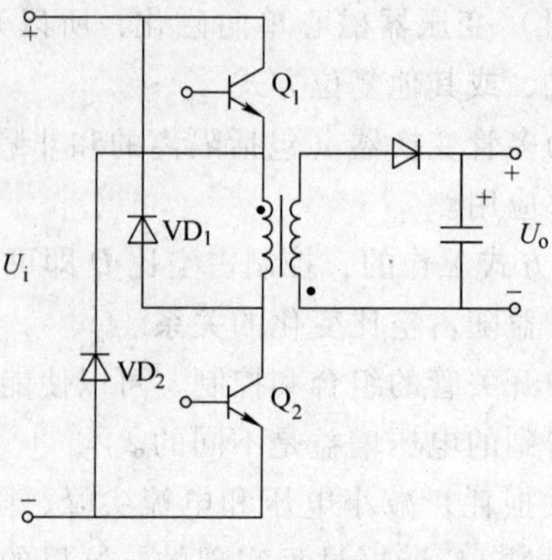

题图 3-2

8. 当单端正激变换器（见图 3-23）工作在断续模式时，分析其半导体器件上的电流电压波形。

第4章　DC-AC 变换电路

本章主要介绍 DC-AC 变换电路的拓扑结构、工作原理，内容包括电压型逆变电路、电流型逆变电路、谐振式逆变电路、多重化技术和软开关技术在逆变电路中的应用及 DC-AC 变换电路的典型应用——通用变频器。

4.1　概述

DC-AC 变换电路是将直流电（DC）转换为交流电（AC）的电路，即通常所说的逆变电路。逆变技术是电力电子技术领域中非常重要的内容，其应用非常广泛：在已有的各种电源中，如化学能、太阳能等都属于直流电源，当需要这些电源向交流负载供电时，就需要逆变电路。在高压直流输电中，换流站中的高压大容量逆变器更是不可或缺的核心设备之一。另外，更普遍的供电模式——由公共电网向各种交流负载供电，公共电网单一固定频率（大多数情况下为工频）和固定的电压等级一般很难直接满足负载的需要，此时必须采用电力电子逆变装置将电网电能转换成所需频率和电压的电能，这一过程通常被称为变频。变频系统的核心实际上也是逆变电路。常用的交流调速系统、不间断电源、感应加热电源等都是变频系统的典型应用。

变频的实现方式分为交交直接变频和交直交变频两种形式。传统的交交变频系统由多组反并联晶闸管可逆桥式变流器组成，基于相控整流技术，采用电网自然换流实现交流到交流的直接变换，效率较高，能四象限运行。但这种电路使用晶闸管较多，输出频率低，功率因数低，目前只在大容量领域还保留了一定的应用。矩阵式变换器是一种新型交交变频电路，它采用多个双向开关实现 N 相输入—M 相输出的交叉连接，通过一定的控制策略也能实现交流到交流的直接变换。矩阵变换器换流效率非常高，能实现四象限运行和任意功率因数，控制特性好，电源侧和负载侧谐波含量少，是很有发展前景的一种变换技术。但由于矩阵变换器要求较高频率的双向开关，控制相对也较复杂，所以目前在实际中应用还较少。由于传统交交变频的固有缺点难以克服，矩阵式交交变频发展得又不够成熟，因而交直交变频形式是目前最主要的变频方式，并将在今后很长一段时期内继续占据主导地位。交直交变频电路由交直变换电路和直交变换电路两部分组成，前一部分属整流电路，后一部分就是 DC-AC 逆变电路。本章将以交直交变频电路中的 DC-AC 逆变电路部分为主进行讲述，并将介绍交直交变频电路的典型应用——变频器。

逆变电路可以按不同的方式进行分类，常见类型如图 4-1 所示。

变流电路在工作过程中不断发生电流从一个支路向另一个支路的转移，这就是换流。换流方式在逆变电路中占有突出的地位，可分为以下几种方式：

1）器件换流。利用全控型器件自身的关断能力进行换流称为器件换流。在采用 IGBT、功率 MOSFET、GTO、GTR 等全控型器件的电路中，其换流方式即为器件换流。

2）负载换流。由负载提供换流电压称为负载换流，通常采用的是负载谐振换流。

3）强迫换流。通过附加的换流装置，给欲关断的器件强迫施加反向电压或反向电流的换流方式称为强迫换流。强迫换流装置通常由电感、电容、小容量附加晶闸管等组成。图 4-2 为晶闸管强迫换流原理图。

在图 4-2 中的主晶闸管 UT_1 处于通态时，也给电容 C 按图中所示极性充电，如果触发副管 UT_2 使其导通，就可以使主管 UT_1 被施加反向电压而关断。

上述 3 种换流方式中，器件换流只适用于全控型器件，其余两种方式主要用于半控型器件，如晶闸管的换流。

利用全控型器件组成的逆变桥可以说是当今逆变器的发展趋势，因为它的驱动简单，可控性好，功率密度高，开关频率高，在各种容量范围内已有逐渐取代 SCR 逆变电路的趋势。

- 逆变电路
  - 按换流方式
    - 全控器件的自关断换流
    - 半控器件的强迫换流
    - 半控器件的电源或负载换流
  - 按直流电源类型
    - 电压型
    - 电流型
  - 按交流输出类型
    - 有源逆变
    - 无源逆变
  - 按输出电平
    - 两电平
    - 三电平
    - 多电平
  - 按控制模式
    - 方波
    - PWM 波
  - 按电路拓扑结构
    - 半桥式
    - 全桥式
    - 推挽式
  - 按输出电压相数
    - 单相
    - 三相
    - 多相
  - 按器件开关模式
    - 硬开关
    - 软开关

图 4-1　逆变电路按不同方式的分类

根据直流侧滤波器的不同，逆变器可以分为电压型逆变器和电流型逆变器两种。电压型逆变器在直流母线上并联有大电容，抑制母线电压纹波，因此直流侧可近似看作一个理想电压源。电流型逆变器在直流侧串联有大电感，可以抑制输出直流电流纹波，使得直流侧可以近似看作一个理想电流源。这两种逆变器的基本结构如图 4-3 所示。

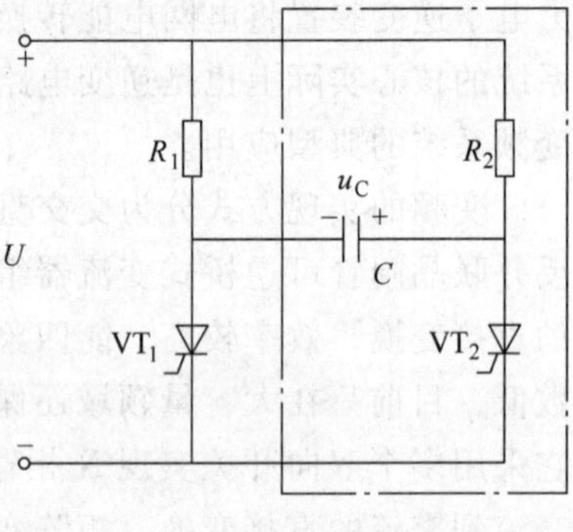

图 4-2　晶闸管强迫换流电路

当变换装置交流侧接在电网上，把直流电逆变成同频率的交流电回馈到电网上去，称为有源逆变，如可控整流电路向电网回馈能量时就工作在有源逆变状态，相关内容已在第 2 章提及并介绍。当变换装置交流侧和负载连接时，将由变换装置直接给电机等负载提供频率可变的交流电，这种工作模式被称为无源逆变。在不加说明时，逆变电路一般多指无源逆变电路，本章中也将以讲述无源逆变电路为主。

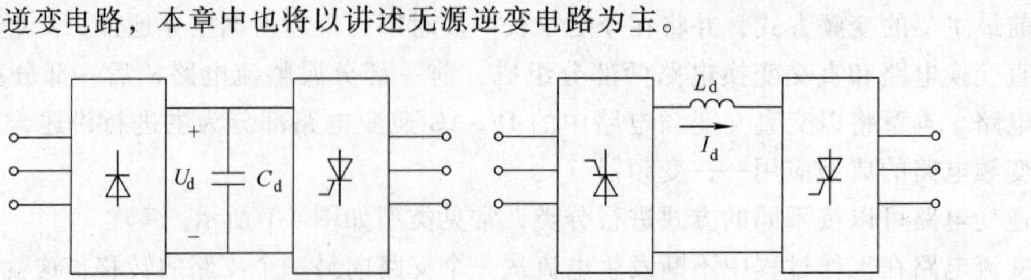

a)　　b)

图 4-3　电压型逆变电路与电流型逆变电路结构图

a）电压型　b）电流型

通常的中、小功率逆变电路一般采用两电平的方式，即交流输出端的交流电压由两种基本状态来合成。6 个开关管构成的三相逆变桥、4 个开关管构成的单相 H 桥等都是两电平逆变电路的典型结构。在大容量应用场合，由于现在电力电子器件电压等级和功率等级的限制，必须采用器件的串并联方式才能在两电平结构上实现大功率电能变换，但由此带来的问题是：存在很高的 dU/dt 和共模电压，对电机绕组绝缘构成了威胁；串并联器件的均压均流等控制问题难以有效解决。为此，20 世纪 80 年代以来，人们又提出了多电平逆变电路方案，通过开关器件、二极管、电容等构造出多个基本电位（即电平数），再由这些基本电位来合成输出电压，其好处是降低了对单个开关器件的耐压要求，同时降低了输出的 dU/dt 和共模电压。目前已有多种电压型多电平变换电路拓扑相继被提出，控制性能各有特点，成为高压大容量电力电子系统的重要发展方向之一。

由于电力电子器件开关频率和控制性能的局限，早期的逆变器一般采用方波控制，被称为方波电路，存在谐波含量大等缺点。随着高频全控型器件的涌现，逆变电路越来越多地开始采用 PWM 方式控制，这种控制方式目前在中小容量的电压型逆变器中已占据主导地位。本章主要讲述各种逆变电路的结构形式和基本工作原理，以更为简单的方波控制模式为例说明，PWM 控制模式将在后续章节中专门讲述。

另外，逆变电路可以由半桥、全桥、推挽式等各种不同的结构形式构成，也可以实现单相、三相及任意多相等不同相数的输出，其中三相桥式逆变电路是最常见的方式。通过谐振等方式创造器件在零电压或零电流的条件完成开通关断，可有效降低开关损耗，提高系统效率，这种技术被称为软开关技术，目前软开关技术在逆变电路中也得到了越来越多的应用。

4.2 电压型 DC-AC 变换电路

4.2.1 电压型单相逆变电路

1. 电压型单相半桥式逆变电路

电压型逆变电路的特点是，直流侧接有很大的滤波电容，从逆变器向直流侧看过去相当于一个内阻很小的电压源，因此被称为电压型逆变器。

图 4-4 所示为单相半桥式逆变电路，它有两个桥臂，每个桥臂由一个开关器件和一个反并联二极管组成。在直流侧接有两个串联的大电容，用于直流环节的滤波，稳定直流电压，这是电压型逆变电路的主要特点。两个电容的连接点为直流电源中点，负载接在直流电源中点和两个桥臂中点之间。

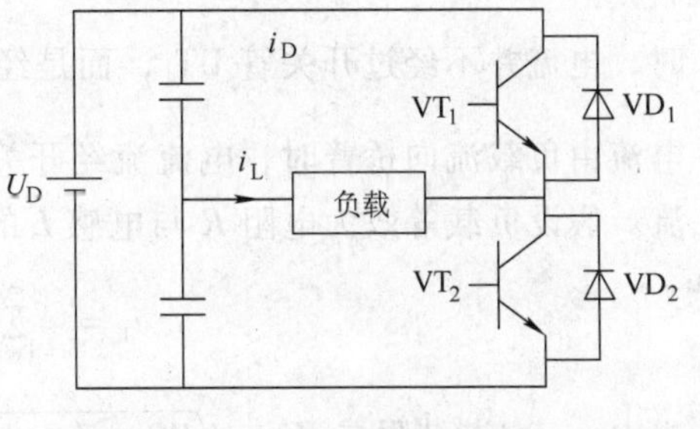

图 4-4 电压型单相半桥式逆变电路

如果采用方波控制方式，则开关器件 VT_1 和 VT_2 在一个输出电压基波周期 T_0 内互补地施加触发驱动信号，且两管驱动信号时间都相等，此时负载两端电压波形如图 4-5a 所示。当 UT_1 导通 VT_2 关断时 $U_{an}=U_D/2$，当 VT_2 导通 VT_1 关断时 $U_{an}=-U_D/2$，所以电压波形是占空比为 50% 的方波。改变 UT_1 和 UT_2 的驱动信号的频率，即可以改变输出电压的频率，输出电压的基波频率 $f_{o1}=\dfrac{1}{T_0}$。

单相半桥式逆变电路输出电压 u_L 是如图 4-5a 所示 180°宽的方波电压，幅值为$\frac{V_D}{2}$。将它分解为傅里叶系数表达式

$$u_L = \frac{2}{\pi}U_D\left[\sin\omega t + \frac{1}{3}\sin3\omega t + \frac{1}{5}\sin5\omega t + \cdots\right] \tag{4-1}$$

输出电压基波幅值为

$$U_{1Lm} = \frac{2}{\pi}U_D = 0.637U_D \tag{4-2}$$

输出电压基波有效值为

$$U_{1L} = \frac{\sqrt{2}}{\pi}U_D = 0.45U_D \tag{4-3}$$

n 次谐波幅值可表示为

$$U_{nLm} = \frac{2}{n\pi}U_D = \frac{1}{n}U_{1Lm} \tag{4-4}$$

电流波形则取决于负载性质。

当负载为电阻负载时，负载电流波形与施加的电压波形同相，电流都经开关管流过，如图 4-5b 所示。此时输出电流可表示为

$$i_L = \frac{u_L}{R} \tag{4-5}$$

式中，R 为负载电阻。

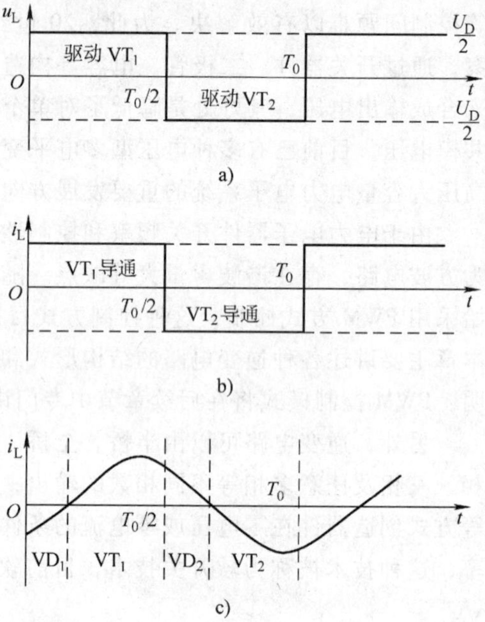

图 4-5 电压型单相半桥逆变电路电压电流波形

a）负载电压

b）带电阻负载时的负载电流

c）带感性负载时的负载电流

当负载中含有电感成分时，由于电感上电流不能突变，因此电流波形相当于经过了一个低通滤波环节，波形更接近于正弦波。接电感性负载时，如图 4-5c 所示，$0 \leq t \leq \frac{T_0}{2}$时，开关管 UT_1 被触发，当电流由桥臂流向负载时，电流流经开关管 UT_1，但当电流由负载流向桥臂时，电流并不经过开关管 UT_1，而是经过 UD_1 续流；$\frac{T_0}{2} \leq t \leq T_0$ 时，开关管 UT_2 被触发，当电流由负载流向桥臂时，电流流经开关管 UT_2，当电流由桥臂流向负载时，电流经过 UD_2 续流。假设负载等效为电阻 R 与电感 L 的串联，则瞬时负载电流 i_L 的表达式为

$$i_L = \sum_{n=1,3,5\cdots}^{\infty} \frac{2U_D}{n\pi Z_n}\sin(n\omega t - \phi_n) \tag{4-6}$$

式中，n 次谐波阻抗 $Z_n = \sqrt{R^2 + (n\omega L)^2}$；相角 $\phi_n = \arctan\left(\frac{n\omega L}{R}\right)$。

基波电流可表示为

$$i_{1L} = \frac{2U_D\sin\left(\omega t - \arctan\frac{\omega L}{R}\right)}{\pi\sqrt{R^2 + (\omega L)^2}} \tag{4-7}$$

为保证电路正常工作，开关管 UT_1 和 UT_2 不能同时导通，否则就会造成直流侧的短路，

损坏开关器件。为保证 VT_1 和 VT_2 不同时导通且留有一定裕量，通常在 VT_1 和 VT_2 的驱动信号切换过程中加入一定宽度的死区互锁时间，让上下桥臂的开关同时处于关断状态。加入死区时间会影响实际输出电压的幅值，对于精度要求较高的电路还需要采用一定策略对死区的影响进行补偿。

半桥逆变电路的优点是原理简单，使用器件少。其缺点是输出交流电压的幅值较低，基波幅值仅为 $0.637U_D$，且直流侧需要两个电容器串联，工作时还要控制两个电容器电压的平衡。因此，半桥电路常用于几千瓦以下的小功率逆变电源。

2. 电压型单相全桥式逆变电路

桥式逆变电路是更通用的一种逆变电路结构形式，分为单相桥式、三相桥式和多相桥式电路。其实桥式逆变电路都可看成由若干个半桥逆变电路组合而成，可以说半桥逆变器是构成各种桥式逆变器的最小单元。因此，正确分析单相半桥式逆变电路是分析复杂逆变电路的基础。

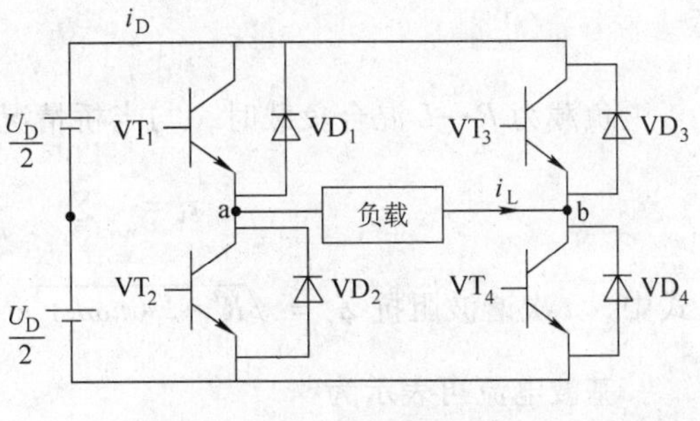

图 4-6　电压型单相全桥逆变电路

单相全桥式逆变电路如图 4-6 所示，它有四个桥臂，包括 4 只可控开关器件及反并联二极管，在直流母线上通常还并联有滤波电容，在此用一个直流电源取代电容和直流母线以简化分析。

全桥电路可看作由两个半桥电路组成，VT_1 和 UT_4 同时开通和关断，VT_2 和 VT_3 同时开通和关断（存在一定的死区）。当 VT_1 和 VT_4 开通时，负载端电压为 $U_{ab}=U_D$，当 VT_2 和 VT_3 同时开通时，$U_{ab}=-U_D$，负载电压波形如图 4-7a所示。与半桥电路的分析相同，当负载为纯电阻时，电流波形与电压波形同相，不存在负载能量的回馈问题，负载电压和电流波形都为方波，如图 4-7b 所示。当负载包含电感时，由于电感中电流方向不能突变，能量必须由续流二极管续流，电流波形更接近于正弦波。接电感性负载时，如图 4-7c 所示，$0\leqslant t\leqslant \frac{T_0}{2}$时，开关管 VT_1、VT_4 被触发，当负载电流由 a 流向 b 时，电流流经开关管 VT_1、VT_4，但当负载电流由 b 流向 a 时，电流并不经过开关管 VT_1、VT_4，而是经过 VD_1、VD_4 续流；$\frac{T_0}{2}\leqslant t\leqslant T_0$ 时，开关管 VT_2、VT_3 被触发，当负载电流由 b 流向 a 时，电流流经开关管 VT_2、VT_3，当负载电流

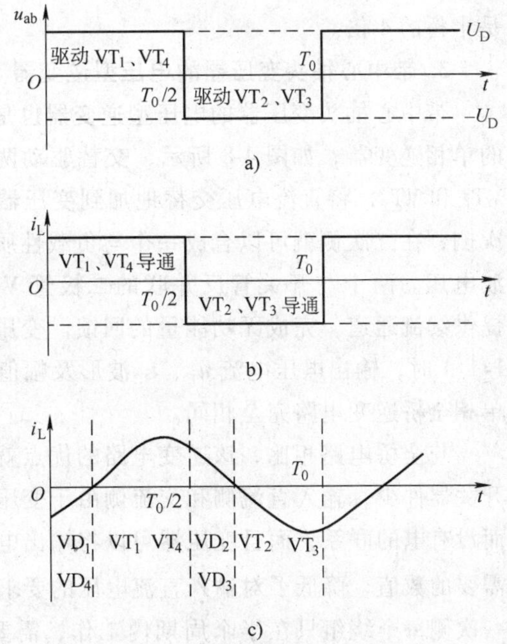

图 4-7　电压型单相全桥逆变电路电压、电流波形

a）负载电压　b）带电阻负载时的负载电流

c）带感性负载时的负载电流

由 a 流向 b 时，电流经过 VD_2、VD_3 续流。

将输出方波电压用傅里叶级数展开为

$$u_L = u_{ab} = \frac{2}{\pi}U_D \ [\sin\omega t + \frac{1}{3}\sin 3\omega t + \frac{1}{5}\sin 5\omega t + \cdots] \tag{4-8}$$

输出电压基波有效值为

$$U_{1L} = \frac{1}{\sqrt{2}}\frac{4U_D}{\pi} = 0.9U_D \tag{4-9}$$

负载为纯电阻时，输出电流可表示为

$$i_L = \frac{u_L}{R}$$

负载为 R—L 混合负载时，与半桥情况一样，瞬时负载电流 i_L 可表示为

$$i_L = \sum_{n=1,3,5\cdots}^{\infty} \frac{4U_D}{n\pi Z_n}\sin\ (n\omega t - \phi_n) \tag{4-10}$$

式中，n 次谐波阻抗 $Z_n = \sqrt{R^2 + (n\omega L)^2}$；相角 $\phi_n = \arctan\ (\frac{n\omega L}{R})$。

基波电流可表示为

$$i_{1L} = \frac{4U_D\sin\ (\omega t - \arctan\frac{\omega L}{R})}{\pi\sqrt{R^2 + (\omega L)^2}} \tag{4-11}$$

和前面的单相半桥电路相比可以看出，当电源电压和负载不变时，桥式电路的输出功率是半桥的 4 倍。

3. 带中心抽头变压器的电压型逆变器

带中心抽头变压器的电压型逆变器也是一种简单的单相逆变器，如图 4-8 所示，交替驱动两个开关管 VT_1 和 VT_2，将直流电压交替地加到变压器的两个一次侧，在二次侧就可以合成一个与负载性质无关的方波电压。两个与开关管反并联的二极管 VD_1 和 VD_2 提供续流通道，完成无功能量的回馈。变压器匝比为 1:1:1 时，输出电压电流 u_L、i_L 波形及幅值与电压型单相全桥逆变电路完全相同。

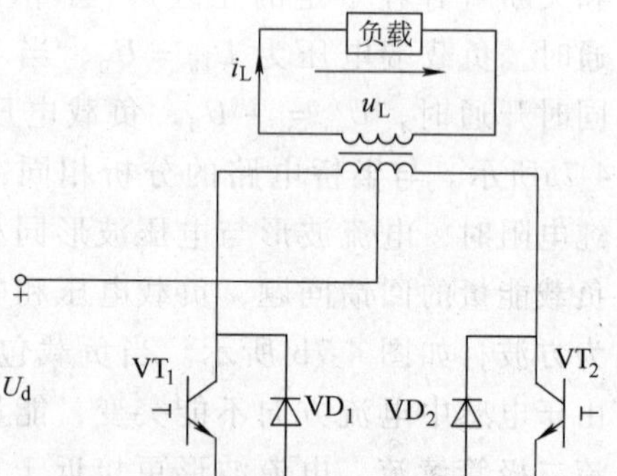

图 4-8　带中心抽头变压器的逆变电路

与全桥电路相比，该逆变电路的优点就是所用的开关器件少，输入直流侧和交流侧由于变压器的隔离而没有电的联系，而且变压器可以将输出电压变换到需要的数值，降低了对输入直流电压的要求。其缺点也很明显：变压器必须紧密耦合，而且一次侧每个绕组只在半个周期内工作，需要有较大的容量，因此造成变压器体积较大且笨重，仅适用于功率较小的场合。

4.2.2　电压型三相全桥式逆变电路

在中、大功率等级应用场合，更多地采用三相交流负载，这就需要三相逆变器。三相逆变器可以由三个单独的单相逆变器组成，可以是半桥或者是全桥。采用这种结构的三相逆变

器所用元器件比较多，一般只在高压大容量的逆变器上使用，以减少对单个器件的耐压要求。通常使用最多的还是三相桥式逆变器，电压型三相桥式逆变电路如图 4-9 所示。设两个直流支撑电容连接点 N 的电位为0，称为电源的中点，则当 VT_1 导通 VT_4 关断时 A 点电位为 $\frac{U_D}{2}$，当 VT_1 关断 VT_4 导通时 A 点电位为 $-\frac{U_D}{2}$。同理，节点 B、C 的电位也由各自桥臂上的开关管的开关状态决定，并且与负载特性无关。

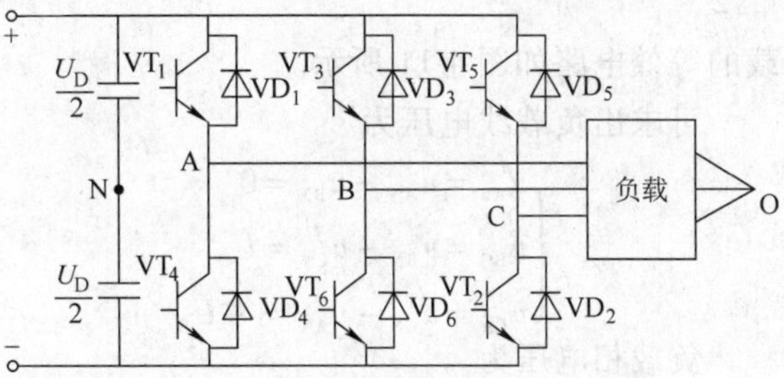

图 4-9　电压型三相桥式逆变器电路图

采用方波控制模式时，一般每相桥臂控制方法都与单相桥的控制一样，上下开关管互补导通，形成一个宽度为 180°（对应于 $T_0/2$）的矩形电压波，而三相桥臂之间的控制起始信号相位互差 120°。这样的控制方式下，在图 4-8 所示电路中，开关管 VT_1 ~ VT_6 依次导通，触发脉冲间隔为 60°，在任何时刻都有三只管子同时导通，这样每只开关管在一个周期内（360°）的导通时间就是 180°，在 6 个时间区间各个开关管的导通状态与顺序分别为（VT_1、VT_2、VT_3）→（VT_2、VT_3、VT_4）→（VT_3、VT_4、VT_5）→（VT_4、VT_5、VT_6）→（VT_5、VT_6、VT_1）→（VT_6、VT_1、VT_2），如图 4-10a 所示。与之对应的每相端点 A、B、C 与电源中性点 N 之间的电压波形如图 4-10b 所示。

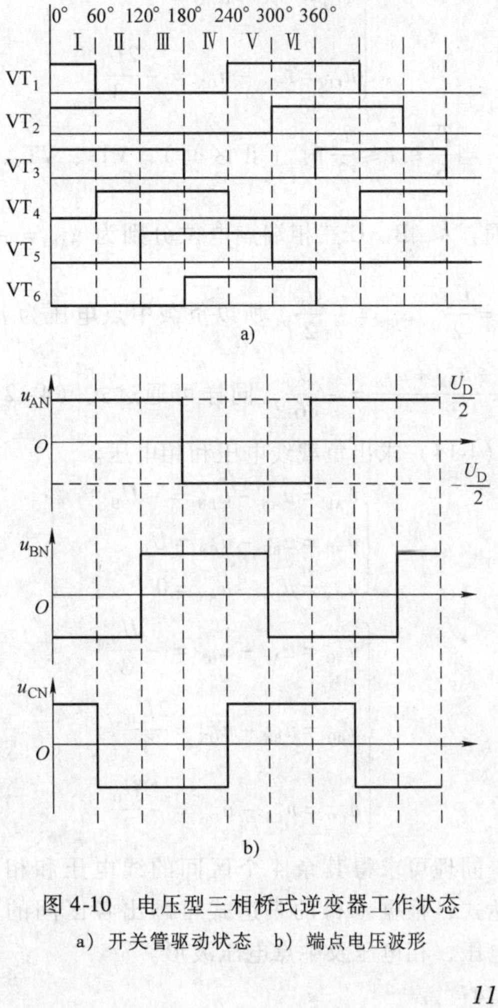

图 4-10　电压型三相桥式逆变器工作状态

a）开关管驱动状态　b）端点电压波形

可以看出，此时逆变器输出线电压为各端点电压之差。

$$\begin{cases} u_{AB} = u_{AN} - u_{BN} \\ u_{BC} = u_{BN} - u_{CN} \\ u_{CA} = u_{CN} - u_{AN} \end{cases} \tag{4-12}$$

设负载为三相对称负载，如三相交流电机的绕组，如图 4-9 所示，O 点为负载的中点，则输出的相电压可表示为各相端点电压与中点电压之差。

$$\begin{cases} u_{AO} = u_{AN} - u_{ON} \\ u_{BO} = u_{BN} - u_{ON} \\ u_{CO} = u_{CN} - u_{ON} \end{cases} \tag{4-13}$$

对于三相对称负载，负载中点电压与端点电压之间关系可表示为

$$u_{ON} = \frac{u_{AN} + u_{BN} + u_{CN}}{3} \tag{4-14}$$

根据式（4-12）~式（4-14）即可分析在不同导通状况时的负载线电压和相电压：

如图 4-10 所示，当 $0 \leqslant t < \frac{T_0}{6}$ 时（Ⅰ区间）UT$_1$、UT$_2$、UT$_3$ 导通，A、B、C 三相端点电位分别为 $u_{AN}=\frac{U_D}{2}$、$u_{BN}=\frac{U_D}{2}$、$u_{CN}=-\frac{U_D}{2}$，所以负载中点电压为 $u_{ON}=\frac{u_{AN}+u_{BN}+u_{CN}}{3}=\frac{U_D}{6}$，此时负载的等效电路如图 4-11 所示。

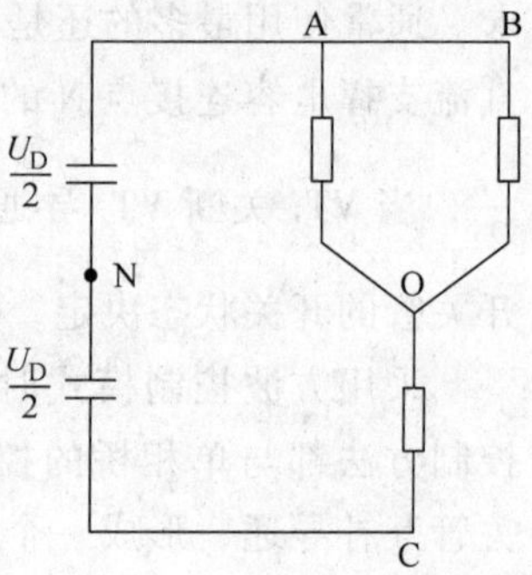

图 4-11 Ⅰ区间负载等效电路

可求出负载线电压为

$$\begin{cases} u_{AB}=u_{AN}-u_{BN}=0 \\ u_{BC}=u_{BN}-u_{CN}=U_D \\ u_{CA}=u_{CN}-u_{AN}=-U_D \end{cases}$$

负载相电压为

$$\begin{cases} u_{AO}=u_{AN}-u_{ON}=\frac{U_D}{3} \\ u_{BO}=u_{BN}-u_{ON}=\frac{U_D}{3} \\ u_{CO}=u_{CN}-u_{ON}=-\frac{2U_D}{3} \end{cases}$$

当 $\frac{T_0}{6} \leqslant t \leqslant \frac{T_0}{3}$ 时（Ⅱ区间），VT$_2$、VT$_3$、VT$_4$ 导通，A、B、C 三相端点电位分别为 $u_{AN}=-\frac{U_D}{2}$、$u_{BN}=\frac{U_D}{2}$、$u_{CN}=-\frac{U_D}{2}$，所以负载中点电压为 $u_{ON}=\frac{u_{AN}+u_{BN}+u_{CN}}{3}=-\frac{U_D}{6}$，同样可通过式（4-12）~式（4-14）求出负载线电压和相电压。

$$\begin{cases} u_{AB}=u_{AN}-u_{BN}=-U_D \\ u_{BC}=u_{BN}-u_{CN}=U_D \\ u_{CA}=u_{CN}-u_{AN}=0 \end{cases}$$

$$\begin{cases} u_{AO}=u_{AN}-u_{ON}=-\frac{U_D}{3} \\ u_{BO}=u_{BN}-u_{ON}=\frac{2U_D}{3} \\ u_{CO}=u_{CN}-u_{ON}=-\frac{U_D}{3} \end{cases}$$

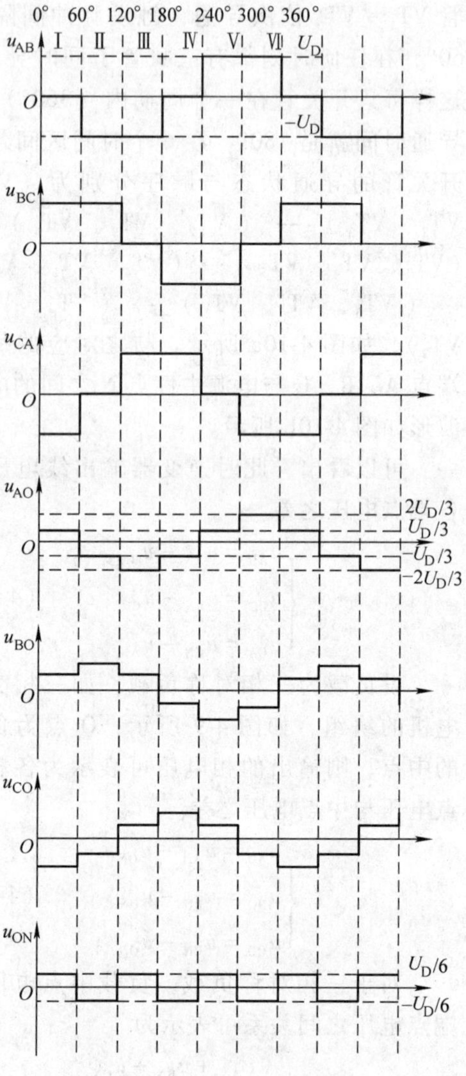

图 4-12 负载电压波形

同理可求得其余 4 个区间的线电压和相电压表达式，根据求得的表达式可画出各区间的负载线电压、相电压及中点电压波形。

从图 4-12 可以看出，负载线电压即宽度为 120°的矩形波，各相电压波形为六阶梯波，中点电压为 3 倍输出频率的方波。改变开关管触发脉冲的频率就可以改变逆变器输出电压的频率。

对上述分析进一步进行定量分析，如图 4-12 所示，线电压为 120°宽、幅值为 U_D 的方波，对线电压 u_{AB}的瞬时值进行傅里叶分解可得到

$$u_{AB}(t)=\frac{2\sqrt{3}U_D}{\pi}\left(\sin\omega t-\frac{1}{5}\sin5\omega t-\frac{1}{7}\sin7\omega t+\frac{1}{11}\sin11\omega t+\cdots\right) \tag{4-15}$$

线电压基波幅值

$$U_{1lm}=\frac{2\sqrt{3}}{\pi}U_D\approx1.1U_D$$

线电压基波有效值

$$U_{11}=\frac{\sqrt{6}}{\pi}U_D\approx0.78U_D$$

由于对称负载的相电压 u_{AO}、u_{BO}、u_{CO}波形是如图 4-12 所示的周期性阶梯波，如果将时间坐标起点移至阶梯波的起点，对 A 相电压的瞬时值进行傅里叶分析得

$$u_{AO}=\frac{2U_D}{\pi}\left(\sin\omega t+\frac{1}{5}\sin5\omega t+\frac{1}{7}\sin7\omega t+\frac{1}{11}\sin11\omega t+\cdots\right) \tag{4-16}$$

其中，基波幅值为 $U_{1p}=\frac{2U_D}{\pi}$。

从式（4-16）可以看出，相电压不含 3 次谐波，只含 5、7、11、13 等高阶奇次谐波，n 次谐波幅值为

$$U_{np}=\frac{2U_D}{n\pi}$$

通过上述分析可以看出，电压源型逆变电路由于电容的钳位作用，在开关管的控制下，输出给负载的电压为一系列矩形波，波形仅与控制脉冲相关而与负载性质无关，但输出的电流波形与负载的阻抗角相关。不管是半桥还是全桥电路，采用方波控制时，在直流母线电压 U_D 一定时，输出电压的基波大小不可控，且输出电压中谐波频率低、幅值大，对负载性能影响较大。因此，上述逆变电路的输出通常要接 LC 滤波器，滤波器 LC 滤除逆变电路输出电压中的高次谐波而使负载电压、电流接近正弦波。改善逆变器技术特性的更佳途径是采用 PWM 控制模式，通过提高开关控制频率和占空比的调节，直接输出谐波含量更少的交流电压，具体方式将在第 6 章予以介绍。

4.3 电流型 DC-AC 变换电路

4.3.1 电流型单相桥式逆变电路

电流型单相桥式逆变电路如图 4-13 所示，与电压型单相桥式逆变电路最大的不同是输入侧直流电源串接有大电感 L，因为电感中电流脉动较小，所以可以把电源与电感当成一个电流源，因此被称作电流型逆变器。

如图 4-13 所示，为便于分析，可将直流侧电源用一个输出为 I_D 的理想电流源代替。和

电压型逆变电路相比，电流型逆变器的开关器件上不需要反并联二极管，这是因为输入为电流源，电流方向不可能反向，故可省去反并联的续流二极管。当带纯电阻负载时，开关管 VT_1、VT_4 导通，VT_2、VT_3 关断时，负载电流 i_L 方向为正；当开关管 VT_2、VT_3 导通，VT_1、VT_4 关断时，负载电流 i_L 方向为负，负载电流波形为方波，如图 4-14 所示。当负载包含电感时，由于电感上的电流不能突变，必须给负载电流提供一个换流路径，并提供储能元件以吸收负载电感中储存的能量，因此必须在感性负载两端并联一个电容 C，如图 4-13 中虚线所示。电容作为储能元件提供无功功率，是电流型逆变器不可缺少的一部分。

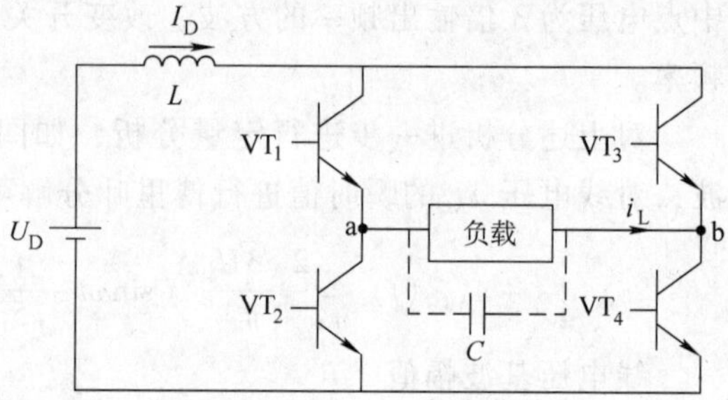

图 4-13 电流型单相桥式逆变电路

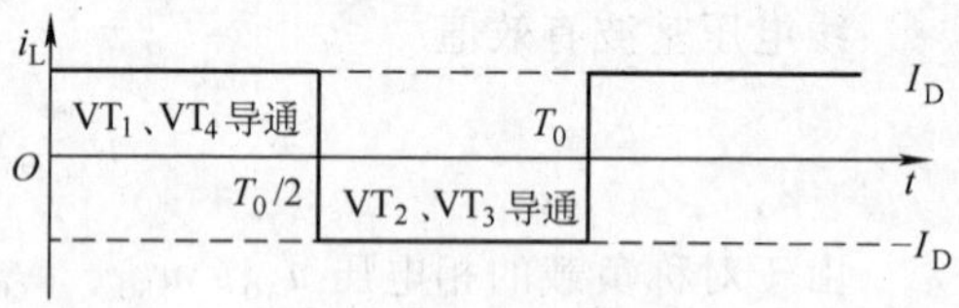

图 4-14 负载电流波形

可以看出，负载电流波形为一系列方波，并与负载性质无关。对负载电流方波作傅里叶分析可得

$$i_L\ (t) = \frac{4I_D}{\pi}\ (\sin\omega t + \frac{1}{3}\sin 3\omega t + \frac{1}{5}\sin 5\omega t + \cdots) \tag{4-17}$$

电流基波有效值为 $I_{1L} = \frac{1}{\sqrt{2}}\frac{4I_D}{\pi} = 0.9I_D$

可以看出，电流源型逆变器输出的电流波形含有很丰富的谐波成分，如果负载为电阻性负载，则负载上的电压波形与电流波形一致。但实际应用中大部分负载都包含有电感成分，由于这种混合性负载的滤波作用，负载上的电压一般接近于正弦波。

4.3.2 电流型三相桥式逆变电路

电流型三相桥式逆变电路的原理与电压型三相逆变器类似，其电路如图 4-15 所示，在直流侧串联有一个大电感 L，当电感足够大时直流侧电流基本无脉动，直流回路呈现高阻抗，相当于一个电流源。和上面单相电流型逆变电路的分析相同，由于电路中开关器件的作用仅是改变直流电流的流通路径，所以交流侧输出电流波形为矩形波，并且与负载的阻抗角无关。对上述电路采用方波控制模式时，一般使开关管 $VT_1 \sim VT_6$ 依次导通，触发脉冲间隔为 60°，在任何时刻保证有且仅有两只管子同时导通，这样每只开关管在一个周期内（360°）的导通时间就是 120°，6 个时间区间各个开关管的导通状态与顺序分别为（VT_6、VT_1）→（VT_1、VT_2）→（VT_2、VT_3）→（VT_3、VT_4）→（VT_4、VT_5）→（VT_5、VT_6）→（VT_6、VT_1），如图 4-16a 所示，各相端点输出的电流波形如图 4-16b 所示。

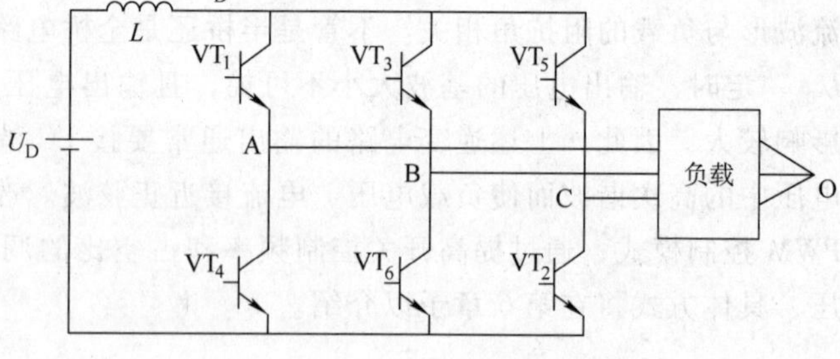

图 4-15 电流型三相桥式逆变电路

当逆变电路接三相星形对称负载时，各相电流等于端点输出电流，相电流与线电流相等。如在Ⅰ区间 UT_6、UT_1 导通，各支路电流分别为 $i_A=I_D$，$i_B=-I_D$，$i_C=0$，其余各个区间也可以同理分析，各相负载电流波形均为正负脉宽为120°的矩形波，与图 4-16b 所示端点输出电流波形一致。将相、线电流进行傅里叶级数分解可得

$$i_A(t)=\frac{2\sqrt{3}I_d}{\pi}\left(\sin\omega t-\frac{1}{5}\sin5\omega t-\frac{1}{7}\sin7\omega t+\frac{1}{11}\sin11\omega t+\cdots\right) \tag{4-18}$$

可见，此时相、线电流中不含 3 次谐波，只含 5、7、11、13 等高阶奇次谐波，n 次谐波幅值为基波幅值的 $1/n$，相电流基波有效值为 $I_{1p}=\frac{\sqrt{6}I_D}{\pi}\approx0.78I_D$。

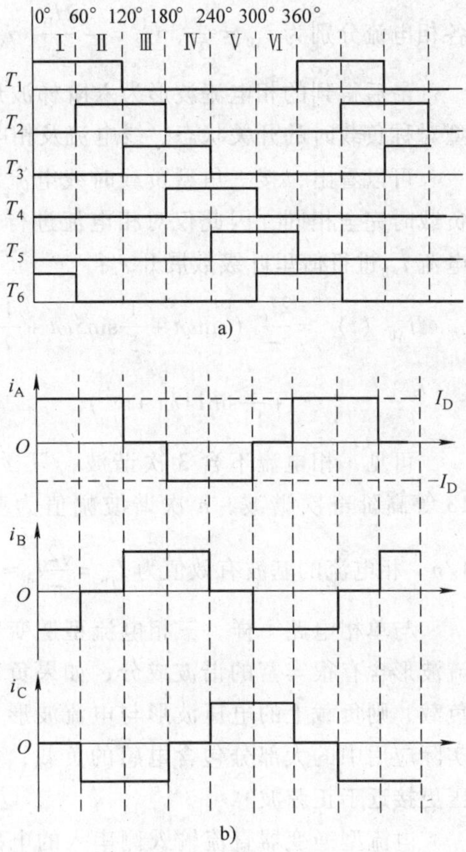

图 4-16　电流型三相桥式逆变器工作状态

a）开关管驱动状态　b）端点输出电流波形

如果负载为三角形连接对称负载，可根据负载分流来分析各相电流波形，即可得到各个时间区间的相电流大小。

如图 4-16a 所示，当 $0\leqslant t<\frac{T_0}{6}$时（Ⅰ区间），$VT_1$、$VT_6$ 导通，A 相端点流入电流 I_D，B 相端点流出 I_D，则三相负载电流如图 4-17 所示，各相电流分别为 $i_{AB}=\frac{2I_D}{3}$、$i_{BC}=-\frac{I_D}{3}$、$i_{CA}=-\frac{I_D}{3}$。

同理，当开关状态处于Ⅱ区间时，此时 UT_1、UT_2 导通，各相电流分别为 $i_{AB}=\frac{I_D}{3}$、$i_{BC}=\frac{I_D}{3}$、$i_{CA}=-\frac{2I_D}{3}$。

当开关状态处于Ⅲ区间时，此时 UT_2、UT_3 导通，各相电流分别为 $i_{AB}=-\frac{I_D}{3}$、$i_{BC}=\frac{2I_D}{3}$、$i_{CA}=-\frac{I_D}{3}$。

当开关状态处于Ⅳ区间时，此时 UT_3、UT_4 导通，各相电流分别为 $i_{AB}=-\frac{2I_D}{3}$、$i_{BC}=\frac{I_D}{3}$、$i_{CA}=\frac{I_D}{3}$。

当开关状态处于Ⅴ区间时，此时 UT_4、UT_5 导通，各相电流分别为 $i_{AB}=-\frac{I_D}{3}$、$i_{BC}=-\frac{I_D}{3}$、$i_{CA}=\frac{2I_D}{3}$。

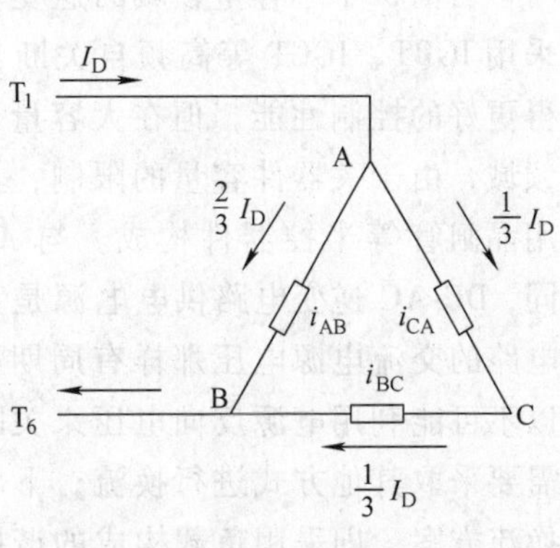

图 4-17　Ⅰ区间负载等效电路

当开关状态处于Ⅵ区间时，此时 VT_5、VT_6 导通，

各相电流分别为 $i_{AB}=\dfrac{I_D}{3}$、$i_{BC}=-\dfrac{2I_D}{3}$、$i_{CA}=\dfrac{I_D}{3}$。

最后得到的相电流波形为六阶梯波形，图 4-18 给出了电流型三相桥式逆变电路接三角型对称负载时的开关状态、线电流及相电流波形。

可以看出，接三角型负载时线电流波形与星型负载时完全相同，因此仅对相电流进行分析。对相电流 i_{AB} 进行傅里叶级数展开，得

$$i_{AB}(t)=\frac{2I_d}{\pi}\left(\sin\omega t+\frac{1}{5}\sin5\omega t+\frac{1}{7}\sin7\omega t+\frac{1}{11}\sin11\omega t+\cdots\right) \tag{4-19}$$

可见，相电流不含 3 次谐波，只含 5、7、11、13 等高阶奇次谐波，n 次谐波幅值为基波幅值的 $1/n$。相电流的基波有效值为 $I_{1p}=\dfrac{\sqrt{2}}{\pi}I_d\approx0.45I_d$。

与单相电路一样，三相电流型逆变器输出的电流波形含有很丰富的谐波成分，如果负载为电阻性负载，则负载上的电压波形与电流波形一致。对于实际应用中的大部分包含电感的负载，负载上的电压更接近于正弦波。

电流型逆变器直流输入侧串入的电感一般都较大，只有这样才能维持输入电流基本恒定，因此系统的重量、体积一般远比电压型逆变器大，这一缺点限制了电流型逆变器的应用，总体来说其应用不如电压型逆变器广泛，尤其在中小容量领域。

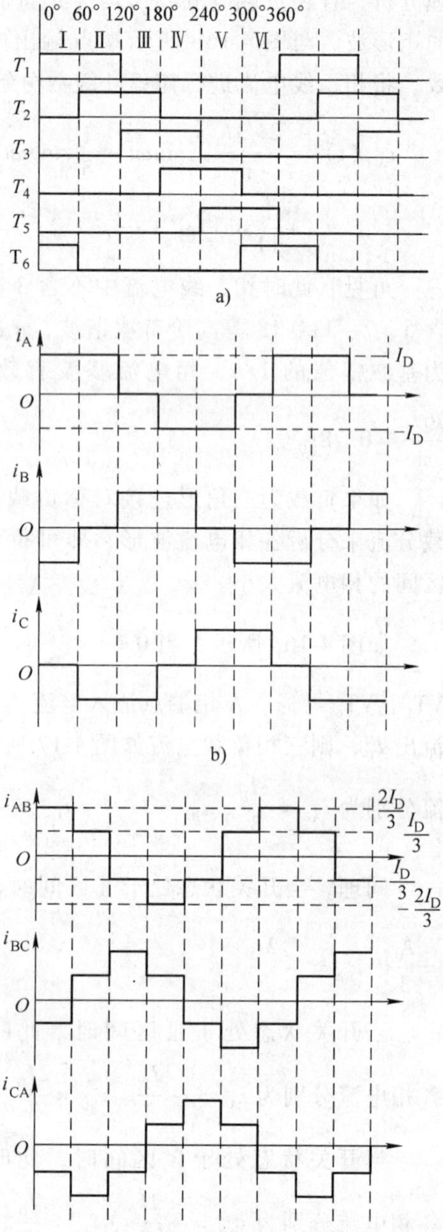

图 4-18　电流型三相桥式逆变器接三角型负载时电流波形
a）开关管驱动状态　b）线电流波形　c）相电流波形

4.4　谐振式逆变电路

目前，中小容量领域的逆变电路一般都倾向于采用 IGBT、IGCT 等高频自关断器件来构成，以获得更好的控制性能，但在大容量，特别是特大容量领域，由于关器件容量的限制，其主回路更多地采用晶闸管等半控器件构成。与 AC-DC 整流电路不同，DC-AC 逆变电路供电电源是直流电，不像整流电路的交流电源电压那样有周期性的过零反向，所以不可能利用电源反向电压来关断晶闸管，这样就需要采取其他方式进行换流，下面介绍一种常用的换流方案，即采用负载构成的谐振电路进行半控器件的换流，这种逆变电流也被称为谐振式逆变电

路。

一般工业负载大多情况下都是含电感的阻感混合型负载，为了使系统产生谐振，一般在负载中还要加入电容，这样负载就变成了一个电阻、电感和电容的混合性负载，可等效为一个 *RLC* 负载。依据 *RLC* 负载结构的不同，可分为电压型串联谐振逆变器和电流型并联谐振逆变器。谐振式逆变电路主要特点有：

1）逆变电路输出电压或电流波形为方波。

2）当逆变频率在负载谐振频率附近时，可获得正弦的电压或电流输出，不需要额外的低通滤波器来消除低次谐波，减小了系统体积并减少了成本。

3）由于利用了负载的谐振特点，电路中的元器件，尤其是开关器件要承受较大的电压或电流，对器件的可靠性要求较高。

4.4.1 电压型串联谐振逆变电路

当换流电容 C 与负载阻感电路串联时，它的换流基于串联谐振的原理，串联谐振方式一般用于电压型逆变器，这类逆变器称为串联谐振逆变器。图 4-19 为串联谐振逆变电路，在电路的直流侧并联一个大电容 C_D，用电容储能来缓冲电源和负载之间的无功功率传输。从直流输出端看，电源因并联大电容，其等效内阻变得很小，大电容又使电源电压稳定，具有恒压源的特点，因此属于电压型逆变电路。电压型串联谐振逆变电路的特点是输入端采用不可控整流，电路简单、功率因数高。图中反并联的二极管 $VD_1 \sim VD_4$为续流二极管。

电压型串联谐振逆变电路需满足如下基本条件：选择系统开关频率接近谐振频率，这样负载对基波电压呈现低阻抗，基波电流很大，而对谐波分量呈现高阻抗，谐波电流很小，所以负载电流基本为正弦波；另外，要求电路工作频率略低于电路的谐振频率，以使负载电路呈容性，负载电流 i_L 超前电压 V_L，以实现换流。

该电路的工作原理简要分析如下：

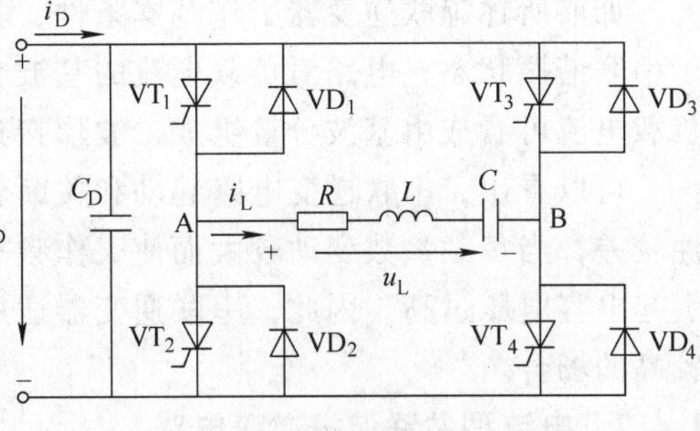

图 4-19 电压型串联谐振逆变电路

1）在 $t=t_0$ 时刻，触发晶闸管 VT_1、VT_4，负载电路产生振荡，负载电流 i_L 方向为从 A 流向 B。

2）上述过程持续到 $t=t_1$ 时刻电容电压 u_C 充电至最大值，此时负载电流 i_L 结束正半波而降为零。

3）当 $t_1<t<t_2$ 时，电路继续振荡，电流反向，由于 VT_2、VT_3 还未导通，电容通过负载经反并联二极管 VD_1、VD_4 向电源放电，VT_1、VT_4 承受反压关断。

4）当 $t=t_2$ 时，触发 VT_2、VT_3，负载两端电压极性反向，VD_1、VD_4 截止，电流从 VT_2、VT_3 中流过。

5）上述过程持续到 $t=t_3$ 时刻电容电压 V_C 反向充电至最大值，此时负载电流 i_L 结束负半波而降为零。

6）当 $t>t_3$ 时，电流再次反向，电流通过 VD_2、VD_3 续流，VT_2、VT_3 承受反压关断。

7）上述过程持续到晶闸管 VT_1、VT_4 的再次触发时刻 $t=t_4$，之后整个过程开始重复。

此时电路中的晶闸管触发脉冲与负载电压电流波形如图 4-20 所示。需要注意的是，晶闸管电流下降为零后，还需过一段时间后才能恢复正向阻断能力。因此，每次换流结束以后，还要使相应晶闸管承受一段反压时间 t_q 才能保证可靠关断。由于二极管导通时间 t_r 即为晶闸管承受反压时间，要使晶闸管可靠关断，二极管导通时间 t_r 应大于晶闸管关断时间 t_q。

如果忽略换流过程，u_L 为矩形波，展开成傅氏级数，得

$$u_L(t)=\frac{4U_D}{\pi}\left(\sin\omega t+\frac{1}{3}\sin3\omega t+\frac{1}{5}\sin5\omega t+\cdots\right) \tag{4-20}$$

其基波有效值为

$$U_{1L}=\frac{4U_D}{\sqrt{2}\pi}\approx0.9U_D \tag{4-21}$$

设直流侧输入侧平均电流为 I_D，则逆变电路的输入功率 P_i 为

$$P_i=U_DI_D \tag{4-22}$$

逆变电路的输出功率 P_o 为

$$P_o=U_{1L}I_L\cos\varphi \tag{4-23}$$

式中，I_L 为负载电流有效值；$\cos\varphi$ 为负载功率因数。

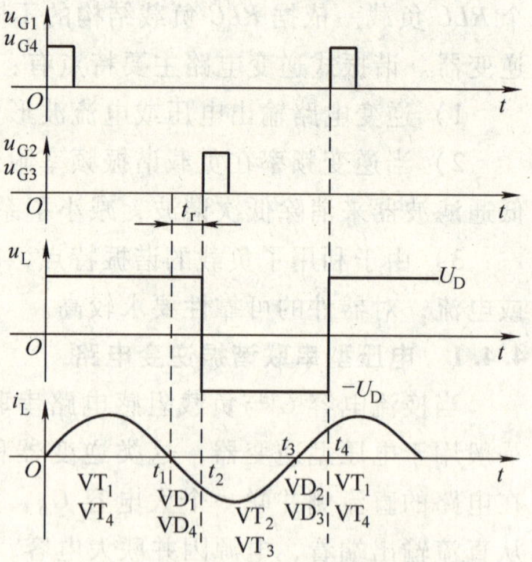

图 4-20 串联谐振逆变电路的晶闸管触发脉冲与负载电压、电流波形

由于 $P_o=P_i$，于是可以求得

$$I_L=\frac{\pi I_D}{2\sqrt{2}\cos\varphi}\approx1.11\frac{I_D}{\cos\varphi} \tag{4-24}$$

如前所述串联逆变器工作基本条件，其工作频率接近于负载谐振频率，因此负载电路处于串联谐振状态，电路对负载电流的基波分量呈低阻抗，对其他高次谐波呈现高阻抗。因此负载电流可看成由基波分量组成，波形接近于基波正弦波。

可以看出，串联逆变电路起动和关断较容易，但由于其工作条件的限制，对负载的适应性较差，当负载参数变动较大而使工作频率与负载谐振频率配合不当时，会影响功率输出或引起电容电压过高。因此，串联逆变器适用于负载性质变化不大，需要频繁起动和工作频率较高的场合。

4.4.2 电流型并联谐振逆变电路

当换流电容与 RL 负载电路并联时，换流基于并联谐振的原理，并联谐振方式一般用于电流型逆变器，这类逆变器称为并联谐振逆变器，较多用于金属的熔炼、透热和淬火的中频加热电源。下面以一个中频感应加热电源为例说明并联谐振的基本工作原理。

由电磁场原理知道，处于交变磁场中的导体会产生感应电动势，进而形成涡流引起导体材料发热。实践证明，在 50Hz 交流电流形成的交变磁场中，导体材料所产生的感生电流不足以使导体材料加热到所需温度，如需加大金属的发热量，必须大幅度提高交变磁场的频率，能用于金属熔炼的频率我们一般称为中频。所谓中频感应加热电源，就是一种将三相工频交流电转变为中频交流电的装置。目前应用较多的中频感应加热电源的工作原理是：通过整流电路先将三相交流电整流成可调的直流电，再经过电流型逆变器变换成频率较高的交流电供给负载，其中换流一般采用并联谐振的方式。

图 4-21 为并联谐振逆变器主电路原理图，由整流获得的直流电压经过大电感 L_D 滤波，通过桥式逆变电路将直流电逆变为中频交流电供给负载。逆变桥由四个晶闸管桥臂构成，$L_1 \sim L_4$ 为 4 只电感量很小的电感，用于限制晶闸管的电流上升率 di/dt。中频感应加热电源的负载实际上是一个感应线圈，线圈中空部分填充需加热的金属，图 4-20 中 L 和 R 串联为其等效电路。因为负载功率因数很低，故需要并联补偿电容器 C。电容 C 和电感 L、电阻 R 构成并联谐振电路，所以称这种电路为并联谐振式逆变电路。电路采用负载换流，即要求负载电流超前电压。因此进行电容补偿时，应使负载电路在工作频率下呈容性。

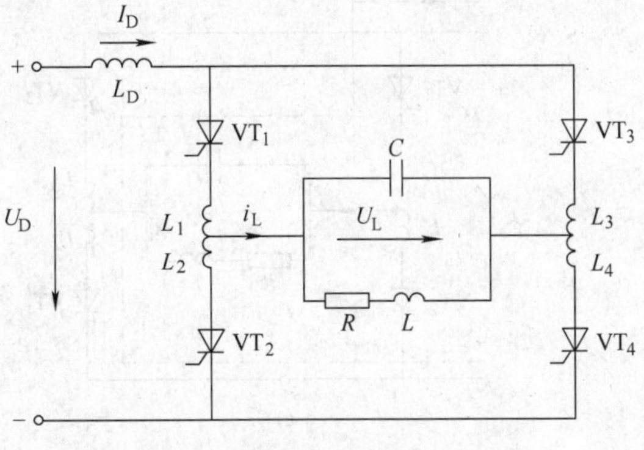

图 4-21　电流型并联谐振逆变电路

当逆变桥对角的晶闸管以一定频率交替触发导通时，负载感应线圈通入中频电流，线圈中产生中频交变磁通。在交变磁场的作用下，需加热的金属中产生涡流与磁滞效应，使金属发热熔化，这就是中频感应加热电源的基本工作原理。晶闸管交替触发的频率与负载回路的谐振频率相接近，负载电路工作在谐振状态，这样不仅可得到较高的功率因数与效率，而且电路对外加矩形波电压的基波分量呈现高阻抗。对其他高次谐波电压可以看成短路，所以负载两端电压 u_L 是很好的中频正弦波。而负载电流 i_L 在大电感 L_D 的作用下为近似为交变的矩形波。并联电容 C 除参加谐振外，还提供负载无功功率，使负载电路呈现容性。因为只有当 i_L 超前 u_L 一定角度时，才能达到自动换流关断晶闸管的目的。其工作原理分析如下：

1）在 $t=t_0$ 时刻，触发晶闸管 VT_1、VT_4，电流 $i_L=I_D$ 流入负载。

2）当 $t_1 \leqslant t < t_2$ 时，晶闸管 VT_1、VT_4 处于稳定导通阶段，负载电流 $i_L=I_D$，近似为恒值，t_2 时刻之前电容 C 两端，即负载两端电压 u_L 为正，负载电压接近正弦波。

3）在 t_2 时刻触发晶闸管 VT_2、VT_3，因在 t_2 前 VT_2 和 VT_3 阳极电压等于负载电压，为正值，故 VT_2 和 VT_3 导通，开始进入换流阶段。VT_2、VT_3 导通时，负载两端电压施加到 VT_1、VT_4 两端，使 VT_1、VT_4 承受负压关断。由于每个晶闸管都串有换相电感，故 VT_1、VT_4 在 t_2 时刻不能立即关断，其电流有一个减小过程，VT_2、VT_3 的电流有一个增大过程。

4）当 $t_2 \leqslant t < t_3$ 时，四个晶闸管都导通，由于大电感 L_D 的恒流作用，电源不会短路。负载电容经两个并联的放电回路同时放电，一个回路是经 L_1、VT_1、VT_3、L_3 回到电容，另一回路是 L_2、VT_2、VT_4、L_4 回到电容，换流过程如图 4-22 所示。在这个过程中，VT_1、VT_4 电流逐渐减小，VT_2、VT_3 电流逐渐增大。当 $t=t_4$ 时，VT_1、VT_4 电流逐渐减至零而关断，直流侧电流 I_D 全部从 VT_1、VT_4 转到 VT_2、VT_3，换流结束，$t_r=t_4-t_2$ 称为换流时间。

图 4-23 为该逆变电路的工作波形，其中 i_L、V_L 的参考方向与图 4-21 中相同。VT_1、VT_4 电流下降到 0 以后，还需过一段时间后才能恢复正向阻断能力。因此，换流结束以后，还要使 VT_1、VT_4 承受一段反压时间 t_q 才能保证可靠关断。$t_q=t_5-t_4$ 应大于晶闸管关断时间。从图 4-22 可看出，在换流过程中，负载电流 i_L 是 VT_1 与 VT_3 电流之差。i_L 超前于 u_L 的时间对应的电角度称为滞后功率角，其大小应满足晶闸管恢复到正向阻断能力所需的时间。

通过改变直流电压 U_D 就可以调节输出功率 P_o 大小，所以直流电源一般采用可控整流电路。

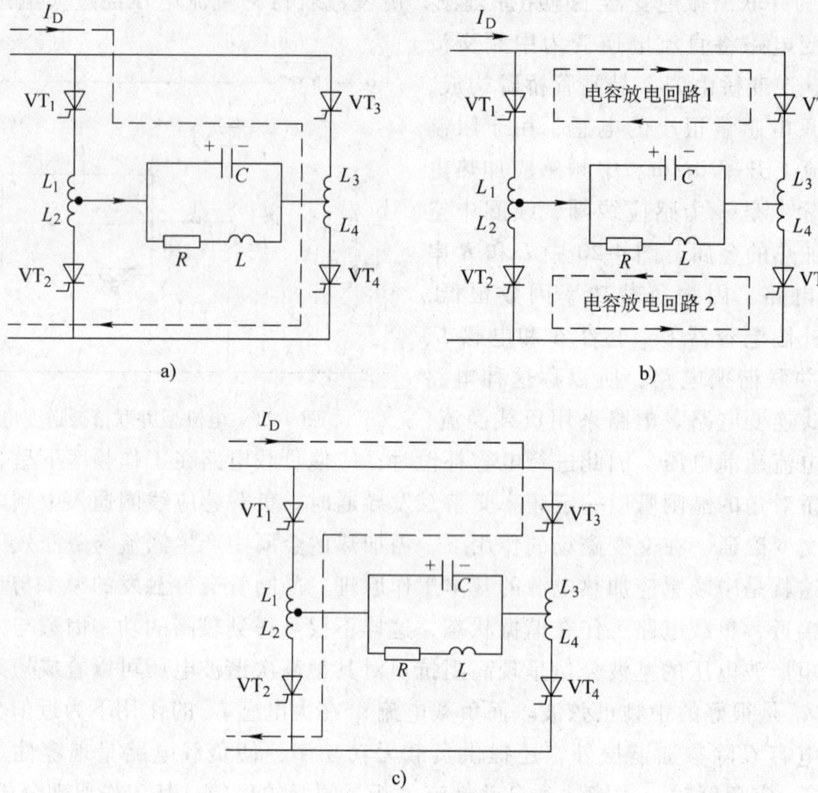

图 4-22 并联谐振逆变器的换流过程

a）换流前 UT_1、UT_4 导通状态 b）换流过程中 UT_1、UT_2、UT_3、UT_4 共同导通状态

c）换流结束 UT_2、UT_3 导通状态

如果忽略换流过程，负载电流 i_L 为矩形波，展开成傅氏级数得

$$i_L(t)=\frac{4I_D}{\pi}\left(\sin\omega t+\frac{1}{3}\sin 3\omega t+\frac{1}{5}\sin 5\omega t+\cdots\right) \tag{4-25}$$

其基波电流有效值为

$$I_{1L}=\frac{4I_D}{\sqrt{2}\pi}\approx 0.9I_d \tag{4-26}$$

通过改变直流电压 U_D 就可以调节输出功率 P_o 大小，所以直流电源一般采用可控整流电路。此时逆变电路的输入功率 P_i 为

$$P_i=U_DI_D \tag{4-27}$$

逆变电路的输出功率 P_o 为

$$P_o=U_LI_{1L}\cos\varphi \tag{4-28}$$

式中，U_L 为负载电压有效值；$\cos\varphi$ 为负载功率因数。

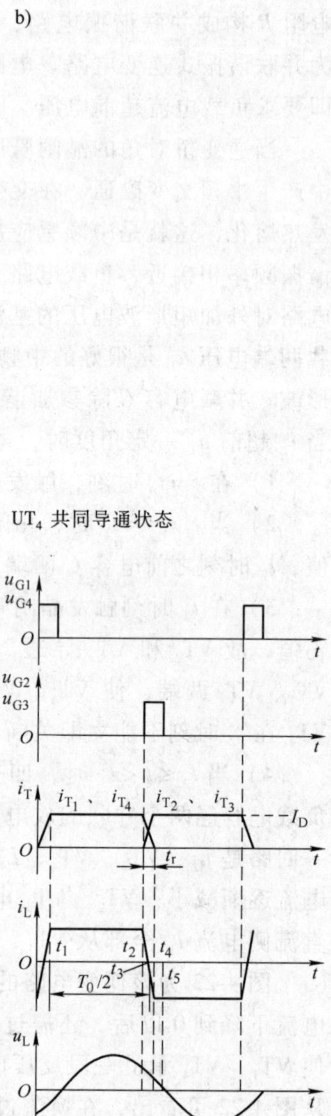

图 4-23 并联谐振电路的电压、电流波形

因为 $P_o=P_i$，于是可以求得此时负载电压有效值 U_L 和

直流电压 U_D 的关系

$$U_L = \frac{\pi U_D}{2\sqrt{2}\cos\varphi} \approx 1.11\frac{U_D}{\cos\varphi} \tag{4-29}$$

4.5 DC-AC 变换的多重化技术

在前面讲到的电压型逆变器和电流型逆变器中，如采用方波控制模式，其输出电压波形或电流波形为矩形波，根据傅里叶分析可知，这样的波形中含有很丰富的谐波分量。另外，有时受系统开关频率的限制，即使采用 PWM 控制模式，输出波形也含有相当多的谐波成分。如果负载为交流电动机的话，电压或电流中的谐波分量就会对电机产生不良影响。尤其是 5 次谐波和 7 次谐波，幅值较大，会在电机中产生 6 次谐波脉动转矩，在低速的情况下转矩脉动非常明显。为减小谐波含量，需要在逆变器输出端添加滤波电路，但在变频的条件下，传统的滤波电路很难达到要求。采用多重化技术是改善逆变器的输出电压电流波形的一种有效方法，该方法对于电压型逆变器和电流型逆变器都能适用。多重化技术基本原理是用阶梯波来逼近正弦波。阶梯数越多，逼近的程度越好，谐波含量就越少。另外，在开关管耐压值和电流容量有限的情况下，采用所谓多电平方案是实现高压大容量逆变器的一条重要途径，多电平技术同样也可以降低输出波形的谐波成分，是目前大容量电力电子技术领域的研究热点。

本节首先对电压型逆变电路和电流型逆变电路分别介绍几种常见的多重化逆变电路，之后对常见的直接多电平逆变器和级联式多电平逆变器进行必要的分析。

4.5.1 电压型逆变器的多重化

多重化逆变器通常有串联多重化和并联多重化两种输出联结方式，串联多重化是把几个逆变器的输出串联起来，电压型逆变电路输出为脉冲形电压，所以一般采用串联多重化方式，可将多个逆变器的电压叠加后输出；并联多重化是把几个逆变器的输出并联起来，电流型逆变电路输出为方波电流，所以一般采用并联多重化方式，可将多个逆变器的电流叠加输出。本小节将以单相和三相串联逆变器为例对电压型逆变器的多重化方法进行简要介绍。

如图 4-24 所示为一个简单的二重单相电压型逆变器，它由两个导通相位互差 60°的单相全桥逆变电路组成，输出通过变压器 T_1 和 T_2 串联起来。

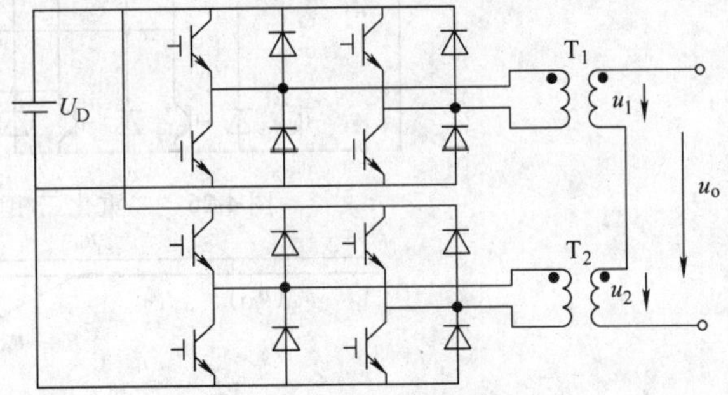

图 4-24 二重化电压型单相逆变器

通过前面的分析可知，电压型单相逆变器的输出为导通 180°的矩形波，含有所有的奇次谐波。每个逆变器的输出为

$$u_1(t) = \frac{4U_D}{\pi}\left(\sin\omega t + \frac{1}{3}\sin3\omega t + \frac{1}{5}\sin5\omega t + \cdots\right) \tag{4-30}$$

如果两个逆变器输出电压相位相差 60°的话，对于 3 次谐波来说相位差就是 60°×3 = 180°，相位正好相反而抵消，可以完全消除 3 次谐波，输出电压波形如图 4-25 所示，u_0 的

波形为导通 120°的矩形波。

以消除 3 次谐波为目的的二重化单相电压型逆变器的输出电压谐波表达式为

$$u_0(t)=\frac{4U_D}{\pi}\left[\sin\omega t+\sin\left(\omega t-\frac{\pi}{3}\right)+\frac{1}{5}\sin5\omega t+\frac{1}{5}\sin5\left(\omega t-\frac{\pi}{3}\right)+\cdots\right] \tag{4-31}$$

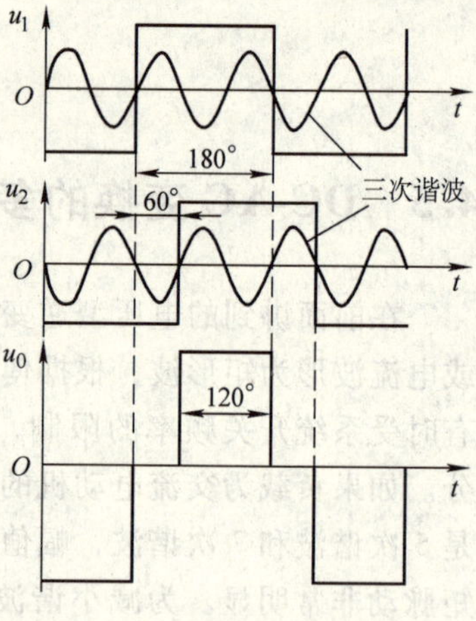

图 4-25 二重化电压型单相逆变器输出电压波形

三相电压型多重化逆变器的输出也是采用变压器耦合的方式串联起来的，如图 4-26 所示，该电路包括两个三相电压型桥式逆变电路。输入直流电源共用，输出电压通过变压器 T_1 和 T_2 串联。变压器 T_1 为 ΔY 联结，绕组匝数比为 1∶1；变压器 T_2 一次侧也为三角形联结，但二次侧每相有两个绕组，采用曲折星形接法，即一相的绕组和另一相的绕组串联而构成星形，匝数比为 $1:\frac{1}{\sqrt{3}}$。根据前面我们对电压型三相全桥逆变器的分析可知，每个逆变器的输出线电压为 120°矩形波。如果控制两逆变器的输出电压波形在相位上相差 30°。以输出的 u 相电压为例，它是由 T_1 变压器的二次侧 A 相绕组 A_1 与 T_2 变压器的二次侧 A 相中的一个绕组 A_{21} 正串，再与 T_2 变压器二次侧 B 相中的一个绕组 B_{22} 反串组成的。其合成相量图如图 4-27 所示。

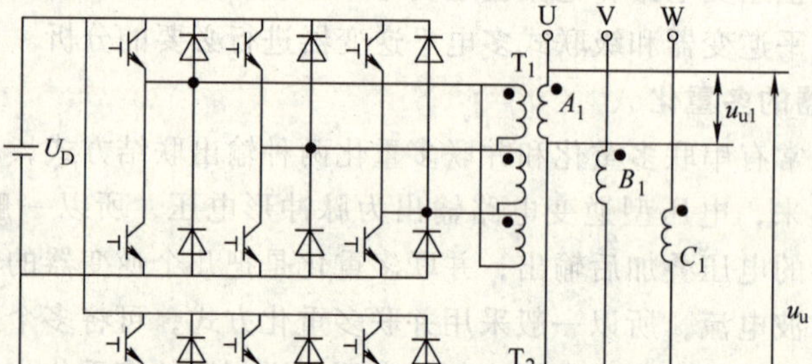

图 4-26 二重化三相电压型逆变电路

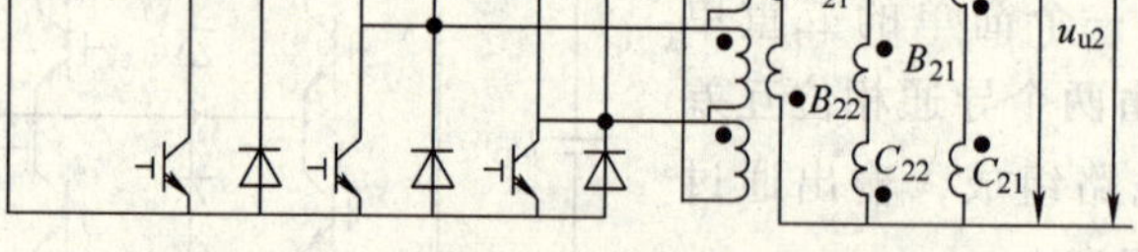

图 4-27 二次侧基波电压合成相量图

两变压器二次侧各绕组电压波形如图 4-28 所示，把 u_{u1} 展开成傅里叶级数得

$$u_{u1}(t)=u_{A1}=\frac{2\sqrt{3}}{\pi}U_D\left(\sin\omega t-\frac{1}{5}\sin5\omega t-\frac{1}{7}\sin7\omega t+\frac{1}{11}\sin11\omega t+\cdots\right) \tag{4-32}$$

$u_{A21}-u_{B22}$ 的幅值是 u_{A1} 的 $1/\sqrt{3}$，相位分别落后和超前 30°，因此合成 u_{u2} 表达式为

$$u_{u2}(t)=u_{A21}-u_{B22}=\frac{2}{\pi}U_D\left[\sin\left(\omega t-\frac{\pi}{6}\right)-\frac{1}{5}\sin5\left(\omega t-\frac{\pi}{6}\right)-\frac{1}{7}\sin\left(7\omega t-\frac{\pi}{6}\right)+\frac{1}{11}\sin\left(11\omega t-\frac{\pi}{6}\right)+\cdots\right]+\frac{2}{\pi}U_D\left[\sin\left(\omega t+\frac{\pi}{6}\right)-\frac{1}{5}\sin5\left(\omega t+\frac{\pi}{6}\right)-\frac{1}{7}\sin\left(7\omega t+\frac{\pi}{6}\right)+\frac{1}{11}\sin\left(11\omega t+\frac{\pi}{6}\right)+\cdots\right]$$

$$=\frac{2\sqrt{3}}{\pi}U_D\left(\sin\omega t+\frac{1}{5}\sin5\omega t+\frac{1}{7}\sin7\omega t+\frac{1}{11}\sin11\omega t+\cdots\right)\tag{4-33}$$

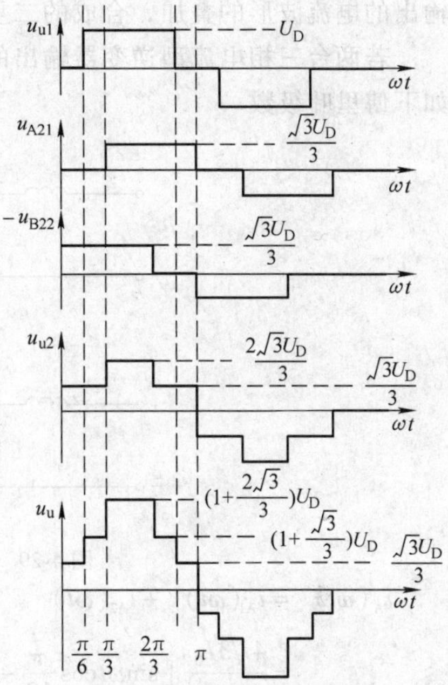

图 4-28　二重化三相电压型逆变器输出电压波形

总的输出相电压为串联的两变压器输出电压之和

$$u_u(t)=u_{u1}(t)+u_{u2}(t)=\frac{2\sqrt{3}}{\pi}U_D\left(\sin\omega t-\frac{1}{5}\sin5\omega t-\frac{1}{7}\sin7\omega t+\frac{1}{11}\sin11\omega t+\cdots\right)+\frac{2\sqrt{3}}{\pi}U_D\left(\sin\omega t+\frac{1}{5}\sin5\omega t+\frac{1}{7}\sin7\omega t+\frac{1}{11}\sin11\omega t+\cdots\right)=\frac{4\sqrt{3}}{\pi}U_D\left(\sin\omega t+\frac{1}{11}\sin11\omega t+\frac{1}{13}\sin13\omega t+\frac{1}{23}\sin23\omega t+\frac{1}{25}\sin25\omega t+\cdots\right)\tag{4-34}$$

u_u 的基波有效值为

$$U_{u1}=\frac{2\sqrt{6}}{\pi}U_D\approx1.56U_D\tag{4-35}$$

n 次谐波有效值为

$$U_{un}=\frac{2\sqrt{6}}{n\pi}U_D=\frac{1}{n}U_{u1}\qquad(n=12k\pm1,\ k=1,\ 2,\ \cdots)\tag{4-36}$$

从上式可以看出，输出相电压只含有 $12k\pm1$ 次谐波分量，其余谐波都已得到消除，包括影响严重的5、7次谐波分量等。

根据上述移相消除谐波的原理，同样可以构造三重化、四重化及更多重化的电压型逆变器，得到更好的输出电压波形及更大的输出功率。一般来说，多重化的重数越多，谐波含量减小得越多，并且被减小的谐波次数也越多。

4.5.2　电流型逆变器的多重化

电流型逆变器输出为方波电流，一般采用并联多重化方式。并联后的逆变器可以直接输出给负载，也可以通过变压器耦合再连接负载，下面对这两种情况分别予以介绍。

如图4-29所示为一种最简单的多重化逆变器——直接输出型二重化电流型逆变器，它把两台三相电流型逆变器的输出直接并联给电动机供电，那么其总的输出电流为两台逆变器输出的电流波形的叠加，合成的二重化逆变器输出电流波形如图 4-30 所示。

若两台三相电流型逆变器输出的电流矩形波相位差为 30°，则可将总的输出电流表示为如下傅里叶级数

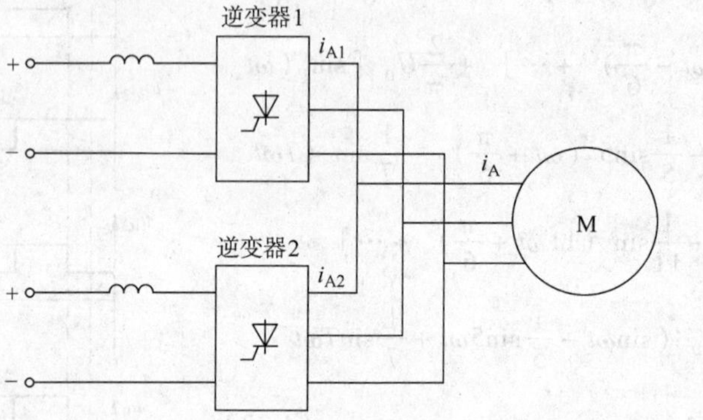

图 4-29　直接输出型二重化电流型逆变器

$$
\begin{aligned}
i_A(\omega t) &= i_{A1}(\omega t) + i_{A2}(\omega t)\\
&= \frac{4\sqrt{3}I_D}{\pi}\left[\sin\omega t\cos\frac{\pi}{12} - \frac{1}{5}\sin5\omega t\cos\frac{5\pi}{12}\right.\\
&\quad - \frac{1}{7}\sin7\omega t\cos\frac{7\pi}{12} + \frac{1}{11}\sin11\omega t\cos\frac{11\pi}{12}\\
&\quad \left. + \frac{1}{13}\sin13\omega t\cos\frac{13\pi}{12} + \cdots\right]
\end{aligned}
\tag{4-37}
$$

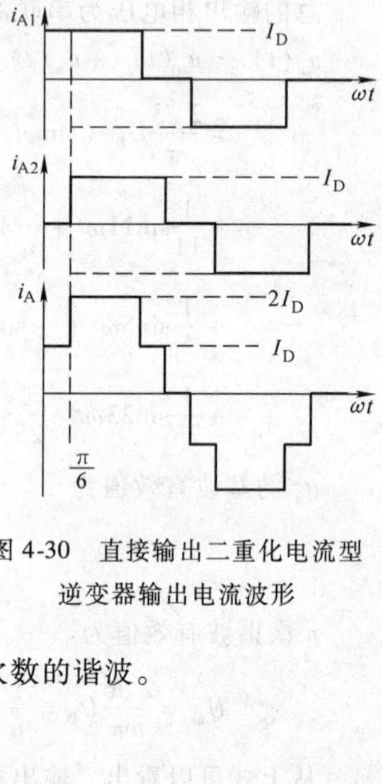

图 4-30　直接输出二重化电流型逆变器输出电流波形

从上式可看出，直接输出二重化电流型逆变器依然含有 5、7 次等谐波，但和单台电流型逆变器相比，5、7 次谐波幅值明显减小很多，11、13 次谐波幅值没有明显的减小。

从前面的分析可以看出，直接输出型多重化逆变器可以削弱某些谐波含量，但并不能从根本上消除这些谐波分量。为进一步改善输出波形，消除特定次数的谐波，可以采用变压器耦合的多重化逆变器。选择合适的变压器联接法和选择合适的绕组变比，可增加阶梯波的阶梯数，并且消除某些特定次数的谐波。

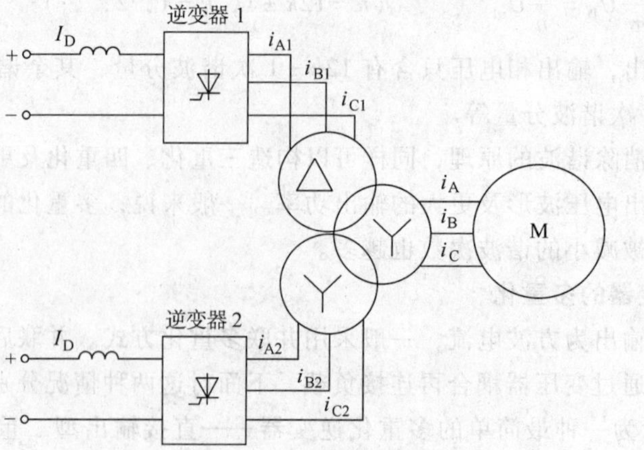

图 4-31　变压器耦合型二重化电流型逆变器

以如图 4-31 所示的变压器耦合二重化电流型逆变器为例进行说明，逆变器 1 输出接的三相变压器采用 ΔY 连接，匝数比为 $1:\frac{1}{\sqrt{3}}$；逆变器 2 输出接的三相变压器采用 YY 连接，匝数比为 1∶1。采用 ΔY 连接的变压器，其输入和输出电流波形不同，一次侧输入为矩形波，二次侧输出为阶梯波；而采用 YY 连接的变压器其输入和输出电流波形相同。对于电流型逆变器 1 来说，ΔY 连接的变压器相当于三角形负载，根据前面三相电流型逆变器的分析可知，变压器一次侧电流为逆变器输出的相电流。对于逆变器 2 来说，YY 连接的变压器相当于星形负载，变压器一次侧相电流即为逆变器输出的线电流。分析可知，将两台逆变器输出线电流相位错开 30°，即可在负载输入侧合成三阶梯波电流波形。各逆变器输出电流波形和多重化后的电流波形如图 4-32 所示。

利用谐波分析叠加的方法对变压器每相输出电流波形进行分析可得

$$i_A(\omega t) = \frac{4\sqrt{3}I_D}{\pi}\left[\sin\omega t + \frac{1}{11}\sin 11\omega t + \frac{1}{13}\sin 13\omega t + \frac{1}{23}\sin 23\omega t + \frac{1}{25}\sin 25\omega t + \cdots\right] \quad (4\text{-}38)$$

从上式可以看出，采用变压器耦合型二重化逆变器后，输出电流波形中 5、7 次谐波已完全抵消，只含有 $12k \pm 1$ 次谐波分量，其余谐波都已经不存在了。

同理可以构造三重化及更多重化的电流型逆变器，多重化的重数越多，谐波含量减小得越多，并且被减小的谐波次数也越多。

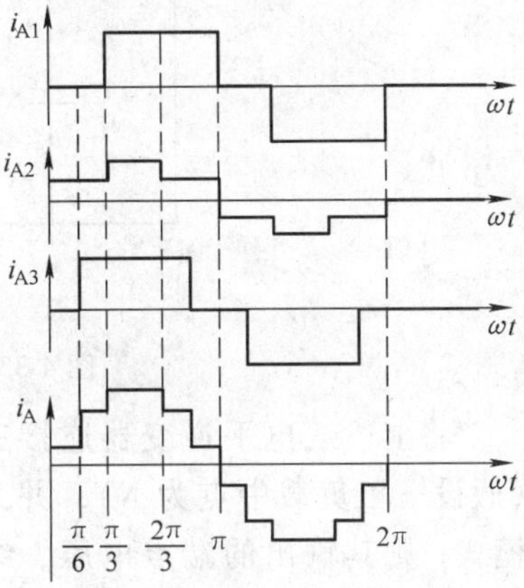

图 4-32　变压器耦合性二重化逆变器输出电流波形

4.5.3　多电平逆变器

本章 4.2 节介绍的电压型逆变器，如不采用多重化技术，则其一个输出点只能输出两种不同的电平，所以经常被称为两电平逆变器。在大容量应用场合，如果采用这种两电平逆变器结构，由于单个开关管耐压值和电流容量有限，只能通过器件的直接串联构成，输出存在很高的 dU/dt 和共模电压，对负载设备绝缘构成了威胁；同时，串联器件同时导通和关断也是非常难以解决的问题。为此，20 世纪 80 年代以来，人们发展了多电平变换器。各种电压型多电平变换电路拓扑相继被提出，其控制性能得到很大提高，因此成为高压大容量电力电子系统的发展方向，并在大容量功率变换领域得到广泛应用。

在多电平变换器的发展过程中，围绕输出多电平波形的生成，产生了多种电路拓扑结构，各种不同的多电平结构具有各自的特点，可应用在不同的场合。事实上这些结构都可以归结为多个电力电子基本拓扑单元的组合，或者是经过一定简化后的组合。目前最常见的两种多电平方案是：

①　采用单一直流电源供电，通过二极管、电容等进行嵌位的直接多电平方案。

②　采用多个直流电源供电，通过基本逆变单元输出叠加的级联式多电平方案。

下面对这两种方案分别予以介绍。

图 4-33 为采用二极管钳位的三相三电平逆变器拓扑结构，每相桥臂由四个串联的开关管构成，其中中间的两个开关管通过两个二极管与电容维持的中点相连。可以看出，当开关

管 S_{a1} 和 S_{a2} 同为导通时，A 相输出电平为 U_D，当 S_{a3} 和 S_{a4} 同为导通时，A 相输出电平为 0，当 S_{a2} 和 S_{a3} 同为导通时，A 相输出电平为 $\frac{U_D}{2}$，所以每相桥臂能输出三个不同的电平状态，因此，这种逆变器结构就叫做三电平逆变器。

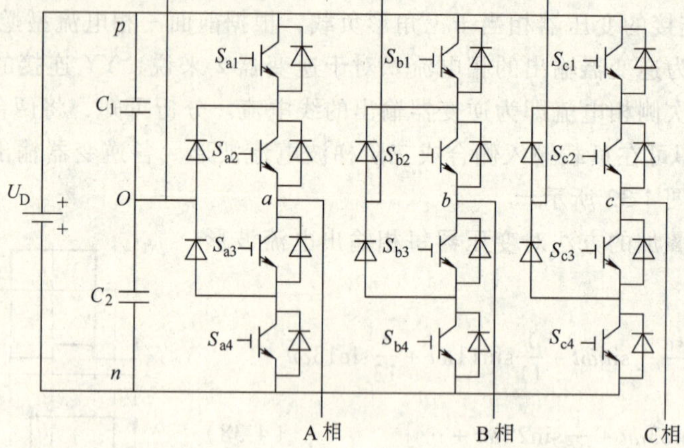

图 4-33　二极管钳位三电平逆变器主回路结构

将上述三电平逆变器连接三相对称负载（假设三相负载中点为 N），并采用方波控制模式，则其输出的端点电压、线电压和负载相电压波形如图 4-34 所示。

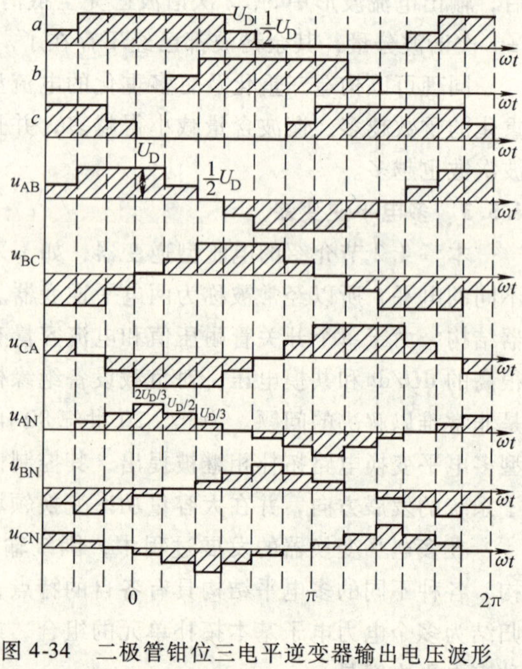

图 4-34　二极管钳位三电平逆变器输出电压波形

与传统两电平逆变器比较，这种三电平逆变器具有以下优点：

1）在同样的直流电压 U_D 下，由于两电平逆变器开关耐压为 U_D，如果采用与三电平方案中相同额定值的器件实现，则其每个开关管必须由两个开关元件串联来充当，这样它的开关器件数目将与三电平逆变器相同。但三电平逆变器没有两电平逆变器中两个串联器件的同时导通和同时关断问题，对器件的要求低，器件受到的电压应力小，系统可靠性高。

2）三电平逆变器开关产生的 du/dt 比两电平逆变器小，对外围电路的干扰小；开关引起的负载损耗小，对负载的冲击小，在开关频率附近的谐波幅值也小。

3）由于三电平逆变器输出为三电平阶梯波，形状更接近正弦。在同样的开关频率下，谐波比两电平要低得多，适应了高压大容量逆变器由于开关损耗及器件性能的问题开关频率不能太高的要求。

但是这种三电平逆变器结构也有它固有的不足：

1）二极管可能需要承受不同反压。对于三电平来说，钳位二极管承受反压相同。但对于更多电平电路来说，钳位二极管承受反压最高为（M－2）/(M－1)，最低为1/(M－1)，其中M为电平数。如果每个管子相同，若按最高额定值要求，必有一部分管子容量过大，造成浪费；若用多管串联等效，则势必造成二极管数量剧增，一相所需钳位二极管数目将达（M－1）（M－2）个，大大增加了成本，系统的可靠性也被削弱。

2）器件所需额定电流不同。从三电平的例子就不难看出，不同管子的开关时间不同。显然，每相桥臂越靠中间的管子开关时间越长，如 S_{a2} 和 S_{a3} 的开关时间是 S_{a1} 和 S_{a4} 的两倍。这样同一桥臂上管子的额定电流也会有不同。

3）电容均压问题。这是影响这种三电平及多电平电路应用的最大障碍。直流侧电容由于一个周期内电流的流入和流出可能不同，会造成某些电容总在放电，而另一部分总在充电，使得电容电压不均衡，最终导致输出电平不对。实际上，有关研究表明，仅当输出相电压和线电流互差π/2，电容上平均电流为零时，才可以使得电压均衡。当进行有功传递时，如不附加均压装置或使用特别的控制策略，必将导致M电平退化为三电平或两电平。

解决上述问题是目前直接多电平研究领域的主要研究方向。

级联式多电平逆变器拓扑中，最基本的是H桥串联结构。H桥串联式多电平逆变器的单相输出结构如图4-35所示，当逆变器向高压负载供电时，逆变器和负载都与高压电网没有直接的联系。负载所需的高压由多个独立的单相低压逆变器（一般称为功率单元）串联供给，而逆变器输入电压由移相变压器得到。

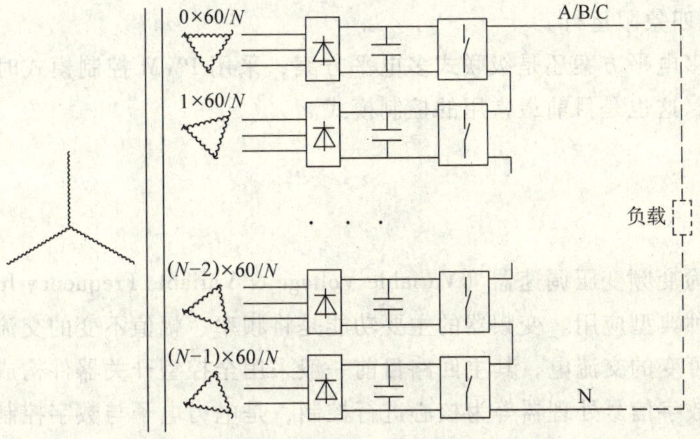

图4-35　H桥串联单相输出结构图

图4-36为H桥串联电路的一个功率单元的电路结构图，每个功率单元结构上完全一致，可以互换，为基本的交—直—交单相逆变电路。每个功率单元的输入是简单的6脉冲二极管整流器。整流器的直流侧直接连到电容器组上，交流侧由相应的移相变压器二次绕组供电，变压器二次的移相接法实现了变压器一次侧的电流多重化，可有效提高输入电流的波形质量。逆变器每相端点输出的电平数取决于功率单元串联数量，如串联2个，可输出三电平，串联3个可输出四电平，依次类推。采用方波驱动模式时，其输出电压波形类似于如图4-34所示的直接多电平输出波形。

级联式多电平变换器结构的特点如下：

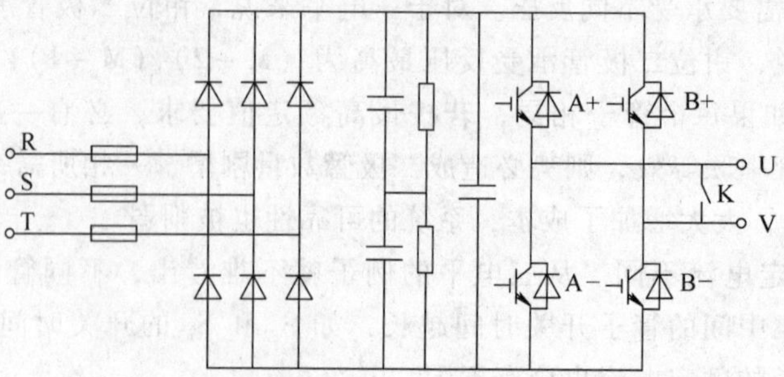

图 4-36　H 桥级联拓扑一个功率单元的电路结构

1）阶梯波调制时，器件在基频下开通关断，损耗小，效率高。

2）无需钳位二极管和电容，与钳位型直接多电平结构相比，对于相同电平数，所需器件最少，易于封装。

3）基于低压小容量变换器级联的组成方式，技术成熟，易于模块化，较适于 7 或 9 电平及以上的多电平应用场合。

4）易采用软开关技术，可以避免笨重、耗能的阻容吸收电路。

5）不存在电容电压平衡问题。

级联式多电平变换器结构的缺点是：

1）需多个独立直流电源。

2）不易实现四象限运行。

无论是直接多电平方案还是级联式多电平方案，采用 PWM 控制模式时，都能得到性能更好的输出波形，这也是目前最常用的控制模式。

4.6　变频器

变频器全称为变频变压调速器（Variable Voltage & Variable Frequency Inverter，VVVFI），是逆变电路的一种典型应用。变频器的主要功能是将频率、幅值不变的交流电源如工频电转换为频率、幅值可变的交流电，其主回路目前一般采用全控型开关器件构成的电压型逆变电路，以单片机、数字信号处理器等为核心进行控制，是电力电子与数字控制技术相结合的机电一体化产品。变频技术是应交流电机调速的需要而诞生的，因此其主要应用目的是实现交流电机，特别是交流异步电机的调速。目前变频器已形成了不同功率、不同用途的系列化产品，广泛应用于石油、石化、钢铁、冶金、矿山、机械、纺织、建筑和造纸等各个行业。通用型变频器一般采用恒压频比控制策略，适用于水泵、风机、压缩机类型负载的调速；而某些高端变频器则采用矢量控制、直接转矩控制等基于电机动态模型的控制策略，实现电机的高性能、无传感器控制，可适用于纺织、冶金、机床等要求更高的调速场合。

4.6.1　变频器的构成及基本功能

（1）变频器系统硬件组成

变频器一般采用交流电源供电，所以主回路结构大多采用交—直—交变换形式，即先把工频交流电通过整流器变成直流电，然后再把直流电变换成频率、电压均可控制的交流电，所以变频器的硬件主要由主电路（包括整流器、中间直流环节、逆变器）和控制电路构成。分别是：

1）整流器——电网侧的变流器是整流器，作用是把三相（单相）交流电整流成直流电。

2）逆变器——负载侧的变流器为逆变器。最常见的结构形式是利用六个半导体主开关器件组成的三相桥式逆变电路。有规律地控制逆变器中主开关的通与断的状态，可以得到任意频率的三相交流电输出。

3）中间直流环节——由于逆变器的负载为异步电动机，属于感性负载。无论电动机处于电动状态或是发电制动状态，其功率因数总不会为1。因此，在中间直流环节和电动机之间总会有无功功率的交换。这种无功能量要靠中间直流环节的储能元件（电容器或者电抗器）来缓冲。所以常称中间直流环节为直流储能环节。

4）控制电路——控制电路通常由运算电路、检测电路、控制信号的输入输出电路、驱动电路等部分组成。控制电路的总体结构及其和其他各部分之间的联系如图4-37所示。

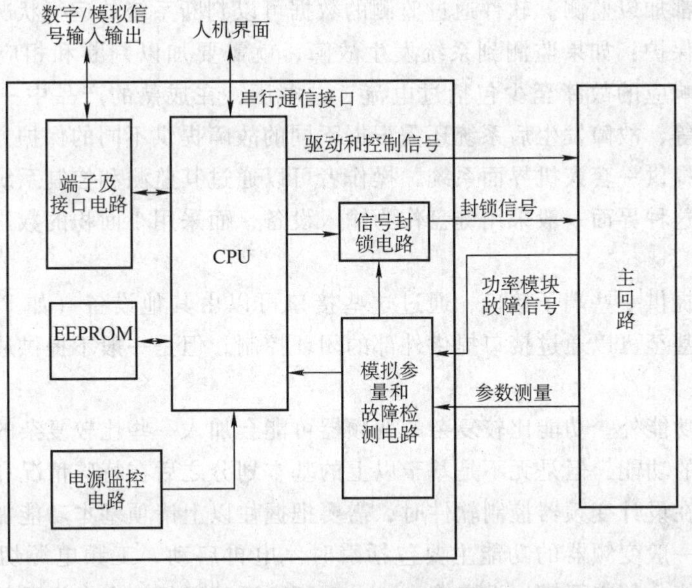

图4-37　控制电路的总体结构

模拟参量和故障检测电路：直流母线电压和电流等主回路参数作为模拟参量通过特定的检测电路进行采集并送至CPU所配置的A/D转换器，用来检测和判断是否在适合的范围之内，否则即视为相应的故障处理。另外，故障检测电路还应实时检测功率模块反馈的过流、温升超限等故障，并据此给出信号封锁电路的控制指令。

信号封锁电路：属于系统的硬件保护电路。当故障发生时，为了确保系统的可靠性，避免当软件运行出现问题的时候保护功能不动作，有必要存在此类硬件保护电路，当故障发生时，不通过CPU就立刻将输出的PWM脉冲信号全部拉低，确保开关全部处于关断状态。这部分电路还应提供这样的功能，即当软件确定故障状况已经解除，必须能够在不重新启动的情况下解除硬件的封锁，恢复PWM脉冲信号输出。

端子及接口电路：端子是变频器的一般配置。端子的功能主要是提供变频器和其他设备交互命令的通道。包括数字量的输入输出和模拟量的输入输出。由于数字量的输入和输出采用的电平可能与其他电平不符，因此和 CPU 之间需要加入简单的电平转换电路，而数字量输出还需要采取措施增大驱动能力，以备如继电器之类的设备需要。

电源监控电路：为了避免电源电压失常导致控制电路出现误动作，需要加入电源监控电路，确保当电源电压失常时事先将系统安全停止运行。

(2) 变频器系统基本功能

作为产品的变频器系统具有很多功能，不同产品的具体功能也不尽相同，功能的完善性是衡量变频器性能优劣的主要指标之一。从系统控制软件的角度，总体上可以分为以下几类功能：

电机运行：这是变频器系统功能的最基本和主要部分，包括所有和电机运行有关的功能，包括启动、制动、调速和转向控制等。

状态监测：对于实用化的产品而言，对变频器运行参数的监测可提高其可用度，一般监测的状态变量至少包括变频器——电机系统里几个关键的参数，如电流、电压，具体而言电压一般检测直流母线上的直流参数，电流就有直流母线电流、电机相电流（交流量）的不同选择，也可以都加以监测。软件通过监测的数据可以判断系统的运行状况。

故障处理和保护：如果监测到系统发生故障，就需要加以判断和相应的处理。一般而言，需要区分和响应的故障至少包括过电流、过电压，在成熟的产品中一般还会包括过负载、过热和缺相等，故障发生后系统还需根据不同的故障提供不同的保护方案。

人工控制：提供一套人机界面系统，操作者可以通过其监测和控制系统的运行设置一些运行参数，目前这种界面一般采用键盘作为输入设备，而采用小面积的数码管或液晶屏幕作为显示设备。

自动控制：提供一些端子接口，通过这些接口可以由其他设备（如 PLC）来监测和控制系统的运行，甚至可以通过接口提供外部的闭环控制，但是一般不提供通过接口来设置系统内部的参数。

除上述基本功能外，功能比较复杂的变频器可能会加入一些比较复杂的、具有少量自动判断和命令记忆的功能，但是无不是基于以上的基本划分之后在特殊情况和特殊参数下的组合设计。因此，在设计变频器控制软件时，需要把握住以上诸项基本功能加以实现。

总体来说，一般变频器的功能主要包括瞬时停电再启动、工频电源切换、多段速度设定、频率跨跳功能、数字及模拟设定输入、自动频率调整运行、多电机运行、个人计算机接口、可编程控制器接口和定时控制等。为了保证变频器的可靠工作，一般变频器都有较完备的保护功能，主要包括输出过载、输出过流、电网过电压、电网欠电压、电网失电、直流母线过电压、直流母线欠电压、变压器过热和缺相等。

4.6.2 变频器调速的基本控制原理

变频器一般主要用于交流异步电机的控制。根据电机学原理，异步电动机的同步转速是由电源频率和电机极对数决定的，在改变供电频率时，电机的同步转速也相应地改变。因此在交流电机调速系统中，可以通过改变电机的供电频率来实现控制电机转速的目的。通用型变频器中，一般采用变压变频（UUUF）的方法协调地改变

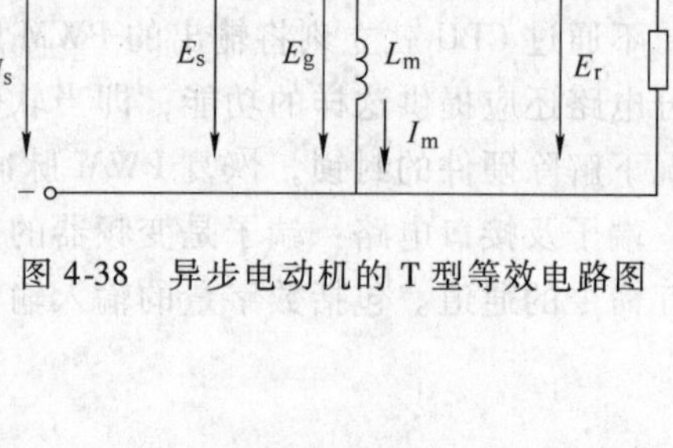

图 4-38　异步电动机的 T 型等效电路图

电机的供电电压，以实现恒定磁通控制，充分利用电机。原理阐述如下：

电机在负载条件下可得到如图 4-38 所示的异步电动机 T 型等值电路。负载条件下运行时，电机转速低于电机的同步转速，滑差的大小与电机的负载有关。

电机定子每相感应电势的有效值为

$$E_s = 4.44 f_s N_s k_{Ns} \Phi_m \tag{4-39}$$

式中，E_s 为气隙磁通在定子每相中感应电动势有效值，单位为 U；f_s 为定子频率，单位为 Hz；N_s 为定子每相绕组串联匝数；k_{Ns}为基波绕组系数；Φ_m 为每极气隙磁通，单位为 Wb。

异步电动机端电压与感应电动势的关系式为

$$U_s = E_s + (R_s + j\omega_s L_s) I_s \tag{4-40}$$

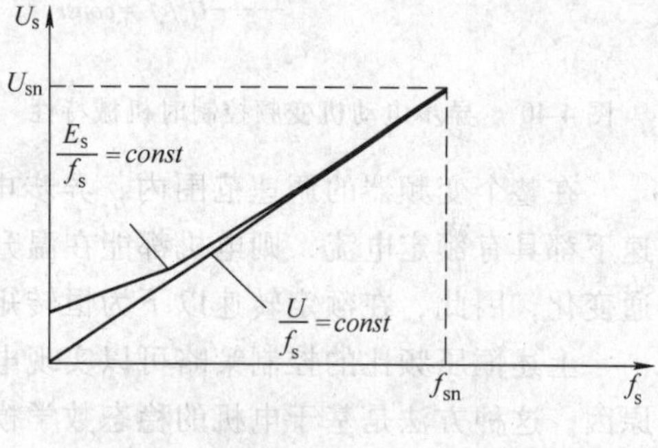

图 4-39　变频器端电压与频率关系

当电机运行频率由额定频率降低或升高时，若继续保持电机端电压为额定值不变，那么电机的磁通会出现饱和或欠励磁的情况。例如，当电机的定子频率 f_s 降低时，若继续保持电机的端电压不变，即保持电机的感应电动势 E_s 不变，那么由式（4-39）可知，电机的磁通 Φ_m 将增大。由于电机设计时，电机在额定情况下的磁通常处于接近饱和值，磁通的进一步增大将导致电机出现饱和，磁通出现饱和后将会造成电机中的励磁电流过大，增加电机的铜耗和铁耗，使电机温升过高，严重时会烧毁电机。而另一种情况下，当电机出现欠励磁时，不能充分利用铁心，将会影响电机的输出转矩，使电机带载能力下降。因此，在电动机控制过程中，使每极磁通 Φ_m 保持额定值不变可以充分利用电机，是调速过程中应尽量遵循的原则。在交流异步电机中，磁通 Φ_m 是定子和转子磁势合成产生的，因此由式（4-39）可知，只要同时协调控制 E_s 和 f_s，就可以达到控制 Φ_m 使之恒定的目的。对此，需要考虑额定频率以下和额定频率以上两种情况。

1）额定频率以下的调速。由于电机绕组中的感应电动势 E_s 是难以直接控制的，但考虑当定子频率 f_s 较高时，感应电动势的值也较大，因此由式（4-40）可忽略定子阻抗压降，认为定子相电压 $U_s \approx E_s$，则磁通恒定的条件可表示为

$$\Phi_m = K \frac{U_s}{f_s} = const \tag{4-41}$$

这就是所谓恒压频比（U/F）的控制方式。但在低频时，U_s 和 E_s 都较小，定子阻抗（主要是定子电阻上的压降）所占比重增大，电机端电压和电机的感应电动势近似相等的条件已经不能满足。如果仍然按 U/F 一定来控制，就不能保持电机磁通恒定。电机磁通的减小势必造成电机电磁转矩的减小。如果对定子电阻压降进行补偿，在低频时可适当提高逆变器的输出电压，维持 E_s 和 f_s 之比为常量，如图 4-39 所示。这样电机磁通大体上可以保持恒定，机械特性如图 4-40 所示。可以看出，U/F 控制方式也能够适用于恒转矩负载。但是如果出现过补偿的情况，轻载时定子电阻压降减小，产生过励磁，电动机温度升高。所以对负载变化较大的应用，可采用根据负载电流的大小进行补偿的方式。

2）额定频率以上的调速。在额定频率以上调速时，频率可以从 f_{sn} 往上提高，但是端电压 U_s 不能继续上升，只能维持在额定值 U_{sn}，这将迫使磁通与频率成反比下降，相当于直流

电动机弱磁升速的情况。

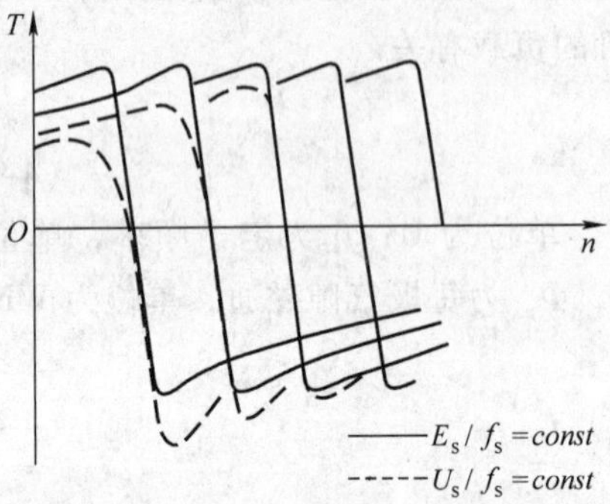

图 4-40　异步电动机变频控制时机械特性

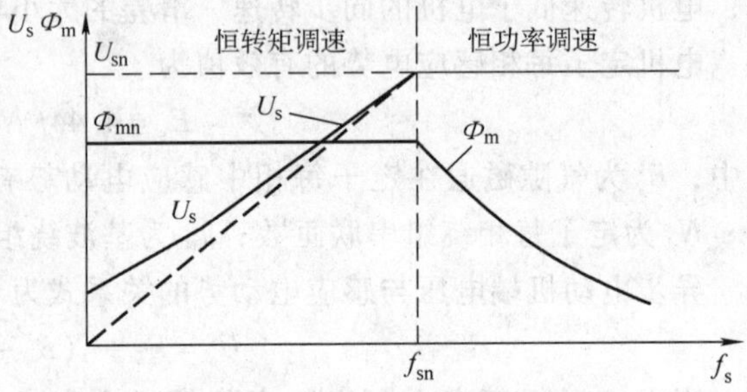

图 4-41　异步电机变频调速控制特性

在整个变频器的调速范围内，异步电机的控制特性如图 4-41 所示。如果电机在不同转速下都具有额定电流，则电机都能在温升允许的条件下长期运行。这时电机转矩基本上随磁通变化，因此，在额定转速以下为恒转矩调速，在额定转速以上为恒功率调速。

上述恒压频比的控制策略可以实现电机一定范围的调速控制，但其动态并不理想，究其原因，这种方法是基于电机的稳态数学模型实现的，因此只能应用于风机、水泵等性能要求不高的场合。随着电力电子技术和电机控制技术的发展，越来越多的变频器产品开始采用矢量控制、直接转矩控制等基于电机动态数学模型的控制策略，实现更高的调速比，更快速的转矩响应以及电机的无机械式传感器控制等。

4.7　软开关技术在 DC-AC 变换中的应用

采用传统的方波及 PWM 控制模式时，器件开通关断过程中其两端的电压一般都不为零，这样电流从零增加到负载电流或从负载电流减小到零电流的过程中必然带来开关管的功率损耗，我们把这种开通关断模式称为硬开关模式，由此带来的损耗一般被称为开关损耗。随着开关频率的增加，采用硬开关的逆变电路开关损耗也随之迅速增加。巨大的开关损耗一方面使得器件温度升高，使其变得容易损坏；另一方面使逆变器的整体效率大大降低。另外，过高的 du/dt、di/dt 不仅提高了对器件的电压以及电流承受能力的要求，同时也产生严重的电磁干扰。虽然缓冲电路的使用在一定程度上降低了器件的开关损耗，但逆变电路的总体效率并没有提高。为减小器件的开通损耗，提高逆变器的效率，能否将前一章讲到的软开关技术也应用到逆变电路中来呢？答案是肯定的，这就是软开关逆变技术。

下面以软开关逆变电路中最常见的直流环节谐振逆变电路为例说明软开关逆变器的基本工作原理。如图 4-42 所示为一个基本的直流环节谐振逆变电路，其与传统硬开关逆变电路的主要差异在于整流器和逆变器之间加入的谐振电路，

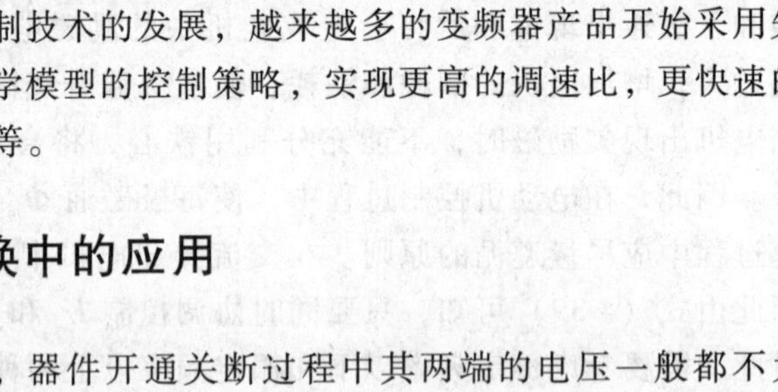

图 4-42　基本直流环节谐振逆变电路

该谐振电路把原先整流器输出的恒定直流电压变成一个直流脉动或高频交流电压，从而在逆变器输入端出现电压或电流过零点，给开关器件开通或关断创造零电压或零电流条件。

如图 4-42 所示，一个基本的直流环节谐振逆变电路由三部分构成：电压源、LC 谐振电路以及三相逆变桥。由于 LC 的谐振作用，输入到逆变桥的电压不再是直流电压，而是频率较高的谐振脉冲电压。该谐振脉冲电压周期性地在谐振峰值和零点之间振荡，从而周期性地产生零电压时间间隔，为后面的三相逆变桥创造零电压开通的条件。掌握直流环节谐振逆变电路的工作原理，必须从其主要特征处，即 LC 谐振电路入手进行分析。

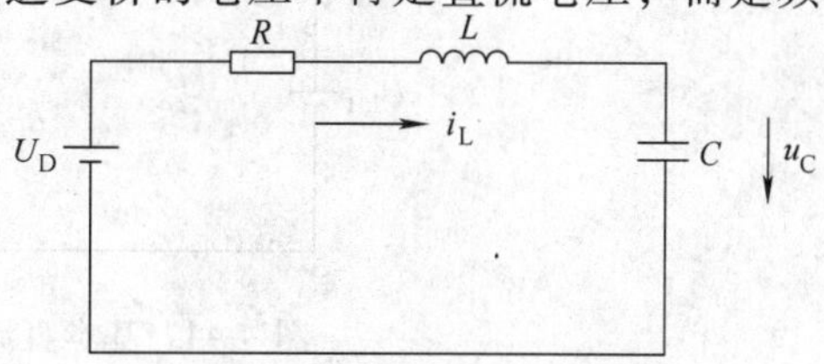

图 4-43　*LC* 谐振等效电路

考虑到实际电路中不可能做到完全的无损振荡，尤其是电感不可避免地存在一定的电阻。因此实际的 LC 谐振电路可等效为如图 4-43 所示电路。该电路的微分方程如下：

$$\begin{cases} L\dfrac{\mathrm{d}i_L}{\mathrm{d}t}+i_LR+u_C=U_D \\ C\dfrac{\mathrm{d}u_C}{\mathrm{d}t}=i_L \end{cases} \tag{4-42}$$

设初始条件为 $u_C(0^-)=0$，$i_L(0^-)=0$，解上述微分方程组，得

$$U_C(t)=U_D-U_D\frac{\omega_0}{\omega}\mathrm{e}^{-\delta t}\sin(\omega t+\beta) \tag{4-43}$$

式中，$\beta=\arctan\dfrac{\omega}{\delta}=\arctan\dfrac{\sqrt{1-\xi^2}}{\xi}$；$\omega_0=\dfrac{1}{\sqrt{LC}}$；$\xi=\dfrac{R}{2}\sqrt{\dfrac{C}{L}}$；$\delta=\xi\omega_0=\dfrac{R}{2L}$；$\omega=\sqrt{\omega_0^2-\delta^2}$。

由上式可以看出，$u_C(t)$随时间衰减振荡并最终稳定在 u_D，并不能周期性地通过零点。只有当 $\delta=0$ 时，$u_C(t)$才随时间变化做等幅振荡，此时 $R=0$ 为无阻尼振荡，但实际中这是不可能实现的。从以上分析可知，u_C 不能周期性地回零的原因就是电路中存在损耗，如果能够周期性地为电路补充能量，u_C 便有可能实现等幅振荡。其方法是在 LC 谐振电路开始振荡之前，先使电感储存足够的能量，开关 S 正是为了这个作用而设置的。当 u_C 回零时，S 导通，u_C 电压保持为零不变。此时电感进行预充电，当 i_L 增加至 I_{L0}时，S 断开，LC 重新开始振荡。此时谐振的初始条件变为 $u_C(0^-)=0$，$i_L(0^-)=I_{L0}$，电容两端电压变为

$$u_C(t)=\frac{\sqrt{\dfrac{L}{C}}I_{L0}}{\sqrt{1-\xi^2}}\mathrm{e}^{-\delta t}\sin\omega t+U_D\left[1-\frac{\omega_0}{\omega}\mathrm{e}^{-\delta t}\sin(\omega t+\beta)\right] \tag{4-44}$$

令 $Z_0=\sqrt{\dfrac{L}{C}}$为特性阻抗，将$\dfrac{\omega_0}{\omega}=\dfrac{1}{\sqrt{1-\xi^2}}$代入得

$$u_C(t)=\frac{\omega_0}{\omega}Z_0I_{L0}\mathrm{e}^{-\delta t}\sin\omega t+U_D\left[1-\frac{\omega_0}{\omega}\mathrm{e}^{-\delta t}\sin(\omega t+\beta)\right] \tag{4-45}$$

从上式可以看出，只要选择合适的 Z_0 和 I_{L0}，就可以实现 u_C 周期性回零。

上述逆变器实际工作过程中，负载电流也由电感和电容来提供，而前面我们在讨论直流谐振环节时并没有考虑输出负载电流的影响，实际上负载电流对 LC 谐振过程必定存在影响。我们可以把三相逆变桥看作一个整体，由于电压型逆变器通常接电机等感性负载，因此

我们认为负载电流在一个谐振周期内近似不变，可以将逆变桥及其负载作为一个理想电流源处理，等效电路如图 4-44 所示。

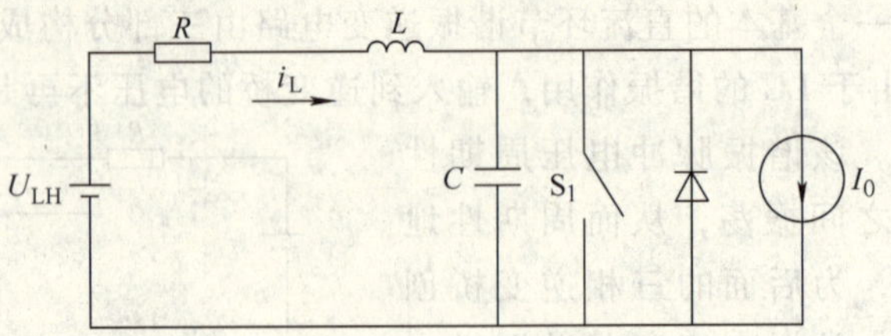

图 4-44　基本直流环节谐振逆变器等效电路

考虑负载电流影响后，对该电路的分析依然分为两阶段进行：

第一阶段为电感的预充电状态。此时开关 S 导通，电容电压被钳位在零，电感处于恒压充电状态。当 i_L 增加至 I_{L0}时，预充电阶段结束，S 断开。与前面的分析不同，这里的 I_{L0}为考虑负载电流之后的预充电电流阈值，目的是补充 LC 谐振电路在一个周期内的能量损耗，包括电阻上的损耗和负载消耗两部分。

第二阶段为 LC 谐振阶段，其动态过程可用如下微分方程组描述

$$\begin{cases} L\dfrac{di_L}{dt}+i_LR+u_C=U_D \\ C\dfrac{du_C}{dt}+I_o=i_L \end{cases} \tag{4-46}$$

此时谐振的初始条件为 $u_C(0^-)=0$，$i_L(0^-)=I_{L0}$，解微分方程组可得

$$u_C(t)=\frac{\omega_0}{\omega}Z_0(I_{L0}-I_o)e^{-\delta t}\sin\omega t+(U_D-I_oR)\left[1-\frac{\omega_0}{\omega}e^{-\delta t}\sin(\omega t+\beta)\right] \tag{4-47}$$

分析上述表达式不难发现，当不考虑负载电流时，将 $I_o=0$ 代入，可得到式（4-45）；当进一步不考虑能量补充环节，将 $I_o=0$ 代入，可得到式（4-43）。可见式（4-43）和式（4-45）都是式（4-47）的特殊情况。实际应用中，由于 R 不可能为 0，为了保证 u_C 能够周期性回零，必须保证 $I_{L0}>I_o$，其差值用于弥补电路的损耗。由于负载电流 I_o 一般情况下并不是固定不变的，所以电阻损耗也会变化，因此 I_{L0}也会变，控制中选择合适的 I_{L0}就显得尤其重要了。如果 I_{L0}太小，就不能保证 u_C 周期性地回零；但如果 I_{L0}太大，又将引起谐振电压峰值过大，导致对逆变开关器件的耐压要求更高。

基本直流环节谐振逆变器最主要的缺点就是对开关器件的耐压要求较高，开关器件通常都需要承受 2～3 倍的 U_D。其改进型电路有有源钳位直流环节谐振逆变器、直流环节并联谐振逆变器等，其基本工作原理与第 3 章描述的软开关电路类似，但电路结构较复杂，在本章中不作具体介绍。

本章小结

DC-AC 电路又称为逆变电路，其主要任务是将直流电能转变为交流电能。本章主要讲述广泛应用的各类无源逆变电路拓扑结构、控制原理及典型应用，并对多重化技术、多电平技术和软开关技术在逆变电路中的应用作了大致介绍，具体包括：

1）根据直流电源性质，可将逆变电路分为电压型逆变器和电流型逆变器，电压型逆变电路的特点是直流侧接有很大的滤波电容，从逆变器向直流侧看过去相当于一个内阻很小的电压源；电流型逆变电路的特点是直流侧接有很大的滤波电感，从逆变器向直流侧看过去相当于一个电流源；目前采用全控型器件的电压型逆变器应用最为广泛。

2）当负载为 RLC 且满足谐振条件时，这种负载称为谐振负载，其逆变电路称为谐振式逆变电路。在谐振式逆变电路中，当逆变频率在负载谐振频率附近时，可获得正弦的电压或电流输出，不需要额外的低通滤波器来消除低次谐波。谐振式逆变电路在中频感应加热电源等系统中有较多应用。

3）逆变电路中采用的多重化技术基本思想是以阶梯波来逼近正弦波，从而达到改善逆变器的输出电压电流波形的作用，这种技术对于电压型逆变器和电流型逆变器都可以适用。在开关管耐压值和电流容量有限的情况下，采用多电平方案是实现高压大容量逆变器的重要途径，相对于两电平方案，多电平方案可以避免器件的直接串联，并能有效降低输出电压的 dU/dt 和共模电压，改善输出波形品质。

4）变频器是逆变电路的一种典型应用，主要功能是将频率、幅值不变的交流电源如工频电转换为频率、幅值可变的交流电，其主回路目前一般采用全控型开关器件构成的电压型逆变电路，以单片机、数字信号处理器等为核心进行控制，是电力电子与计算机控制相结合的机电一体化产品。变频器一般用于交流电机，特别是交流异步电机的调速控制，在工业、家电等领域应用非常广泛。

5）在逆变电路中采用软开关技术，通过谐振电路控制开关在零电压或零电流状况下开通关断，可减小逆变电路的开关损耗，提高系统整体效率，因此具有良好的发展前景。

思 考 题

1. 画出下列逆变电路，并描述其各自的特点：

a）电压型单相半桥式逆变电路

b）电压型单相全桥式逆变电路

c）电流型单相桥式逆变电路

d）电流型三相桥式逆变电路

2. 改善逆变器输出电压波形能采用哪些方法？

3. 试描述通用型变频器的控制原理。

4. 比较 PWM 控制的硬开关换流过程和软开关换流过程，分析两种控制方法的特点。

5. 多重化的电压型逆变器和电流型逆变器各有什么特点，描述其消除高次谐波的原理。

6. 如题图 4-1 所示的单相逆变电路，设滤波电容充分大，开关控制信号为 100Hz 方波电压，负载为电阻电感混合型负载，参数 $U_D=310U$，$R=100\Omega$，$L=0.02H$，试计算输出电流表达式及波形。

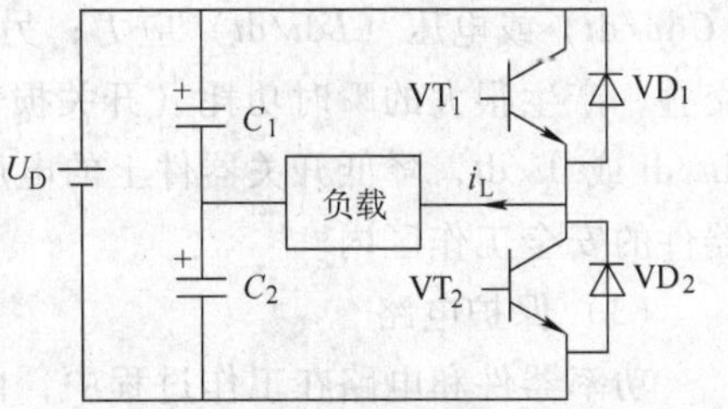

题图 4-1

第 5 章 开关管的驱动、缓冲和保护电路

本章介绍晶闸管、GTR、MOSFET/IGBT 等半导体开关对驱动电路的要求，驱动电路的形式和工作原理；介绍开关管的 RCD 关断缓冲网络、RLD 开通缓冲网络和无损缓冲网络，分析缓冲原理和参数设计依据；并介绍开关管和变换器的过流、过压和过热保护。

5.1 概述

一个实际的功率开关变换器中的开关器件要能正常工作，还需要一些辅助器件和电路，如驱动电路、缓冲电路和保护电路等。

（1）驱动电路

驱动电路的基本功能就是转换功率半导体器件的开关状态。通常希望驱动电路能使开关时间最短，这样使功率器件穿过瞬态损耗较大的放大区的时间最短。驱动电路是连接控制电路和功率开关器件的桥梁，它将控制信号放大到驱动功率开关所要求的水平；有时候还要求驱动电路的输入输出端是电气隔离的。

功率晶体管的开关特性与驱动电路的性能密切相关。同样的功率开关，采用不同的驱动电路将得到不同的开关特性。设计优良的驱动电路能改善功率晶体管的开关特性，减小开关损耗，提高整机的效率及功率开关器件的可靠性，从而提高变换器的性能。随着开关频率的提高，驱动电路的优化设计显得越来越重要。

（2）缓冲电路

功率开关器件的可靠性主要取决于在工作中所承受的电的和热的应力，过高的应力造成器件工作特性变差和损坏，从而影响变换器的可靠性。

各种开关器件（功率开关管、快恢复二极管等）在导通时流过电流，关断时承受电压。而开通和关断的瞬间过程中，因为开关速度很快，因此承受很大的 $\mathrm{d}u/\mathrm{d}t$ 或 $\mathrm{d}i/\mathrm{d}t$。这样在电路寄生电感和寄生电容的作用下，将使开关器件承受远远高于稳态导通或关断状态的电流（$C\mathrm{d}u/\mathrm{d}t$）或电压（$L\mathrm{d}i/\mathrm{d}t$）应力；另一方面，器件在开通和关断的过程中电流和电压波形交叠，产生很大的瞬时功耗（开关损耗）。为此需要增加缓冲电路（或称吸收电路）以减小 $\mathrm{d}u/\mathrm{d}t$ 或 $\mathrm{d}i/\mathrm{d}t$，降低开关器件上的电压或电流峰值以及开关损耗，将其开关瞬间过程限制在器件的安全工作区内。

（3）保护电路

功率器件和电路在工作过程中，由于电路内部或外部的原因，可能发生过流、过压、过热等故障，如果能及时检测出故障状态、关断开关管，则可以避免开关管和电路的损坏，保证工作安全。

5.2 驱动电路

在第1章已经分析了常用功率开关管的输入和输出特性，不同器件的输入特性不同，对驱动电路的要求也不同。如晶闸管等不可控制关断的开关器件，门极只能控制其开通，而不能控制其关断，而且驱动脉冲就可以令其开通；可关断器件的导通和关断状态则完全由其基极或门极施加的驱动电压电平来控制，其中的GTR是电流型驱动，MOSFET和IGBT等是电压型驱动。

驱动电路提供的输出信号可以是单极性的，也可以是双极性的。单极性驱动电路简单，而双极性驱动可以加快关断。驱动电路中还常常需要提供功率开关和逻辑控制电路之间的电气隔离，一般采用光耦合器件或隔离变压器实现。

5.2.1 晶闸管的触发电路

晶闸管是电流型触发器件，其对于门极触发信号的要求是：

1）触发信号可以是电平或脉冲信号，但晶闸管一旦导通后触发信号就失去了作用，因此为了降低驱动损耗，一般采用脉冲形式。但电路简单时也用电平形式。

2）触发脉冲要有一定的宽度，即要维持到阳极电流大于掣住电流以后才能撤销，以保证触发可靠。

3）触发脉冲要有足够的电流和电压，但也不能过功率，即必须工作在晶闸管门极伏安特性的可靠触发区和安全工作区内。需要加快开通时，驱动电流应具有陡峭的上升沿并有一定的过冲。

4）触发脉冲与主电路电源电压必须同步，即稳态时在每个交流输入周期二者保持某一固定的相位关系。

5）触发脉冲的移相范围必须满足变流装置的要求，以达到要求的调压范围。移相范围与主电路的形式、负载的性质和变流装置的用途等有关。

晶闸管的触发控制电路可以采用专用的移相触发电路芯片，或者由微控制器实现。

最基本的反相放大驱动电路如图5-1所示，电阻 R_g 为限流电阻，一般电源电压 U_D 远远大于G-K间正向压降，故驱动管 Q_1 关断时，晶闸管S导通，其驱动电流

$$I_g \approx U_D/R_g$$

晶闸管S的门极串联一个电容 C_1，如图5-1b所示，则将触发信号 u_i 的下降沿（触发

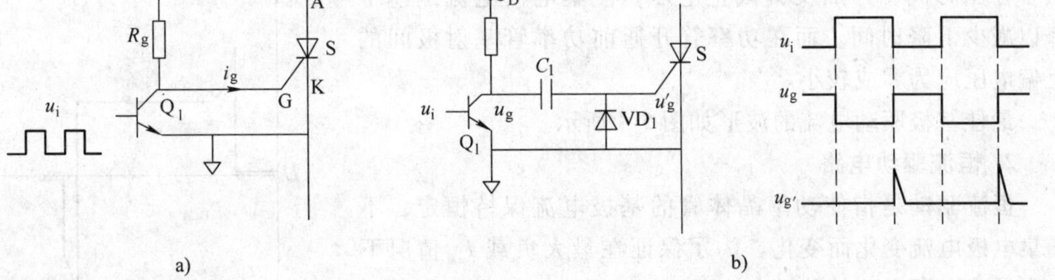

图5-1 反相放大触发电路

a）电平触发 b）脉冲触发

沿）转换为触发脉冲。图中二极管 VD_1 是为了避免 C_1 放电时 S 的 G-K 间反向电压过高、损坏晶闸管。

为了加速晶闸管的开通过程，可以采用如图 5-2 所示的强触发电路。图中，T 为脉冲变压器，U_{D1} 和 U_{D2} 为辅助电源，并且 $U_{D2} >> U_{D1}$。驱动管 Q_1 和晶闸管 S 截止期间，C_1 充电到 U_{D2}。Q_1 导通时，C_1 通过脉冲变压器和 R_g 放电、为 S 提供触发电流，并且随着 C 放电、A 点电位 u_A 迅速降低，触发电流随之减小，当 u_A 低至 U_{D1} 时，二极管 VD_1 导通，u_A 被钳位在 U_{D1} 直至 Q_1 再次关断。触发电流的波形如图 5-2b 所示。

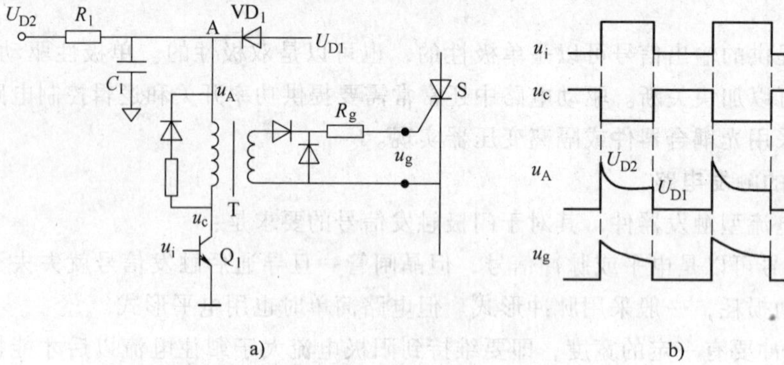

图 5-2　强触发电路及触发电流波形
a）强触发电路　b）工作波形

5.2.2　双极性晶体管的驱动

1. 对驱动电路的要求

双极型晶体管（BJT）是电流型控制器件，其对于基极驱动电流的要求如下：

1）晶体管开通时，驱动电路提供的基极电流应具有陡峭的上升沿，并有一定的过冲，以加速开通的过程，特别是在集电极达到开启电流尖峰时仍具有足够的基极驱动，以减小开通损耗。

2）导通期间，驱动电路提供的基极电流在任何负载情况下都能保证功率管处于饱和导通状态，使功率管的饱和压降降低，以保证较低的导通损耗。但是，为了减小存储时间，希望在功率管将要关断前处于临界饱和状态。

3）关断瞬间，驱动电路应提供足够的反向基极驱动，以迅速抽出基区的剩余载流子，减小存储时间，并加反偏截止电压，使集电极电流迅速下降以减少下降时间。而在功率管开通前功率管基射极间的反偏电压应为零或较小。

最佳基极驱动电流的波形如图 5-3 所示。

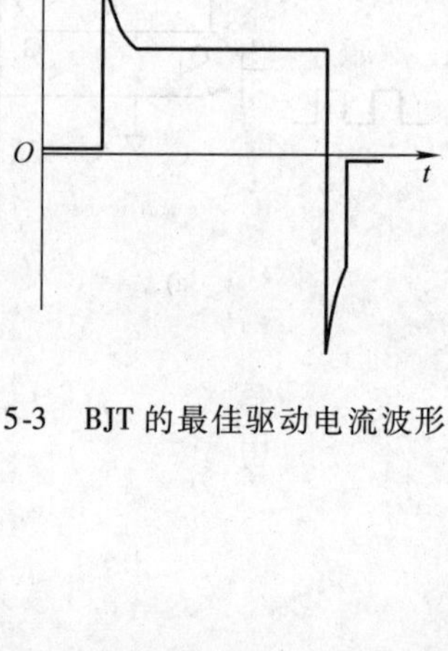

图 5-3　BJT 的最佳驱动电流波形

2. 恒流驱动电路

恒流驱动是指使功率晶体管的基极电流保持恒定，不随集电极电流变化而变化。为了保证在最大负载 I_{cM} 情况下饱和导通，所需要的基极电流

$$I_b > I_{cM}/\beta$$

在空载或轻载情况下深度饱和，存储时间长，但电路

简单，因而在功率较小或驱动特性要求不高时广泛应用。

（1）单管驱动

如图 5-4 所示的反相放大电路是一个单管驱动电路。图中 Q 是功率管，Q_1 是驱动管，Q_1 关断时 Q 导通。此驱动电路与图 5-1 所示的驱动电路相同，一般电源电压 U_D 远远大于 Q 的 b-e 结电压 U_{be}，故 Q 的驱动电流（忽略 U_{be}）

$$I_b \approx U_D/R_1$$

（2）加速电容

如图 5-5 所示的加速电容 C_1 可以加快功率管 Q 的开通和关断过程。驱动管 Q_1 导通期间，Q 截止，电容 C_1 端电压近似为零。Q_1 变为截止的瞬间，C_1 电压不能突变、电阻 R_2 被短路，此瞬间 Q 的驱动电流最大，为（忽略 U_{be}）

$$I_{bm} = U_D/R_1$$

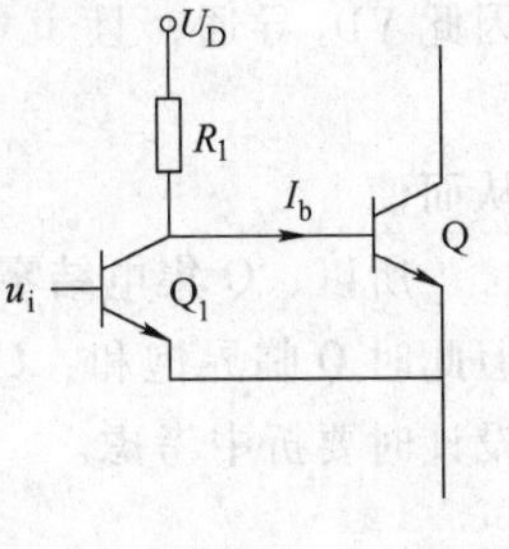

图 5-4　反相放大驱动电路

然后，i_b 随 C_1 充电而减小。Q 稳定导通期间

$$I_b = U_D/(R_1 + R_2)$$

此时 C_1 端电压

$$u_c = U_D R_2/(R_1 + R_2)$$

Q_1 再次导通时，C_1 反向放电、u_c 反向加在 Q 的 b-e 结，为反向抽流提供反偏电压，加速 Q 关断。

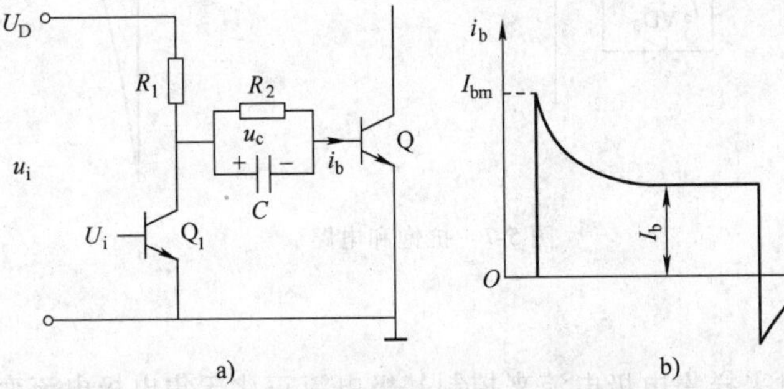

图 5-5　带加速电容的驱动电路

（3）推挽驱动

如图 5-6 所示的 Q_1 和 Q_2 组成推挽驱动电路。u_i 为高电平时，Q_1 导通、Q_2 截止，U_D 通过 Q_1 和 R_1 为功率管 Q 提供基极驱动电流、令 Q 导通；u_i 为低电平时，Q_2 导通而 Q_1 截止，$-U_D$ 为功率管 Q 基极电流反向抽流提供反偏电压，使其迅速关断。

关断速度满足要求时可以不用负电源，即 $-U_D$ 为零。

（4）抗饱和电路

恒流驱动的功率管，为了保证在满载时饱和导通，其基极驱动电流要足够大，但这样一来，在负载较轻，即集电极电流较小时，功率管的饱和深度就会很深，存储时间 t_s 增大。抗饱和电路的作用就是将多余的驱动电流引走，使功率管的基极电

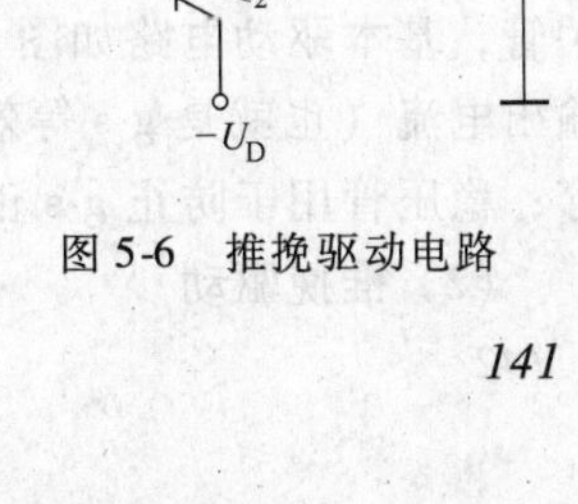

图 5-6　推挽驱动电路

流自动维持其在不同的负载条件下都处于浅饱和状态。

基本的抗饱和电路如图 5-7 所示，图中 VD_1、VD_2 是抗饱和二极管，VD_3 为反向基极电流提供通路。假设这三个二极管和功率管 Q 的 b-e 结的正向导通压降都相等，当 Q 集电极电流较小、饱和较深时，

$$U_{ce} < U_{be}$$

则
$$U_A > U_C$$

因此 VD_2 导通，且

$$U_{D2} + U_{ce} = U_{D1} + U_{be}$$

从而使
$$U_{ce} = U_{be}$$

所以，Q 集电结零偏（$U_{cb}=0$）、临界饱和，多余的驱动电流通过 VD_2 和 Q 的 c-e 流通。但此时 Q 临界饱和、U_{ce}较大，又导致 Q 的通态损耗较大，存储时间和饱和压降是矛盾的，设计时要折中考虑。

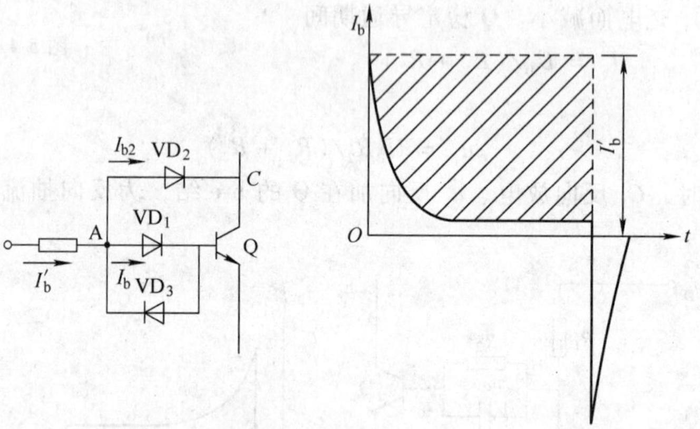

图 5-7　抗饱和电路

3. 比例驱动

比例驱动电路通过采样集电极电流来控制基极电流正比于集电极电流变化，在不同的集电极电流（即不同负载）情况下开关管的饱和深度基本不变，总是工作在最佳状态。在 BJT 功率较大时采用比例驱动，可以有效折中驱动电路和功率电路损耗，但电路比较复杂。

5.2.3　MOSFET 和 IGBT 的驱动

MOSFET 和 IGBT 属于场控器件，即电压型控制器件，它们的开通和关断过程驱动实际上是其等效输入电容的充放电过程，因此，为了加速开通和关断过程，需要较大的瞬时充放电电流，而在稳定导通期间，门极输入电流极小，只是补充等效输入电容的漏电流。

（1）基本驱动电路

PWM 集成控制芯片（IC）内部电路的驱动级多采用推挽电路，具有较强的驱动能力，因此，只要外加限流电阻就可以直接驱动等效输入电荷量较小的小功率 MOSFET 或 IGBT 开关管，基本驱动电路如图 5-8 所示。图中 R_1 为限流电阻，限制开通或关断瞬间 PWM IC 的输出电流（也就是 g-s 等效电容的充放电电流）；R_2 是为了防止静电荷积累造成 g-s 过压击穿；稳压管用于防止 g-s 正向和反向驱动电压过高。

（2）推挽驱动

图 5-6 所示的推挽驱动也适用于场控器件，在所需驱动电流较大时，通常在 PWM IC 芯片的输出端扩展一级推挽驱动。可以采用单电源或双电源驱动（即图 5-6 中 $-U_D$ 可以为零或为负）。

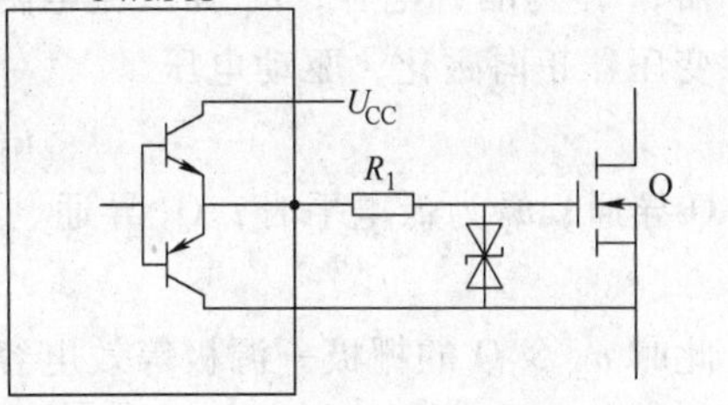

图 5-8　PWM IC 直接驱动 MOSFET 或 IGBT

（3）专用驱动芯片

采用专用的 MOSFET 或 IGBT 驱动芯片可以简化设计、改善驱动性能。有的驱动芯片还集成了自举电路或隔离、保护功能等，但成本较高，如 IR 公司的 IR 2110、富士公司的 EXB 841 等。

5.2.4　驱动电路中的隔离技术

驱动电路常常需要实现主电路和控制电路之间的电气隔离，可以采用光偶或驱动变压器实现。

（1）光耦隔离

光耦合器简称光耦，它是应用电流-发光-电流的原理，由发光二极管和光敏晶体管组合而成的器件，其典型的内部等效电路如图 5-9a 所示。输入和输出电路需要分别采用隔离的辅助电源。基本应用电路如图 5-9b 所示。输入信号 u_i 为低电平时，发光二极管导通、光敏三极管也导通，输出信号 v_c 为低电平。光耦的输入和输出特性与普通晶体管类似，但电流传输比 I_C/I_F 较普通晶体管的放大倍数小得多，而且有很大的离散性。

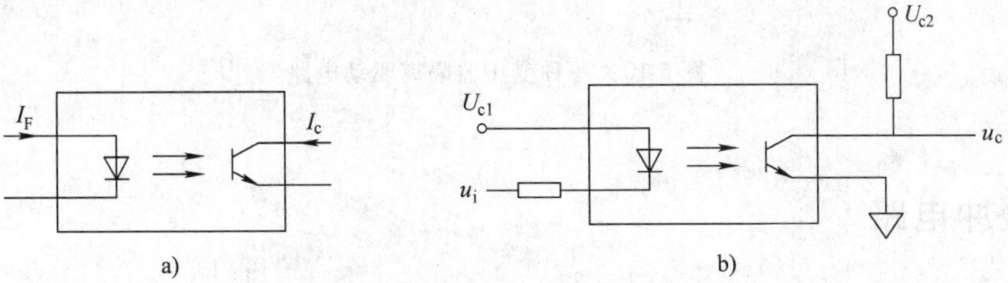

图 5-9　典型的光耦器件
a）内部等效电路　b）典型应用电路

一般光耦的频带较窄，不适合传递高频开关信号。高速光耦芯片如 TLP 550 和 HCPL 3120 等，其上升和下降时间在 0.5μs 左右，适合用于开关频率在 50kHz 以下的 MOSFET 和 IGBT 驱动。

为了提高传输比，有的光耦输出端采用达林顿接法，如果这样其频带更窄，适合用在晶闸管等工频和中频开关器件的驱动电路中。

（2）驱动变压器隔离

用变压器实现信号的电器隔离也称为磁耦合。脉冲变压器可以传递开关脉冲信号，同时可以传递驱动功率，因此其二次侧不需要辅助电源。

信号的频率越高，驱动变压器的体积越小，因此，磁耦合驱动适用于高频开关变换器。用于驱动晶闸管时，为了减小驱动变压器体积，可以采用高频调制和解调触发脉冲信号的方法。

一个典型的高频隔离驱动电路如图 5-10 所示。Q_1 和 Q_2 构成推挽电路，T_1 为驱动变压器，C_1 为隔直电容，R_1 为限流电阻。当 u_i 为高电平时，Q_1 导通、Q_2 截止，C_1 充电，驱动变压器正向磁化，驱动电压

$$u_2 = (N_2/N_1)(U_D - u_{c1}) \tag{5-1}$$

Q 导通；u_i 为低电平时，Q_2 导通、Q_1 截止，C_1 放电，变压器反向去磁

$$u_2 = -(N_2/N_1)u_{c1} \tag{5-2}$$

此时 u_2 令 Q 的栅极—源极等效电容反向抽流、加速 Q 关断。

设 C 的电容值足够大，使得其端电压纹波在开关频率下可以忽略，可以近似为直流电压降 u_{c1}。一个开关周期内（占空比为 D）变压器一次绕组伏秒平衡，即

$$(U_D - u_{c1})D = u_{c1}(1-D)\text{,可得}$$

$$u_{c1} = U_D D \tag{5-3}$$

将式（5-3）代入式（5-1）和式（5-2），可得 Q 的驱动和反向抽流电压分别为 $(N_2/N_1)(1-D)U_D$ 和 $(N_2/N_1)DU_D$。据此可确定变压器匝比 N_2/N_1 和限流电阻 R_1。

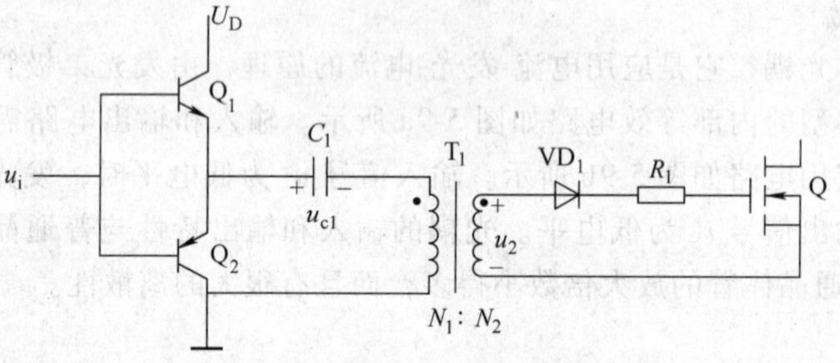

图 5-10　一种变压器隔离驱动电路

5.3　缓冲电路

缓冲电路主要限制开关器件在开通和关断瞬间过程所承受的的 di/dt、du/dt、电压应力、电流应力和功率应力。缓冲电路的种类很多，从不同的角度缓冲电路可以有不同的分类方法。如可分为关断缓冲、开通缓冲和组合（关断和开通）缓冲电路，或分为有损（耗）和无损（耗）缓冲电路等。

下面以 Buck 变换器为例，分析开关管开通和关断过程中的电流电压变化以及缓冲电路的工作原理。

5.3.1　RCD 关断缓冲电路

(1) 关断过程分析

Buck 变换器如图 5-11a 所示，分析时忽略 Q 和 D 的导通压降，并假设电感足够大、可以忽略电感电流纹波，即电感电流 i_L 可以等效为恒流源 I_L，如图 5-11b 所示。假设电路已经进入稳态。

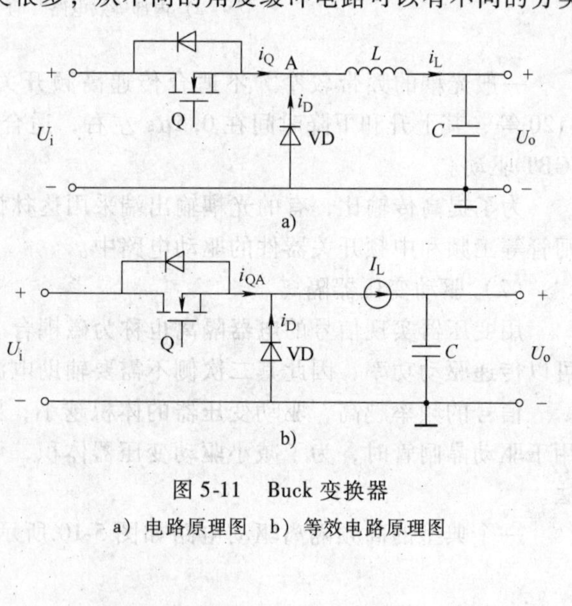

图 5-11　Buck 变换器
a）电路原理图　b）等效电路原理图

1）$t=0$ 时，开关管 Q 处于导通状态，续流管 VD 处于关断状态，$i_Q=I_L$，$u_{ds}=0$。

2）$t=t_1$ 时，令 Q 的驱动电压为零，Q 开始关断，经过存储时间 t_f 后（$t_2=t_1+t_f$），i_Q 开始下降。图 5-11b 所示的节点 A 电流方程从 t_2 时刻开始，有

$$i_D = I_L - i_Q > 0$$

续流管 VD 一旦导通则其正向压降迅速下降，即 A 点电位迅速下降。

3）$t=t_3$ 时，续流管压降下降到零，$u_{ds}=U_i$。然后 i_Q 继续下降、i_D 继续上升。

4）$t=t_4$ 时，i_Q 降到零，电感电流完全换流到续流管 VD、$i_D=I_L$，Q 关断、$i_Q=0$。

可见，在 $t_2\sim t_4$ 期间，开关管 Q 的电流电压都不为零，其瞬时功率很大，如图 5-12a 所示。

根据上述分析，画出关断过程 Q 的动态负载线，如图 5-12b 所示：

1）$t_1\sim t_2$ 期间，Q 工作在负载线 A 点（导通状态），A 点：$i_Q=I_L$，$u_{ds}=0$。

2）$t_2\sim t_3$ 期间，Q 由工作点 A 迅速运动到 B 点，B 点：$i_Q\approx I_L$，$u_{ds}=U_i$。

3）$t_3\sim t_4$ 期间，Q 由工作点 B 运动到 C 点，C 点：$i_Q=0$，$u_{ds}=U_i$。

C 点对应 Q 关断期间的状态。

可见，Q 关断过程的动态负载线掠过高损耗区，是不安全的。

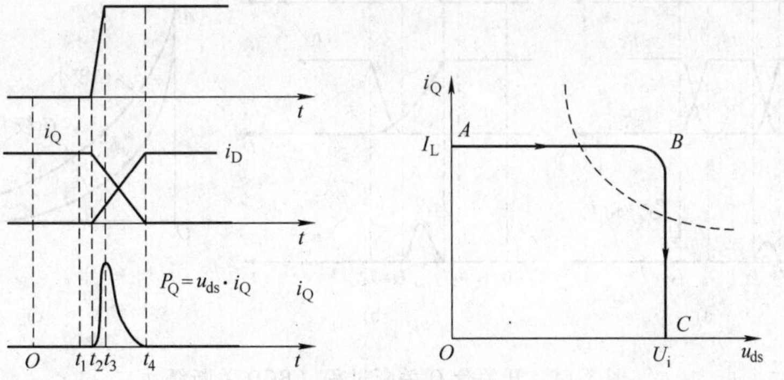

a)　　　　　　　　b)

图 5-12　开关管关断过程（无缓冲）

a）时域波形　b）关断负载线

（2）RCD 关断缓冲原理

为了改善开关管 Q 在关断过程所承受的应力，采用 R_1、C_1 和 VD_1 组成开关管 Q 的 RCD 关断缓冲网络，并联在 Q 两端，如图 5-13 所示，假设 C_1 足够大，其缓冲原理如下：

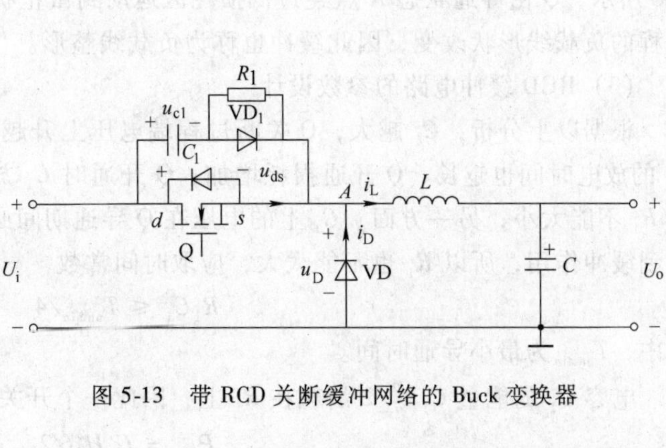

图 5-13　带 RCD 关断缓冲网络的 Buck 变换器

1）$t=0$ 时，Q 处于导通状态，$u_{C1}=0$。

2）$t=t_1$ 时，令 Q 开始关

断，经过存储时间 t_f 后（$t_2 = t_1 + t_f$），i_Q 开始下降。由于 u_{C1} 不能突变，因从 t_2 时刻开始，VD 继续承受反压而保持关断，R_1 被 VD_1 短路，所以没有电流流过 R_1。

$$u_D = -(U_i - u_{ds}) = -(U_i - u_{C1}) < 0$$

$$i_{C1} = I_L - i_Q + i_D, \ i_D = 0$$

i_{C1} 通过 VD_1 给 C_1 充电。由于 C_1 较大，所以 u_{C1}（u_{ds}）缓慢上升，如图 5-14a 所示。

3）$t = t_3$ 时，i_Q 下降到零，$i_{C1} = I_L$，u_{C1} 继续上升。

4）$t = t_4$ 时，u_{C1} 充电到 U_i。i_{C1} 迅速下降为零，续流管 VD 的端电压 u_D 由负上升到零，此时开始 VD 迅速导通续流，即 C_1 电流（I_L）迅速换流到 VD。

当再次令 Q 开通时，RCD 网路被 Q 短路，C_1 通过 R_1 和 Q 放电。Q 导通期间，C_1 完全放电，回到状态 1），为下一次关断缓冲作好准备。

如图 5-14a 所示，在 Q 关断过程中，其端电压 u_{ds} 刚开始上升时，电流已经下降为零，因此，较图 5-12 中 Q 关断过程的瞬时功耗和电压上升率 du/dt 都大大减小。如果 C_1 较小，则在 i_Q 下降到零之前，u_{ds} 已经充电到 U_i，Q 上的关断损耗大一些，如图 5-14b 所示。

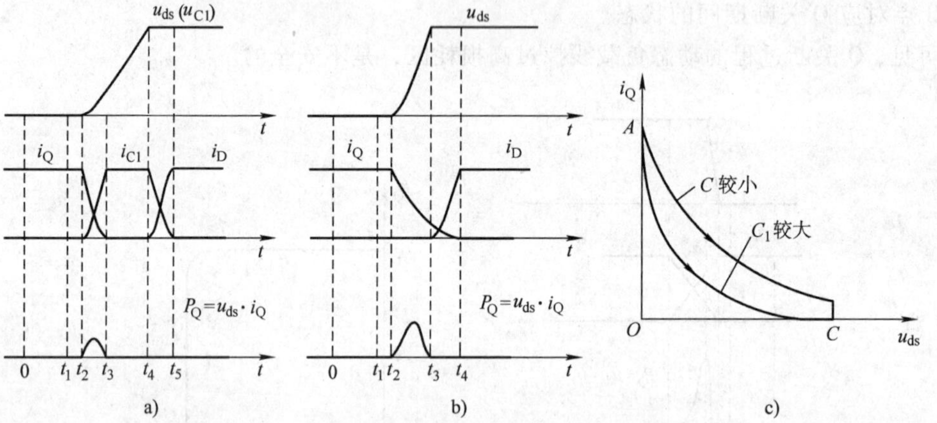

图 5-14 开关管 Q 关断过程（RCD 关断缓冲）

a）C_1 较大时的时域波形 b）C_1 较小时的时域波形 c）Q 的关断负载线

根据以上分析，可以画出有 RCD 缓冲网络的情况下，开关管 Q 的关断负载线，如图 5-14c 所示，Q 由导通状态 A 点经过低损耗区运动到截止状态 C 点。可见，缓冲网络使 Q 开关过程的负载线形状改变，因此缓冲也称为负载线整形。

（3）RCD 缓冲电路的参数设计

根据以上分析，C_1 越大，Q 关断过程端电压上升越慢、关断损耗越小，但 Q 导通期间 C_1 的放电时间也越长、Q 开通损耗增加；Q 开通时 C_1 放电附加电流最大，等于 U_i/R_1，所以 R_1 不能太小；另一方面，C_1 上的电压在 Q 导通期间必须放电到零，才能在下次关断过程起到缓冲作用，所以 R_1 也不能太大，应取时间常数

$$R_1 C_1 \leqslant T_{onmin}/4$$

式中，T_{onmin} 为最小导通时间。

电容 C_1 的能量 $C_1 U_i^2/2$ 消耗在 R_1 上，因此一个开关周期 R_1 上的平均功耗

$$P_{R1} = C_1 U_i^2 f/2$$

f 为开关频率，据此确定 R_1 的功率定额。实际上，Q 的关断损耗转移到 R_1 上，整个变换器的效率不一定提高，但 Q 在关断过程所承受的应力降低，可靠性得以改善。

5.3.2 RLD 开通缓冲电路

（1）开通过程分析

仍以 Buck 变换器为例，参考图 5-11，假设电路已经进入稳态。

1）$t=0$ 时刻，开关管 Q 处于关断状态，$i_Q=0$，$u_{ds}=U_i$。

2）$t=t_1$ 时，令 Q 的驱动电压为高电平，Q 开始导通，经过延迟时间 t_d 后（$t_2=t_1+t_d$），i_Q 开始上升。由图 5-11b 中节点 A 的电流方程，有

$$i_D = I_L - i_Q$$

续流管 D 电流 i_D 随之开始下降，但仍保持导通，故仍有 $u_{ds}=U_i$。

3）$t=t_3$ 时，i_Q 上升到 I_L、i_D 下降到 0，A 点电位开始迅速上升，电感电流完全换流到开关管 Q。

4）$t=t_4$ 时，A 点电位上升到 U_i，$u_{ds}=0$，Q 开通过程结束。

可见，在 $t_2 \sim t_4$ 期间，Q 的电流电压都不为零，其瞬时功率很大，如图 5-15a 所示。

根据上述分析，画出开通过程 Q 的动态负载线，如图 5-15b 所示：

1）$t_1 \sim t_2$ 期间，Q 工作在负载线 C 点（关断状态），C 点：$i_Q=0$，$u_{ds}=U_i$。

2）$t_2 \sim t_3$ 期间，Q 由工作点 C 运动到 B 点，B 点：$i_Q \approx I_L$，$u_{ds}=U_i$。

3）$t_3 \sim t_4$ 期间，Q 由工作点 B 迅速运动到 A 点，A 点：$i_Q=I_L$，$u_{ds}=0$。

A 点对应 Q 导通期间的状态。

可见，Q 导通过程动态负载线也掠过高损耗区，是不安全的。

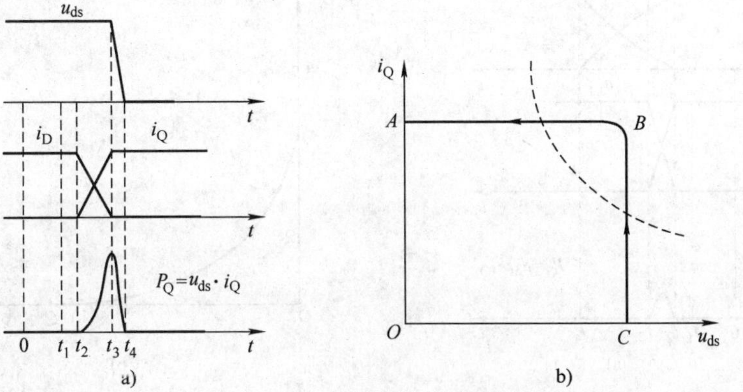

图 5-15　开关管开通过程（无缓冲）

a）时域波形　b）关断负载线

（2）RLD 导通缓冲原理

为了改善开关管 Q 在开通过程所承受的应力，采用 R_1、L_1 和 VD_2 组成开关管 Q 的 RLD 开通缓冲网络与 Q 串联，限制 Q 在开通过程的电流上升率。如图 5-16 所示，其缓冲原理如下：

1）$t=0$ 时刻，开关管 Q 处于关断状态，$i_Q=0$，$u_{ds}=U_i$。

2）$t=t_1$ 时，令 Q 的驱动电压为高电平，Q 开始导通，经过延迟时间 t_d 后（$t_2=t_1+t_d$），i_Q（i_{L1}）开始上升，上升率

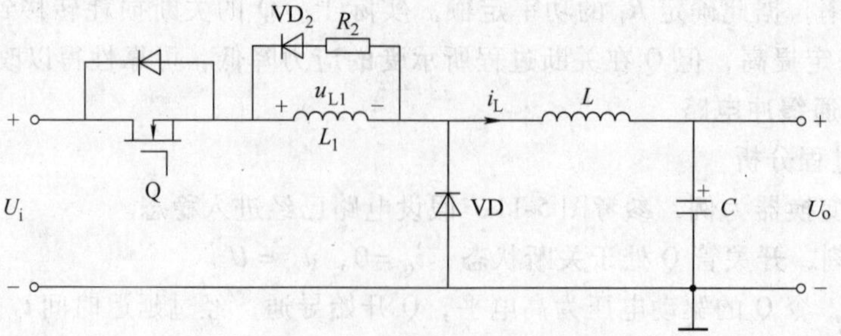

图 5-16　带 RLD 关断缓冲网络的 Buck 变换器

$$\frac{di_{L1}}{dt}=\frac{u_{L1}}{L_1}=\frac{U_i-u_{ds}}{L_1}$$

在 Q 刚开始导通时 $u_{ds}\approx U_i$，所以 i_Q 从零开始上升，而且上升率接近于零，如图 5-17a 所示；随着 u_{ds} 下降，i_Q 上升变快。如果 L_1 较大，则 u_{ds} 下降到零时 i_Q 还没有上升到 I_L，在此期间，续流管 VD 仍然导通。

3）$t=t_3$ 时，$u_{ds}=0$，之后 i_Q 以最大上升率 V_i/L_1 继续上升。

4）$t=t_4$ 时，i_Q 上升到 I_L，续流管关断、电流完全换流到 Q。

Q 导通期间，i_Q 仍然流过 L_1；Q 再次关断时，VD_2 和 R_1 为 L_1 提供电流通路，当然，L_1 两端的感应电动势将造成 Q 的附加电压应力。Q 关断期间，L_1 的储能要完全消耗在 R_1 上，其电流下降到零，为下一次开通缓冲作好准备。

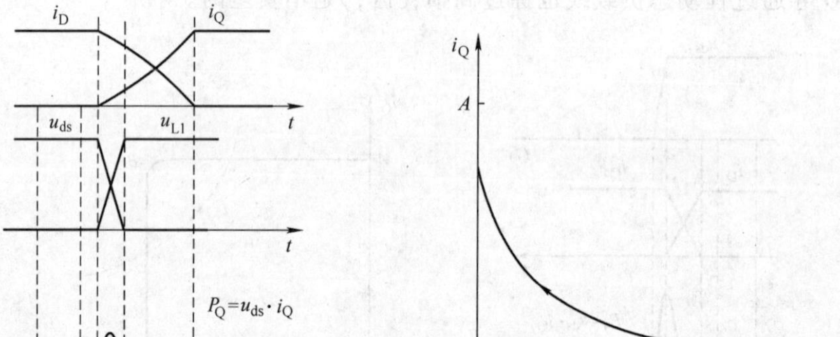

图 5-17　开关管开通过程（RLD 关断缓冲）

a）时域波形　b）关断负载线

根据以上分析，可以画出有 RLD 缓冲网络的情况下，开关管 Q 的开通负载线，如图 5-17b 所示，Q 由关断状态 C 点经过低损耗区运动到导通状态 A 点。

（3）RLD 缓冲电路的参数设计

根据以上分析，可以理解，L_1 越大，Q 开通过程电流上升越慢、开通损耗越小；但 Q 关断期间时 L_1 的初始储能 $L_1I_L^2/2$ 越大，需要在 Q 关断期间完全消耗在 R_1 上，以此 L_1、R_1 的选择也要保证

$$L_1/R_1 \leqslant T_{\text{offmin}}/4$$

式中，T_{offmin}为最小关断时间。

一个开关周期 R_1 上的平均功耗

$$P_{\text{R1}} = L_1 I_{\text{L}}^2 f/2$$

f 为开关频率，据此确定 R_1 的功率定额。

5.3.3 组合缓冲电路

为了既能解决关断时的器件过压问题，又能避免开通时 $\mathrm{d}i/\mathrm{d}t$ 过高产生的不良后果，要用开通和关断两个缓冲电路。我们可以将这两种缓冲电路组合起来，称为组合缓冲电路。图 5-18 是一种组合缓冲电路，Q 开通时，电感 L_2 使 Q 的电流缓慢上升，实现了开通缓冲，同时 C_1 通过 Q 和 R_1、L_2 放电，带来附加开通损耗（由于 L_2 限制了 Q 的电流上升率，所以此缓冲电路给 Q 造成的附加开通损耗小于图 5-13 的情况）；Q 关断时，C_1 等效并联在 Q 两端、限制了其电压上升速度，实现关断缓冲，同时 L_2 的能量通过 VD_2、R_2 支路释放，电流下降产生的感应电动势也给 Q 带来一定的附加电压应力。

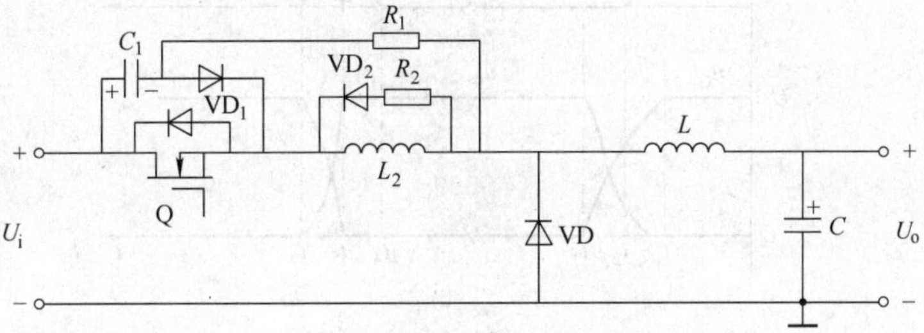

图 5-18　组合缓冲电路

5.3.4 无损缓冲电路

上述缓冲电路中有电阻，缓冲能量消耗在电阻上，称为有损缓冲电路，这一附加的能耗对开关变换器的效率、散热都是很不利的。如能将缓冲能量反馈回电源或送入负载，有效地利用，将提高开关变换器的整体效率。为此，人们研究无损缓冲电路，又称能量回馈（Energy recovery）电路，如图 5-19a 所示的 LCD 关断缓冲电路就是其中一种。

LCD 缓冲电路的工作原理分析如下：假设 $C_1 = C_2$，忽略 i_{L} 纹波，即认为 i_{L} 为恒流源 I_{L}。图 5-19b 给出开关过程中的电压、电流波形图。

设 $t < t_1$ 时，开关管 Q 处于导通状态，并且 C_1、C_2 已充电到 U_{i}：

$$u_{\text{c1}}(t_1) = u_{\text{c2}}(t_1) = U_{\text{i}}$$

开关管 Q 关断时，i_{Q} 下降，C_1D_1、C_2D_2 支路经过电源 U_{i} 与 Q 并联，这时候相当于开关管两端并联电容 C 的关断吸收电路（$C = C_1 + C_2$），C_1、C_2 放电，

$$u_{\text{c1}}(t) = U_{\text{i}} - \frac{1}{2C_1}\int_{t_1}^{t}(I_{\text{L}} - i_{\text{Q}})\,\mathrm{d}t$$

$$u_{\text{ds}} = U_{\text{i}} - u_{\text{c1}}$$

可见 u_{ds}从零开始上升缓慢。到 $t = t_2$ 时，i_{Q} 下降到零，而 $u_{\text{ds}}(t_2) < U_{\text{i}}$；然后 $u_{\text{c1}}(u_{\text{c2}})$逐渐降到零，同时 u_{ds}逐渐升到 U_{i}。在此过程中，VD_3 反偏，$i_1 = 0$。

当 Q 在 t_4 时刻再次开通时，i_{Q} 上升、i_{D} 下降，但续流管 VD 仍导通，u_{ds}保持为 U_{i}。到

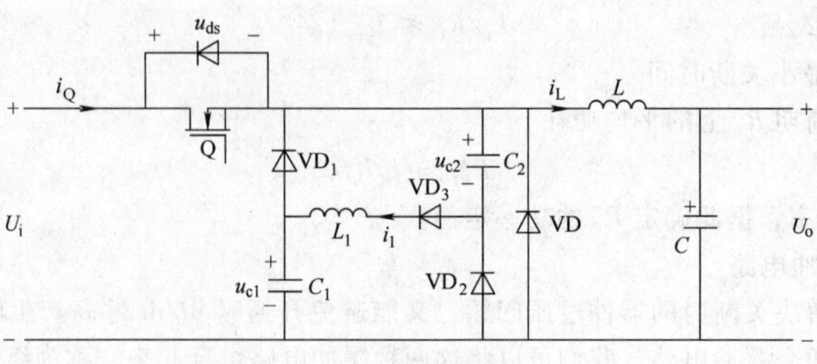

a)

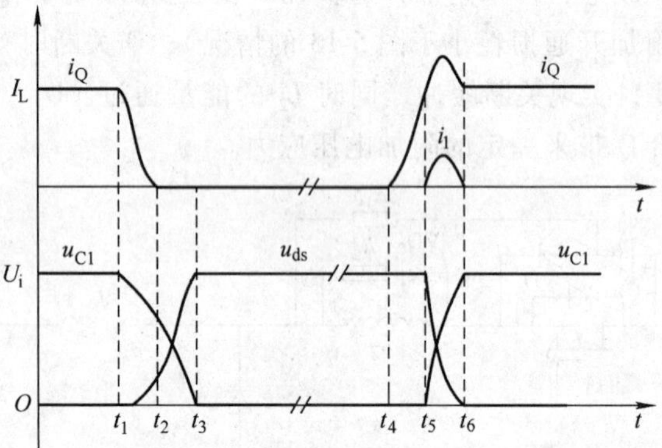

b)

图 5-19 带 LCD 关断缓冲电路的 Buck 变换器

a）等效电路图 b）关键点波形

$t=t_5$ 时，i_Q 达到 I_L，i_D 下降到零、VD 反偏截止，u_{ds} 在很短时间内快速降。之后流过 Q 的电流一方面向负载供电，同时给 C_2—D_3—L—C_1 串联支路充电（相当于一个值为 U_i 的阶跃电压加在该支路），即 $i_Q=i_L+i_1$。VD_3 导通，电路谐振，谐振角频率 $\omega_0=1/\sqrt{L_1(C_1/2)}$，$i_1$ 按二阶振荡变化，谐振半周期（$t=t_6$）后，当 i_1 过零趋于变负，VD_3 反偏、阻止变负、$i_1=0$，谐振过程结束，C_1 和 C_2 都充电到电压 U_i，为下一次关断吸收作好准备。i_Q 稳定在 I_L。

为了保证在最小导通时间 T_{onmin} 内 C_1 和 C_2 充到 U_i，吸收网络必须完成半周期谐振，即

$$T_{onmin} \geqslant \pi\sqrt{L_1(C_1/2)} \tag{5-4}$$

开关 Q 开通时最大附加峰值电流

$$I_{rm}=U_i\omega_0(C_1/2)=U_i/\sqrt{C_1/(2L_1)} \tag{5-5}$$

L、C_1 和 C_2 的值可以根据式（5-4）和式（5-5）来设计。

分析吸收电路的能量的流动过程可见，开关管 Q 导通时电源 U_i 供给负载电流和电容 C_1、C_2 充电电流；Q 关断时负载电流经过二极管 VD_1、VD_2 使 C_1、C_2 放电，电容储能送到负载。

由于上述吸收电路理论上没有功耗，故称为无源无损（Passive Loss-less）吸收电路。又由于有二极管 VD_1、VD_2、VD_3 等非线性元件，所以它属于非线性吸收电路。

5.4 保护电路

要实现变换器的可靠工作，首先要保证器件、特别是开关器件工作在安全工作区，一旦某种意外造成器件承受的电流、电压和功率过大，则必须及时加以限制，通常是关断开关管，以避免器件损坏。

5.4.1 过电流保护

开关管的过电流保护包括限制其电流峰值（或电流尖峰）和限制其电流均值（或有效值）两种情况。过载或短路情况出现时都会引起过电流，电流可以采用采样电阻（分流器）、电流互感器或霍尔器件等检测，一旦发现过流立即关断开关管。

在全控型器件的控制或驱动电路中一般都设置过电流保护环节，这是对开关器件过流最迅速、最直接的保护方式。一些高频开关变换器的控制策略，如峰值电流控制方式，本身就具有逐个开关周期检测、限制开关管电流峰值的特性，而且已经集成在PWM控制芯片中，如UCC3842。有的集成驱动电路芯片也集成有过流保护电路，如IGBT驱动芯片EXB841。

就电流有效值而言，过流时除了关断开关管（也可能此时开关管已经损坏），通常还在电路中使用快速熔断器和过电流继电器等将变换电路与输入电压源断开，避免发生变换器着火等事故，而且一般电力电子装置中会同时采用几种过电流保护措施，以提高保护的可靠性和合理性。

选择快速熔断器时应考虑：

1）电压等级应根据熔断后快速熔断器实际承受的电压来确定。

2）快速熔断器的 I^2t 值应小于被保护器件的允许 I^2t 值。

3）快速熔断器的电流容量应保证其在电路正常工作和允许过载范围内不熔化。

5.4.2 过电压保护

造成过电压的诱因有外因和内因两类。外因如雷击、输入源电压过高或有尖峰、浪涌，突卸负载，以及某些非正常系统操作等；内因主要来自变换器内部器件的开关过程，如①当开关器件关断时，其流通的正向电流迅速降低、电流变化率很大，因此线路中很小的寄生电感也会感应出很高的电压尖峰；②功率变压器漏感储能没有适当的泄放回路（漏感中的电流突然降为零）等。过压保护一般有：

1）输入电压检测电路保护电路，过压时停止变换器工作，使变换器中的器件值只承受静态电压，而没有开关过程造成的附加电压尖峰。

2）压敏电阻或RC吸收网络抑制输入电压尖峰。

3）输出电压检测电路保护电路，过压时关断开关管使输出电压降低，回到允许范围后再允许开通。

4）采用关断缓冲或软开关技术等降低或消除关断电压尖峰。

5.4.3 过热保护

环境温度过高或散热风扇故障等都会引起器件过热而损坏，温度升高是热量的时间积累过程，所以温度检测和过热保护电路的动作时间一般都比开关频率低几个数量级。

变换器装置中的温度检测点应选择比较敏感的部位，如靠近主开关管的散热器和装置出风口等。

热敏电阻和热继电器是最常用的温度检测手段，热敏电阻的一个典型应用电路如图 5-20 所示，负温度系数的热敏电阻 R_T 和温度系数很小的电阻 R_1 组成分压电路，在允许温度范围内滞环比较器输出低电平；温度越高则 R_T 阻值越小、A 点电位 U_A 就越高，一旦过热（$T > T_H$）则比较器翻转、输出高电平，此时应关断开关管、变换器停止工作。而当温度回落到允许范围内（$T < T_L$）时，比较器输出恢复低电平、变换器重新工作。

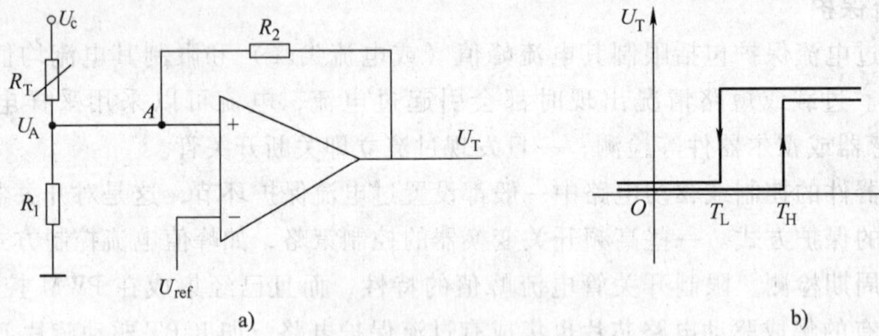

图 5-20　过热检测电路

热继电器有常温下常开和常闭两种，其动作温度也有不同规格。它的一种典型应用方法是将常闭型的热继电器串联在变换器辅助电源回路，过热时热继电器常闭触点断开、迫使变换器停止工作。

本章小结

双极性开关器件要求驱动电流上升沿陡峭、并且有一定的过冲，GTR 还要求导通器件期间，特别是关断前不要饱和太深，关断瞬间驱动电路应提供足够的反向基极驱动，推挽电路、加速电容和抗饱和电路等有助于实现上述要求；MOSFET 和 IGBT 等场控器件，其输入端等效电路为电容，需要足够陡峭和峰值的充放电电流驱动其开通和关断，而在导通期间其消耗的驱动电流很小；可以采用光耦和驱动变压器实现隔离驱动。

缓冲电路可以降低开关管开关过程电压、电流和功率应力，保证其可靠工作、降低 EMI 水平。缓冲网络都是将开关管分别与缓冲电容和电感等效地并联和串联，利用电容电压和电感电流不能突变来限制开关管的电压电流上升率。RCD 关断缓冲网络和 RLD 开通缓冲网络是最基本的有损缓冲网络，是把开关管的损耗转移到电阻上消耗掉。无损缓冲网络是利用 LC 谐振将缓冲能量传递到源侧或负载侧，而不消耗在电路中。

发生过流、过压或过热时都应及时关断开关管，电路中还应选用适当的熔断器实现过流保护。可以用电阻、热敏电阻、互感器和霍尔等作检测元件。

思考题

1. 驱动电路的作用是什么？
2. 开通和缓冲网络的作用分别是什么？

3. 分析图 5-5 驱动电路 R_1、R_2 和 C_1 的参数设计原则。

4. 画出附加 RCD 缓冲网络的 Boost 变换器，并分析缓冲原理。

5. 题图 5-1 是 RCD 缓冲网络的另一种接法，分析缓冲原理。

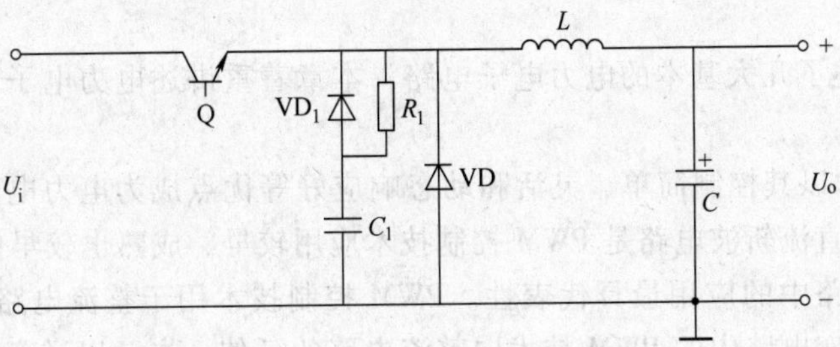

题图 5-1

第6章　脉冲宽度调制技术

第2~4章讲述了几大基本的电力电子电路，本章着重讲述电力电子电路常用的控制技术。

PWM控制技术以其控制简单、灵活和动态响应好等优点成为电力电子技术最广泛应用的控制方式。交、直流斩波电路是PWM控制技术应用较早、成熟也较早的一类电路，PWM控制技术在逆变电路中的应用最具代表性。PWM控制技术用于整流电路，即构成PWM整流电路，可看成逆变电路中的PWM技术向整流电路的延伸。本章以逆变电路为例，着重介绍常用PWM方法的原理、实现方式和波形分析。

6.1　概述

在电力电子控制电路中，如何将信息电路计算出来的输出参考信号转换成对应的控制信号，来控制电力半导体器件的导通与断开，从而得到期望的输出信号？脉冲宽度调制（Pulse Width Modulation，PWM）技术可以实现这一功能。PWM控制就是通过对一系列脉冲的宽度进行调制，来等效地获得所需要的波形（包括形状和幅值）。被调制的信号可以是任意形状的波形。PWM波形可能是等幅的，也可能是不等幅的。由直流电源产生的PWM波通常是等幅的，如逆变电路和直流斩波电路。当输入是交流电源时，产生的PWM波是不等幅的，如交流斩波调压电路、矩阵式交交变频电路等。不管是等幅还是不等幅，都是基于面积等效原理来进行控制的。

PWM波可以是电压信号也可以是电流信号，电压源型逆变器调制出来的是PWM电压波，电流源型逆变器调制出来的就是PWM电流波。

DC-DC变换器的调制采用PWM方式，相当于正弦PWM的调制波频率为零时的情况。DC-DC变换器也可采用脉冲频率调制（Pulse Frequency Modulation，PFM）技术。PFM是用调制信号的大小来控制单位时间内脉冲的个数，即脉冲重复的频率，而脉冲的幅度和宽度均保持不变。这种方式的实现电路比较简单，但开关频率是变化的，消除开关谐波的滤波电路较难设计。

6.2　正弦PWM

6.2.1　SPWM原理

PWM控制技术的重要理论基础是：冲量相等而形状不同的窄脉冲加在具有惯性的环节上，其输出效果基本相同。冲量即窄脉冲的面积。效果基本相同，是指环节的输出响应波形基本相同。低频段非常接近，仅在高频段略有差异。即当面积（冲量）相等的窄脉冲（如图6-1所示）分别加在具有惯性的同一个环节上时，其输出响应基本相同。而且，脉冲越窄，差异越小。上述原理称为面积等效原理。下面分析如何用调制脉冲宽度的方法来等效一个正弦波。

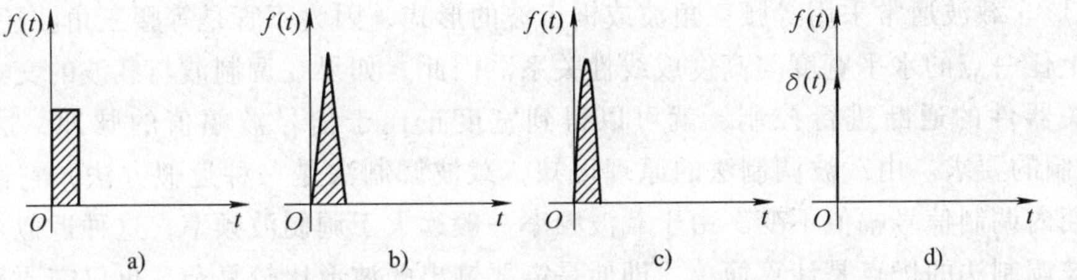

图 6-1　形状不同而冲量相同的各种窄脉冲

把图 6-2a 的正弦半波分成 n 等份，就可以把正弦半波看成是由 n 个彼此相连的脉冲序列所组成的波形。这些脉冲宽度相等，都等于 π/n，但幅值不等，且脉冲顶部不是水平直线，这些脉冲的幅值根据其所处的相位（时间轴上的位置）按正弦规律变化。如果把上述脉冲序列用相同数量的等幅（幅度大于等于正弦波最大幅值）而不等宽的方波脉冲代替，使方波脉冲的中点和相应正弦脉冲波的中点重合，且使两者相对于时间轴面积相等，就得到图 6-2b 所示的脉冲序列。这就是 PWM 波，这些 PWM 脉冲幅值相等，而宽度按照正弦规律变化。根据面积等效原理，PWM 波和正弦半波对惯性负载是等效的。对于正弦波的负半周，也可以用同样的方法得到 PWM 波形。像这种脉冲的宽度按正弦规律变化而和正弦波等效的 PWM 波形，称为正弦 PWM（Sinusoidal PWM，SPWM）波形。要改变等效输出正弦波的幅值时，只要按照同一比例系数改变上述各脉冲的宽度即可。

对于 DC-DC 变换器，则图 6-2a 中的曲线为直线，所以图 6-2b 中的每一个脉冲的宽度都是相等的。

6.2.2　SPWM 波形的生成方法

SPWM 波形的生成方法有两种，一种是直接计算法，一种是载波调制法。

1. 直接计算法

直接计算法也称为开关点预置法，是指通过计算每个控制周期内调制波与时间轴之间的垂直面积，按面积等效原理计算出对应控制周期内 PWM 脉冲（幅度一般都可事先得到）的宽度。当调制波为纯正正弦波或其他已知固定波形的情况下，可以事先计算出各 PWM 脉冲的宽度并建表，然后采取查表的方法。

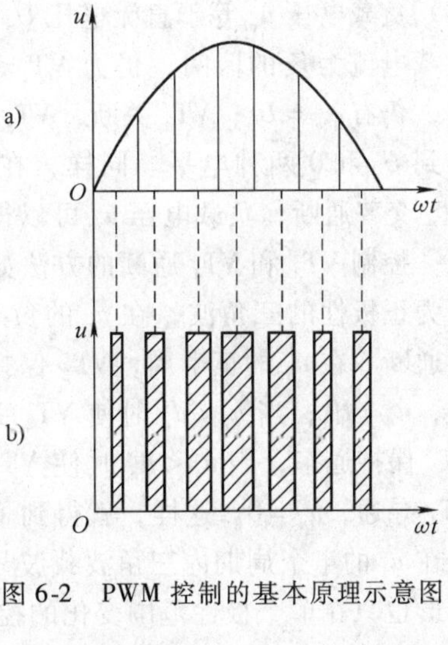

图 6-2　PWM 控制的基本原理示意图

这种方法一般用于允许开关频率较低的应用场合，通过合理安排开关次数和时刻，可消除特定次谐波。一个输出周期内 k 个脉冲可以消除 $k/2-1$ 次谐波，详见 6.2.6 节的特定谐波削去法，它是直接计算法中一种较有代表性的方法。

但是，当需要输出正弦波的频率、幅值或相位动态变化时，或需要输出的波形不能事先确定，只能实时计算得到时，就需要实时计算每个控制周期 PWM 波的宽度和动作时刻，这时直接计算法相当繁琐耗时，很难实现实时计算。

2. 载波调制法

载波调制法是把希望输出的波形作为调制信号，与载波进行比较，从而得到期望的PWM波形。载波通常采用等腰三角波或锯齿波的形式，因为不管是等腰三角波还是锯齿波，其腰线上任一点的水平宽度与高度成线性关系。因此，如果在调制波与载波的交点时刻对电路中开关器件的通断进行控制，就可以得到宽度正比于信号波幅值的脉冲，这正好符合PWM控制的要求。由载波调制法的原理可知，载波调制法是一种近似方法，它假设在一个载波周期内调制信号幅值不变。由于载波频率一般远大于调制波频率，这种近似是完全可行的。载波调制法的优点是计算简单，即使是需要输出的波形比较复杂，也仅需要根据调制波与载波的相交点在三角形中的高度求出相应的宽度即可。因此，载波调制法得到了比直接计算法更广泛的应用。

下面着重介绍载波调制的生成方法。首先举例说明载波调制法。

图6-3是采用IGBT作为开关器件的单相桥式电压型逆变电路。设负载为阻感负载，工作时VT_1和VT_2的通断状态互补，VT_3和VT_4的通断状态也互补。具体的控制规律如下：在输出电压u_o的正半周，让VT_1保持通态，VT_2保持断态，VT_3和VT_4交替通断。由于负载电流比电压滞后，因此在电压正半周，电流有一段区间为正，一段区间为负。在负载电流为正的区间，VT_1和VT_4导通时，负载电压u_o等于直流电压U_d；VT_4关断时，负载电流通过VT_1和VD_3续流，$u_o=0$。在负载电流为负的区间，仍为VT_1和VT_4导通时，因i_o为负，故i_o实际上从VD_1和VD_4流过，仍有$u_o=U_d$；VT_4关断，VT_3开通后，i_o从VT_3和VD_1续流，$u_o=0$。这样，u_o总可以得到U_d和0两种电平。同样，在u_o的负半周，让VT_2保持通态，VT_1保持断态，VT_3和VT_4交替通断，负载电压u_o可以得到$-U_d$和0两种电平。

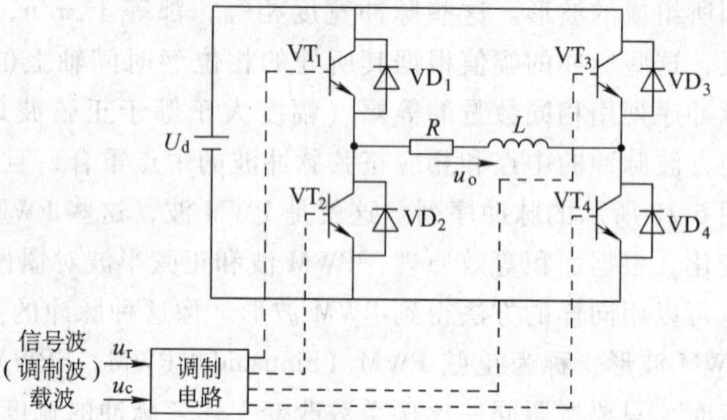

图6-3　单相桥式PWM逆变电路

控制VT_3和VT_4通断的方法如图6-4所示。调制信号u_r为正弦波，载波u_c在u_r的正半周为正极性的三角波，在u_r的负半周为负极性的三角波。在u_r和u_c的交点时刻控制IGBT的通断。在u_r的正半周，VT_1保持通态，VT_2保持断态，当$u_r>u_c$时使VT_4导通，VT_3关断，$u_o=U_d$；当$u_r<u_c$时使VT_4关断，VT_3导通，$u_o=0$。在u_r的负半周，VT_1保持断态，VT_2保持通态，当$u_r<u_c$时使VT_3导通，VT_4关断，$u_o=-U_d$；当$u_r>u_c$时使VT_3关断，VT_4导通，$u_o=0$。这样，就得到了SPWM波形u_o。图中虚线u_{of}表示u_o中的基波分量。像这种在u_r的半个周期内三角波载波只在正极性或负极性一种极性范围内变化，所得到的PWM波形也只在单个极性范围变化的控制方式称为单极性PWM控制方式。

和单极性PWM控制方式相对应的是双极性控制方式。图6-3的单相桥式逆变电路在采用双极性控制方式时的波形如图6-5所示。采用双极性方式时，在u_r的半个周期内，三角波载波不再是单极性的，而是有正有负，所得的PWM波也是有正有负。在u_r的一个周期内，输出的PWM波只有$\pm U_d$两种电平，而不像单极性控制时还有零电平。仍然在调制信号u_r和载波信号u_c的交点时刻控制各开关器件的通断。在u_r的正负半周，对各开关器件的控制规律相同。即当 $u_r > u_c$ 时，给 VT_1 和 VT_4 以导通信号，给 VT_2 和 VT_3 以关断信号，这时如 $i_o > 0$，则 VT_1 和 VT_4 通，如 $i_o < 0$，则 VD_1 和 VD_4 通，不管哪种情况都是输出电压 $u_o = U_d$。当 $u_r < u_c$ 时，给 VT_2 和 VT_3 以导通信号，给 VT_1 和 VT_4 以关断信号，这时如 $i_o < 0$，则 VT_2 和 VT_3 通，如 $i_o > 0$，则 VD_2 和 VD_3 通，不管哪种情况都是输出电压 $u_o = -U_d$。

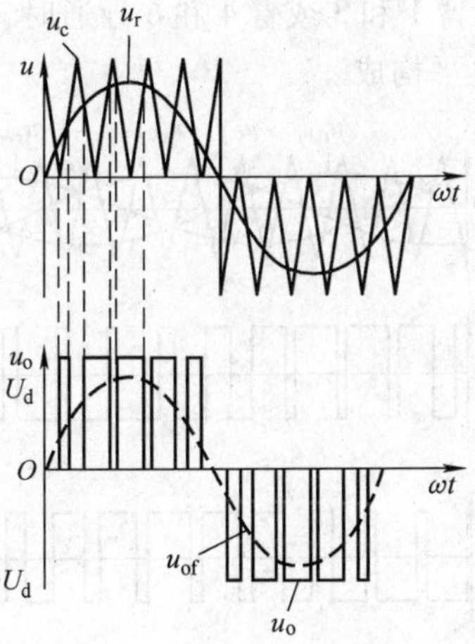

图 6-4　单极性 PWM 控制方式原理

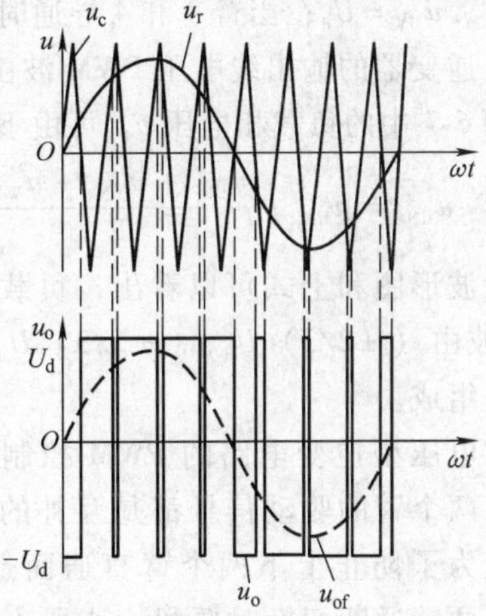

图 6-5　双极性 PWM 控制方式原理

单相桥式电路既可以采取单极性调制，也可采用双极性调制。由于对开关器件通断控制规律不同，它们的输出 PWM 波形也有极大的差别。

图 6-6 是三相桥式 PWM 型逆变电路，这种电路都是采用双极性控制方式。U、V 和 W 三相的 PWM 控制通常公用一个三角波载波 u_c，三相的调制信号 u_{rU}、u_{rV}、u_{rW} 依次相差 120°。U、V 和 W 各相功率开关器件的控制规律相同，现以 U 相为例来说明。当 $u_{rU} > u_c$ 时，给上桥臂 VT_1 以导通信号，给下桥臂 VT_4 以关断信号，则 U 相相对于直流电源假想中点 N′ 的输出电压 $u_{uN'} = U_d/2$。当 $u_{rU} < u_c$ 时，给 VT_4 以导通信号，给 VT_1 以关断信号，则 $u_{uN'} = -U_d/2$。VT_1 和 VT_4 的驱动信号始终是互补的。当给 VT_1（VT_4）加导通信号时，可能是

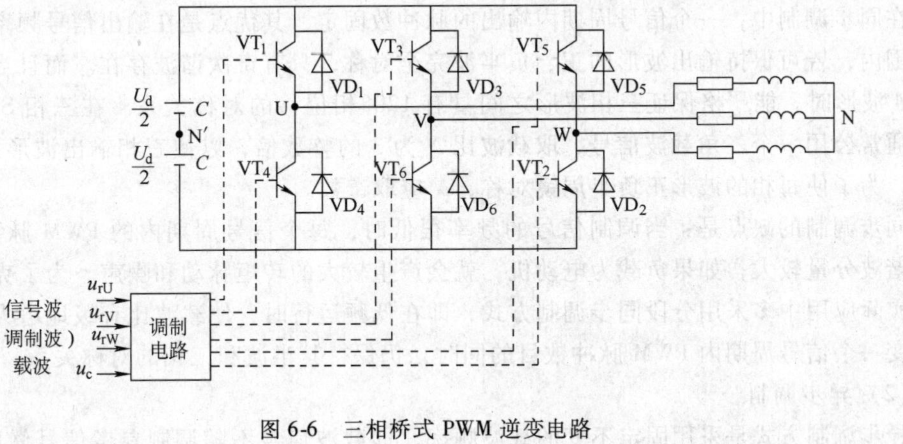

图 6-6　三相桥式 PWM 逆变电路

VT_1（VT_4）导通，也可能是续流二极管 VD_1（VD_4）续流导通，这要由阻感负载中电流的方向来决定，这和单相桥式 PWM 型逆变电路在双极性控制时的情况相同。V 相及 W 相的控制方式都和 U 相相同。输出波形如图 6-7 所示。可以看出，$u_{UN'}$、$u_{VN'}$和 $u_{WN'}$的 PWM 波形都只有 $\pm U_d/2$ 两种电平。图中的线电压 u_{UV}的波形可由 $u_{UN'}-u_{VN'}$得出。可以看出，当臂 1 和 6 导通时，$u_{UV}=U_d$；当臂 3 和 4 导通时，$u_{UV}=-U_d$；当臂 1 和 3 或臂 4 和 6 导通时，$u_{UV}=0$。因此，逆变器的输出线电压 PWM 波由 $\pm U_d$ 和 0 三种电平构成。

图 6-7 中的负载相电压 u_{UN}可由下式求得

$$u_{UN}=u_{UN'}-\frac{u_{UN'}+u_{VN'}+u_{WN'}}{2}$$

从波形图和上式可以看出，负载相电压的 PWM 波由（$\pm 2/3$）U_d、（$\pm 1/3$）U_d 和 0 共 5 种电平组成。

在电压型逆变电路的 PWM 控制中，同一相上下两个臂的驱动信号都是互补的。实际应用中，为了防止上下两个臂直通而造成短路，在上下两臂通断切换时要留一小段上下臂都施加关断信号的死区时间。死区时间的长短主要由功率开关器件的关断时间来决定。这个死区时间将会给输出的 PWM 波形带来一定影响，使其稍稍偏离正弦波。

载波频率 f_c 与调制信号频率 f_r 之比 $N=f_c/f_r$，称为载波比。根据载波和调制信号波是否同步及载波比的变化情况，有同步调制和异步调制两种情况。

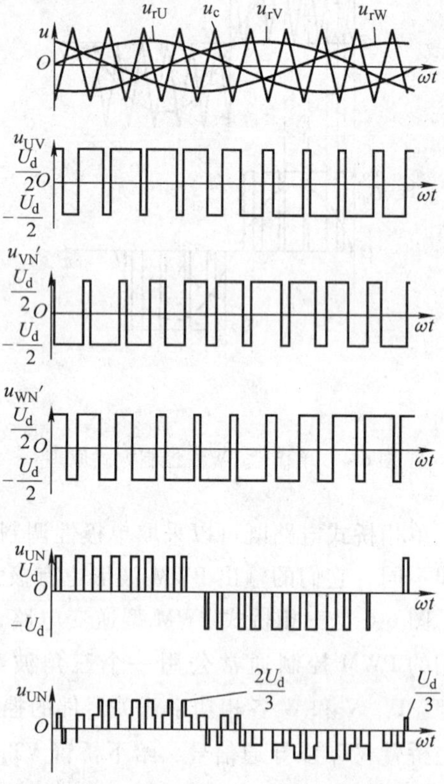

图 6-7　三相逆变电路输出波形

（1）同步调制

在同步调制中，载波比 N 不变，即一个信号周期内含有固定数目的载波周期，也就是当调制信号频率变化时，需调整载波频率，使载波与调制信号始终保持同步。

在同步调制中，一个信号周期内输出的脉冲数固定，其优点是在输出信号频率变化的整个范围内，皆可保持输出波形的正、负半波完全对称，只有奇次谐波存在。而且当输出 3 相 SPWM 波形时，能严格保证三相波形之间具有 120°相位移的对称关系。在三相 SPWM 控制中，通常公用一个三角载波信号，取载波比 N 为 3 的整数倍，以使三相输出波形严格对称，同时，为了使每相的波形正负半周镜对称，N 应取奇数。

同步调制的缺点是：当调制信号的频率很低时，每个信号周期内的 PWM 脉冲数过少，低次谐波分量较大，如果负载为电动机，就会产生较大的转矩脉动和噪声。为了克服这个弊端，实际应用中多采用分段同步调制方式，即在低频运行时，使载波比有级地增大，在有级地改变一个信号周期内 PWM 脉冲数目的同时，仍保持其半波和三相的对称关系。

（2）异步调制

异步调制方式是采用固定不变的载波频率，即载波信号不随调制参考信号做同步变化。

异步调制方式的优点是：当参考信号频率较低时，载波比较高，低频输出特性好，当负载为电动机时，低频转矩脉动和噪声小。异步调制的缺点是：当调制信号频率变化时，难以保证载波比为整数，特别是能被3整除的数，因而不能保证正负半周期脉冲的对称性、半周期内1/4周期脉冲的对称性，以及三相之间的对称性，易产生次谐波。因此，实际应用时，异步调制不如分段同步调制方式应用得广泛。

（3）分段同步调制

把调制信号频率 f_r 范围划分成若干个频段，每个频段内保持载波比 N 恒定，不同频段采用不同的 N。在 f_r 高的频段采用较低的 N，使载波频率不致过高，在 f_r 低的频段采用较高的 N，使载波频率不致过低。

为防止 f_c 在切换点附近来回跳动，采用滞后切换的方法。同步调制比异步调制复杂，但用计算机控制时容易实现。可在低频输出时采用异步调制方式，高频输出时切换到同步调制方式，这样把两者的优点结合起来，和分段同步方式效果接近。

6.2.3 SPWM 波形的软件生成方法

载波调制法可以采用三角波、锯齿波等波形作为载波信号，而且PWM脉冲的调制生成方式也有多种。

（1）自然采样法

按照SPWM载波调制生成方法的基本原理，在正弦波和三角波的自然交点时刻控制功率开关器件的通断，这种方法称为自然采样法。图6-8给出了用自然采样法生成SPWM波形的方法。图中取三角波的相邻两个正峰值间距为一个周期。为简化计算，我们采用标幺值法，基值为三角载波的幅值，正弦调制波为

$$u_r = a\sin\omega_r t \tag{6-1}$$

式中，a 为调制度（调制波幅值与三角载波幅值的比），$0 \leqslant a < 1$；ω_r 为正弦调制信号的角频率。

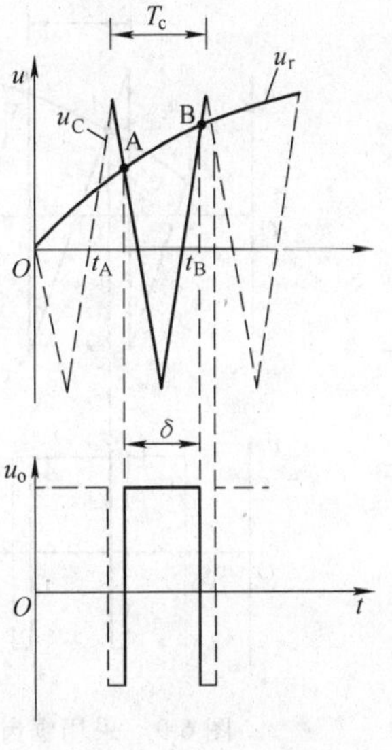

图6-8 自然采样法

由于三角载波的幅值总是大于等于调制波的幅值，三角载波周期等于控制周期，在三角载波的一个周期 T_c 内，三角载波和调制波总是会出现两个相交点，一个发生在三角载波的下降段，一个发生在三角载波的上升段。

在同步调制方式中，如图6-8所示，使正弦调制波的正向过零点和三角载波的负向过零点重合，并把该时刻作为时间轴的零点。同时，把该点所在的三角载波周期作为正弦调制波一个完整周期内的第一个三角波周期，则第 n 个周期的三角波方程可表示为

$$u_c = \begin{cases} 1 - \dfrac{4}{T_c}\left[t - \left(n - \dfrac{5}{4}\right)T_c\right] & \left(n - \dfrac{5}{4}\right)T_c \leqslant t < \left(n - \dfrac{3}{4}\right)T_c \\ -1 + \dfrac{4}{T_c}\left[t - \left(n - \dfrac{3}{4}\right)T_c\right] & \left(n - \dfrac{3}{4}\right)T_c \leqslant t < \left(n - \dfrac{1}{4}\right)T_c \end{cases} \tag{6-2}$$

这样，正弦调制波和第 n 个周期的三角载波的交点时刻 t_A 和 t_B 可分别由下式求得

$$\begin{cases} 1 - \dfrac{4}{T_c}\left[t_A - \left(n - \dfrac{5}{4}\right)T_c\right] = a\sin\omega_r t_A \\ -1 + \dfrac{4}{T_c}\left[t_B - \left(n - \dfrac{3}{4}\right)T_c\right] = a\sin\omega_r t_B \end{cases} \tag{6-3}$$

由于式（6-3）是超越方程，求解时需要花费较多的计算时间，尤其是当调制波信号难以用方程表达出来时，问题将变得更加复杂，因而自然采样法往往由模拟电路实现，很难用软件在实时控制中在线计算，在工程上实际使用并不多。

（2）规则采样法

为了克服自然采样法的难点，提出了规则采样法。规则采样法是应用较广的工程实用方法，效果非常接近自然采样法，但计算量比自然采样法小得多。

图 6-9 说明了采用锯齿波作为载波的规则采样法。由于锯齿波的垂直边和正弦调制波的交点时刻是确定的，所需计算的只是锯齿波斜边和正弦调制波的交点时刻，如图 6-9 所示中的 t_A。这样，计算量明显减少。由于锯齿波是非对称的波形，其输出波形中含有偶次谐波，总的谐波含量也比等腰三角载波大，因此，实际应用较多的还是采用等腰三角载波的规则采样法。

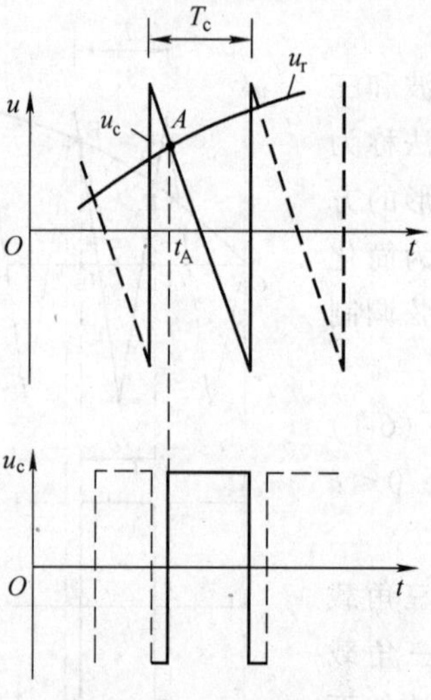

图 6-9　采用锯齿波作为载波的规则采样法

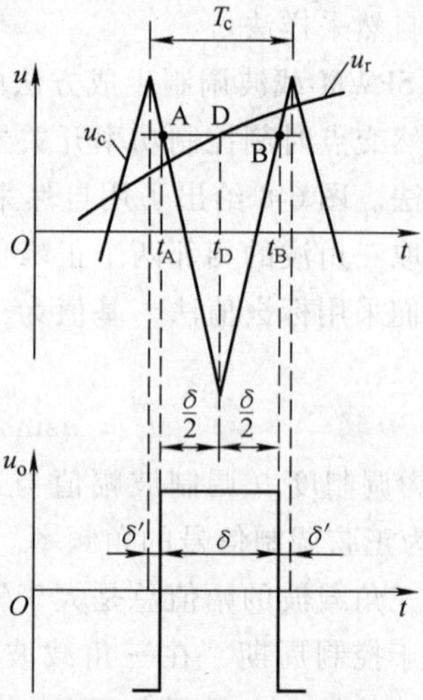

图 6-10　采用等腰三角波作为载波的规则采样法

图 6-10 说明了采用等腰三角波作为载波的规则采样法，它是在三角载波的负峰值点对调制波进行采样得到 D 点，过 D 点作一水平直线和三角波分别交于 A、B 两点，在 t_A 和 t_B 时刻控制电力电子开关的通断。在自然采样法中，每个 PWM 脉冲的中点并不和三角波中点（即负峰点）重合，而在图 6-10 所示的规则采样法中，两者重合，即每个 PWM 脉冲都以相应的三角波中点为左右对称，这就使计算大大简化。

从图 6-10 可得如下关系式

$$\frac{1 + a\sin\omega_r t_D}{\dfrac{\delta}{2}} = \frac{2}{\dfrac{T_c}{2}} \tag{6-4}$$

可推得

$$\delta = \frac{T_c}{2}(1 + a\sin\omega_r t_D) \tag{6-5}$$

在三角波一个周期内，脉冲两边得间隙宽度 δ' 为

$$\delta' = \frac{1}{2}(T_c - \delta) = \frac{T_c}{4}(1 - a\sin\omega_r t_D) \tag{6-6}$$

以上是单相 PWM 波形的软件生成方法，三相 PWM 波形的生成方法与单相类同，可分为三个单相来实施，通常三相的三角载波是公用的。

以上是最常用的软件计算 SPWM 波形的方法。有几点值得说明：

1）不管是自然采样法，还是规则采样法，都属于近似计算方法，控制周期越短，逼近效果越好。由于自然采样法采用的是自然相交点，而规则采样法采用的是近似交点，所以自然采样法的近似效果比规则采样法更为精确。

2）在软件计算 SPWM 波形时，为了计算的方便，常规定三角波相邻两个正峰值或相邻两个负峰值间隔为一个周期。在上面关于规则采样法的讲述中，认为三角波相邻两个正峰值间隔为一个周期，采样时刻确定在三角载波的波谷时刻，如图 6-10 所示，通过采样点 D 作一水平直线，该水平直线在采样点的左右分别与三角载波交于 A、B 两点，t_A 和 t_B 时刻即为 SPWM 脉冲的跳变时刻。由于在时间顺序上，t_A 时刻早于 D 点的采样时刻，因此这里蕴含着需要采用预测机制。若将采样时刻确定在三角载波的波峰时刻，如图 6-11 所示，通过采样点 D 向后延伸作一水平直线，分别与三角载波交于 E、F 两点，t_E 和 t_F 时刻即为 SPWM 脉冲的跳变时刻。由于 t_E 和 t_F 时刻均在采样时刻之后，因此可以采用实时控制方法，而不需要采用预测计算。此外，根据需要，采样时刻也可以确定在三角载波的其他位置，但那都不便于计算，且和一个采样周期内最能代表平均值的最佳采样时刻点理论不太符合，因此不常被采用。

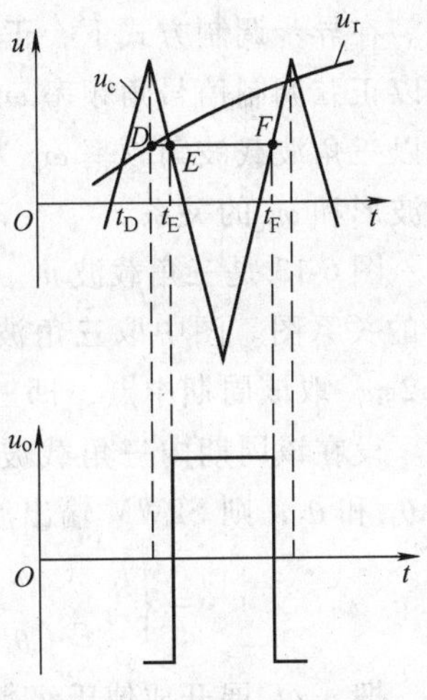

图 6-11 采样时刻在三角载波波峰时刻的规则采样法

6.2.4 SPWM 波形的电子电路生成方法

1）纯粹由模拟电路元件生成。采用模拟电路生成 SPWM 波形的原理如图 6-12 所示。首先由模拟电路构成的三角波和正弦波发生器分别产生三角载波信号和正弦波调制参考信号，然后送入电压比较器。模拟电路生成法的优点是完成三角载波和调制波的比较、输出 SPWM 波形几乎是瞬间完成的，延时非常微小；模拟电路生成法的缺点是所需的分立元件较多，可靠性降低，不便于调试和修改控制参数，很不灵活，而且系统受温漂和时漂的影响大，造成误差。此外，纯粹的模拟电路是难以实现优化 PWM 控制的。

2）采用单片机和可编程定时器，通过实时计算或查表方法产生所需要的 PWM 波。

3）为了解决纯粹模拟电路方法难以实现复杂 PWM 控制的缺点，可采用模拟电路和数字电路混合的方法，即模拟电路难以实现的部分由数字电路来实现，这样既充分利用了数字电

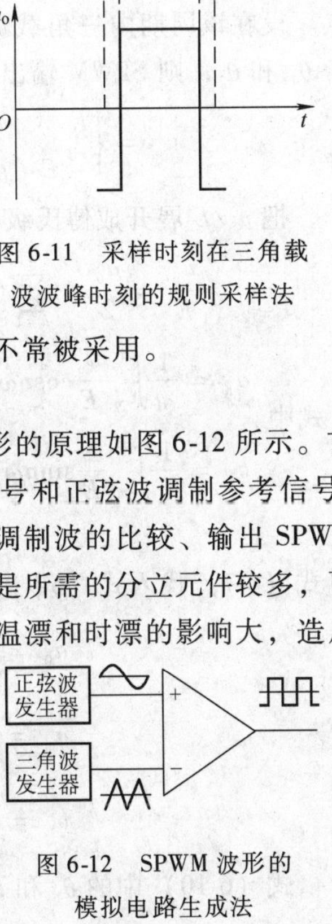

图 6-12 SPWM 波形的模拟电路生成法

路的灵活性，又充分利用了模拟电路延时小的优点，从而实现性能优良的 PWM 控制。

4）PWM 也可采用基于 EPROM 存储器的方法实现，具体实现方法可参考相关文献。这种方法的优点是它可以做成独立运行的模块，可有效地节省资源。

5）采用 PWM 专用集成电路或 DSP 芯片。目前已出现了多种 PWM 专用集成芯片（ASIC）。许多控制专用微控制器或 DSP 内部也都集成了 PWM 波形生成模块，使用非常方便，是最先进的实现手段。如 Intel 公司的 MCS-80C196 和 87C196 系列、TI 公司的 TMS320F24 系列、AD 公司的 ADMC 331、MOTOROLA 公司的 68HC908MR16 等可输出 6 路独立的 PWM 波形，TI 公司的 TMS 320F2407、TMS3202812 等可输出 12 路 PWM 波形。

6.2.5 SPWM 波形的谐波分析

SPWM 波形是用载波信号调制正弦波信号得到的，SPWM 波形中含有与载波频率有关的谐波分量，这些谐波分量的频率和幅值是衡量 SPWM 波形的重要指标之一。

同步调制方式可以看成异步调制方式的特殊情况，因此以异步调制方式为例来进行分析。在异步调制方式下，正弦调制信号的各周期内所包含的 PWM 波形没有重复性，因而无法以正弦调制信号角频率 ω_r 为基准分解成傅氏级数。下面先以三角波载波角频率 ω_c 为基准进行分析，然后再求出所得波形和 ω_r 的关系。

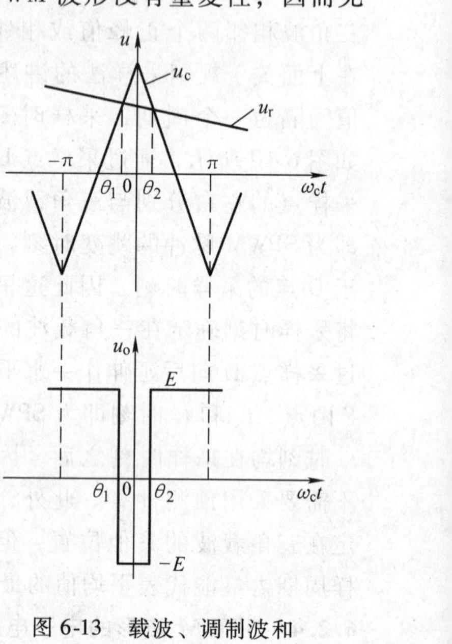

图 6-13 载波、调制波和 PWM 输出波的关系

图 6-13 是三角载波 u_c、正弦调制波 u_r 和 SPWM 输出波 u_o 的关系图。图中取三角波两个负峰值间隔为一个载波周期 2π，取该周期中点，即三角波正峰值时刻为 $\omega_c t$ 轴的零点。设在该周期内三角载波与正弦调制波的交点时刻分别为 θ_1 和 θ_2，则 SPWM 输出波 u_o 可表示为

$$u_o = \begin{cases} E & \omega_c t \leqslant \theta_1 \text{ 或 } \omega_c t \geqslant \theta_2 \\ -E & \theta_1 < \omega_c t < \theta_2 \end{cases} \tag{6-7}$$

把 u_o/E 展开成傅氏级数得

$$\frac{u_o}{E} = \frac{a_0}{2} + \sum_{n=1}^{\infty}(a_n \cos \omega_c t + b_n \sin \omega_c t) \tag{6-8}$$

式中，

$$\left.\begin{aligned} a_n &= \frac{1}{\pi}\int_{-\pi}^{\pi} \frac{u_o}{E}\cos n\omega_c t \mathrm{d}\omega_c t \qquad (n = 0,1,2,\cdots) \\ b_n &= \frac{1}{\pi}\int_{-\pi}^{\pi} \frac{u_o}{E}\sin n\omega_c t \mathrm{d}\omega_c t \qquad (n = 1,2,\cdots) \end{aligned}\right\} \tag{6-9}$$

将式（6-7）代入式（6-9）可得

$$\left.\begin{aligned} a_0 &= \frac{2}{\pi}(\pi + \theta_1 + \theta_2) \\ a_n &= \frac{2}{n\pi}(\sin n\theta_1 - \sin n\theta_2) \qquad (n = 1,2,\cdots) \\ b_n &= \frac{2}{n\pi}(-\cos n\theta_1 + \cos n\theta_2) \qquad (n = 1,2,\cdots) \end{aligned}\right\} \tag{6-10}$$

式（6-10）中的 θ_1 和 θ_2 在三角载波的各周期中是不同的，下面求解 θ_1、θ_2 的一般表达

式。设正弦调制波 u_r 的表达式为

$$u_r = a\sin(\omega_r t + \phi) \tag{6-11}$$

式中，$0 \leqslant a < 1$。

设三角载波 u_c 的表达式为

$$u_c = \begin{cases} 1 + \left(\dfrac{2}{\pi}\right)\omega_c t & -\pi \leqslant \omega_c t < 0 \\ 1 - \left(\dfrac{2}{\pi}\right)\omega_c t & 0 < \omega_c t \leqslant \pi \end{cases} \tag{6-12}$$

θ_1、θ_2 是 $u_r = u_c$ 时 $\omega_c t$ 的值。联立式（6-11）和式（6-12），得

$$\left.\begin{aligned} \theta_1 &= \frac{2}{\pi}[a\sin(\omega_r t + \phi) - 1] \\ \theta_2 &= -\frac{2}{\pi}[a\sin(\omega_r t + \phi) - 1] \end{aligned}\right\} \tag{6-13}$$

将式（6-13）代入式（6-10），得

$$\left.\begin{aligned} a_0 &= 2a\sin(\omega_r t + \phi) \\ a_n &= \frac{4}{n\pi}\sin\left\{\frac{n\pi}{2}[a\sin(\omega_r t + \phi) - 1]\right\} \quad (n = 1,2,\cdots) \\ b_n &= 0 \end{aligned}\right\} \tag{6-14}$$

$$\frac{u_o}{E} = a\sin(\omega_r t + \phi) + \sum_{n=1}^{\infty}\frac{4}{n\pi}\sin\left\{\frac{n\pi}{2}[a\sin(\omega_r t + \phi) - 1]\right\}\cos n\omega_c t \tag{6-15}$$

式（6-15）中第一项即为所需要输出的正弦波分量，后面的部分则为输出 SPWM 波形中含有的谐波分量。可见，SPWM 波形中的谐波成份既与载波角频率 ω_c 有关，也与调制信号角频率 ω_r 有关，各谐波分量的幅值与调制度 a 有关。用贝塞尔函数可以从式（6-15）求出各次谐波的频率和幅值，推导过程较为复杂，这里只给出分析结果及其频谱图，从频谱图即可对 SPWM 波形中的谐波分布情况有一个基本认识。

图 6-14 给出了不同调制度 a 时的单相 SPWM 输出波形频谱图。其中所包含的谐波角频率为 $n\omega_c \pm k\omega_r$，式中，$n=1$，3，5，…时，$k=0$，2，4，…；$n=2$，4，6，…时，$k=1$，3，5，…。下面直接给出几个结论：

1）不管采用何种算法，SPWM、PWM 脉冲波形中必定含有谐波。谐波分量主要集中在三角波频率 ω_c 及其倍频 $2\omega_c$、$3\omega_c$、…的附近，幅值最高，影响最大的是角频率为 ω_c 的谐波分量，随着倍频的增高其附近的谐波幅值越来越小。

2）当载波比较高（大于 8）时，谐波分量的幅值基本上与载波比无关。

3）调制度越大，总的谐波畸变率越小。因此，为了有效地抑制谐波，应在允许的条件下尽可能地提高载波比和调制度的值。

对于三相公用一个载波信号的三相 SPWM 波，其输出相电压的谐波情况与上述的单相情况同，其输出线电压中所包含的谐波角频率为 $n\omega_c \pm k\omega_r$，式中，$n=1$，3，5，…时，$k = 3\times(2m-1)\pm 1, m = 1,2,\cdots; n = 2,4,6,\cdots$ 时，

$$k = \begin{cases} 6m + 1 & (m = 0,1,\cdots) \\ 6m - 1 & (m = 1,2,\cdots) \end{cases}$$

图 6-15 给出了不同调制度 a 时的三相 PWM 输出波形频谱，和图 6-14 单相时的情况相

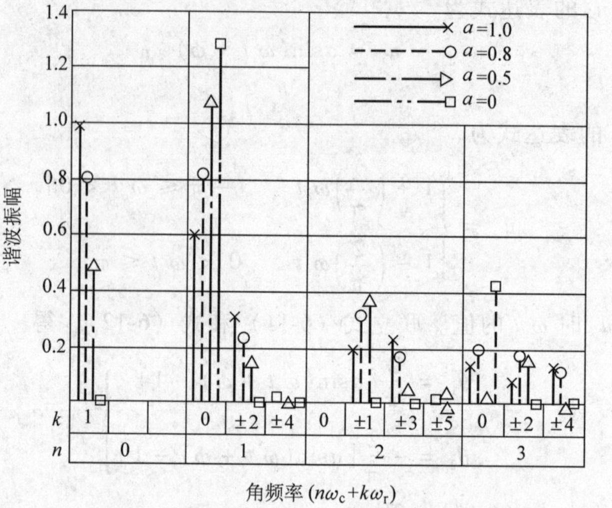

图 6-14　单相 PWM 桥式逆变电路输出电压频谱图

比较，一个显著的区别是载波角频率 ω_c 整数倍的谐波完全没有了。从图可以看出，谐波中幅值较高的为 $\omega_c \pm 2\omega_r$ 次和 $2\omega_c \pm \omega_r$ 次。其中 $\omega_c \pm 2\omega_r$ 次谐波频率较低，因此影响也较大。

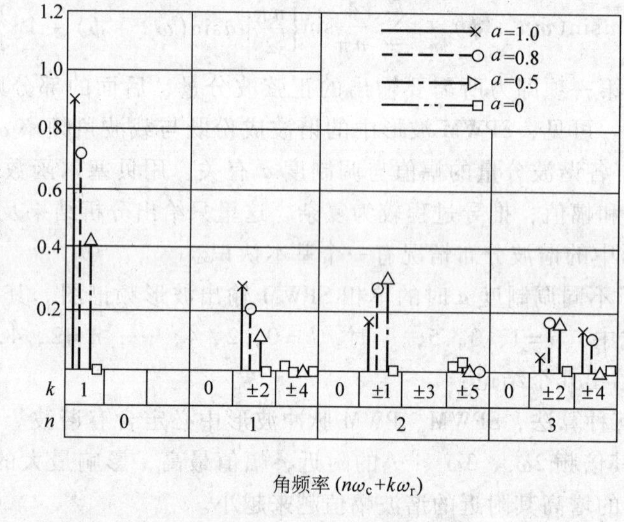

图 6-15　三相桥式 PWM 逆变电路输出线电压频谱图

上述分析都是在理想条件下进行的。在实际电路中，由于采样时刻的误差以及为避免上下臂直通而设置的延时时间的影响，谐波的分布情况将更为复杂。一般来说，实际电路中的谐波含量比理想条件下要多一些。

从上述分析可以看出，SPWM 波形中所含的谐波主要是角频率为 ω_c、$2\omega_c$ 及其附近频率的谐波。一般 $\omega_c >> \omega_r$，所以 SPWM 波形中所含的主要谐波的频率要比基波频率高得多。这种载波频率附近的高次谐波是很容易滤除的。载波频率越高，SPWM 波形中的谐波频率就越高，也越容易滤除。

6.2.6 SPWM模式优化技术

所谓SPWM模式的优化技术，就是根据某一特定目标将所有工作频率范围内的开关角预先计算出来，然后通过查表或其他方式输出，形成SPWM波形。优化SPWM模式所追求的目标有谐波畸变率最小、电压利用率最高、开关次数最少和电机转矩脉动最小等。

(1) 特定谐波消去法

图6-16是三相桥式PWM逆变电路中一相的输出端子相对于直流电源中点的电压波形，在输出电压的半个周期内，开关器件开通和关断各3次（不包括0和π时刻），则共有6个开关时刻可以控制。实际上，为了减少谐波并使分析简单，应使波形对称。首先，为了消除偶次谐波，应使正负半周波形镜对称，即

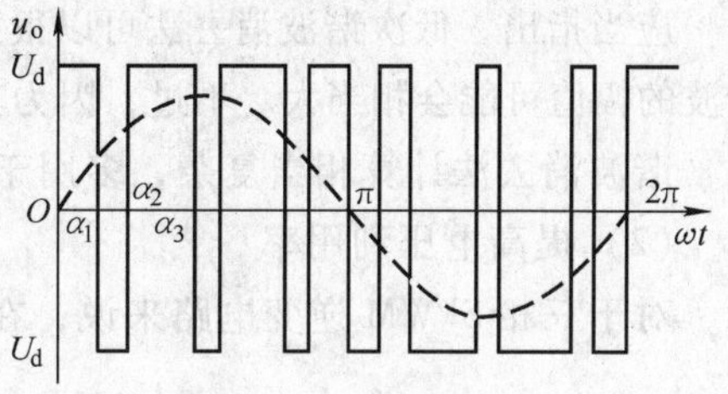

图6-16 特定谐波消去法的输出PWM波形

$$u(\omega t) = -u(\omega t + \pi) \tag{6-16}$$

其次，为了消除谐波中的余弦项，简化计算过程，应使波形奇对称，即还应满足

$$u(\omega t) = u(\pi - \omega t) \tag{6-17}$$

同时满足式（6-16）和式（6-17）的波形为四分之一周期对称波形。这种波形可用傅氏级数表示为

$$u(\omega t) = \sum_{n=1,3,5,\cdots}^{\infty} a_n \sin n\omega t \tag{6-18}$$

式中，$a_n = \dfrac{4}{\pi}\displaystyle\int_0^{\frac{\pi}{2}} u(\omega t)\sin n\omega t \mathrm{d}\omega t$ (6-19)

因为图6-16是四分之一周期对称波形，所以在一个周期内的12个开关时刻中，能够独立控制的只有α_1、α_2和α_3共3个时刻。该波形的a_n为

$$\begin{aligned} a_n &= \frac{4}{\pi}\Big[\int_0^{\alpha_1}\frac{U_d}{2}\sin n\omega t\mathrm{d}\omega t + \int_{\alpha_1}^{\alpha_2}\Big(-\frac{U_d}{2}\Big)\sin n\omega t\mathrm{d}\omega t + \\ &\int_{\alpha_2}^{\alpha_3}\frac{U_d}{2}\sin n\omega t\mathrm{d}\omega t + \int_{\alpha_3}^{\frac{\pi}{2}}\Big(-\frac{U_d}{2}\Big)\sin n\omega t\mathrm{d}\omega t\Big] \\ &= \frac{2U_d}{n\pi}(1 - 2\cos n\alpha_1 + 2\cos n\alpha_2 - 2\cos n\alpha_3) \qquad n = 1,3,5,\cdots \end{aligned} \tag{6-20}$$

式（6-20）中含有α_1、α_2和α_3三个可以控制的变量，确定基波分量a_1的值，再令两个不同的$a_n=0$，就可以建立三个方程，联立求解可得α_1、α_2和α_3。这样可以消去两个频率的谐波。通常在三相对称电路的线电压中，相电压所含3次谐波相互抵消，因此可以考虑消去5次和7次谐波。这样，可得如下联立方程：

$$\left.\begin{aligned} a_1 &= \frac{2U_d}{\pi}(1 - 2\cos\alpha_1 + 2\cos\alpha_2 - 2\cos\alpha_3) \\ a_5 &= \frac{2U_d}{5\pi}(1 - 2\cos5\alpha_1 + 2\cos5\alpha_2 - 2\cos5\alpha_3) = 0 \\ a_7 &= \frac{2U_d}{7\pi}(1 - 2\cos7\alpha_1 + 2\cos7\alpha_2 - 2\cos7\alpha_3) = 0 \end{aligned}\right\} \tag{6-21}$$

对于给定的基波幅值 a_1，求解上述方程可得一组 α_1、α_2 和 α_3。基波幅值改变时，α_1、α_2 和 α_3 也相应改变。

上面是在输出电压的半个周期内开关器件导通和关断 3 次时的情况。一般来说，如果在输出电压的半个周期开关器件开通和关断各 k 次，则共有 k 个自由度可以控制，除用一个自由度来控制基波幅值外，可以消除 $k-1$ 种谐波。

应当指出，低次谐波消去法可以很好地消除所指定的低次谐波，但是剩余未消去的较低次谐波的幅值可能会相当大。不过，因为其次数已比所消去的谐波次数高，因而较容易滤除。

谐波消去法计算相当复杂，多用于载波比不高的场合，一般用查表法。

(2) 提高电压利用率

对于三相 SPWM 逆变电路来说，在调制度 a 为最大值 1 时，相对于直流侧中点零电位来说，输出相电压的基波幅值为$\dfrac{U_d}{2}$（直流侧电压为 U_d），输出线电压的基波幅值为$\dfrac{\sqrt{3}U_d}{2}$，直流电压的利用率仅为$\dfrac{\sqrt{3}}{2}=0.866$，其原因是在线性调制范围内，正弦调制信号的幅值不能超过三角波幅值。实际电路工作时考虑到功率器件的开通和关断都需要时间，如不采取其他措施，调制度不可能达到 1。因此，采用这种调制波和三角载波比较的调制方法时，实际能得到的直流电压利用率比 0.866 还要低。

为了提高直流电压利用率，可采用梯形波作为调制信号。当梯形波幅值和三角波幅值相等时，梯形波所含的基波分量幅值已超过了三角波幅值。但梯形波中含有 5 次、7 次等低次谐波，故调制后的 PWM 波中也含有同样的低次谐波，这是采用梯形波的缺点。理论分析证明，当梯形波的三角化率 σ（梯形波的高除以梯形波两腰延长后相交所形成的三角形的高）取 0.4 时，综合效果较好，即谐波含量相对来说较少，直流电压利用率为 1.03。

在三相 SPWM 逆变器中，向负载提供的往往是线电压，因此可以通过线电压控制方式来提高直流电压利用率。如果在相电压正弦波调制信号中叠加适当大小的 3 次谐波，使之成为鞍形波，那么当鞍形波的最大幅值等于三角载波幅值时，鞍形波中将含有更大的基波正弦分量。鞍形波经过 PWM 调制后，逆变电路输出的相电压中也包含 3 次谐波，且三相的三次谐波相位相同，在合成线电压时，3 次谐波相互抵消，线电压为正弦波。

除可以在正弦调制信号中叠加 3 次谐波外，还可以叠加其他 3 倍频于正弦波的信号，也可以再叠加直流分量，这些都不会影响线电压。

(3) 降低开关次数

降低开关次数可以降低开关损耗，提高效率。降低开关次数的方法有多种，如合理安排开关序列、在正弦调制波中叠加合适的信号等，下面着重讲述后面一种做法。

设需要调制输出的三相正弦信号分别为 u_{rA}、u_{rB}、u_{rC}，令

$$u_p = -\min(u_{rA}, u_{rB}, u_{rC}) - 1 \tag{6-22}$$

令三相的调制信号分别为

$$\left.\begin{aligned} u'_{rA} &= u_{rA} + u_p \\ u'_{rB} &= u_{rB} + u_p \\ u'_{rC} &= u_{rC} + u_p \end{aligned}\right\} \tag{6-23}$$

u'_{rA}、u'_{rB}、u'_{rC} 的波形如图 6-17 所示，可以看出，u'_{rA}、u'_{rB}、u'_{rC}中总有 1/3 周期的值是和三角波负峰值是相等的，其值为 -1。这种控制方式的优点是：

1）在信号波的 1/3 周期内开关器件不动作，可使开关损耗减少 1/3。

2）最大输出线电压基波幅值为直流侧电压 U_d，和普通常规的 SPWM 调制方法相比，直流电压利用率提高了 15%。

3）相电压中相应于 u_p 的谐波分量相互抵消，输出线电压中不含低次谐波。

由此可见，这种控制方式不仅可降低开关次数，也可以提高电压利用率，其不足之处在于控制比较复杂。

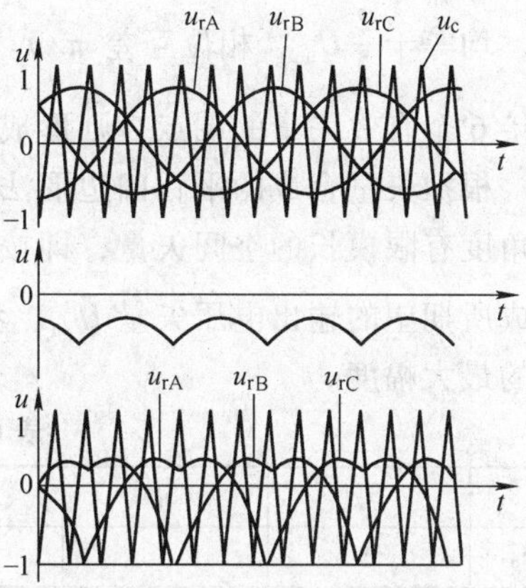

图 6-17　降低开关次数控制方法举例

（4）电机转矩脉动最小

减小电机转矩脉动，主要从优化磁链轨迹的角度入手，采用下文将要讲述的 SVPWM 可以很容易地做到。另外，减小逆变器输出谐波，也可以减小电机转矩脉动，这里不再赘述。

6.3　空间矢量脉宽调制

空间矢量脉宽调制（Space Vector PWM，SVPWM）把电动机与 PWM 逆变器看为一体，着眼于如何使电动机获得幅值恒定的圆形磁场为目标，它以三相对称正弦电压供电时交流电机中的理想磁链圆为基准，控制逆变器采用不同的开关模式，输出期望的电压，使产生的磁链有效矢量来逼近基准圆，即用多边形来近似逼近圆形。理论分析和实验都表明 SVPWM 控制具有转矩脉动小，噪音低，直流电压利用率高（比普通 SPWM 调制约高 15%）等优点。目前已在通用变频器产品中得到了广泛的应用。

三相电压型逆变器带电机负载正常工作时的特点是，每相的上下桥臂总有一个且只有一个开关导通。满足这个条件的三相逆变器开关模式共有 8 种，如果用“1”表示一相的上桥臂导通，用“0”表示该相的下桥臂导通，8 种开关模式分别为 S_0（000）、S_1（001）、S_2（010）、S_3（011）、S_4（100）、S_5（101）、S_6（110）、S_7（111）。在这 8 种开关模式下，各电压值见表 6-1。

根据三相系统向两相系统变换保持幅值不变的原则，三相电压的合成空间矢量可表示为

$$\vec{U} = u_a e^{j0} + u_b e^{j\frac{2\pi}{3}} + u_c e^{j\frac{4\pi}{3}} = U\angle\phi \tag{6-24}$$

那么，在这 8 种开关模式下，逆变器输出电压的空间矢量为

$$U_k = \begin{cases} \dfrac{2}{3}U_{dc}e^{j\frac{k-1}{3}\pi} & k = 1,2,3,4,5,6 \\ 0 & k = 7,8 \end{cases} \tag{6-25}$$

8 个空间矢量的幅值及相位如图 6-18 所示。在 S_0（000）、S_7（111）两种状态下，逆变器输出电压为 0，称为零矢量。其他 6 种开关模式对应的电压矢量为有效矢量，它们幅值相

等，均等于$\frac{2}{3}U_{dc}$，相位互差 π/3。6 个有效矢量将整个矢量空间分为 6 个区域，称为扇区。连接 6 个有效矢量的端点，则形成一个正六边形，称为空间矢量六边形。

根据矢量合成的平行四边形法则和 PWM 的等效面积原理，利用这 8 个矢量可以合成任意角度有限模长的空间矢量，即按照一定的次序和作用时间发出上述 8 种开关模式，就可以合成所期望的输出电压矢量 $\vec{U}_{ref}$。利用这 8 个矢量可以合成的矢量的最大模长决定了输出电压的最大幅度。

表 6-1　不同开关组合时的电压值

	S_a	S_b	S_c	u_{aN}	u_{bN}	u_{cN}	U_k
S_0	0	0	0	0	0	0	U_0
S_1	0	0	1	$-\frac{1}{3}U_{dc}$	$-\frac{1}{3}U_{dc}$	$\frac{2}{3}U_{dc}$	U_5
S_2	0	1	0	$-\frac{1}{3}U_{dc}$	$\frac{2}{3}U_{dc}$	$-\frac{1}{3}U_{dc}$	U_3
S_3	0	1	1	$-\frac{2}{3}U_{dc}$	$\frac{1}{3}U_{dc}$	$\frac{1}{3}U_{dc}$	U_4
S_4	1	0	0	$\frac{2}{3}U_{dc}$	$-\frac{1}{3}U_{dc}$	$-\frac{1}{3}U_{dc}$	U_1
S_5	1	0	1	$\frac{1}{3}U_{dc}$	$-\frac{2}{3}U_{dc}$	$\frac{1}{3}U_{dc}$	U_6
S_6	1	1	0	$\frac{1}{3}U_{dc}$	$\frac{1}{3}U_{dc}$	$-\frac{2}{3}U_{dc}$	U_2
S_7	1	1	1	0	0	0	U_7

注：N 为对称负载中性点。

假设在某一采样时刻参考电压矢量 $\vec{U}_{ref}=U_{ref}\angle\phi$，它落在标准矢量 $\vec{U}_\alpha$ 和 $\vec{U}_\beta$ 之间的扇区内，如图 6-19 所示，下面讨论如何用 $\vec{U}_\alpha$ 和 $\vec{U}_\beta$ 来等效地产生 $\vec{U}_{ref}$。

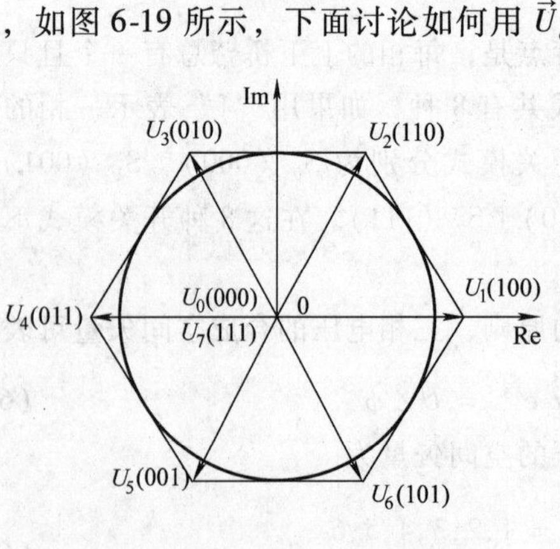

图 6-18　空间电压矢量分区

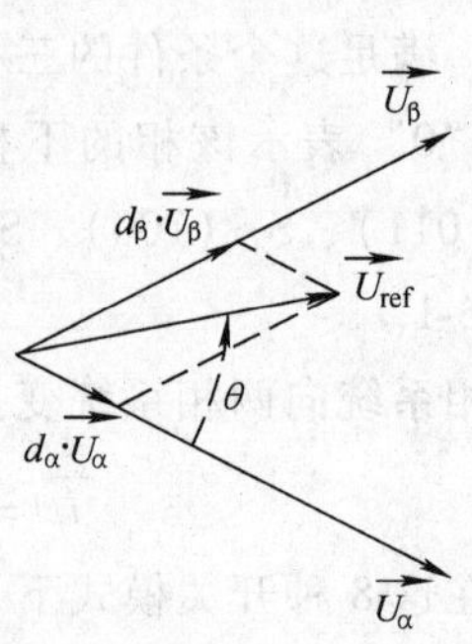

图 6-19　空间电压矢量的合成

设 $\vec{U}_{ref}$与标准矢量 $\vec{U}_\alpha$之间的夹角为 θ，$\vec{U}_{ref}$为矢量 $d_\alpha\cdot\vec{U}_\alpha$和 $d_\beta\cdot\vec{U}_\beta$的合成矢量，即

$$\vec{U}_{ref}=d_\alpha\cdot\vec{U}_\alpha+d_\beta\cdot\vec{U}_\beta \tag{6-26}$$

由三角形的正弦定理得

$$
\left.\begin{aligned}
d_\alpha U_\alpha &= \frac{2U_{\mathrm{ref}}}{\sqrt{3}}\sin(60° - \theta) \\
d_\beta U_\beta &= \frac{2U_{\mathrm{ref}}}{\sqrt{3}}\sin\theta
\end{aligned}\right\} \tag{6-27}
$$

由于 $U_\alpha = U_\beta = \frac{2}{3}U_{\mathrm{DC}}$，代入式（6-27），得

$$
\left.\begin{aligned}
d_\alpha &= \sqrt{3}U_{\mathrm{ref}}\sin(60° - \theta)/U_{\mathrm{DC}} \\
d_\beta &= \sqrt{3}U_{\mathrm{ref}}\sin\theta/U_{\mathrm{DC}}
\end{aligned}\right\} \quad 0 \leqslant \theta \leqslant 60° \tag{6-28}
$$

另一方面，根据 PWM 理论的面积等效原理，即时间积分等效原理可得，

$$
\int_{nT_s}^{(n+1)T_s} \vec{U}_{\mathrm{ref}}\mathrm{d}t = (t_\alpha \vec{U}_\alpha + t_\beta \vec{U}_\beta) \tag{6-29}
$$

式中，t_α、t_β 分别为电压矢量 $\vec{U}_\alpha$、$\vec{U}_\beta$ 的作用时间；T_s 为采样周期。根据采样理论，采样频率总是远远大于信号变化频率，因此可认为在一个采样周期内信号值近似不变，从而由式（6-29）得

$$
T_s \vec{U}_{\mathrm{ref}} = t_\alpha \vec{U}_\alpha + t_\beta \vec{U}_\beta \tag{6-30}
$$

由式（6-30）可得

$$
\vec{U}_{\mathrm{ref}} = \frac{t_\alpha}{T_s}\vec{U}_\alpha + \frac{t_\beta}{T_s}\vec{U}_\beta \tag{6-31}
$$

比较式（6-31）与式（6-26），并结合式（6-28），得

$$
\left.\begin{aligned}
t_\alpha &= \sqrt{3}U_{\mathrm{ref}}T_s\sin(60° - \theta)/U_{\mathrm{DC}} \\
t_\beta &= \sqrt{3}U_{\mathrm{ref}}T_s\sin\theta/U_{\mathrm{DC}}
\end{aligned}\right\} \quad 0 \leqslant \theta \leqslant 60° \tag{6-32}
$$

当（$t_\alpha + t_\beta$）小于 T_s 时，插入零矢量，零矢量的作用时间 $t_0 = T_s - t_\alpha - t_\beta$，按开关次数最少的原则选择两个零矢量中的一个。

在线性调制区，（$t_\alpha + t_\beta$）$\leqslant T_s$，将式（6-32）代入，则有

$$
U_{\mathrm{ref}} \leqslant \frac{U_{\mathrm{DC}}}{\sqrt{3}\cos\left(\frac{\pi}{6} - \theta\right)} \tag{6-33}
$$

对任意 θ，上式都必须成立，因此取上式右边的极限值，则有

$$
U_{\mathrm{ref}} \leqslant U_{\mathrm{DC}}/\sqrt{3} \tag{6-34}
$$

上式指明了 SVPWM 的线性工作范围，即图 6-18 中的正六边形的内切圆。由于矢量幅度等于各相正弦电压的峰值，因此在最大调制时，SVPWM 输出的相电压的基波峰值为 $U_{\mathrm{DC}}/\sqrt{3}$，线电压的基波峰值则为 U_{DC}。

常规 SPWM 在满调制时，输出相电压的基波峰值为 $U_{\mathrm{DC}}/2$，线电压的基波峰值为$\sqrt{3}U_{\mathrm{DC}}/2$。可见，SVPWM 的线性工作区比常规 SPWM 高 15.74%，即 SVPWM 的线性调制比可达 1.1547，这意味着 SVPWM 比常规 SPWM 有更宽的线性工作范围，此时输出线电压的峰值达到直流母线电压，达到了在线性调制区的最大值。

计算出应该采取的逆变器开关模式及各开关模式的作用时间后，接着就是考虑如何安排这

些开关模式的顺序。在一个脉冲波中，不同开关模式的顺序不是随便安排的，它必须遵守的原则是，每次工作状态切换时，只有一个功率器件作开关切换，这样可以尽量减少开关损耗。

6.4 跟踪型 PWM

跟踪型 PWM 不是用载波对信号波进行调制，而是把希望输出的电流或电压信号作为参考信号，把实际输出的电流或电压信号作为反馈信号，通过两者的实时比较来决定功率开关器件的导通与关断，使实际输出跟踪参考信号。跟踪型 PWM 常用的控制方式是滞环比较器方式。电压跟踪型 PWM 控制和电流跟踪型 PWM 控制实现原理相同，电流追踪控制应用的最多，因此以电流跟踪型 PWM 控制为例进行说明。

6.4.1 单相电流跟踪型 PWM

图 6-20a 给出了使用滞环比较器方式的单相半桥电路电流跟踪控制原理图，图 6-20b 给出了其输出电流波形。如图 6-20 所示，把参考电流 i^* 和实际输出电流 i 进行比较，两者的偏差 Δi($\Delta i = i^* - i$) 作为带有滞环特性的比较器的输入，通过其输出来控制晶体管 VT_1 和 VT_2 的通断。设 i 的方向如图 6-20 所示，当 VT_1 导通时，i 增大，当 VT_2 导通时，i 减小。用 H 表示滞环比较器的环宽，当 $|\Delta i| < H$ 时，滞环比较器输出保持不变；当 $|\Delta i| \geqslant H$ 时，滞环比较器输出翻转。这样，假设后面的驱动电路和主电路无延时，i 就在偏差为 H 的（$i^* + H$）和（$i^* - H$）的范围内呈锯齿状地跟踪参考电流 i^*。滞环环宽的宽度（$2H$）对跟踪性能有较大的影响。环宽过宽时，开关动作频率较低，但跟踪误差较大；环宽过窄时，跟踪误差减小，但开关的动作频率过高，开关损耗增大，甚至会超过功率开关器件允许的工作频率范围。和负载串联的电抗器 L 用来限制 i 的变化率。当 L 过大时，i 的变化率过小，对参考电流 i^* 的响应变慢；当 L 过小时，i 的变化率过大，偏差 Δi 频繁地达到 $\pm H$，开关动作频率过高。

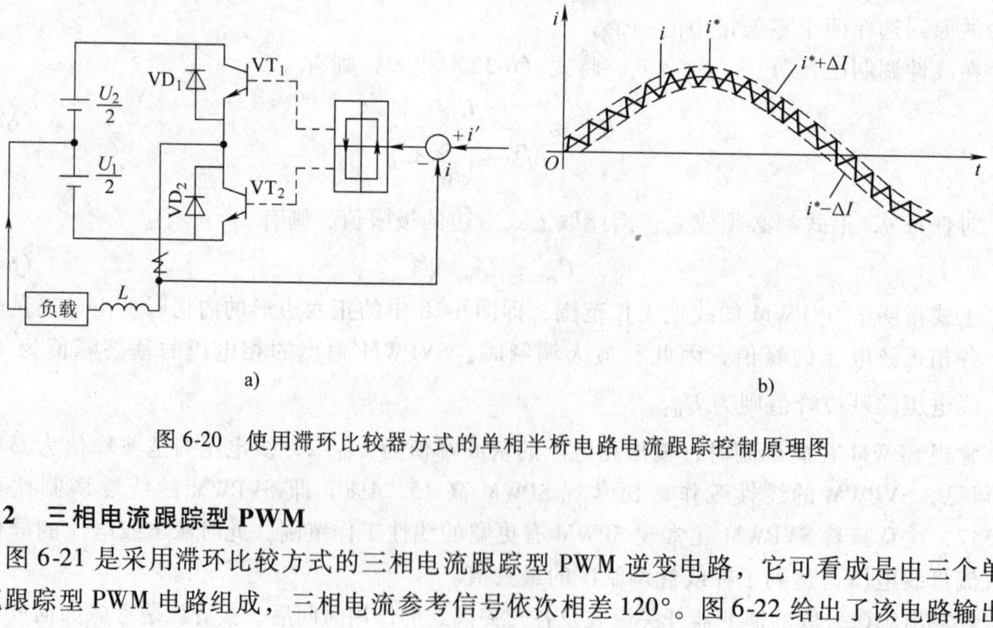

图 6-20　使用滞环比较器方式的单相半桥电路电流跟踪控制原理图

6.4.2 三相电流跟踪型 PWM

图 6-21 是采用滞环比较方式的三相电流跟踪型 PWM 逆变电路，它可看成是由三个单相电流跟踪型 PWM 电路组成，三相电流参考信号依次相差 120°。图 6-22 给出了该电路输出的

线电压和线电流的波形。可以看出，在线电压波形的半个周期内，有极性相反的脉冲输出，这将使输出电压中的谐波分量增大，也使负载的谐波损耗增加，单相电流跟踪型 PWM 控制也有同样的问题。

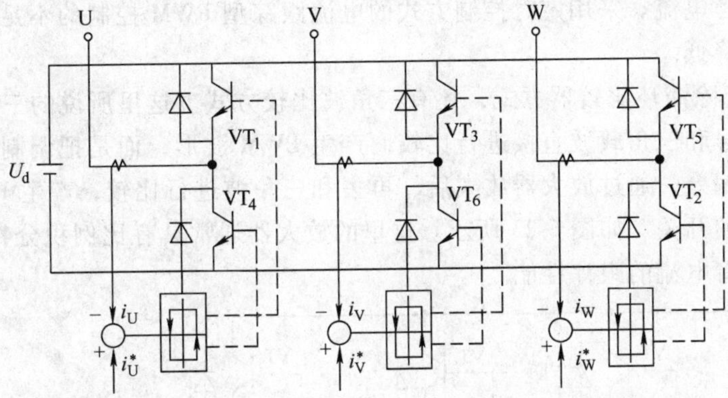

图 6-21　采用滞环比较方式的三相电流跟踪型 PWM 逆变电路

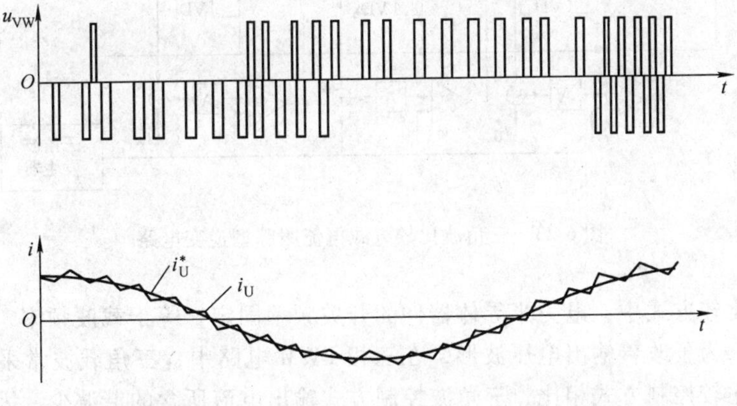

图 6-22　三相电流跟踪型 PWM 逆变电路输出波形

采用滞环比较方式的电流跟踪型 PWM 逆变电路有如下特点：

1）硬件电路简单。

2）属于实时控制方式，电流响应很快。

3）不用载波，输出电压波形中不含特定频率的谐波分量。

4）和其他方法相比，同一开关频率下输出电流中所含的谐波较多。

5）属于闭环控制。

在采用滞环比较器的瞬时值比较方式中，滞环的宽度通常是固定的，由此导致主电路中电力半导体器件的开关频率是变化的。尤其是在 i 的变化范围较大的情况下，一方面，在 i 值较小的时段，固定的环宽可能使输出电流的相对跟踪误差过大，输出波形中的低频谐波成份增多；另一方面，在 i 值较大且变化率较大的时段，固定的环宽又可能使器件的开关频率过高，甚至可能超出器件允许的最高工作频率而导致器件损坏。输出波形中的谐波频率不固定，给滤波造成困难。

为解决该问题，一种方法是可将滞环比较器的宽度 H 设计成可随 i 的大小而自动调节；另一种方法是可采用定时控制方式的电流跟踪型 PWM 控制，这种方式是以固定的采样周期对参考电流和实际输出电流进行采样，根据两者的偏差来控制功率开关器件的通断，使实际输出电流跟踪参考电流。采用定时控制方式的电流跟踪型 PWM 控制的不足是，跟踪误差不固定，控制精度降低。

跟踪型 PWM 除滞环比较器方式，还有三角波比较方式。这里所说的三角波比较方式不是把调制参考信号和三角载波直接进行比较而产生 PWM 波形，而是把调制参考信号和实际输出信号之间的偏差，通过放大器放大后，再去和三角波进行比较，产生 PWM 波形，控制电力半导体器件的开关。如图 6-23 所示。这里的放大器通常具有比例积分特性或比例特性，其系数直接影响着电流的跟踪性能。

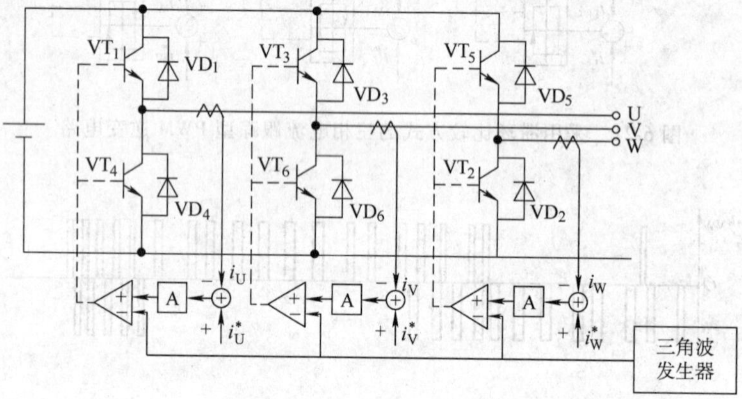

图 6-23　三角波比较方式电流跟踪型逆变电路

在三角波比较方式中，电力半导体器件的开关频率固定，等于载波频率，谐波滤波相对来说较为容易。为了改善输出电压波形，在三相 PWM 电路中，三角载波常采用三相三角波信号。和滞环比较控制方式相比，三角波控制方式输出电流所含的谐波少，因此，常用于对谐波和噪声要求严格的场合。

6.5　减小谐波的措施

PWM 技术依据面积等效原理用一系列等幅不等宽的脉冲序列来等效期望输出的波形，其波形中不可避免地存在着不必要的谐波分量。这些谐波分量的存在，使得电力电子变换器的损耗、噪音及电动机的损耗、转矩脉动增大，从而使电动机发热，减少电动机的使用寿命。

减小谐波的措施可分为两大类，一类称为被动措施，即针对变换器输出的 PWM 波形，采用外部措施来消除或减小 PWM 波形中的谐波分量，常用的有无源滤波器法和有源滤波器法；另一类称为主动措施，即在生成 PWM 波形时，采用优化硬件电路结构或优化软件算法的措施，使生成的 PWM 波形中含有的谐波分量较小，或使其不含有低次谐波分量，从而为外部谐波滤波电路提供方便。减小谐波的主动措施又有很多种，如：

1）特定谐波消除法。它的基本思想是通过傅里叶级数分析，得出在特定脉冲波条件下的傅里叶级数展开式，然后令某些特定的低次谐波为零，从而得到一个反映脉冲相位角的非线性方程组，按求解的脉冲相位角进行控制，则不含这些特定的低次谐波。特定谐波消除法的具体做法可参考6.2.6节内容。

2）SVPWM法。它的控制目标是使磁通轨迹近似为圆。从输出波形的谐波畸变率上来看，SVPWM法比普通SPWM法具有优势。

3）提高载波频率，也可以使PWM波形不含有次数较低的谐波分量，但是载波频率的提高将增加功率元件的开关次数和开关损耗，提高对功率元件和控制电路的要求。

4）通过优化PWM脉冲序列中零矢量的方法也可以减小PWM脉冲谐波。

5）增加调制度，使其工作在临近1的区域，可以有效地降低总的谐波畸变率。这就需要合理地选择载波幅值。另外，当期望输出信号幅值较低时，可考虑选用较小的直流侧电压，这也有助于减小谐波。

6）采用中点钳位方式的多电平方法，如三电平和五电平等，它通过增加变换器输出的电平数，用多种电平拟合出谐波含量较小的阶梯状正弦波。

7）采用多重化电路方法，即由多组逆变器产生不同的方波电压，再经各自变压器（变比不同）升压后，在变压器输出侧串级叠加产生阶梯状正弦波的方法。同中点钳位方式的多电平方法一样，多重化电路法的目的也是通过增加输出的电平数来减小输出波形中的谐波含量。

本章小结

本章首先介绍了PWM控制的基本原理，接着以电压型逆变电路为例，介绍了几种PWM控制方法，如SPWM法、SVPWM法和追踪型PWM，最后简单介绍了几项SPWM模式优化技术以及减小谐波的措施等。

直流斩波电路实际上就是直流PWM电路，是PWM控制技术应用较早，成熟也较早的一类电路，应用于直流电动机调速系统构成广泛应用的直流脉宽调速系统。

斩控式交流调压电路和矩阵式交—交变频电路是PWM控制技术在这类电路中应用的代表。

PWM控制技术在逆变电路中的应用最具代表性。正是由于在逆变电路中广泛而成功的应用，奠定了PWM控制技术在电力电子技术中的突出地位。除功率很大外，不用PWM控制的逆变电路已十分少见。

PWM控制技术用于整流电路，即构成PWM整流电路。可看成逆变电路中的PWM技术向整流电路的延伸。PWM整流电路已获得了一些应用，并有良好的应用前景。PWM整流电路控制方式作为对第2章内容的补充，可使我们对整流电路有更全面的认识。

以第2章相控整流电路和第4章交流调压电路为代表的相位控制技术至今在电力电子电路中仍占据着重要地位。以PWM控制技术为代表的斩波控制技术正在越来越占据着主导地位，分别简称相控和斩控。把两种技术对照学习，对电力电子电路的控制技术会有更明晰的认识。

思 考 题

1. 什么是 SPWM 波形的规则采样法？与自然采样法相比，规则采样法有什么优缺点？

2. 低次谐波消去法的原理是什么？欲用低次谐波消去法消去 5 次和 7 次谐波，并设调制度 $a=0.5$，试计算图 6-15 中的 a_1、a_2 和 a_3。

3. 单相和三相 SPWM 波形中，所含主要谐波的频率是多少？

4. 掌握 PWM 控制技术在整流电路中的应用及 PWM 整流技术。

第 7 章　电力电子控制

本章介绍了电力电子变换装置的常用建模方法，包括开关函数、坐标变换、状态空间模型和频域模型等，在此基础上进一步介绍了电力电子变换装置的电压和电流控制策略，并对其数字控制系统进行简要描述。

7.1　概述

采用电力电子变换装置，可以实现不同频率、不同电压等级电能之间的相互变换。在电力系统中，公用电网提供的电源是频率固定的某一标准等级的单相或三相交流电源。而用电设备的类型、功能却千差万别，对电能的电压、频率要求各不相同。另外，工业的发展对电力电子变换装置的性能品质也提出了越来越高的要求。如机械加工中的感应加热设备适宜用中频或高频交流电源供电；化学工业中的电解、电镀需要低压直流电源供电；通信设备大都需要 48V 低压直流电源；而要求调速的直流电动机则需要由可变直流电压供电；要求调速的交流电动机则需要电压频率均可调的交流电源；许多高技术设备要由恒频、恒压的正弦波交流不间断电源供电。凡此种种，都要求能将发电厂生产的单一频率和电压的电能变换为各个用电设备最佳工作情况所需要的另一种特性和参数（频率、电压、相位和波形）的电能，再供负载使用。

本书前面章节已经介绍了各类电力电子变换装置的拓扑结构及基本工作原理，在此基础上，我们还需要对这些电路进行建模分析，根据其特点提出不同的控制方案，才能使电力电子变换装置实现其功能，并达到所需要的性能品质。例如，在电力系统的适当位置设置电力电子变换装置，并对其进行合适的控制，就可以改变电力系统中电压的大小和相位，补偿电力网路的阻抗，减小甚至消除电力系统中的谐波，优化电力系统中的有功、无功潮流等，从而改善电力系统运行的技术特性、安全可靠性和经济性。但究竟如何控制电压的大小和相位，首先我们需要根据选择的电路拓扑结构建立其开关器件乃至整个系统的数学模型，然后再根据数学模型提出电压的控制策略，如单闭环控制方案或双闭环控制方案，之后再根据控制方案设计控制算法，最后控制算法要通过模拟控制系统或者数字控制系统实现。因此可以说包含了上述建模分析方法、电压电流控制策略的电力电了控制技术是决定其电力电子变换装置工作性能的关键因素。

7.2　电力电子变换的理论基础

7.2.1　开关函数及其应用

利用全控型电力电子器件的开关动作构成的电力电子变换电路中，常常用 1、0 表示开关器件的导通与关断，即用开关函数表示开关动作，其定义为

$$\delta(t) = \begin{cases} 1, \text{开关导通时} \\ 0, \text{开关关断时} \end{cases}$$

开关函数是时间值的离散函数，电力电子开关器件的控制可以用它来表示。在许多变换器中，开关函数的生成取决于电压控制信号。图 7-1 给出了一个典型的周期性开关函数，用 T 表示其周期，开关函数表现为一个以固定频率进行开通关断的 0、1 序列。对于开关器件构成的电力电子变换电路，一般能直接控制的只有开关动作的时序，而开关的动作可以用离散开关函数表示，那么就可以用开关函数的方式来表示对电力电子变换电路的控制。

如图 7-1 所示，一个通用的开关函数可用下面三个参数来表征：

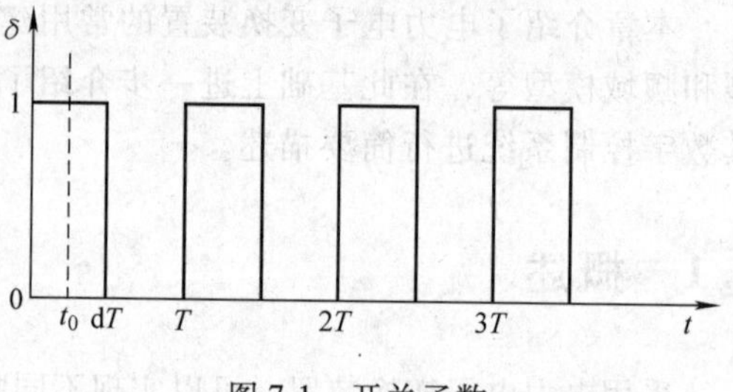

图 7-1　开关函数

1）占空比 d 指的是在一个周期里开关开通时间占整个周期时间的比值。一般来说占空比的宽度是可以调节的，以便达到所期望的控制目的，这个过程叫做脉宽调制（PWM），它是电力变换器控制的最重要的一种手段，常用来控制输出电压。

2）开关频率 $f=1/T$，在一般情况下，为降低开关损耗，开关频率通常设置为固定不变的。

3）时间延迟 t_0 或相位控制角 $\phi=\omega t_0$。一般用于基于半控型器件的相控整流器，通过调节相位控制角控制直流输出电压，几种特殊的 AC-AC 变换器也使用相位调节技术。

改变上述三个参数，就可以得到与其相对应的控制电力电子电路的几种方法。在 DC-DC 变换电路和 DC-AC 变换电路中，经常利用调节占空比（PWM）来改变它们的输出特性。在可控整流应用中，通常使用相位控制技术。第 6 章介绍过的空间电压矢量 PWM 就是开关函数的一个典型应用，其中的开关函数通过固定的开关频率限制了开关器件的开关频率，而通过每个周期内根据空间电压矢量方法计算出的各相桥臂占空比调节输出电压矢量的幅值和大小。

开关函数是描述电力电子变换装置工作状态的一种强有力工具，同时我们还可以从中得到一些广泛使用的控制方法。下面以一个 Boost 斩波电路来分析其实用性。在图 7-2 所示的 Boost 斩波电路中，电路的电流通道取决于给定时刻系统中两个开关的状态，因此，它的回路电压方程和节点电流方程也取决于在给定时刻系统中两个开关的状态。而它们都有两种电路结构，每种结构都有对应的方程，且开关函数是可以组合的。用指定开关函数 $\delta_{S_1}(t)$ 和 $\delta_{S_2}(t)$ 分别来代表左右两个开关器件 S_1 和 S_2，在 Boost 斩波电路中开关是交替工作的，且开关函数的值只能是 0 或 1，因此有

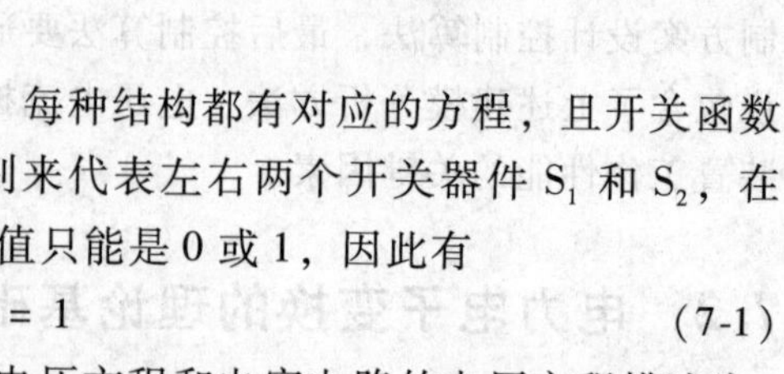

图 7-2　Boost 斩波器

$$\delta_{S_1}(t)+\delta_{S_2}(t)=1 \tag{7-1}$$

考虑 S_1 的开关动作，可以将电路中电感电路的电压方程和电容电路的电压方程描述为

$$\begin{cases}\delta_{S_1}\left(U_{in}-L\dfrac{di_L}{dt}\right)=0\\ \delta_{S_1}\left(C\dfrac{du_c}{dt}+\dfrac{u_c}{R}\right)=0\end{cases} \tag{7-2}$$

考虑 S_2 的开关动作，可以将电路中电感电路的电压方程和电容电路的电压方程描述为

$$\begin{cases} \delta_{S_2}\left(U_{in} - L\dfrac{di_L}{dt}\right) = \delta_{S_2} u_c \\ \delta_{S_2}\left(C\dfrac{du_c}{dt} + \dfrac{u_c}{R}\right) = \delta_{S_2} i_L \end{cases} \tag{7-3}$$

将式（7-1）代入式（7-2）和式（7-3），并加以归并，可得

$$\begin{cases} U_{in} - L\dfrac{di_L}{dt} = \delta_{S_2} u_c \\ C\dfrac{du_c}{dt} + \dfrac{u_c}{R} = \delta_{S_2} i_L \end{cases} \tag{7-4}$$

这个合并的方程式比原始方程更加简单，且更容易分析。

如果系统采用固定开关频率的 PWM 控制，在一个开关周期内，开关函数 $\delta_{S_1}(t)$ 和 $\delta_{S_2}(t)$ 的作用时间可以直接用占空比 D 来描述，因此我们常常用占空比 D 这个参数来表示开关函数的离散时间作用效果，具体方法在后面状态空间平均法中将作进一步介绍。

7.2.2 坐标变换

在交流电力传动系统和电能质量管理系统等电力电子变换技术最常用的应用领域，控制目标往往是三相或多相交流电压、电流量，考虑到控制对象如交流电机、电网的复杂性，直接对这些交流量进行控制是非常困难的，因此我们常常需要对这些变量通过坐标变换进行简化，便于理解和控制。从数学分析角度来看，电力电子控制中采用的坐标变换实际是可以看作被控制系统一组变量构成的矢量在不同线性空间坐标系上的表示，而在不同线性空间的表示其各个变量之间的耦合性会有很大的差异，从而使得在不同坐标系下系统的数学模型复杂程度也大不相同，所以我们采用坐标变换的目的是尽量找到使控制目标表示得更为简单的坐标系。下面以交流异步电机为具体控制对象对坐标变换进行介绍。

异步电机在三相静止坐标系下的数学模型是一组非常复杂的非线性方程，因为异步电机是一个多变量、非线性、强耦合的系统，尤其是异步电机定子各相绕组之间、转子各相绕组之间以及定子绕组和转子绕组之间的耦合关系相当复杂。交流电机可以看作二次绕组运动的变压器，定、转子绕组之间的耦合系数是随转子位置角 θ_r 连续变化的，该电机模型被描述为有时变互感的微分方程组就变得非常复杂了。因此，对交流电机模型直接进行分析、求解和运用是非常困难的。

20 世纪 20 年代，Park 提出了电机分析的新理论用来解决这个问题，他将电机定子上的变量（电压、电流、磁链）转换到与转子同步旋转的坐标轴上，借助这一变换（派克变换）所有的由于相对运动产生的时变电感都被消除了。后来人们进一步证明，定、转子的变量只要转换到任意速度的同一个参考轴上，都可以使得时变电感得以消除。这也是对交流电机在三相静止坐标系下的数学模型进行简化的主要思路。

派克等人的研究工作给我们指出，对交流电机在三相静止坐标系下的数学模型进行简化的最有效的手段就是坐标变换，坐标变换从数学角度上讲就是将原来的一组变量用一组新的变量来代替，两组变量之间有一一对应关系。这里的数学变换是有其物理意义的，所以选择变换时应遵循一定的物理原则。在这里我们遵循的最主要的原则就是磁势等效原则，即坐标变换前后，合成的气隙磁场保持不变。依据这一原则发展出多种坐标变换，下面我们介绍其中应用得比较多的两种——$\alpha\beta$ 变换和 dq 变换。

1. $\alpha\beta$ 变换

$\alpha\beta$ 变换是 a、b、c 对称三相坐标系与 $\alpha\beta$ 正交两相坐标系之间的变换，同 a、b、c 坐标系一样，$\alpha\beta$ 坐标系也是静止的。如图 7-3 所示，设 α 轴与 a 相重合，β 轴领先 α 轴 90°。

在此以电机绕组的相电流为例分析坐标变换的数学表达式。对三相坐标系电流和两相坐标系电流进行相互变换时，一般根据磁势等效原则，约定变换前后两个坐标系下电流合成的磁动势应相等，设三相电机的每相绕组匝数为 N_3，两相电机的每相绕组匝数为 N_2，可得

$$\begin{aligned} N_2 i_\alpha &= N_3\left(i_a + i_b\cos\frac{2}{3}\pi + i_c\cos\frac{4}{3}\pi\right) \\ N_2 i_\beta &= N_3\left(i_b\sin\frac{2}{3}\pi + i_c\sin\frac{4}{3}\pi\right) \end{aligned} \tag{7-5}$$

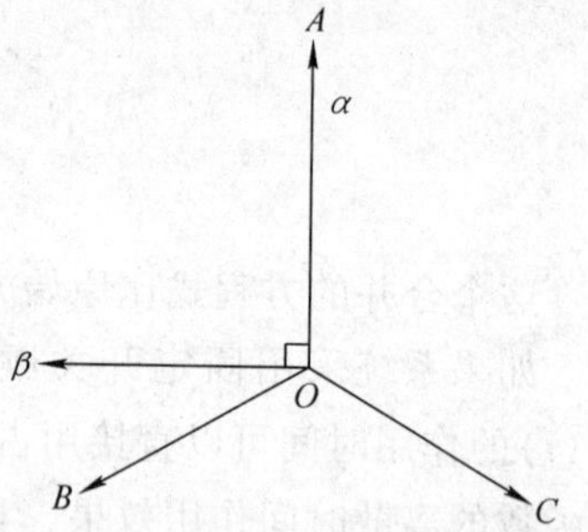

图 7-3 $\alpha\beta$ 坐标系与 a、b、c 坐标系

写成矩阵形式为

$$\begin{pmatrix} i_\alpha \\ i_\beta \end{pmatrix} = \frac{N_3}{N_2}\begin{pmatrix} 1 & -\frac{1}{2} & -\frac{1}{2} \\ 0 & \frac{\sqrt{3}}{2} & -\frac{\sqrt{3}}{2} \end{pmatrix}\begin{pmatrix} i_a \\ i_b \\ i_c \end{pmatrix} \tag{7-6}$$

考虑三相不对称情况下中线电流不为 0，引入零序电流 i_0，它对合成磁场没有贡献，是与 $\alpha\beta$ 轴正交的零轴上的电流。令 $i_0 = \frac{N_3}{N_2}\lambda(i_a + i_b + i_c)$，与上述矩阵方程合并得

$$\begin{pmatrix} i_\alpha \\ i_\beta \\ i_0 \end{pmatrix} = \frac{N_3}{N_2}\begin{pmatrix} 1 & -\frac{1}{2} & -\frac{1}{2} \\ 0 & \frac{\sqrt{3}}{2} & -\frac{\sqrt{3}}{2} \\ \lambda & \lambda & \lambda \end{pmatrix}\begin{pmatrix} i_a \\ i_b \\ i_c \end{pmatrix} \tag{7-7}$$

将上述变换矩阵表示为 $C_{3s/2s}$，理论上 $\frac{N_3}{N_2}$、λ 可取任意值，但为满足变换前后功率不变原则，$C_{3s/2s}$ 应为正交矩阵，即满足

$$C_{3s/2s}^T = C_{3s/2s}^{-1} \tag{7-8}$$

由此求出 $\frac{N_3}{N_2} = \sqrt{\frac{2}{3}}$，$\lambda = \frac{1}{\sqrt{2}}$。

当三相对称满足 $i_0 = 0$ 时，三相到两相的变换为

$$\begin{pmatrix} i_\alpha \\ i_\beta \end{pmatrix} = \sqrt{\frac{2}{3}}\begin{pmatrix} 1 & -\frac{1}{2} & -\frac{1}{2} \\ 0 & \frac{\sqrt{3}}{2} & -\frac{\sqrt{3}}{2} \end{pmatrix}\begin{pmatrix} i_a \\ i_b \\ i_c \end{pmatrix} \tag{7-9}$$

其逆变换即两相到三相的变换为

$$\begin{pmatrix} i_a \\ i_b \\ i_c \end{pmatrix} = \sqrt{\frac{2}{3}}\begin{pmatrix} 1 & 0 \\ -\frac{1}{2} & \frac{\sqrt{3}}{2} \\ -\frac{1}{2} & -\frac{\sqrt{3}}{2} \end{pmatrix}\begin{pmatrix} i_\alpha \\ i_\beta \end{pmatrix} \tag{7-10}$$

该变换同样适合于电压和磁链的变换。

2. *dq* 变换

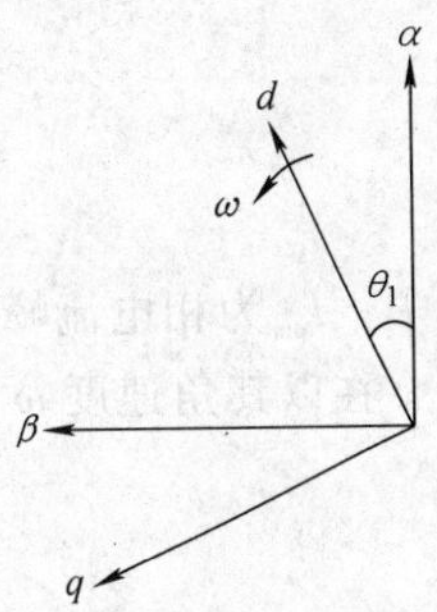

图 7-4　$\alpha\beta$ 坐标系与 dq 坐标系

dq 变换是指将上述 $\alpha\beta$ 两相坐标系变换到相差一定角度的另一 dq 两相坐标系。在电机系统中，一般假设 $\alpha\beta$ 两相坐标系是静止的，而 dq 坐标系以某一转速如磁场同步速旋转，因此常把这种变换又称为两相静止到两相旋转的变换。如图 7-4 所示，设 dq 两相坐标系以角速度 ω 逆时针旋转，则 d 轴领先 α 轴的角度为 $\theta=\omega t+\theta_1$，θ_1 为在 $t=0$ 时刻 d 轴领先 α 轴的角度。

同样以电流变换为例分析，依据磁势不变原理，$\alpha\beta$ 坐标系到 dq 坐标系之间的电流变换矩阵可表示为

$$C_{2s/2r}=\begin{pmatrix}\cos\theta & \sin\theta\\ -\sin\theta & \cos\theta\end{pmatrix}=\begin{pmatrix}\cos(\omega t+\theta_1) & \sin(\omega t+\theta_1)\\ -\sin(\omega t+\theta_1) & \cos(\omega t+\theta_1)\end{pmatrix} \tag{7-11}$$

即

$$\begin{pmatrix}i_d\\ i_q\end{pmatrix}=C_{2s/2r}\begin{pmatrix}i_\alpha\\ i_\beta\end{pmatrix}=\begin{pmatrix}\cos(\omega t+\theta_1) & \sin(\omega t+\theta_1)\\ -\sin(\omega t+\theta_1) & \cos(\omega t+\theta_1)\end{pmatrix}\begin{pmatrix}i_\alpha\\ i_\beta\end{pmatrix} \tag{7-12}$$

其逆变换即 dq 坐标系到 $\alpha\beta$ 坐标系的变换为

$$\begin{pmatrix}i_\alpha\\ i_\beta\end{pmatrix}=C_{2r/2s}\begin{pmatrix}i_d\\ i_q\end{pmatrix}=\begin{pmatrix}\cos(\omega t+\theta_1) & -\sin(\omega t+\theta_1)\\ \sin(\omega t+\theta_1) & \cos(\omega t+\theta_1)\end{pmatrix}\begin{pmatrix}i_d\\ i_q\end{pmatrix} \tag{7-13}$$

上述 dq 变换也同样适用于电压和磁链的变换。

结合 $\alpha\beta$ 变换与 dq 变换，可以得到三相静止 a、b、c 坐标系到两相旋转 dq 坐标系的变换为

$$\begin{pmatrix}i_d\\ i_q\end{pmatrix}=C_{2s/2r}\begin{pmatrix}i_\alpha\\ i_\beta\end{pmatrix}=C_{2s/2r}C_{3s/2s}\begin{pmatrix}i_a\\ i_b\\ i_c\end{pmatrix} \tag{7-14}$$

由此求得其变换矩阵为

$$\begin{aligned}C_{3s/2r}&=C_{2s/2r}C_{3s/2s}\\ &=\sqrt{\frac{2}{3}}\begin{pmatrix}\cos(\omega t+\theta_1) & \cos\left(\omega t+\theta_1-\frac{2\pi}{3}\right) & \cos\left(\omega t+\theta_1+\frac{2\pi}{3}\right)\\ -\sin(\omega t+\theta_1) & -\sin\left(\omega t+\theta_1-\frac{2\pi}{3}\right) & -\sin\left(\omega t+\theta_1+\frac{2\pi}{3}\right)\end{pmatrix}\end{aligned} \tag{7-15}$$

其逆变换即 dq 坐标系到三相静止 a、b、c 坐标系的变换为

$$C_{2r/3s}=C_{3s/2r}^{-1}=\sqrt{\frac{2}{3}}\begin{pmatrix}\cos(\omega t+\theta_1) & -\sin(\omega t+\theta_1)\\ \cos\left(\omega t+\theta_1-\frac{2\pi}{3}\right) & -\sin\left(\omega t+\theta_1-\frac{2\pi}{3}\right)\\ \cos\left(\omega t+\theta_1+\frac{2\pi}{3}\right) & -\sin\left(\omega t+\theta_1+\frac{2\pi}{3}\right)\end{pmatrix} \tag{7-16}$$

设交流电机定子三相电流分别为三相对称正弦波形

$$\begin{cases} i_a = I_{pm}\cos\omega t \\ i_b = I_{pm}\cos(\omega t - 2/3\pi) \\ i_c = I_{pm}\cos(\omega t + 2/3\pi) \end{cases} \tag{7-17}$$

式中，I_{pm}为相电流峰值。

在以其角速度 ω 同步旋转的 dq 坐标系下，运用式（7-15）表示的坐标变换可得

$$\begin{aligned} i_d &= \sqrt{\frac{3}{2}}I_{pm} \\ i_q &= 0 \end{aligned} \tag{7-18}$$

由此可见，三相静止坐标系下的正弦量变换到与其同步旋转的 dq 坐标系下，表现为直流量，电机模型可以转化为一台等效的直流电机模型，从而实现交流电机励磁和转矩的解耦，简化控制。以上坐标变换方法在以交流电压、电流为控制目标的电力电子变换系统中应用非常广泛。

7.2.3 状态空间平均法

基于状态变量的状态空间模型可以用来描述包括电力电子变换装置在内的时变系统动态过程。状态空间模型具有很强的适应性，既可用于系统的稳定性分析，也可用于设计不同要求的线性控制环节，还可用于计算机仿真求解系统的动态过程。而且状态空间模型是众多非线性控制方法的基础，例如滑模控制和自适应控制等。电力电子变换装置中因为开关的存在使系统具有明显的非线性特征，但通过状态空间平均化和线性化同样可以得到较好的数学描述，以此为基础还可采用一些经典线性控制方法对系统进行设计和分析。

在一个由电力电子半导体器件构成的电力电子变换装置中，考虑到每一个电力电子半导体器件的开关状态，系统都因此而有两种不同的电路结构。假设上述电力电子开关为理想开关（零导通压降、零阻态电流以及零开通时间和关断时间），在周期 T 内，电路的时间特性由一般状态空间模型形式表示如下：

$$\begin{cases} \dot{X} = Ax + Bu \\ y = Cx + Du \end{cases} \tag{7-19}$$

式中，x 为状态向量，$\dot{X} = dx/dt$；u 为输入或控制信号；A、B、C、D 分别是状态矩阵、输入矩阵、输出矩阵和前馈矩阵。

既然电力电子半导体器件将会处在导通和关断两种状态，依赖时间 t 的开关函数 $\delta(t)$ 可以被用来描述每个器件的允许开关状态。假设系统工作于固定开关频率，开关周期为 T，以 d 表示开关的开通占空比，则开关函数可表示为

$$\delta(t) = \begin{cases} 1, 0 \leqslant t \leqslant dT \\ 0, dT < t \leqslant T \end{cases} \tag{7-20}$$

在每个电路结构中，电路的状态方程可以表示为

$$\begin{cases} \dot{X} = A_1 x + B_1 u \\ y = C_1 x + D_1 u \end{cases} \quad 当 0 \leqslant t \leqslant dT 时, \delta(t) = 1 \tag{7-21}$$

$$\begin{cases} \dot{X} = A_2 x + B_2 u \\ y = C_2 x + D_2 u \end{cases} \quad 当 dT < t \leqslant T 时, \delta(t) = 0 \tag{7-22}$$

联立式（7-21）和式（7-22），可得电力电子变换电路的非线性时变开关状态空间模型如下：

$$\begin{aligned} \dot{X} &= [A_1\delta(t) + A_2(1-\delta(t))]X + [B_1\delta(t) + B_2(1-\delta(t))]u \\ y &= [C_1\delta(t) + C_2(1-\delta(t))]X + [D_1\delta(t) + D_2(1-\delta(t))]u \end{aligned} \tag{7-23}$$

即

$$\begin{aligned} \dot{X} &= A_S x + B_S u \\ y &= C_S x + D_S u \end{aligned} \tag{7-24}$$

式中，$A_S = A_1\delta(t) + A_2(1-\delta(t))$；$B_S = B_1\delta(t) + B_2(1-\delta(t))$；$C_S = C_1\delta(t) + C_2(1-\delta(t))$；$D_S = D_1\delta(t) + D_2(1-\delta(t))$。

由于 x 向量的状态空间是连续的，考虑到占空比 d 为 $\delta(t)$ 的平均值，假设 X 的平均值是新的状态变量，用$\overline{X}$表示，且令 $d' = 1 - d$，可以得到

$$\begin{aligned} \overline{X} &= (A_1 d + A_2 d')\overline{X} + (B_1 d + B_2 d')u \\ \overline{y} &= (C_1 d + C_2 d')\overline{X} + (D_1 d + D_2 d')u \end{aligned} \tag{7-25}$$

在波动很小和变化很慢的情况下，乘积的平均值可以由平均值的乘积来估计，由此我们可以用$\overline{X}$来代表 X，这样就可以得到状态空间模型的关系式

$$\begin{aligned} \dot{X} &= AX + Bu \\ y &= CX + Du \end{aligned} \tag{7-26}$$

式中，$A = A_1 d + A_2 d'$；$B = B_1 d + B_2 d'$；$C = C_1 d + C_2 d'$；$D = D_1 d + D_2 d'$。

下面我们以 Buck-Boost DC-DC 变换器为例，通过建立该变换器的状态空间模型分析其电压电流关系。

Buck-Boost 电路如图 7-5 所示，列写其电路方程如下：

当 $0 \leqslant t \leqslant dT$ 时，开关器件 S 导通

$$\begin{aligned} L\frac{di_L}{dt} &= U_{in} \\ C\frac{du_o}{dt} &= -\frac{u_o}{R} \end{aligned} \tag{7-27}$$

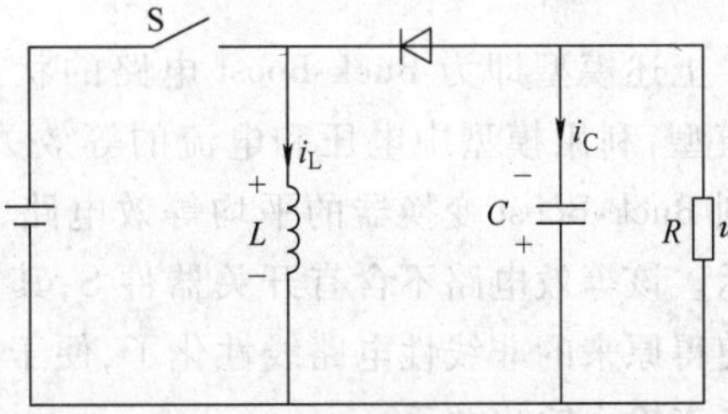

图 7-5　Buck-Boost DC-DC 变换器

当 $dT < t \leqslant T$ 时，开关器件 S 关断

$$\begin{aligned} L\frac{di_L}{dt} &= u_o \\ C\frac{du_o}{dt} &= i_L - \frac{u_o}{R} \end{aligned} \tag{7-28}$$

令状态变量 $x = [i_L,\ u_o]^T$，输出变量为 $y = [u_o,\ i_L]^T$，根据前面的分析，可以得到以下的矩阵

$$A_1 = \begin{pmatrix} 0 & 0 \\ 0 & -1/(RC) \end{pmatrix},\ A_2 = \begin{pmatrix} 0 & -1/L \\ 1/C & -1/(RC) \end{pmatrix}$$

$$B_1 = [1/L, 0]^T,\ B_2 = [0, 0]^T,\ u = [U_{in}]$$

$$C_1 = \begin{pmatrix}0 & 1\\ 1 & 0\end{pmatrix},\ C_2 = \begin{pmatrix}0 & 1\\ 1 & 0\end{pmatrix}$$

$$D_1 = [0,0]^{\mathrm{T}},\ D_2 = [0,0]^{\mathrm{T}}$$

于是得到该变换器的开关状态模型为

$$\begin{pmatrix}\dot{i}_{\mathrm{L}}\\ \dot{u}_{\mathrm{o}}\end{pmatrix} = \begin{pmatrix}0 & -(1-\delta(t))/L\\ (1-\delta(t))/C & -1/(RC)\end{pmatrix}\begin{pmatrix}i_{\mathrm{L}}\\ u_{\mathrm{o}}\end{pmatrix} + \begin{pmatrix}\delta(t)/L\\ 0\end{pmatrix}U_{\mathrm{in}} \tag{7-29}$$

$$\begin{pmatrix}u_{\mathrm{o}}\\ i_{\mathrm{L}}\end{pmatrix} = \begin{pmatrix}0 & 1\\ 1 & 0\end{pmatrix}\begin{pmatrix}i_{\mathrm{L}}\\ u_{\mathrm{o}}\end{pmatrix} + \begin{pmatrix}0\\ 0\end{pmatrix}U_{\mathrm{in}}$$

其中开关函数 $\delta(t)$ 如式（7-20）所示。

根据式（7-29），可以得到如下两个方程

$$\begin{pmatrix}\bar{i}_{\mathrm{L}}\\ \bar{u}_{\mathrm{o}}\end{pmatrix} = \left(\begin{pmatrix}0 & 0\\ 0 & -1/(RC)\end{pmatrix}d + \begin{pmatrix}0 & -1/L\\ 1/C & -1/(RC)\end{pmatrix}d'\right)\begin{pmatrix}\bar{i}_{\mathrm{L}}\\ \bar{u}_{\mathrm{o}}\end{pmatrix} + \left(\begin{pmatrix}1/L\\ 0\end{pmatrix}d + \begin{pmatrix}0\\ 0\end{pmatrix}d'\right)\overline{U}_{\mathrm{in}}$$

$$\begin{pmatrix}\bar{u}_{\mathrm{o}}\\ \bar{i}_{\mathrm{L}}\end{pmatrix} = \left(\begin{pmatrix}0 & 1\\ 1 & 0\end{pmatrix}d + \begin{pmatrix}0 & 1\\ 1 & 0\end{pmatrix}d'\right)\begin{pmatrix}\bar{i}_{\mathrm{L}}\\ \bar{u}_{\mathrm{o}}\end{pmatrix} + \left(\begin{pmatrix}0\\ 0\end{pmatrix}d + \begin{pmatrix}0\\ 0\end{pmatrix}d'\right)\overline{U}_{\mathrm{in}}$$

将上述状态空间平均模型写成 d 的函数为

$$\begin{pmatrix}\bar{i}_{\mathrm{L}}\\ \bar{u}_{\mathrm{o}}\end{pmatrix} = \begin{pmatrix}0 & (d-1)/L\\ (1-d)/C & -1/(RC)\end{pmatrix}\begin{pmatrix}\bar{i}_{\mathrm{L}}\\ \bar{u}_{\mathrm{o}}\end{pmatrix} + \begin{pmatrix}d/L\\ 0\end{pmatrix}\overline{U}_{\mathrm{in}}$$

$$\begin{pmatrix}\bar{u}_{\mathrm{o}}\\ \bar{i}_{\mathrm{L}}\end{pmatrix} = \begin{pmatrix}0 & 1\\ 1 & 0\end{pmatrix}\begin{pmatrix}\bar{i}_{\mathrm{L}}\\ \bar{u}_{\mathrm{o}}\end{pmatrix} + \begin{pmatrix}0\\ 0\end{pmatrix}\overline{U}_{\mathrm{in}}$$

上述模型即为 Buck-Boost 电路的状态空间平均模型,利用模型中电压和电流的等效关系,可以得到 Buck-Boost 变换器的平均等效电路,如图 7-6 所示。该等效电路不含有开关器件 S,其重大意义是使得原来的非线性电路线性化了,便于分析电路的稳态输入输出关系。

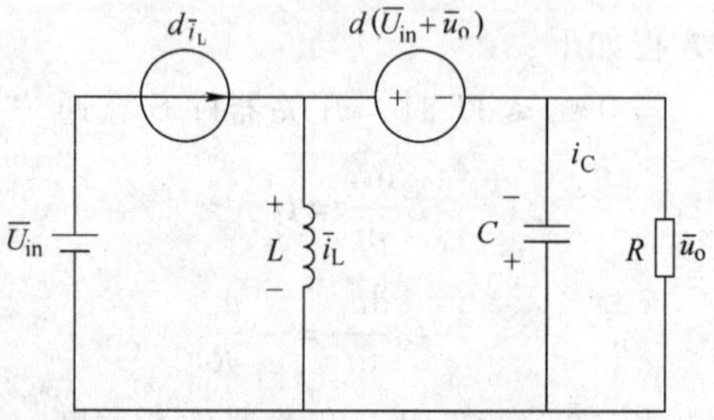

图 7-6　Buck-Boost 变换器的平均等效电路

7.2.4　频域模型

除状态空间模型外,频域模型也是分析电力电子变换装置常用的数学模型。在复频域(s 域)内对电力电子变换电路进行交流小信号分析,可以利用经典控制理论中的一些基本概念和成熟的方法,如零极点判断、频率特性、频率响应等对系统进行分析,简化设计过程。

一个系统的复频域数学模型可用传递函数来表示。线性定常系统的传递函数 $G(s)$ 的定义:初始条件为零时,函数 $G(s)$ 的值即输出拉氏变换 $Y(s)$ 与输入拉氏变换 $X(s)$ 之比。对于 n 阶系统有

$$G(s) = \frac{Y(s)}{X(s)} = \frac{b_0 s^m + b_1 s^{m-1} + \cdots + b_{m-1}s + b_m}{a_0 s^n + a_1 s^{n-1} + \cdots + a_{n-1}s + a_n},\ n \geqslant m \tag{7-30}$$

式中，$a_i(i=0,1,\cdots,n-1,n)$、$b_j(j=0,1,\cdots,m-1,m)$均为常数。

系统对正弦输入的响应称为频率响应，频率响应反映出自动调节系统瞬态响应的定性描述。令系统的传递函数 $G(s)$ 中，$s=\mathrm{j}\omega$ 则得 $G(\mathrm{j}\omega)$，称为正弦传递函数，它是一个复数量 ω 的复变函数

$$G(\mathrm{j}\omega)=|G(\mathrm{j}\omega)|\angle G(\mathrm{j}\omega)=|G(\mathrm{j}\omega)|\mathrm{e}^{\mathrm{j}a} \tag{7-31}$$

式中，$|G(\mathrm{j}\omega)|$——$G(\mathrm{j}\omega)$的幅值；

$\angle G(\mathrm{j}\omega)=a$——$G(\mathrm{j}\omega)$的相位。

$$\angle G(\mathrm{j}\omega)=\arctan\frac{I_{\mathrm{m}}[G(\mathrm{j}\omega)]}{R_{\mathrm{e}}[G(\mathrm{j}\omega)]}$$

式中，$R_{\mathrm{e}}[G(\mathrm{j}\omega)]$和$I_{\mathrm{m}}[G(\mathrm{j}\omega)]$——复数 $G(\mathrm{j}\omega)$的实部虚部。

采用频域模型进行系统设计时，一般能根据下列频域性能指标衡量系统的动静态特性：

1）相位裕量 γ，衡量稳定性。

2）增益裕量 K_{g}，衡量稳定性。

3）谐振频率 ω_{r}，衡量系统低频特性。

4）幅频特性谐振峰值 M_{r}，衡量动态超调。

5）闭环频率响应的带宽：衡量动态响应速度，可近似用增益交越频率 ω_{c} 表示，带宽大，动态响应速度快，但同时高频噪声也大。

下面以 Buck-boost 变换器为例，分析其小信号频域模型。在如图 7-5 所示电路中加入小信号扰动，此时，系统中各变量是其稳态平均值和小信号扰动变量的叠加，令

$$d=D+\Delta d,\ i_{\mathrm{L}}=I_{\mathrm{L}}+\Delta i_{\mathrm{L}},\ u_{\mathrm{o}}=U_{\mathrm{o}}+\Delta u_{\mathrm{o}}$$

采用开关函数对其电路方程进行合并化简，可得到其控制（占空比 d）—输出（输出电压 v_{o}）的小信号传递函数为

$$\frac{\Delta u_{\mathrm{o}}(s)}{\Delta d(s)}=-\frac{U_{\mathrm{o}}\left(1-\dfrac{LD}{R}s\right)}{D(1-D)\left(LCs^2+\dfrac{LD}{R}s+1\right)} \tag{7-32}$$

根据式（7-32）所示的传递函数即可画出的一个 Buck-boost 变换器控制—输出传递函数的 Bode 图，从而采用经典控制理论中一些基本方法对其幅频特性和相频特性进行分析，得出其稳态和动态性能指标，在此不赘述。

7.3 电压与电流的闭环控制

常用的交直流电机驱动装置、交直流电源、电能质量管理装置等基于电力电子变换技术的系统中，一般以速度、位置、电压、功率因数等各种各样的物理量作为控制目标，但在其电力电子变换器部分，最终直接控制的一般都是电压或电流量。而为了准确控制电压电流量，采用反馈闭环是必不可少的，根据反馈结构，存在单闭环控制和双闭环控制等方式，而根据最内环控制变量特点，可把系统分为电压型控制和电流型控制。各种闭环负反馈不仅可以提高系统的稳态精度，而且可以影响系统的动态响应，选择合适的闭环控制策略可以使系统响应速度快、超调小以及无静差等。下面主要就电力电子电路中几种常见的拓扑结构介绍

闭环控制的作用。

7.3.1 单闭环控制

1. 电压型控制

电压型控制是指通过给定电压与反馈电压的比较和调节，直接控制电力电子开关的控制方式，是电力电子变换器中最基本的一种控制方式，属于单闭环负反馈控制系统，广泛应用于交直流电源、交直流调速系统中。第6章介绍过的PWM和PFM是通过电力电子开关实现电压型控制的基本方法，其在AC-DC、DC-DC等系统中的应用已有部分介绍，不再重复。下面首先以直流调速系统中的电压单闭环控制分析一下电压型控制的特点，再介绍一种较新型的单周期控制方法。

（1）直流调速系统中的电压单闭环控制

直流调速系统中采用电压单闭环控制主要目的是通过控制电压量来调节电机的输出转速，在此直接以具有电压纯比例调节器的稳态控制为例分析，其稳态结构如图7-7所示，图中U_{d0}为被控制的电机端电压，U_u^*为电压给定，U_u为电压反馈，K_p为电压调节器比例系数，K_s为功率放大器比例系数，γ为电压反馈比例系数，K_e为电动机反电动势系数，I_d为电枢电流，R为电枢电阻，ω为电动机转速。

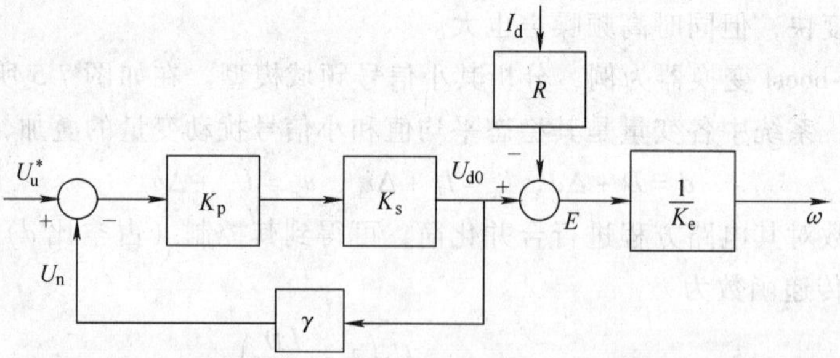

图7-7 直流调速系统电压单闭环控制稳态结构图

根据系统构成，可以写出电压单闭环的稳态控制输出电压为

$$U_{d0} = \frac{K_p K_s U_u^*}{(1+K_u)} \tag{7-33}$$

式中，电压开环放大倍数$K_u = K_p K_s \gamma$。

调速系统中控制的最终目标为转速。直流电机调速系统中采用电压单闭环控制时，稳态时电机端电压与反电动势的差值为电枢电阻上的压降，一般在总电压所占比重很小，如果予以忽略，则可认为电机端电压等于反电动势，即与电机转速成正比。如对该电压进行闭环控制，也可在一定程度上控制电机转速，同时省去了电机测速装置。此时直流电动机控制系统的转速输出为

$$\omega = \frac{K_p K_s U_u^*}{(1+K_u) K_e} - \frac{R I_d}{K_e} \tag{7-34}$$

通过式（7-34）可以看出，该系统对电压闭环前向通道包含的环节产生的扰动具有较好的抑制作用，包括电源波动、调节器和功率放大器参数波动等，但系统对负载电流引起的速

度降落没有抑制作用，所以调速特性较软。除了在电机控制中的应用之外，电压型闭环控制也可应用于开关电源等系统。但用于开关电源的输出电压控制时，其动态响应较慢，例如当输入电压阶跃增加时，必须等到控制系统检测出负载电压上升，才能产生负反馈调节作用。所以直接的电压单闭环控制一般应用于一些性能要求不太高的低成本方案。

下面再介绍一种比较新型的单周期控制方法（One Circle Control）实现电压的控制，其动态特性要优于一般的传统控制方法。

（2）单周期控制方法

单周期控制是在20世纪90年代初由 Keyue M. Sem dley 基于 Buck 电路提出的，它是一种大信号非线性的控制方法。所谓单周期控制，就是在每个开关周期内控制开关管的占空比 d，使开关变量的稳态平均值或瞬态平均值等于参考量或与参考量成比例。单周期控制方法不是直接控制输出量使其等于参考值，而是通过控制与输出值相关的器件上的变量来间接控制输出。单周期控制中的开关除了电力电子开关外，也可以是其他形式的开关，如机械开关甚至开关变量形式的函数等。每个开关周期的误差都在本周期内消除，前一个开关周期的误差不会带到后一个开关周期，这也就是为什么称为单周期控制的原因。单周期控制的核心部分是带复位端的积分器和比较器。其控制电路的原理如图7-8所示。

图中S为开关，$X(t)$为开关S的输入变量，$Y(t)$为开关S的输出变量，τ为积分器的积分时间常数，$\tau=RC$。假设开关S的开关周期是 T，开关的控制用占空比 d 来表示，则开关函数 $\delta(t)$ 可以表示为

$$\delta(t)=\begin{cases}1, 0\leqslant t\leqslant \mathrm{d}T\\0, \mathrm{d}T<t\leqslant T\end{cases} \tag{7-35}$$

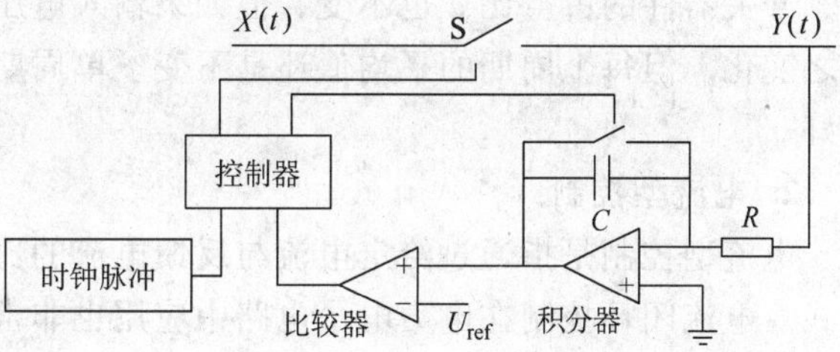

图7-8 单周期控制原理图

输入变量 $X(t)$ 经过开关S后输出变量 $Y(t)$，则输入和输出的关系为 $Y(t)=\delta(t)\times X(t)$。

假设开关频率远大于输入变量 $X(t)$ 的变化频率，则在每个开关周期内开关的输入变量 $X(t)$ 可以看成恒定值，那么输出变量可以表示为

$$Y(t)=\frac{1}{T}\int_0^{\mathrm{d}T}X(t)\mathrm{d}t\approx X(t)\frac{1}{T}\int_0^{\mathrm{d}T}\mathrm{d}t=X(t)d(t) \tag{7-36}$$

式中，$d(t)$ 为占空比对时间的函数。

如果控制开关的占空比 $d(t)$ 使开关变量在每个开关周期中的平均值等于参考量 U_{ref} 在该开关周期中的积分值，即

$$\int_0^T X(t)\mathrm{d}t=\int_0^T U_{\mathrm{ref}}\mathrm{d}t \tag{7-37}$$

可得 $Y(t)=\frac{1}{T}\int_0^T X(t)\mathrm{d}t=\frac{1}{T}\int_0^T U_{\mathrm{ref}}\mathrm{d}t=U_{\mathrm{ref}}$

可见，通过单周期控制，可以使得开关有效输出信号 $Y(t)=U_{\mathrm{ref}}(t)$。

下面以 Buck 电路为例说明单周期控制实现电压调节的方法。图7-9是采用单周期控制的 Buck 电路控制原理图。当电路工作在稳定状态时，开关管开通时二极管上的电压为 V_{in}，

开关管关断时二极管上的电压为0。因此，Buck电路的开关函数可以由二极管上的电压表示，通过控制二极管上的电压，使其在一个开关周期内的平均值等于参考值，以此来改变开关管的占空比 d，实现对输出电压的控制。

此时Buck电路单周期控制的控制规则是：

$$U_{ref}(t) = \frac{1}{T}\int_0^T U_d \mathrm{d}t = \frac{1}{T}\int_0^{dT} U_{in} \mathrm{d}t \approx dU_{in} \tag{7-38}$$

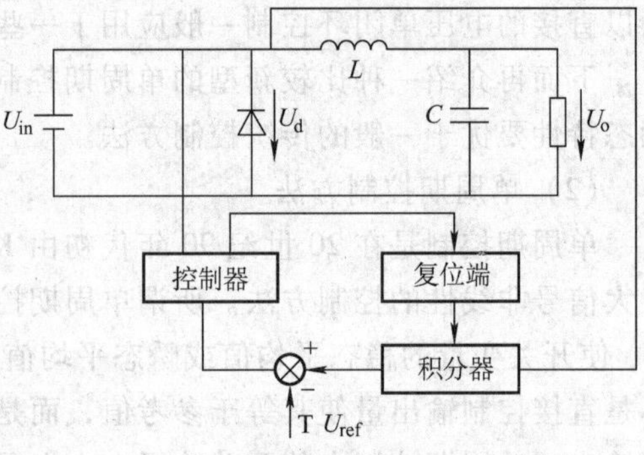

图7-9 Buck电路的单周期控制图

图中电压环由电压检测装置、带复位功能的积分器、电压比较器以及开关控制器等组成。在每一个周期的开始，检测到的二极管两端电压进入积分器积分后与电压给定值 TU_{ref} 进行比较，当积分器输出达到给定值时输出关断信号，同时复位积分器为下一个周期作准备，这样得到的输出电压的平均值与给定值在每一个周期内都完全相等。如果输入电压稳定的话，开关器件的占空比 d 也不变，但如果输入电压有波动的话，积分器的有效积分时间也会随之变化，但每个周期的平均值还是不变。单周期控制的突出优点是动态响应快，抗扰动性能好。

2. 电流型控制

电流型控制是指通过给定电流与反馈电流的比较和调节，直接控制电力电子开关的控制方式。电流闭环控制在电力电子电路中应用也非常广泛，传动系统中可以通过控制电流调节输出转矩，构成转矩控制系统，电源中可以采用电流控制构成恒流源。另外，电流闭环控制可以作为电压控制，电机转速控制的系统的内环，提高系统的控制精度及动态响应速度。电流控制中常用的方法主要有以下几种：

（1）电流滞环控制

电流滞环控制是一种电流瞬时值反馈控制，其基本方法是将电流实际检测值与电流给定值作比较，两者的偏差作为滞环比较器的输入信号，通过滞环比较器的作用输出控制开关器件通断的PWM信号。该方法在第6章“三相电流跟踪型PWM”小节中已有详细描述，此处不再重复。

（2）电流PI控制

电流PI控制属于经典控制理论的范畴，主要用于提供较大的直流增益以消除稳态误差。PI控制器的输出通常用于控制电力电子装置的输出电压，一般有限幅环节加以限制，当它的输出增长到限幅值后将不再增长，限幅值的大小通常和装置的最大输出电压相关。PI控制器的输出包括两部分：一部分是比例项，另一部分是积分项。当PI控制器的输入为常数，且积分初值为0时，开始时刻比例项起主要作用；随着时间的推移，比例项继续起作用，但控制器的输出由于积分项的作用而迅速增长。当控制器的输出达到限幅值后，输出被限制，控制器就失去调节作用了，系统以开环方式运行。

电流PI控制在电力电子变换装置中应用非常广泛，下面以直流电机调速系统中的电流控制为例分析。直流电机的电流单闭环控制系统结构框图如图7-10所示，其中 W_{ACR} 为电流

PI 调节器，$\dfrac{K_s}{T_s s+1}$为电力电子功率放大器传递函数，$\dfrac{\frac{1}{R}}{T_1 s+1}$为电机绕组传递函数，$\dfrac{\beta}{T_i s+1}$为电枢电流反馈装置传递函数，$K_e$ 为电动机反电动势系数，U_i^* 为电流给定，U_i 为电流反馈，I_d 为电枢电流，ω 为电动机转速。根据控制理论基本方法即可合理设计电流 PI 调节器参数，使系统准确跟踪给定电流，从而实现电流的闭环控制。系统进入稳态后，即电枢电流稳定后，由于 PI 调节器稳态增益为无穷大，所以可以实现无静差控制。

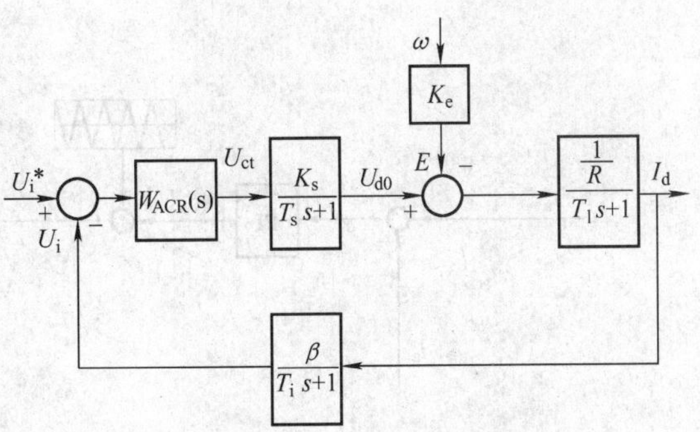

图 7-10　直流电机调速系统电流单闭环控制结构框图

以 PI 调节器的一种特殊情况，即积分项为零时来分析系统的稳态特性，此时，系统的稳态结构如图 7-11 所示，其中 K_p 为电流调节器的比例系数。

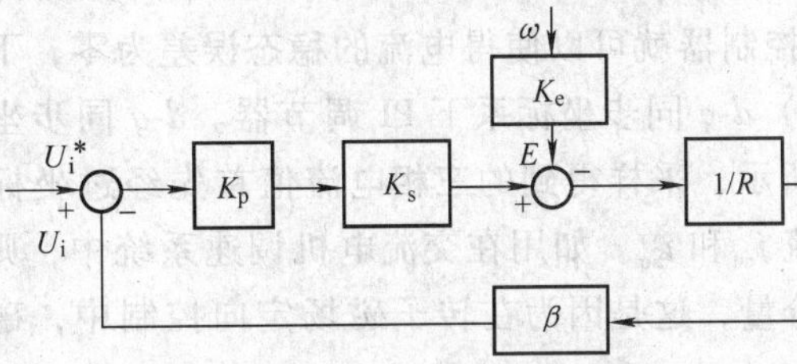

图 7-11　直流电机调速系统电流单闭环控制稳态结构图

可以写出电流单闭环的直流电动机调压调速系统的输出和输入设定的关系式

$$I_d = \frac{K_p K_s U_i^*}{R(1+K_i)} - \frac{K_e \omega}{R(1+K_i)} \tag{7-39}$$

式中，开环增益 $K_i = K_p K_s \beta / R$。由于电流闭环的作用，直流电动机的电流及输出转矩可得到很好的控制，其机械特性如图 7-12 所示，从图中可以看出，一旦电流给定，电机电流将不随转速产生大的变化，因此可以提供基本恒定的输出转矩。

图 7-12　直流电机电流单闭环控制的机械特性

在交流电流调节器中，PI 控制器的使用也是从直流系统中借鉴过来的，主要分为以下两种：

1）静止坐标系中相电流 PI 控制器。在静止坐标系下，每相电流的调节都需要一个 PI 控制器，如图 7-13 所示，电流给定值与检测值的误差作为 PI 控制器的输入，输出侧产生一个电压指令 U_{in}^* 与三角波进行比较。比较的结果一般是直接产生 PWM 信号驱动相应桥臂上的开关器件。这样，逆变器的桥臂切换频率等于三角波的频率，输出电压正比于 PI 控制器输出的电压信号大小。在直流情况下，系统稳定工作时输出电流为直流稳定量，由于积分的作用，理论上直流系统的稳态响应具有零电流误差的特性，但对于交流系统，稳态时系统输出为稳定的交流量，这样在 PI 调节器的输出也是具有参考频率的正弦输出，因此其 PI 控制器中的积分作用并不能使得电流误差为零。要解决这

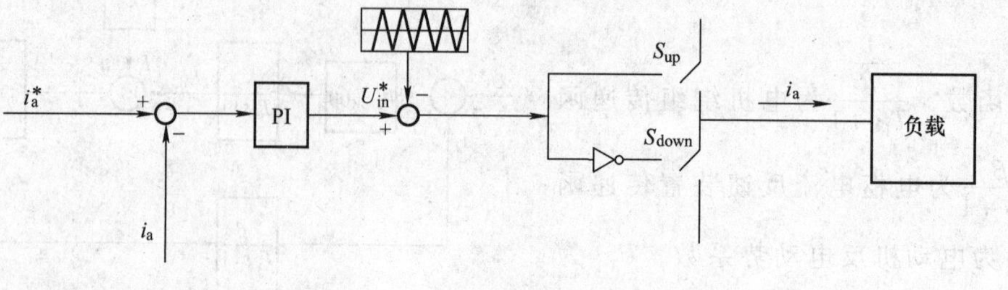

图 7-13　交流相电流 PI 控制

个问题，必须依赖于坐标变换，因为在同步旋转坐标系下，dq 轴定子电流为直流，这样应用 PI 控制器就可以使得电流的稳态误差为零，下面将对这一方法进行介绍。

2）*d-q* 同步坐标系下 PI 调节器。*d-q* 同步坐标系下的交流电流闭环控制系统结构如图 7-14 所示，采样得到的三相电流值首先经过坐标变换转化为同步旋转 *d-q* 坐标系下的 *d*、*q* 轴电流 i_{sd} 和 i_{sq}。如用在交流电机调速系统中，则其大小分别反映了定子电流的励磁分量和转矩分量，这是因为在转子磁场定向控制中，磁通和转矩完全解耦，分别由 i_{sd} 和 i_{sq} 控制。将 i_{sd} 和 i_{sq} 分别与电流给定值 i_{sd}^* 和 i_{sq}^* 比较，其误差经过两个 PI 控制器后，输出量经过坐标反变换后控制逆变器发出合适的电压矢量，从而达到分别控制电流励磁分量和转矩分量的目的。在 *d-q* 同步坐标系下，一般负载稳态工作时 *d*、*q* 轴电流分量为直流恒定值，因此 PI 调节器可以实现稳态无静差控制，这是其相对于相电流 PI 控制的主要优点。

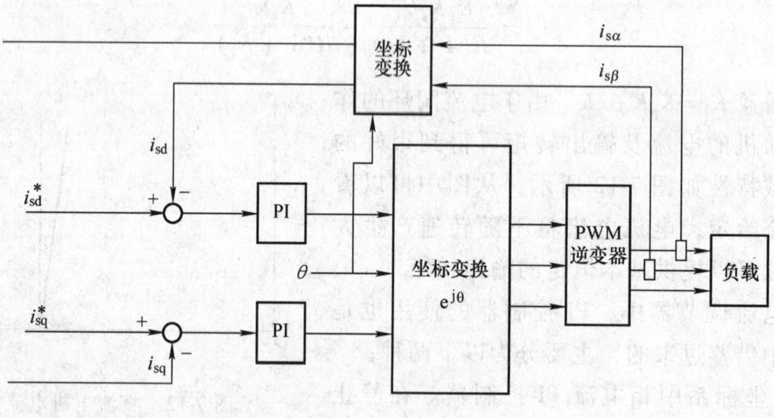

图 7-14　d-q 轴电流 PI 控制

(3) 预测控制

所谓电流预测控制，是指根据电流误差和相应的性能指标（如转矩脉动小，开关次数少，电流纹波小等），在一个恒定的控制周期中通过选择合适的控制电压矢量，使电流尽快地跟踪参考信号。预测控制可通过矢量的形式简要说明：图 7-15 给出了电流的复矢量平面，其中 i^* 为参考电流矢量，i 为当前实际电流矢量。一般来说，采用电力电子变换电路控制交流电压电流时常采用两电平逆变桥的形式，以三相系统为例，3 个桥臂组成的电力电子变换装置能输出 8 种不同的电力电子开关状态，对应着 8 个不同的电压矢量实施控制作用，分别对系统施加这 8 个电压矢量，电流矢量就会得到 8 种不同的控制轨迹，如图 7-15 的 0～7 方向所示，不过一般来说两个零矢量的作用都是一致的。预测控制的目的就是根据系统模型和性能指标选择合适的控制电压矢量，使得下一控制周期电流矢量进入参考电流矢量的误差圆范围，即以 i^* 端点为圆心，允许误差 ΔI 为半径的圆。

从控制意义上讲，电流预测控制是一种实时优化算法，从理论上讲很有吸引力。但由于它需要在每个采样周期内对每个开关状态计算可能的电流轨迹，因此计算量非常大，在实际中应用得较少，目前仍在发展和研究之中。

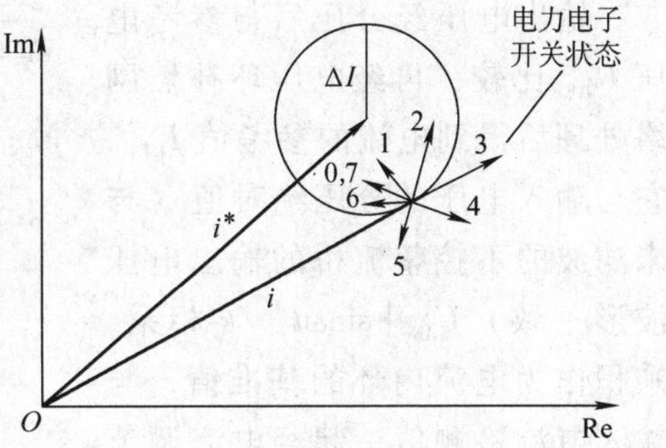

图 7-15　电流预测控制原理

（4）其他控制方法

在开关电源等系统中，还有峰值电流控制和平均电流控制等电流控制方法，但这些控制方法一般都不单独采用，而是作为电压控制的内环使用，因此在双闭环电压电流控制中专门介绍。

7.3.2　双闭环控制

电压和电流双闭环控制是电力电子电路中应用得最多的控制方法，它集中了电流闭环和电压闭环的特点，可以实现同时控制电路中多个目标量的要求。一般来说，为提高系统动态响应，可将电流环作为内环，而将电压环作为外环，这样，系统具有如图 7-16 所示的结构。

下面以单相有源功率因数校正电路为例具体分析双闭环电压电流控制的特点。

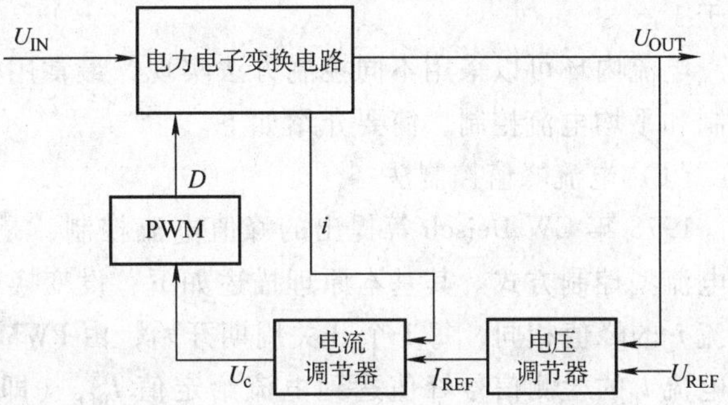

图 7-16　电压电流双闭环控制原理图

采用二极管不控整流的电路，整流侧输入电流畸变严重，含有大量的谐波，而且由于二极管导通角小，电流不连续，导致电路功率因数极低。为了提高功率因数，使整流后的电流波形接近正弦波，就必须抑制储能电容上的电压升高，从而增大二极管的导通角。如果去掉输入滤波电容，则输入电流变为近似的正弦波，提高了输入侧的功率因数并减小了电流谐波。但是这样一来，整流电路的输出不再是一个平滑的直流输出电压，而是变成了脉动波。如果要使输入电流为近似的正弦波，同时保持输出为平滑的直流电压的话，就需要在系统中采用电压和电流的控制，一般用功率因数校正电路即 PFC（Power Factor Correction）电路来实现。PFC 包括无源功率因数校正和有源功率因数校正两种，下面将要介绍的是有源功率因数校正电路。

有源功率因数校正器的基本思想是将输入交流电进行全波整流得到双半波正弦脉动电压，在整流电路与滤波电容之间加入 DC-DC 变换电路，通过输出电压检测与电压波形基准比较，进行适当控制使输入电流的波形自动跟随输入电压的波形，将整流器的输入电流校正成与电网电压同相位的正弦波，也就消除了谐波和无功电流，将电网功率因数近似提高为

1。

该功率因数校正电路同时引入电压和电流反馈，构成一个双闭环控制系统，从而实现稳压（电压控制）功能和功率因数调节（电流控制）功能。其工作原理如图 7-17 所示，主电路是一个全波整流器，实现 AC-DC 变换；在滤波电容 C 之前是一个 Boost 变换器，实现升压式 DC-DC 变换。从控制回路来看，它由一个电压外环和一个电流内环构成。

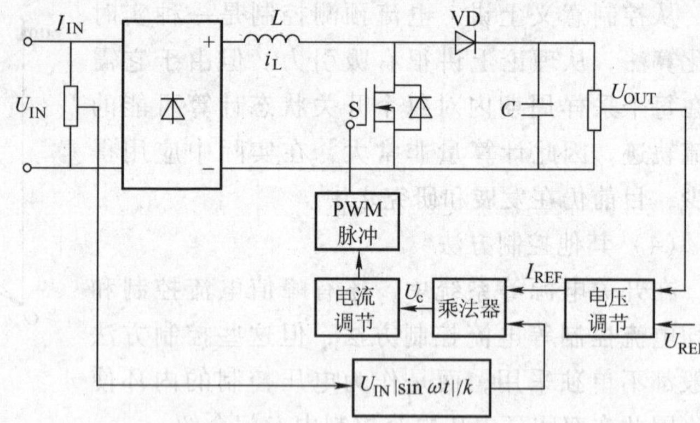

图 7-17 采用电压电流双闭环控制的 Boost 电路有源功率因数校正原理图

输出电压经分压后与参考电压 U_{REF} 比较，再经电压环补偿网络处理后得到电流的参考值 I_{REF}，它与输入电压的分压绝对值（与未滤波的不控整流桥的输出电压波形一致）$U_{IN}|\sin\omega t|/k$ 相乘，乘积作为电流内环的基准值，与输入电流检测值一起经电流调节模块处理后，进入 PWM 发生器产生主开关通断控制信号。由于电流基准值既包含了输入电压波形分量，又包含了输出电压误差分量，因此得到的输入电流波形可跟随输入电压整流后的波形，同时保证输出电压稳定。在开关频率远大于输入电压频率时，输入电流波形为与输入电压同相的正弦波形，功率因数接近于 1。

电流内环可以采用不同控制方法实现，最常用的主要有三种：电流峰值控制、电流滞环控制和平均电流控制，简要介绍如下。

（1）电流峰值控制法

1978 年 CW Deisch 等提出的峰值电流控制，是目前电力电子开关变换器中一种最常用的电流型控制方式。其基本原理描述如下：设变换器工作于连续模式，开关电流峰值与电感电流 i_L 的峰值相同，每 1 个开关周期开始，由 PWM 时钟信号经过触发器，驱动开关 S 导通，当电流 i_L 的检测信号峰值达到电流给定值 I_{REF}（即外环电压调节器的输出）时，触发器翻转，使开关 S 关断。因此只要系统中电流稍有变化，通过占空比就能迅速地产生调节作用，使输出电压 U_{OUT} 接近给定的 U_{REF}。

峰值电流型 PWM 控制的优点是：消除了输出滤波电感在系统传递函数中产生的极点，使系统传递函数由二阶降为一阶，解决了系统有条件的环路稳定性问题；具有良好的线性调整率和快速的动态响应；固有的逐个开关周期的峰值电流限制，简化了过载保护和短路保护；多个电源模块并联时易于实现均流。缺点是：不能准确控制电感的平均电流，回路增益对电网电压变化敏感，开关噪声容易造成开关管误动作（即抗扰性较差）等。更重要的是，对于最常用的 PWM 方式，当占空比 $D \geqslant 0.5$ 时，电流环不能稳定，导致开关频率降低，电流、电压纹波增大。这时需外加周期性斜坡函数补偿，使系统稳定，如图 7-18 所示，在电流调节器输入端，外加一个补偿锯齿波 u_x 与给定电流合成一个斜坡函数（倒锯齿波），适当调节斜坡函数的参数，可以使系统在占空比 $D \geqslant 0.5$ 时也渐进稳定。图 7-18 为采用峰值控制的电流调节模块工作原理图。

为什么这种双闭环结构既能保持输入端功率因数接近1，又能保持输出电压稳定呢？图7-19给出了半个工频周期内PWM高频调制的电感电流波形。当输出电压上升时，误差放大器输出电压下降，使乘法器输出的基值电流值下降，开关管的导通时间缩短，流过电感的电流下降，从而使输出电压下降。反之，使输出电压上升，以达到稳定输出电压的目的。由于乘法器输入取样来自全桥整流的输出，所以乘法器的输出和全桥整流输出电压波形的相位相同，从而使电感电流的平均值和整流输出电压同相，达到功率因数补偿之目的。

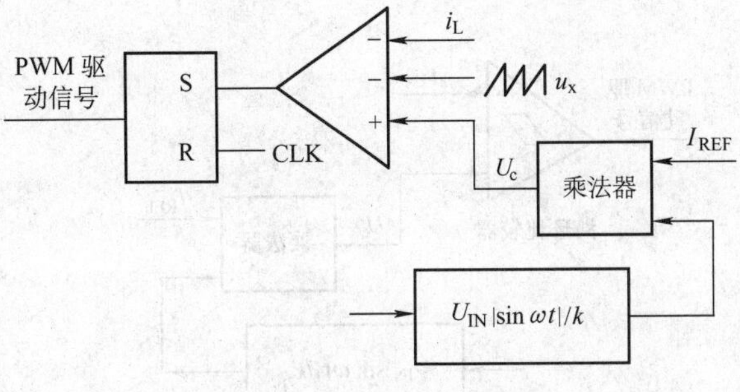

图7-18　电流峰值控制原理图

虚线为各个开关周期内电感电流峰值的包络线，一般情况下，当纹波很小时，电感电流峰值与平均值很接近，但这意味着电感电流上升坡度平缓，要求电感大。开关的门极信号用来控制电感电流的高频调制。当开关导通时，电感电流上升，达到峰值后比较器输出使开关关断，电感电流下降，如此进行周期性变化，开关频率是恒定的。

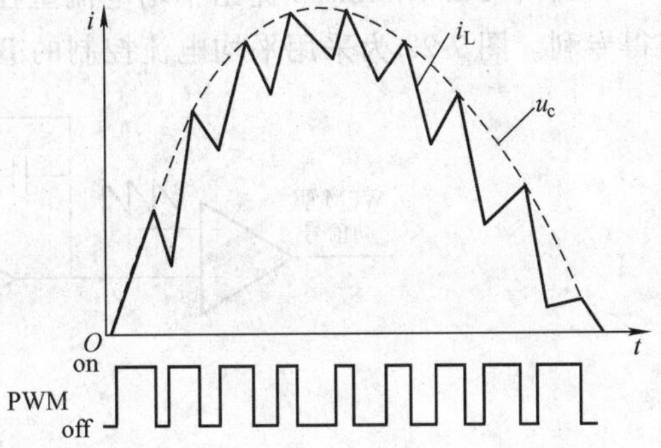

图7-19　电流峰值控制的电流跟踪波形

峰值电流控制技术采用的是每次开关的电流峰值的包络线跟踪输入电压波形，而电流的平均值只能近似地跟踪输入电压的波形，所以就这种控制方式而言，即使在理想状况下，功率因数也达不到1。

(2) 电流滞环控制法

滞环电流型控制在电动机变频传动系统中应用较多，具体实现方法在第6章已有描述，在开关电源中也可以采用滞环控制方法实现内环的电流控制。图7-20给出了采用电流滞环法控制的BOOST PFC电路原理图，其中电压外环没有画出。

比较图7-18及图7-20可看出，电流滞环法控制与峰值法控制的差别只是前者控制电路中多了一个滞环逻辑控制器。逻辑控制器具有和继电器一样的特性，有一个电流滞环带。所检测的输入电压经分压后，产生两个基准电流：电流上限值I_{max}与电流下限值I_{min}。当电感电流达到I_{min}时，开关导通，电感电流上升；当电感电流达到I_{max}时，开关关断，电感电流下降。图7-21给出了采用电流滞环法控制时的电流波形图。

I_{max}及I_{min}如图7-21的上、下两条虚线所示。图中实线为电感电流，其值在I_{max}及I_{min}两条虚线之间变化。中间一条虚线为电流平均值。电流滞环宽度决定了电流纹波大小，它可以是固定值，也可以与瞬时平均电流成比例。

电流滞环控制法的主要缺点是：负载大小对开关频率影响很大，由于开关频率变化幅度大，在设计输出滤波器时就要按最低开关频率考虑，因此不容易得到体积和重量的最优化设计。

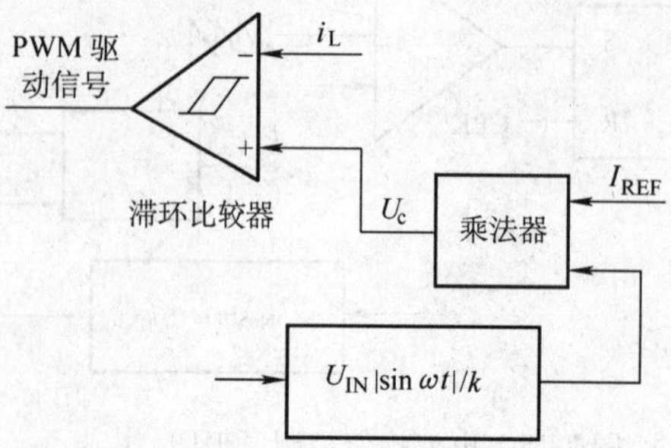

图 7-20　电流滞环控制原理图

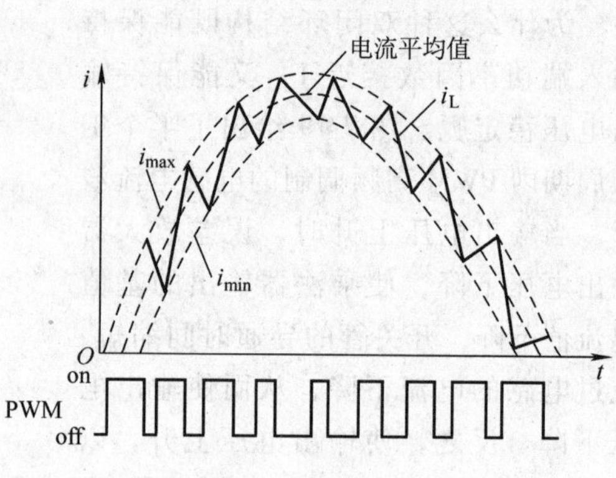

图 7-21　电流滞环控制的电流跟踪波形

（3）平均电流控制

1987 年 BL. Wilkinson 提出平均电流型控制方案，最早应用于功率因数校正变换器，并获得专利。图 7-22 为采用平均电流控制的 BOOST PFC 电路原理图。

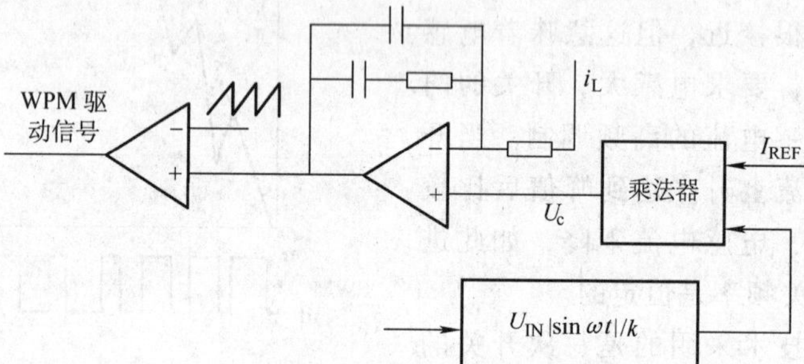

图 7-22　采用平均电流控制的 BOOST PFC 电路原理图

平均电流控制的主要特点是，采用电流误差放大器代替电流比较器，电流误差放大器一般采用 PI 型补偿网络，这样就可以滤除掉电感电流采样信号中的高频分量，相当于对反馈的电流作了平均化处理。以输入整流电压和输出电压误差放大信号的乘积为电流基准，通过与上述反馈电流平均值的比较调节，然后与锯齿波比较，形成开关的驱动信号，即可以对电流误差进行迅速而精确的校正。

图 7-23 给出了平均电流控制时的电感电流波形。图中实线为电感电流，虚线为平均电流。平均电流控制具有如下工作特点：工频电流的峰值是高频电流的平均值，因而高频电流具有比工频电流更高的峰值；总谐波失真很小；对噪声不敏感；电感电流峰值与平均值之间的误差小；原则上可以检测任意拓扑、任意支路的电流。如除了可检测 BOOST 变换器的输入电流外，也可检测

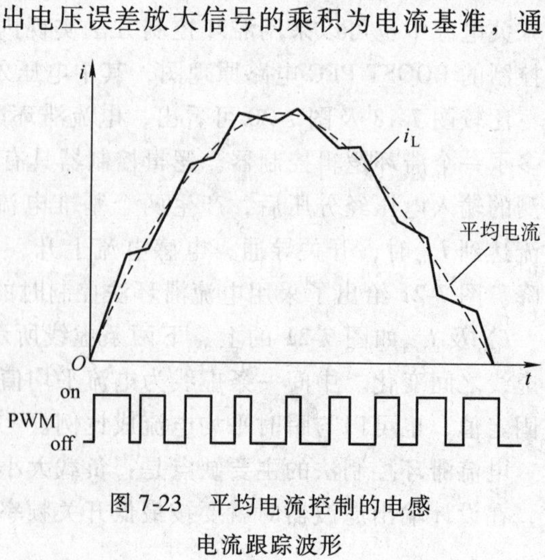

图 7-23　平均电流控制的电感电流跟踪波形

BUCK 变换器的输入电流，或 BOOST 变换器的输出电流等。

采用平均电流控制方式的 PFC 电路，功率因数可达 0.99 以上，是当今较先进和使用最多的功率因数校正控制技术。

7.4 数字控制系统

7.4.1 数字控制系统简介

电力电子变换装置的控制最终需要一个具体的控制系统来实现。早期相控整流器等电力电子变换装置一般采用模拟控制系统，由运算放大器、非线性集成电路以及少量的数字电路搭建而成。模拟控制系统的硬件结构非常复杂，功能单一固定，调试和维护都很困难，并且容易受到温漂等环境因素影响，控制性能有限。目前随着微电子技术的发展，模拟控制系统已经逐渐被数字控制系统所取代。数字控制系统也被称为计算机控制系统，是自动控制理论和计算机技术相结合的产物，一般指计算机（包括微处理器、单片机、数字信号处理器等在内的广义计算机概念）参与控制的开环或闭环系统。数字控制系统通常具有精度高、运行速度快、数据存储量大、控制功能灵活并可编程等特点。在电力电子控制中选用工业控制专用的高性能单片机、数字信号处理器（DSP）可以实现复杂的控制方法，得到快速精密的电流、电压控制效果。

相对于传统的模拟控制系统而言，数字控制系统的优点有：

1）采用专用主控制芯片和大规模数字集成电路可大大简化系统硬件结构，提高可靠性，降低硬件成本。

2）数字电路不存在温漂问题，不存在参数变化的影响，对环境的适应性好。

3）软件设计具有很大的灵活性，同样的硬件电路可以通过安装不同软件实现多种多样的功能，并利于产品的更新换代。

4）故障识别诊断能力强，能自动储存运行数据，有助于对故障的分析处理。

5）可以与上位机系统进行通信，实现集中监控和无人值守。

目前数字控制系统的一些尚需改进的不足之处是：

1）存在数字量化误差和采样误差。控制器的数据精度受数据位长的影响，需采用适当定标才能保证数据的正常表示和保证运算精度。另外，和外部系统的数据交换常通过数/模（A/D）转换器，模/数（D/A）转换器，同样也存在采样的量化误差。

2）响应速度往往慢于专用的硬件或模拟系统。数字控制系统的处理一般以串行方式进行，尽管主控芯片速度提高很快，但完成实时的多任务处理有时还有一定困难，此外，采样时间的延迟也可能造成系统的不稳定。

3）软件人工成本较贵，且调试的中间结果不容易使用仪器进行直观的测量。

7.4.2 数字控制系统的构成

电力电子变换装置数字控制系统的硬件部分一般包括微处理器、接口电路及外围设备，其中微处理器是控制系统的核心，它通过内部控制程序对输入接口进来的数据进行处理，完成控制算法，通过输出接口电路实时向外围设备发出各种控制信号。外部设备除了检测元件和执行机构，还包括各种操作显示以及通信设备。

图 7-24 为一典型的电力电子变换装置的闭环数字控制系统原理图，系统主要分为数字

控制系统和控制对象—电力电子装置。在这个系统中，控制指令分为两类，一类是通过控制系统的I/O端口或通信接口直接接收的数字控制信号，另一类是从外部以模拟电压、电流等方式给出的模拟指令信号，其中模拟指令需通过模/数转换器（A/D）采样送入微处理器，即主控芯片。闭环所需的被控电力电子变换装置反馈的连续信号也要通过模/数转换器采样送入数字控制系统。模/数转换器采样后得到一串脉冲输出，其时间和幅值都是离散的，采样时间具有均匀的频率，称为采样频率，而幅值代表采样瞬间连续信号的大小。数字控制系统的主控芯片基于指令与反馈信号，根据芯片中程序确定的控制规则实时计算出数字控制信号，然后将该控制信号通过数/模转换器（D/A）使数字量恢复成连续的控制量去控制电力电子变换装置。由主控芯片、接口电路、模/数转换器、数/模转换器等组成的控制系统统称为数字控制系统，如图7-24中虚框所示。

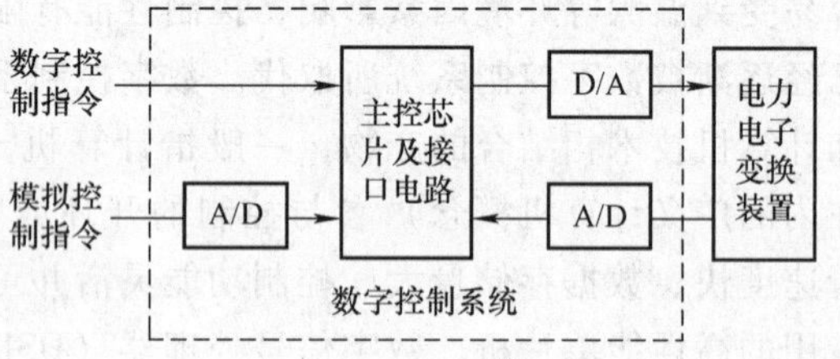

图7-24 电力电子变换装置的闭环数字控制系统原理图

可以看出数字控制系统接受和处理的信号都为数字信号，直接由主控芯片发出的控制信号也是数字量形式。在分析数字控制系统时，一般把A/D和D/A的工作过程理想化，即认为A/D相当于一个采样周期为T，采样时间为零的理想采样开关，且不考虑有限字长的量化精度问题，而把D/A当成一个保持器。控制系统中所有信号的处理都是通过内部软件来实现的，因此具有很强的灵活性。

7.4.3 数字控制系统的处理器

随着微电子技术的发展，数字式控制处理芯片的运算能力和可靠性得到很大提高，这是目前以单片机、DSP等微处理器为控制核心的全数字化控制系统迅速取代模拟控制系统的主要原因之一。微处理器技术的最新发展包括以下几个方面：处理器、系统结构和存储器件。目前适用于电力电子变换装置的数字控制系统微处理器主要有单片机、数字信号处理器（DSP）、简化指令系统计算（RISC）处理器、并行处理器（transputer）以及专用集成电路（ASIC）等，这类芯片的发展趋势是采用超高速缓冲存储器、多总线结构、流水线结构和多处理器结构等实现高速和海量数据处理，以适应高性能控制的要求。下面简要介绍几种常用的数字控制处理器。

（1）单片机

单片微型计算机（Single-Chip Microcomputer），简称单片机，是一种在一块芯片上集成了中央处理单元（CPU）、只读存储器（ROM）、随机存储器（RAM）、输入/输出接口、可编程定时器/计数器等单元的微控制芯片，有的甚至还包含有A/D转换器。从美国仙童（Fairchild）公司1974年生产出第一块单片机（F8）开始，短短十几年的时间，单片机如雨后春笋一般大量涌现出来。单片机具有速度快、功能强、效率高、体积小、性能可靠、抗干扰能力强等优点，在各种控制系统中应用广泛。单片机的CPU经历了由4、8、16、32位直至64位的发展过程，在电力电子及电机控制等领域主要以美国INTEL公司生产的MCS-51（8位）和MCS-96（16位）两大系列为代表。在电力电子电路控制中，单片机一般作为整个电路的主控芯片运行，主要用于完成数据采集和运算处理、电压电流调节、PWM信号生成、系统状态监控和故障自我诊断等多种综合功能。

(2) 数字信号处理器 DSP

数字信号处理器（DSP）是一种高速专用微处理器，运算功能强大，能实现高速数据传输和处理。它专门处理以运算为主且不允许延时过大的实时信号，可高速进行各类滤波、傅里叶变换运算等。它包含有灵活可变的 I/O 接口和片内 I/O 管理，高速并行数据处理算法的优化指令集。数字信号处理器的精度高，可靠性好，其先进的品质与性能可为电力电子控制提供高效可靠的平台。数字信号处理器保持了微处理器自成系统的特点，又具有优于通用微处理器对数字信号处理的运算能力。面向工业控制用的 DSP，其内部一般都集成了采样/保持和 A/D 转换电路，提供了多路 PWM 控制信号输出，并提供高速同步串口、标准异步串口、CAN 总线等通信接口。与单片机相比，DSP 具有更快的 CPU、更高的集成度和更大容量的存储器。DSP 属于精简指令系统计算机（RISC），大多数指令都能在一个周期内完成，并可通过并行处理技术，在一个指令周期内完成多条指令。同时，DSP 采用改进的哈佛结构，具有独立的程序和数据空间，允许同时存储程序和数据。内置高速的硬件乘法器，增加了多级流水线，使其具有高速的数据运算能力。而单片机为复杂指令系统计算机（CISC），多数指令要 2 ~ 3 个指令周期才能完成。单片机采用冯·诺依曼结构，程序和数据在同一空间存储，同一时刻只能单独访问指令或数据。单片机的 ALU 只能做加法，而乘法则需要由软件来实现，因而需要占用较多的指令周期，速度比较慢。与 16 位单片机相比，DSP 执行单指令的速度快 8 ~ 10 倍，一次乘法运算速度快 16 ~ 30 倍。

概括起来，DSP 芯片一般具有如下主要特点：

1）具有硬件乘法器，可在一个指令周期内完成一次乘法。

2）程序和数据空间分开，可以同时访问指令和数据。

3）片内具有快速 RAM，通常可通过独立的数据总线在两块中同时访问。

4）具有低开销或无开销循环及跳转的硬件支持。

5）快速的中断处理和硬件 I/O 支持。

6）支持流水线操作，使取指、译码和执行等操作可以重叠执行。

目前，DSP 芯片的主要供应商包括美国的德州仪器公司（TI）、AD 公司和 Motorola 公司等。其中 TI 公司的 DSP 芯片约占 DSP 芯片市场的 50% 以上，其 TMS320 2000 系列 DSP 在电力电子等工业控制领域应用非常广泛，这一系列又分为 TMS320C24x、TMS320C240x 及 TMS320C28x 等子系列。

TI 公司于 1997 年推出了面向工业控制的数字信号处理器芯片 TMS320C24x，这一高度集成化的器件代表了传统微处理器及通用 DSP 处理器方案的重大突破，其内部集成的工业控制外围部件，使设计者只需外加较少的硬件设备，即可构成最小目标控制系统，实现一个工业控制产品的完整控制。以 C240 DSP 为例分析，C240 含有操作速率为 20MIPS（每秒百万条指令）的 CPU，片内含有 16K 字程序存储器（ROM）/闪烁存储器（FLASH），544 字数据存储器；双 10 位模/数转换器；包含同步串行外设接口（SPI），异步串行通信接口（SCI）；备有 4 种掉电模式，采用基于 JTAG 扫描的仿真技术；它提供的脉宽调制（PWM）及 I/O 接口可以用于驱动各种类型的电机；它包含了 3 个启/停定时器和 9 个比较器，并辅以灵活的波形发生逻辑，可产生多达 12 路 PWM 输出；它还支持对称的（集中的）和非对称的（非集中的）PWM 生成能力以及空间矢量 PWM 状态装置以实现开关功率晶体管的优化方案；它能以较低的功耗得到较长的晶体管使用期，还包括死区发生单元，从而有助于保护功率晶体管；此外，事件管理器集成了 4 个捕获接收输入端，其中两个可用于光电编码正交脉冲的直接输入。总之，采用 C24x 的主要优势是集成了 A/D 转换器及事件管理器而减少了外围芯片使用量，另外由于 C24x 具有实时算术运算能力，从而支持无传感驱动并减少了存储器查表工作。

从上述分析可以看出，以 TMS320C24x DSP 为代表的面向工业控制的 DSP 芯片具有实时快速运算能力，并集成了大量工业控制外围部件，而较低的价位使得该类芯片具有很高的性能价格比，在电力电子控制系统中有非常广泛的应用。

(3) FPGA

专用集成电路（ASIC）是指为某特殊用途而专门设计和构造的任何一种集成电路。随着超大规模电路（VLSI）技术的发展，ASIC 的概念已被引入到集成电路的研制阶段，允许用户参与设计以满足其特殊需要。ASIC 的复杂程度可能差异很大，从简单的接口逻辑到完整的 DSP、RISC 处理器、神经网络或模糊逻辑控制器。ASIC 的设计方法以及 DSP 和 RISC 芯的使用，将使从事工业控制的工程师有能力将整个系统集成在很少的几片 ASIC 上。

现场可编程逻辑门阵列（FPGA）是 ASIC 中的一类芯片，目前在电力电子控制中应用也非常广泛。FPGA 属于一种可重构器件，其内部逻辑功能可以根据需要任意设定，具有集成度高、处理速度快、效率高等优点。其结构主要分为三部分：可编程逻辑块、可编程 I/O 模块和可编程内部连线。由于 FPGA 的集成度非常大，一片 FPGA 少则几千个等效门，多则几万或几十万个等效门，所以一片 FPGA 就可以实现非常复杂的逻辑、替代多块集成电路和分立元件组成的电路。它借助于硬件描述语言（VHDL）来对系统进行设计，采用三个层次（行为描述、RTL 描述和门级描述）的硬件描述和自上而下（从系统功能描述开始）的设计风格，能对三个层次的描述进行混合仿真，从而可以方便地进行数字电路设计，在可靠性、体积、成本上具有相当优势。比较而言，DSP 适合采样速率低和软件复杂程度高的场合使用；而当系统采样速率高（MHz 级）、数据传输速率高（20MB/s 以上）、条件操作少、任务比较固定时，FPGA 更有优势。FPGA 已成功应用于逆变器控制系统、交直流传动系统、各类 PWM 控制等电力电子控制场合。

单片机、DSP、FPGA 等在电力电子电路的控制系统中得到了广泛的应用，虽然它们较之模拟控制电路有许多共同的优良特性，但是它们也各有其独到之处。随着电力电子电路的日趋高频化和复杂化，上述芯片的单一采用往往难以达到期望的控制效果，因此，各种控制芯片的混合使用将成为数字控制电路的一个重要发展趋势。

本章小结

本章首先介绍了电力电子变换控制中常用的理论基础，包括开关函数、状态平均法、频率模型和坐标变换等数学模型建模方法和分析工具，在此基础上分析了电力电子变换装置中几种常用的电流、电压控制方法，最后简要介绍了电力电子变换装置的数字化控制系统，要点包括：

1）开关函数是描述电力电子变换电路控制的一种有效工具；开关函数是时间值的离散函数，可以用占空比、开关频率或相位控制角来表征其特性，改变上述三个参数，就可以得到与其相对应的控制电力电子电路的几种方法；采用开关函数可以简化系统的电路方程式，便于分析。

2）在电力电子变换中被控制的三相或多相交流电压、电流量，可采用坐标变换将其化简；坐标变换可以看作被控制系统中一组变量构成的矢量在不同线性空间坐标系上的表示；$\alpha\beta$ 变换和 dq 变换是常用的两种坐标变换方式。

3）通过状态空间平均化和线性化方法，可以采用状态空间模型来描述电力电子变换装置的时变系统动态过程；采用频域模型则可以在复频域（s 域）内对电力电子变换电路进行交流小信号分析；基于这些模型的描述便于我们利用经典控制理论中的一些基本概念和成熟的方法，对系统进行分析，简化设计过程。

4）在电力电子变换电路中，为了达到所需控制性能，一般采用闭环控制模式，可分为单闭环控制和双闭环控制等；而根据系统直接控制的目标量，又可以将电力电子电路的控制分为电流型控制和电压型控制；常采用的电压电流控制方法有单周期控制、电流峰值控制、电流滞环控制和平均电流控制等，需根据应用特点合理选择。

5）数字控制系统通常具有精度高、运行速度快、数据存储量大、控制功能灵活并可编程等特点；在电力电子控制中选用工业控制专用的高性能单片机、数字信号处理器（DSP）或 ASIC 芯片可以实现复杂的控制算法，得到快速精密的电流、电压控制效果。

思 考 题

1. 什么是开关函数？

2. 电力电子变换中采用的状态空间模型有什么特点，何谓状态平均法？

3. 对三相正弦电压：

$$\begin{cases} u_a = U_m\cos\omega t \\ u_b = U_m\cos(\omega t - 2/3\pi) \\ u_c = U_m\cos(\omega t + 2/3\pi) \end{cases}$$

试进行 $\alpha\beta$ 变换和同步 dq 变换。

4. 了解单周期控制、峰值控制、滞环控制和平均电流控制等电力电子变换中常用的控制方法。

5. 了解数字控制系统的基本构成及特点。

第8章　磁　元　件

本章主要介绍高频磁心的基本特性和参数，常用磁性材料的特性和适用性，高频变换器中磁心的工作状态及高频电感和变压器的基本特性等。

8.1　概述

开关变换器中磁元件的应用非常广泛，可分为变压器和电感两类。变压器用来传递能量、本身不存储能量；电感通过存储和释放能量，起到对电流的平滑滤波作用。变压器包括隔离或升降压变压器、阻抗变换器、电流/电压检测互感器和驱动变压器等；电感包括滤波电感、谐振电感、吸收电路中的限流（或限制电流上升率）电感、自饱和电感和磁调节元件（可控饱和电感，又称磁放大器）等。

高频开关变换器中磁元件工作条件较为特殊，如工作频率高，功率范围宽，激磁非正弦，有时工作于磁饱和状态等。因此很难由制造业提供高频电感和变压器的标准产品，而是要按应用的特殊要求进行非标准设计（Custom-Design）。开关电源的开发设计人员应当了解磁材料、磁心结构及磁元件制造工艺等，除了具备分析高频磁元件的能力，对开关变换器中的某些特殊磁元件，要求开发设计工程师具有综合（设计）的能力。

本章针对高频功率变换器中的磁元件，回顾磁的一些基本概念，介绍常用的磁性材料的特性和选用，磁心的工作状态，磁元件的工作特性及设计方法。

8.2　高频磁心的基本特性和参数

磁心的磁特性，即 B 与 H 间的关系，在 B-H 平面上表示，称为 B-H 曲线，它是磁性材料的固有特性。与磁性材料的类型、磁心结构、处理工艺以及激磁电流类型等有关。B-H 平面（磁状态平面）上，B 为磁感应强度（单位为 Tesla），或称磁密（磁场密度）；H 为磁场强度（A/m）。给定一个 B 值、则在 B-H 曲线上有对应的一个 H 值。磁元件在外加激磁（励磁）磁场 H_o 时，磁心工作于 B-H 平面上的某点（B_o、H_o），它表示磁心运行时的磁状态工作点。

1. 磁滞回线

图 8-1 为磁心实际磁特性的一般形状。其特点是：非线性、对称性、非单值性（H 增大或减小，磁状态轨迹变化不一致）、不经过原点、反映了材料的磁滞性质，所以人们将 B-H 曲线称为磁滞回线。

如果增大磁场强度，使磁化曲线线斜率减小，直到进入饱和；再反向磁化、达到反向饱和，这样的磁滞回线称为饱和磁滞回线，或称最大磁滞回线，如图 8-1 中所示的磁滞回线 2。在饱和磁滞回线上可以确定的特征参数如下：

1）饱和磁感应强度 B_s。是指在指定温度下，用足够大的磁场强度磁化磁性物质时，磁化曲线达到接近水平线时，不再随外磁场增大而明显增大时对应的 B 值。

2）剩余磁感应强度 B_r。磁性物质被磁化到饱和后，又将磁场强度下降到零（$H=0$）时，磁性物质中残留的磁感应强度，称为剩余磁感应强度 B_r。

3）矫顽磁力 H_c。磁性物质被磁化到饱和后，由于磁滞现象，需要有一定的反向磁场强度才能使磁感应强度为零，这个磁场强度称为矫顽磁力 H_c。

磁滞回线的形状与磁心的材料有关。如高磁导率软磁材料的磁滞回线是S形，坡莫合金软磁材料的磁滞回线是矩形（$B_r \approx B_s$），而宽恒磁导合金材料的磁滞回线是扁平的（B_r 很小、在较大激磁电流下不容易饱和），如图 8-2 所示。

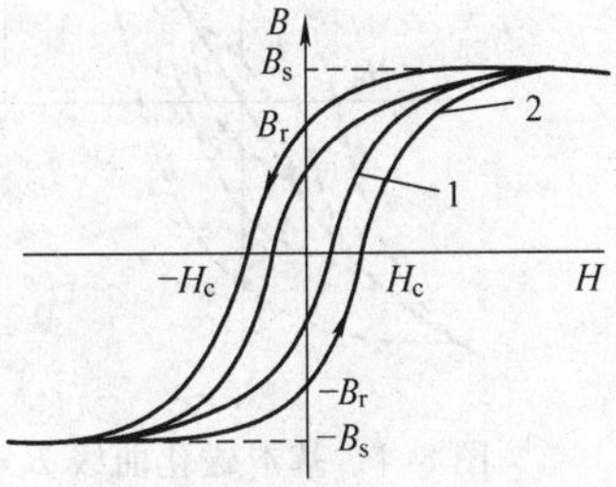

图 8-1　磁滞回线

磁滞回线还与激磁信号的类型、性质、波形、频率及幅度等有关。可分为静态（直流激磁）磁滞回线、动态（交流或交直流激磁）磁滞回线和对称与不对称局部磁滞回线等。图 8-3 给出静态（激磁频率为零）和动态（频率一定的交变激磁）磁滞回线，直流磁滞回线所包围的面积 $\oint H\mathrm{d}B$ 代表被测磁心的磁滞损耗，交流磁滞回线所包围的面积 $\oint H\mathrm{d}B$ 则代表被测磁心的磁滞、涡流损耗之和。

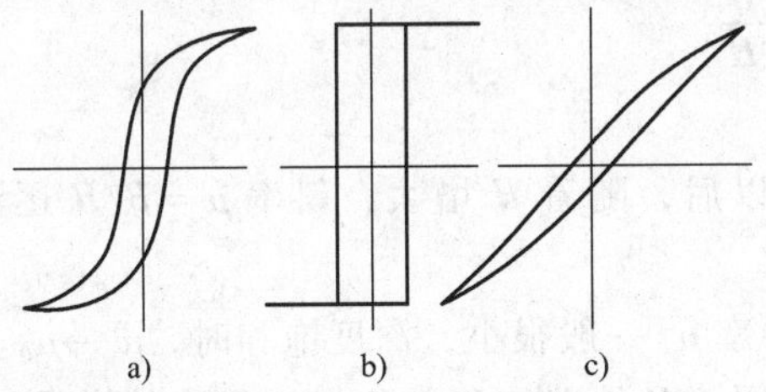

图 8-2　磁滞回线的典型形状

a）S形回线　b）矩形回线　c）扁平回线

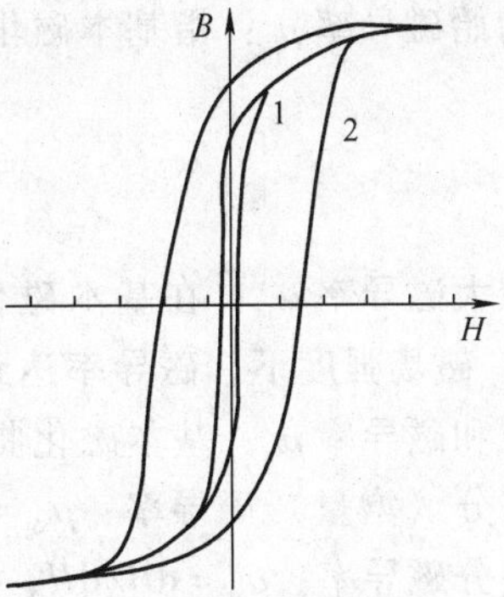

图 8-3　静态和动态磁滞回线

1—静态　2—动态

2. 基本磁化曲线

正弦交流激磁时，对称磁滞回线族的各回线顶点相联，可得到单值曲线 $B=f(H)$，称为基本磁化曲线，如图 8-4 所示。它的特点也是非线性和对称性，并穿越原点。但基本磁化曲线没有反映磁心材料的磁滞性质。

基本磁化曲线主要用于工程设计或工程分析。例如设计变压器时，应选择最大工作磁密小于基本磁化曲线的线性段上限，即保证变压器磁心工作于基本磁化曲线的拐点以下，从而在正常情况下，任何参数变动都不会使磁心工作点进入饱和区。

3. 磁导率

表征磁性材料性能的重要参数是 B-H 曲线上某点（B_1，H_1）的磁导率 $\mu_1 = B_1/H_1$，即 B-H 曲线在点（B_1，H_1）的斜率，代表该磁性材料的磁导能力。由于 B-H 曲线的非线性，磁化曲线上各点的磁导率不同，并且在同一点，不同的磁导率定义 μ 的数值也大不相同。由基本磁化曲线可得磁导率曲线 $\mu=f(H)$，如图 8-5 所示。

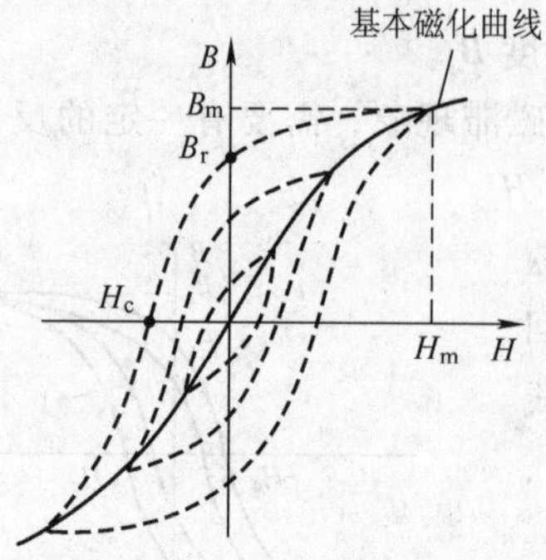

图 8-4　基本磁化曲线 $B=f(H)$

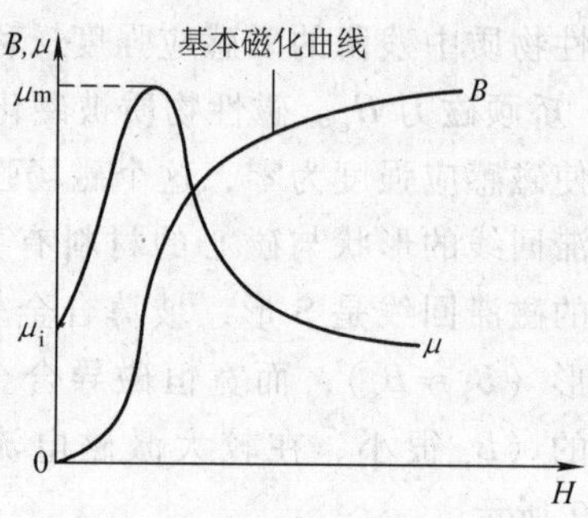

图 8-5　$\mu=f(H)$ 曲线

通常为了比较介质磁导性能，以真空磁导率 μ_0 为基准，定义介质的磁导率与真空磁导率的比值为相对磁导率 μ_r

$$\mu_r=\frac{\mu}{\mu_0}$$

真空磁导率 $\mu_0=4\pi\times10^{-7}\text{H/m}$。

1）初始磁导率 μ_i：指基本磁化曲线当 $H\to0$ 时的磁导率。

$$\mu_i=\lim_{H\to0}\frac{B}{H}$$

约为常数。

2）最大磁导率 μ_m：在基本磁化曲线初始段以后，随着 H 增大，斜率 $\mu=B/H$ 逐渐增大，在某一磁场强度下，磁导率达到最大，即 μ_m。

3）饱和磁导率 μ_s：基本磁化曲线饱和段磁导率 μ_s 一般很小，深度饱和时，$\mu_s\to\mu_0$。

4）差分（增量）磁导率：$\mu_\Delta=\Delta B/\Delta H$。$\Delta B$ 及 ΔH 是在（B_1，H_1）点所取的增量。

5）微分磁导率：$\mu_d=dB/dH$，在（B_1，H_1）点取微分，可得 μ_d。

显而易见 $\mu_1=B_1/H_1$、$\mu_\Delta=\Delta B/\Delta H$、$\mu_d=dB/dH$ 三者在数值上是不相等的。

值得注意的是，磁导率 μ 及饱和磁感应强度 B_s、剩磁感应强度 B_r、矫顽力 H_c 以及磁心比损耗（单位重损耗 W/kg）等磁参数均与磁心工作温度有关。

4. 伏秒积分

磁心中 B 变化时，绕组 N 上的感应电动势

$$e(t)=NA_c dB(t)/dt \tag{8-1}$$

积分区间为［t_1，t_2］的伏秒积分

$$\int e(t)\,dt=NA_c\Delta B=\Delta\Psi \tag{8-2}$$

式中，ΔB 表示在积分区间［t_1，t_2］内，磁心中磁感应强度的增量；$\Delta\Psi$ 为磁链增量，A_c 为磁心截面积。

伏秒积分（或伏秒面积）与 ΔB 成正比；稳态情况下，电路中任何一个磁元件的每个绕组在一个开关周期内的伏秒积分都是零，这就是所谓的伏秒平衡。这是电磁分析中常用的基本概念。

5. 磁心气隙（Air gap）

当磁回路内有空气隙时，磁滞回线将变得扁平。并且气隙越大，回线越接近 H 轴，如图 8-6 所示，也就是说，S 形回线的磁心加入气隙则可变成扁平磁滞回线。

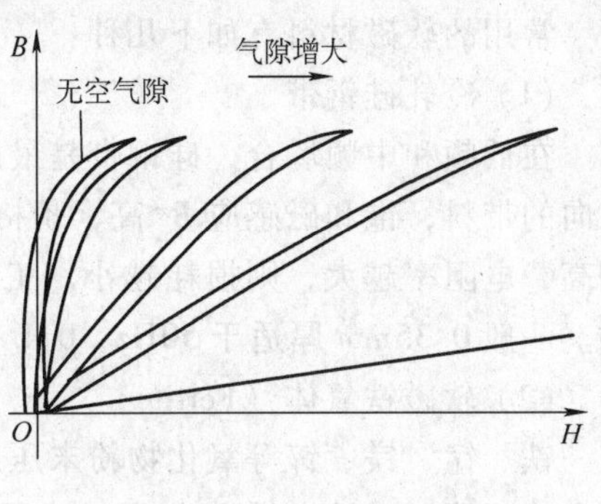

图 8-6　空气隙对磁滞回线的影响

与无气隙时比较，有气隙时的磁特性参数主要特点如下：

1）B_s、H_c 不变。

2）为了产生相同的 B，有气隙时，所需激磁更大。

3）剩磁感应下降，甚至接近于零。

4）磁心等效磁导率下降。

6. 磁心储能和损耗

当电压 u 加到等效激磁电感为 L 的磁性元件上，则在 L 中产生电流 i，电源传输到磁性元件的能量

$$W = \int ui\mathrm{d}t = \int iL\frac{\mathrm{d}i}{\mathrm{d}t}\mathrm{d}t = \int Li\mathrm{d}i = \frac{1}{2}Li^2 \tag{8-3}$$

此能量转换为磁场能量，当磁心无气隙时，存储在磁心中，并对应于 ΔB：

$$W = \int Li\mathrm{d}i = \int Ni\mathrm{d}\Phi = \int\frac{\Phi l_c}{\mu_c A_c}\mathrm{d}\Phi = \frac{(\Delta B)^2 V_c}{2\mu_c} \tag{8-4}$$

式中，V_c 为磁心体积；l_c 为磁路长度；A_c 为磁心截面积。

磁心有气隙时，

$$W = \frac{B^2 V_c}{2\mu_c} + \frac{B^2 V_\delta}{2\mu_0} \approx \frac{\Delta B^2 V_\delta}{2\mu_0} \tag{8-5}$$

式中，V_δ 为气隙体积。

式（8-4）和式（8-5）说明，磁能与绕组匝数无关。有气隙时，由于等效磁导率 μ_e 下降，磁能 W 上升，大部分磁场能量储存于气隙中。

磁性元件的损耗包括铁损和铜损。铜损是指电流在线圈电阻上的损耗。磁心损耗包括磁滞损耗、涡流损耗和剩余损耗。磁滞损耗正比于静态磁滞回线包围的面积和磁心的体积；当初级激磁磁通在磁心中穿过时，磁心本身也相当于一个单匝的次级，其感应电压在磁心等效电阻上的损耗即涡流损耗 P_e；剩余损耗是指由于磁性滞后效应（即磁化过程中磁化状态并不是随磁化强度的变换而立即变化到它的最终状态的“时间滞后”现象）引起的损耗。

磁心损耗与频率、磁感应强度有关。在低频时，磁心损耗几乎完全是磁滞损耗。而高频（如 200～300kHz）时，涡流损耗和剩余损耗大于磁滞损耗。

8.3　磁材料

如果一种磁性材料的磁滞回线很宽，需要很大的磁场强度才能将其磁化到饱和，同时也需要很大的反向磁场强度才能将材料中的磁感应强度降为零，则称之为硬磁材料；反之，为软磁材料。开关电源主要应用软磁材料，它对软磁材料的要求一般有：

1）磁导率高，在较低的磁场强度（对应较小的激磁电流）下就可以得到较高的 B 值。

2）矫顽力小、磁滞回线窄，磁滞损耗小。

3）电阻率高，涡流损耗小。

4）饱和磁感应强度高，较小的磁心截面积就可以产生较大的磁通，磁元件体积小。

常用的软磁材料有如下几种：

（1）冷轧硅钢带

在低频和中频场合，硅钢带是最广泛应用的磁心材料。它是具有一定厚度定向碾轧晶粒取向的带料，饱和磁感应 B_s 高，价格低廉，磁心损耗取决于带的厚度和硅的含量。硅含量越高，电阻率越大，则损耗越小。工作频率高时应选用含硅量高、带薄的硅钢片制成的磁心。一般 0.35mm 厚适于 50Hz，0.1 ~ 0.2mm 厚适于 400 ~ 1000Hz。

（2）软磁铁氧体（Ferrite）

铁、锰、镁、锌等氧化物粉末压成型，高温烧结而成，在开关电源中应用最多，可用于功率变压器、滤波电感和电流互感器等。其特点是：电阻率高、高频损耗小，饱和磁感应 B_s 较低，温度稳定性较差。锰锌铁氧体电阻率较高，一般工作频率≤500kHz，$B_s \leq 0.5T$；镍锌铁氧体电阻率更高，适于 1MHz 以上的开关频率。

软磁铁氧体是最常用的高频磁材料。传统的高频磁心结构形式有许多种，如环形、EI 形、EE 形、罐形、PQ 型和 RM 型等。环形磁心漏磁最小，但绕线较困难；E 型结构简单，引出线及安装方便，成本低；PQ 型和 RM 型散磁小、但结构复杂，成本较高。新的薄型（Low profile）高频开关变换器采用平面结构，为此需要薄型磁心结构做成平面变压器或电感。

（3）坡莫合金（Permalloy）

即含镍 50% ~80% 的铁镍合金。由于电阻率较低，因此通常是由 0.005 ~ 0.02mm 薄带卷绕成磁心。具有极高的磁导率、极低的矫顽力和磁化曲线高矩形比；20kHz 时，其磁心比损耗小于 30W/kg；但高频损耗较大，限制了工作频率；$H = 10A/m$ 时，$B_{10} = 0.6T$，高于铁氧体；价格比较昂贵，多用于工作环境温度高、体积限制较严格的军工产品中。

（4）金属磁粉心（Powder core）

合金粉末和绝缘材料粉末混合，压成型，高温烧结而成。磁导率较低，而且随磁场强度增大而明显降低、具有缓慢饱和特性，多用于滤波电感等。工作频率一般不高于 300kHz。根据所含合金粉末的不同有四类：铁粉心、铁硅铝（也称 Kool mu 或 MSS）、坡莫合金磁粉心（MPP）和高磁通密度铁镍磁粉心。铁粉心磁导率 10 ~ 75，成本低但磁心损耗大，材质软、高温下易碎裂；铁硅铝损耗低，磁导率 26 ~ 125；MPP 磁导率 14 ~ 550，在磁粉心中损耗最低、温度稳定性最好，但饱和磁通密度也最低；高磁通密度铁镍磁粉心磁导率 14 ~ 200，磁饱和密度是磁粉心中最高的（2Mo80NiFe $B_s = 0.8T$），磁心损耗介于铁粉心和铁硅铝之间，成本高。

（5）非晶态软磁合金（Amorphous）

一种无晶粒、晶界的无序合金（故称非晶态合金），其薄带料制成磁心。与 80Ni 坡莫合金动态磁滞回线比较，非晶态软磁合金的 H_c、矩形比 B_r/B_S 等指标更为优良。

（6）超微晶软磁合金

晶粒约 10 ~ 20nm（也称纳米微晶）的薄带（厚 0.02mm），分钴基（Co，Fe，Ni，Mn，Si，B）和铁基（Fe，Nb，Cu，Si，B）两种。钴基超微晶软磁合金，工作频率≤300 ~ 500kHz；铁基超微晶软磁合金，工作频率≤100kHz。

超微晶软磁合金 B_s 高、磁损耗低、温度稳定性好，价格远低于坡莫合金，故应用于 20kHz 至几百 kHz 场合，广泛用作变压器和滤波电感等磁心。

高频软磁材料的选用原则：

绝大多数的软磁材料是在交变磁场下工作的。因此，在选用软磁材料时，重要考虑的因素是工作磁通密度、磁导率、损耗大小、工作环境及材料的价格等。铁氧体价格低廉，材质和磁心规格齐全，高频性能好，最为常用。但材质脆，不耐冲击，温度性能差。适用于 10kW 以下，最高频率达 1MHz 以下的任何功率变换器；钴基非晶和铁基微晶比铁氧体有更高的饱和磁感应和相对较高的损耗，高的居里温度和温度稳定性，但价格比较贵，同时磁心规格不完善，特别适宜用大功率或耐受高温和冲击的军用场合；磁粉心一般比铁氧体有更高的饱和磁感应强度，用磁粉心的电感比铁氧体磁心的体积小，但在 100kHz 以上，损耗大，很少再用磁粉心。

8.4 磁心的工作状态

了解磁通的变化规律是正确选用磁心材料的前提。功率变换器中的磁心主要有三种工作状态：

8.4.1 双向对称磁化

此类磁心线圈的激磁电压（或电流）是纯交流量，正负半周的磁通变化完全相同，如推挽、全桥等开关变换器的变压器。一个周期内受正、负脉冲电压交替激磁作用，因此变压器磁心的磁状态一个周期内分别在基本磁化曲线 B-H 平面的第一和第三象限内变化（[$+B_m$，$-B_m$]），如图 8-7 所示（激磁电压 u 以准矩形波为例），B_m 为设计时所取磁通密度的最大值，小于磁化曲线的线性段上限、更小于饱和磁感应强度 B_s。

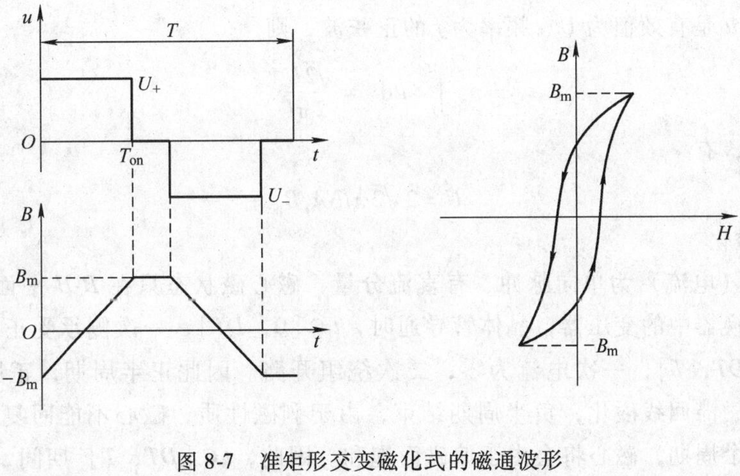

图 8-7 准矩形交变磁化式的磁通波形

图 8-7 中，变压器一次绕组正半周期承受正方波电压 U_+，磁通密度增量为 ΔB_+（B 从 $-B_m$ 到 $+B_m$）；负半周期承受负方波电压 U_-，磁通密度增量 ΔB_-（B 从 $+B_m$ 到 $-B_m$）；若 $U_+=U_-$，则 $\Delta B_+=\Delta B_-$，磁心可正常工作；但若由于任何原因（如两个开关管性能不一致），$U_+\neq U_-$，或两方波脉宽不等，则 $\Delta B_+\neq\Delta B_-$；磁心中出现偏磁现象，使之不能在

B-H平面的第一和第三象限对称平衡地运行，而是向某一象限倾斜，逐渐偏移，进入饱和。这种偏磁现象应当避免或采取措施防止。

其工作特点是，磁感应变化量为$2B_m$，故磁心利用率高，但磁滞回线包围的面积大，为减小铁损，应选用磁滞回线窄及电阻率高的材料，或设计较低的B_m值；对剩磁感应B_r无一定要求；为减小激磁电流，应选择磁导率高的材料。

基本关系式：由电磁感应定律

$$u = -e = N\mathrm{d}\Phi/\mathrm{d}t$$

即

$$u\mathrm{d}t = N\mathrm{d}\Phi = NA_c\mathrm{d}B \tag{8-6}$$

式中，A_c为磁心截面积；N为绕组匝数。

对式（8-6）在半个周期内积分

$$\int_0^{T/2} u\mathrm{d}t = NA_c\int_{-B_m}^{+B_m}\mathrm{d}B = 2NA_cB_m \tag{8-7}$$

据此可以根据绕组电压计算绕组匝数。

以图8-7幅值为U、脉宽为T_{on}的准矩形波为例

$$\int_0^{T/2} u\mathrm{d}t = U\cdot T_{on} \tag{8-8}$$

带入式（8-7），有

$$U = 2NA_cB_m/T_{on} \tag{8-9}$$

根据式（8-9），则可以选择适当的磁心（B_m和A_c）、计算一次侧匝数N。式中各个量的单位是：U—伏（V），A_c—平方米（m^2），B_m—特斯拉（T），T_{on}—秒（s）。

实际设计计算时，一般截面积A_c和B_m的单位常用cm^2和高斯（Gs），此时式（8-9）则改写为

$$U = 2NA_cB_m/T_{on}\times10^{-8} \tag{8-10}$$

同理，若u是有效值为U、频率为f的正弦波，则

$$\int_0^{T/2} u\mathrm{d}t = \frac{\sqrt{2}U}{2\pi f} \tag{8-11}$$

带入式（8-7），有

$$U = 2\sqrt{2}\pi fNA_cB_m$$

8.4.2 单向磁化

激磁电压（电流）为单向脉冲、有直流分量，磁心磁状态只在B-H平面第一象限内变化。如正激变换器中的变压器，晶体管导通时，$t\in[0, DT]$，一次侧承受正脉冲电压电流；关断时，$t\in[DT, T]$，一次电流为零，二次绕组开路。因此正半周期，正脉冲电压激磁，使磁心沿局部磁滞回线磁化，负半周期结束，由于剩磁性质，磁心不能回复到$t=0$时的磁状态。经过几个周期，磁心将会由于偏磁而饱和。因此，$t\in[DT, T]$期间，必须采取措施使磁心恢复到$t=0$的磁状态：$B=B_r$，$H=0$（$i_m=0$），称为磁复位（Reset），例如在变压器磁心上加复位绕组，使绕组在负半周期承受负的伏秒积分与正半周相等，即$\Delta B_- = \Delta B_+$，如图8-8所示。

这类工作状态，磁感应变化量$\Delta B = B_m - B_r$，为避免磁心饱和，仍需取$B_m < B_s$，所以磁心利用率较低。为了得到较大的ΔB，应选择高B_s、低B_r的材料；也可以开气隙以降低B_r，

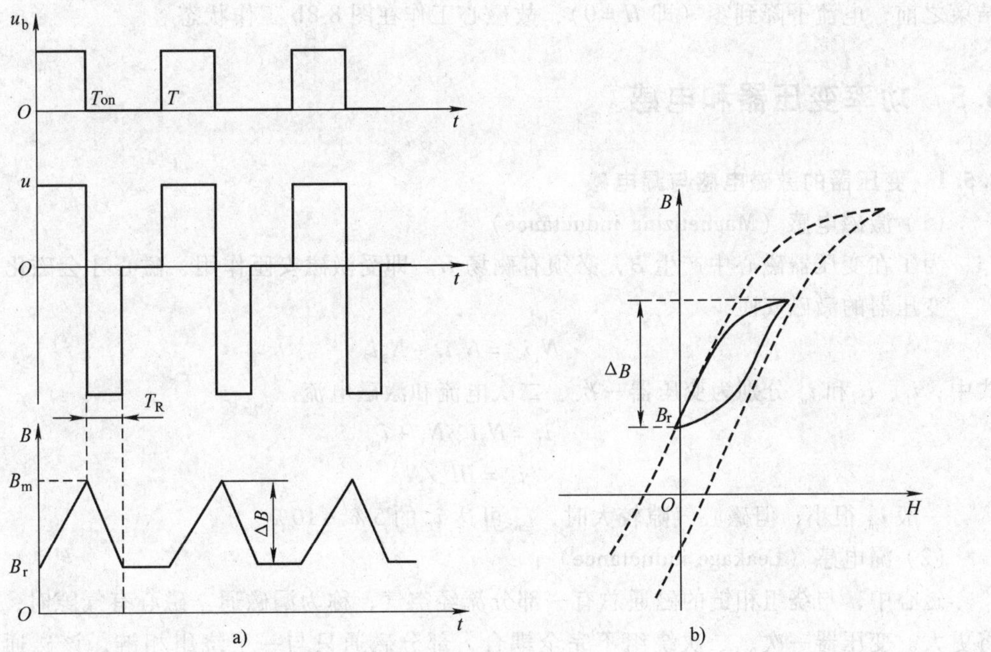

图 8-8　正激变换器磁心工作状态

a) 工作波形　b) 局部磁滞回线

但这样会使激磁电感减小、激磁电流增加。

基本关系式：仍在半个周期内对式（8-6）积分，但此时磁感应强度 B 是由 B_r 变化到 B_m，即

$$\int_0^{T/2} u\mathrm{d}t = NA_c\int_{B_r}^{+B_m}\mathrm{d}B = NA_c\Delta B \tag{8-12}$$

式中，$\Delta B = B_m - B_r$。

8.4.3　单向局部磁化

对于直流滤波电感，流过电感线圈的电流往往具有较大的直流分量，并且叠加了一个小的交流分量，如电感电流连续模式 Buck、Boost 等变换器的输出滤波电感。直流电流分量在磁心中产生较大的直流偏磁，为避免饱和，磁心的磁滞回线必须为如图 8-2c 所示的扁平回线，因此经常需要加气隙；交变磁化分量较小，一般 $\Delta B \ll B_m - B_r$，如图 8-9 所示，局部磁滞回线所包围的面积较小、故铁损较小。

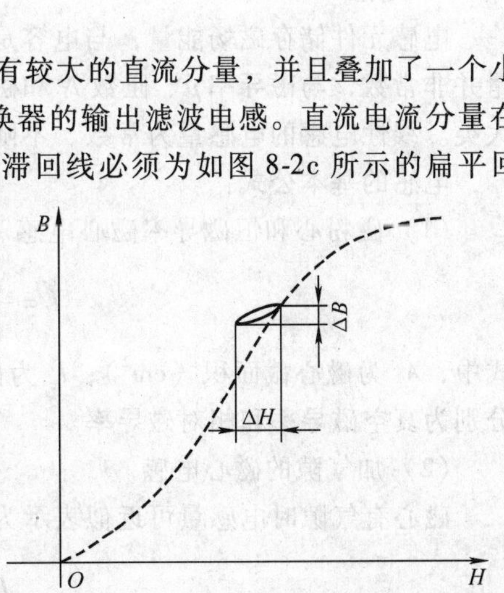

图 8-9　第Ⅲ类工作状态下的局部磁滞回线

反激变换器的变压器兼起储能电感的作用，一般选用铁氧体材料，需要有较大的气隙，以增大储能并防止磁心饱和。一次侧开关管导通期间变压器储能；开关管关断期间储能由二次绕组释放给负载、同时使磁心复位。在连续工作模式且电流纹波较小时，一个周期内磁心储能变化不大、工作在图 8-9 工作状态；而在断续工作模式，每个开关周期

结束之前，电流下降到零（即 $H=0$），故磁心工作在图 8-8b 工作状态。

8.5 功率变压器和电感

8.5.1 变压器的激磁电感与漏电感

（1）激磁电感（Magnetizing inductance）

为了在变压器磁心中产生 B，必须有磁场 H。即受激磁安匝作用，磁心才会磁化。

变压器的激磁安匝

$$N_1 i_m = N_1 i_1 - N_2 i_2 \tag{8-13}$$

式中，i_1、i_2 和 i_m 分别为变压器一次、二次电流和激磁电流。

$$i_1 = N_2 i_2 / N_1 + i_m$$

$$i_m = H l_m / N_1$$

一般 i_m 很小；但磁心气隙较大时，i_m 可达 i_1 的 5% ~10%。

（2）漏电感（Leakage inductance）

磁心中，与绕组相链的磁通总有一部分流经空气，称为漏磁通。磁心有气隙时，漏磁通将更大。变压器一次、二次绕组不完全耦合，部分磁通只与一个绕组相链，该磁通即为漏磁，在绕组中产生漏电感（简称漏感）。漏感是磁元件的一种寄生电感，与磁心的形状、有无气隙及在绕组的绕制方法有关。一般情况下应当比激磁电感小得多。

开关电源变压器的漏感通常会产生电压尖峰，影响电源正常运行。例如，正、反激变换器的变压器一次绕组与主开关串联，当开关关断时，变压器漏感储能释放，在主开关上产生电压尖峰，使器件电压应力剧增。一台开关电源中有多个磁元件，因而有多个寄生电感，造成开关电源的严重电磁干扰（EMI 问题），这些都是漏感的负面效应。

但是，在软开关变换器中，有时利用变压器漏感作为谐振电感，并希望变压器漏感达到一定数值，以求在较宽运行范围内保证满足软开关条件。

8.5.2 电感

电感元件储存磁场能量，与电容是互为对偶的无源储能元件。有磁心的电感元件的电感量并非常数，与磁导率 μ、匝数 N 和磁心几何尺寸 A_c、l_c 大小有关，可分为线性和非线性两大类。线性电感的电感量为常数，不随线圈电流大小而变。

电感的基本公式：

（1）磁粉心和恒磁导率磁心电感

$$L = \frac{N\Phi}{i} = \frac{\mu_0 \mu_r N^2 A_c}{l_c} \times 10^{-2} \tag{8-14}$$

式中，A_c 为磁心截面积（cm^2）；l_c 为磁心的磁通路径平均长度（cm）；N 为匝数。μ_0 和 μ_r 分别为真空磁导率和相对磁导率。

（2）加气隙的磁心电感

磁心有气隙时电感量可近似表示为

$$L = \frac{\mu_0 N^2 A_c}{\delta} \times 10^{-2} \tag{8-15}$$

式中，气隙长度为 δ；单位为 cm。

8.5.3 变压器和电感的设计

设计过程和要点：

(1) 选择磁心材料

(2) 选择磁心型号

磁心的型号包括磁心的形状和大小。磁心的大小决定其处理功率的能力，磁心的形状要考虑成本、体积、散热和漏磁等因素。

(3) 计算线圈匝数

根据磁心的 B_m 值、截面积和所处理的电压或电流峰值等计算，要保证磁心在最恶劣的工作下不饱和。有气隙时还要计算气隙长度。

(4) 计算导线线径

根据电流有效值和电流密度计算导线截面积，并考虑集肤效应，计算导线直径和股数。

(5) 校核绕线窗口，保证导线能绕下

计算填充系数。填充系数定义为线圈总的窗口截面积与绕线窗口面积的比值。填充系数必须小于一定值导线才能绕下。而最大允许的填充系数与导线形状（铜线还是铜皮，单股还是多股）、绕组多少、绕组间的绝缘要求以及绕制水平等有关。

由于磁心的大小和线圈匝数、填充系数等参数互相制约，因此，上述设计过程（2）~（5）可能需要重复几次才能完成。

本章小结

高频开关变换器中使用软磁材料，其磁化曲线有 S 形、矩形和扁平形等形状，在磁心中加入气隙可以改变磁化曲线的形状；磁性材料有磁滞特性，磁件的损耗包括铜损和铁损、铁损又包括磁滞损耗和涡流损耗。

高频变换器中最常用的磁性材料有软磁铁氧体和磁粉心类等，选用磁心时要考虑其磁特性、成本、体积和形状等。正激、反激和桥式等变换器中的变压器和滤波电感，其工作磁化曲线不同、设计也有所不同；开关变换器中磁元件的磁心主要有三种工作状态，不同工作状态对应的 B-H 工作曲线的特点不同，磁元件的设计考虑也不同，但都是依据式（8-6）电磁感应定律建立电和磁之间的关系。

思考题

1. 磁心材料的选取主要考虑哪些因素？

2. 为什么说交变磁化的磁心利用率高，而单向磁化的磁心利用率低？

3. 单端正激及单端反激变换器的变压器、升压型变换器的储能电感、降压式变换器的滤波电感等磁心的工作状态各属于哪一类？

4. 正激变换器变压器，选用矩形磁化特性的磁心是否合适？

5. 工频交流输入滤波电感，应该选用什么材料的磁心？

6. 开关频率为 100kHz 的 Buck 变换器，其电感可否选用铁氧体磁心？是否需要加气隙？

参考文献

[1] 王兆安，张明勋．电力电子设备设计和应用手册［M］．2版．北京：机械工业出版社，2002.

[2] 赵良炳．现代电力电子技术基础［M］．北京：清华大学出版社，1995.

[3] 陈伯时．电力拖动自动控制系统［M］．北京：机械工业出版社，1992.

[4] 徐德鸿．电力电子系统建模及控制［M］．北京：机械工业出版社，2006.

[5] 周克宁．电力电子技术［M］．北京：机械工业出版社，2004.

[6] 李宏．电力电子设备用器件与集成电路应用指南：第1册．电力半导体器件及其驱动集成电路[M]．北京：机械工业出版社，2001.

[7] John G Kassakian. Principles of Power Electronics［M］. London：Addison Wesley publishing company，1991.

[8] M H Rashid. Power Electronics［M］. NJ：Prentice-Hall，Inc，1998.

[9] 王兆安，黄俊．电力电子技术［M］．4版．北京：机械工业出版社，2000.

[10] 丁道宏．电力电子技术［M］．修订版．北京：航空工业出版社，1999.

[11] 邢岩，蔡宣三．高频功率开关变换技术［M］．北京：机械工业出版社，2005.

[12] 严仰光．双向直流变换器［M］．南京：江苏科学技术出版社，2004.

[13] 吴小华，李玉忍，杨军．电力电子技术典型题解析及自测试题［M］．西安：西北工业大学出版社，2002.

[14] 莫正康．半导体变流技术［M］．2版．北京：机械工业出版社，2004.

[15] 周明宝，瞿文龙．电力电子技术［M］．北京：机械工业出版社，1997.

[16] 李序葆，赵永健．电力电子器件及其应用［M］．北京：机械工业出版社，1996.

[17] 黄俊，王兆安．电力电子变流技术［M］．3版．北京：机械工业出版社，1995.

[18] 陈国呈．PWM变频调速及软开关电力变换技术［M］．北京：机械工业出版社，2001.

[19] 陈坚．电力电子学（电力电子变换和控制技术）［M］．北京：高等教育出版社，2004.

[20] 易继锴，等．电气传动自动控制原理与设计［M］．北京：北京工业大学出版社，1997.

[21] 黄立培，张学．变频器应用技术及电动机调速［M］．北京：人民邮电出版社，1999.

[22] 廖晓钟．电力电子技术与电气传动［M］．北京：北京理工大学出版社，2000.

[23] 吕家元．半导体变流技术［M］．天津：天津大学出版社，1988.

[24] 李永东，肖曦，高跃．大容量多电平变换器［M］．北京：科学出版社，2005.

[25] 王维平．现代电力电子技术及应用［M］．南京：东南大学出版社，2000.

[26] 王云亮．电力电子技术［M］．北京：电子工业出版社，2004.

[27] 林渭勋．现代电力电子技术［M］．北京：机械工业出版社，2006.

[28] 李永东．交流电机数字控制系统［M］．北京：机械工业出版社，2002.